과학기술학 편람
2

THE HANDBOOK OF SCIENCE AND TECHNOLOGY STUDIES
(3rd Edition)

by Edward J. Hackett, Olga Amsterdamska, Michael Lynch, Judy Wajcman

This Korean edition was published by National Research Foundation of Korea
in 2019 by arrangement with The MIT Press
through KCC(Korea Copyright Center Inc.), Seoul.

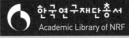한국연구재단총서 Academic Library of NRF 학술명저번역 620

과학기술학 편람
2

The Handbook of Science and Technology Studies, 3rd ed.

에드워드 J. 해킷 · 올가 암스테르담스카 · 마이클 린치 · 주디 와츠먼 엮음 |

김명진 옮김

아카넷

이 번역서는 2009년도 정부재원(교육과학기술부 인문사회연구역량강화사업비)으로
한국연구재단의 지원을 받아 연구되었음 (NRF-2009421H00003)

This work was supported by National Research Foundation of Korea Grant
funded by the Korean Government (NRF-2009421H00003)

차례 | 1권

서문
감사의 글
서론

I. 아이디어와 시각 · 마이클 린치

필자 소개

차례 | 3권

III. 정치와 대중들 · 에드워드 J. 해킷

필자 소개

II.
실천, 사람들, 장소

올가 암스테르담스카

25년도 더 전에 과학학 학자들은 과학을 사회제도에 의해 생산된 관념 혹은 믿음의 체계로 보는 쪽에서 일단의 실천으로 개념화하는 쪽으로 관심을 이동시키기 시작했다. 1970년대 말과 1980년대 초에 발표된 이론적으로, 또 분야별로 다양한 일단의 실험실연구와 논쟁연구들은 과학자들이 실험을 준비, 창안, 수행하고, 데이터를 수집, 해석하고, 자신들의 연구를 논의, 진술, 기록하고, 자신들의 발견에 관해 동의하거나 하지 않을 때 무슨 일을 하는지에 대한 "자연주의적" 시각을 제공했다. 일부 학자들은 민족지방법론에 대한 헌신 때문에 새로운 접근법을 받아들였고, 다른 학자들은 인류학과 민족지방법 혹은 상징적 상호작용론에서 작업을 분석하는 양식에 배경을 갖고 있었다. 또 다른 학자들은 쿤이 패러다임을 모범사례(과학자들이 분명하게 표현된 믿음 체계가 아니라 추가적인 정교화를 필요로 하는 모델로 간주하는 구체적인 실천적 성취)로 해석한 데서, 폴라니의 암묵적 지식 관념에서, 삶의 형태에 대한 비트겐슈타인이나 윈치의 주목에서 영감을 얻었다.

무심한 관찰자에게는 이 변화가 일차적으로 방법론적인 것처럼 보일지 모른다. 사회과학자들이 실험실에서 민족지연구를 수행하는 데 관심을 발전시켰고, 과학자들의 평범하고 일상적인 활동들을 관찰하기 시작했다고 말이다. 상황적 행동에 초점을 맞추는 미시사회학적 접근법들이 거시사회학적인 구조 분석을 대체했다. 참여관찰, 인터뷰, 담화분석이 일하고 있는 과학자들에 대한 상세한 사례연구에 쓰였다. 연구가 수행되는 현장의 특수성, 과학자들 간의 상호작용, 그들과 물질적 환경의 관계맺음이 사회과학자들에게 관심의 대상이 되었다. 이 장르의 초기 저서들의 제목—라투르와 울가의『실험실 생활(*Laboratory Life*)』, 카린 크노르 세티나의『지식의 제조(*The Manufacture of Knowledge*)』, 마이클 린치의『실험실 생활의 기예와 인공물(*Art and Artifact in Laboratory Life*)』중 어느 것이든—은 지식생산의 결과물보다 그 과정에 강조점이 찍혀 있음을 말해준다. 이러한 연구들의 최초의 결과는 대체로 볼 때 철학적 디플레이션을 가져온 듯 보였다. 오래된 구분 중 일부는 정당성을 잃었고(가령 발견의 맥락과 정당화의 맥락, 외부요인과 내부요인, 혹은 사회적 활동과 인지적 활동 등), 실험실에서는 고유하게 과학적인 어떤 것이 아무것도 일어나지 않았다.

과학학에서의 변화는 "과학자들을 졸졸 따라다니라."는 믿을 수 없을 정도로 순진한 요청이 제시하는 것보다 훨씬 더 심오했다. 실천에 대한 초점은 규칙보다는 양식화된 활동에 대한, 구조로서의 언어보다는 발화와 담론에 대한, 보편적 지식보다는 특정한 위치와 상황에서의 장치 혹은 관념의 활용에 대한 재현보다는 생산과 개입에 대한, 이론으로 정리된 명제들의 체계보다는 세계 속에서 세계에 대해 작업하고 일하는 양식으로서 과학에 대한 관심을 시사했다. 과학자들은 이제 자신들의 전공 및 분야와 자명하게 연관되는 것이 아니라, 혼종적인 행위자 집단—환자에서 실험실 조수, 지원기관에 이르는 이들을 포함하는—과 다양한 상호작용 속에서 관계 맺는 것으로 보였다. 이러한 실천지향적 과학학의 성취는 이 편람의 거의 모든 장에서 눈에 띈다. 그러나 2부에서는 STS가 과학의 실천에 초점을 맞추는 것이 그 자체로 반성, 정교화, 비판의 대상이 된다.

과학의 연구에 대한 실천지향적 접근법들은 처음부터 어떤 면에서는 문제가 있는 것으로 여겨졌다. 그것의 한계나 제약 중 일부를 깨뜨릴(혹은 그것과 무관함을 증명할) 필요가 종종 인정되고 되풀이되었다. 예를 들어 지식생산 연구는 연구과정과 과학자들이 내놓은 지식 주장의 국지적 성격을 강조했지만, 많은 비판자들은 과학지식이 설사 보편적이지는 않더라도 적어도 초지역적 내지 세계적이며, 국지적 실천에 초점을 맞추는 것은 그러한 사실을 은폐한다고 단언했다. 그렇다면 STS의 개념적·방법론적 도구상자는 어떻게 초지역적 과학지식의 생산과 재생산에 관한 문제를 수용할 수 있도록 조정, 확장될 수 있을까? 우리가 그러한 지식에 관해 논의하는 것이 가능할까? STS가 국지적이고 역사적으로 특정한 것에 구체적으로 초점을 맞춘 결과는 과학을 다른 종류의 지식과 구별하는 능력, 혹은 훌륭한 과학과 형편없는 과학의 구분을 정당화하는 능력에 어떤 영향을 미칠까? 실천적·국지적인 것에 대한 강조에 내포된 규범적 불가지론을 극복하는 방법이 있을까? 마찬가지로 실천지향적 과학지식 탐구는 과학자들이 일을 "하는" 방식을 강조하는 경향이 있었고, 따라서 개입과 실험이 명제 내지 이론 지식의 생산보다 좀 더 열심히 연구되었다. 그러나 만약 그렇다면, 실천지향적 접근법을 포기하지 않고 과학에서의 논증행위와 수사의 패턴을 들여다볼 방법이 있을까? 그리고 실천적 지향은 STS 연구자들이 대규모의 사회적 과정에, 그러니까 경제적·제도적·문화적 제약들과 사회에서 좀 더 영속적인 형태의 권력 배분에 눈을 감게 만들지 않을까?

편람의 2부에 실린 논문들은 과학적 실천의 다양한 측면들에 대한 연구들을 폭넓게 검토하면서 과학학의 실천적 전환의 한계에 관한 이러한 우려에 대처하는 새로운 방법을 제시한다.

2부의 처음 3개 장은 이웃 분야들—논증행위 연구와 수사학, 사회적 인식론, 인지과학—의 밑천에 의지해 과학학에서 인식된 한계들 중 일부를 극복할 수 있는 방법을 제시한다. 이러한 대화가능성의 근간을 이루는 것은 과학적 실천에 대한 공유된 관심이다. 그래서 윌리엄 키스와 윌리엄 레그는 과학적 논증행위와 수사학 연구들을 검토한다. 그들은 오늘날 과학의 수사학적 분석이 다양한 종류의 담론들을 그 맥락 속에서 탐구하고, 논증행위를 결과물로서뿐 아니라 과정으로서 연구하고, 논증행위의 공식 구조보다 비공식 구조를 분석하고, 목표, 양태, 청중의 요구에 주목할 가능성이 높다고 강조한다. 이 모든 면에서 이러한 연구들은 STS의 담론연구와 관심사와 접근법을 공유하지만, 이와 동시에 과학담론의 좀 더 규모가 큰 커뮤니케이션 맥락들을 탐구하고—저자들이 희망하기로는—"규범적인 철학적 접근과 종종 무비판적이거나 반처방적이라고 생각되곤 하는 묘사적/설명적 지식사회학" 사이에 다리를 놓을 도구를 제공한다. 과학에 대한 실천지향적 접근법이 어떻게 규범적 지향을 발전시킬 수 있는가에 대한 관심은 로널드 기어리와 미리엄 솔로몬의 논문들에서도 중요하다. 두 사람은 모두 STS와 새로운 실천지향적 과학철학 연구 사이의 교차점을 탐구한다.

철학에서 과학지식과 그 방법론의 논리적 재구성이라는 원대한 프로젝트의 포기는 지식에 대해 좀 더 역사적·경험적으로 뿌리를 둔 접근법들에 대한 관심 증가와 미국의 실용주의 전통에 대한 다양한 호소를 낳았다. 이와 동시에 철학자들은 STS 내에서 지배적인 과학에 대한 구성주의적 접근법의 일견 상대주의적이고 비(非)평가적인 태도에 특히 불편함을 느껴왔다. 일관된 규범적 입장—훌륭한 과학을 형편없는 과학과 구별하고 과학이 어떻게 수행되어야 하는가에 대한 권고를 도출하는—을 발전시키려는 시도는 기어리의 인지과학 개관과 솔로몬의 사회적 인식론 개관 모두에서 핵심을 이루고 있다. 두 사람은 모두 과학을 상황적 실천으로 간주하면서 이를 세계에 대한 수동적 재현이나 논리적 형태로 보는 것은 과학적 노력을 오해하는 것이라는 데 동의한다. 뿐만 아니라 기어리가 인지의 심리적 측면들을 놓치는 것을 원치 않음에도 불구하고, 그와 솔로몬은 모두 과학적 탐구와 지식의 집단적 측면들을 강조하고, 문화적으로, 또 분야별로 다양한 과학연구 전략과 평가 접근법의 복수성을 허용하며, 개인적 인지나 추상적 명제체계보다 공동체활동을 관장하는 평가적 규범을 진술한다.

솔로몬과 기어리가 그 자신의 분야들에서 과학의 사회적 연구와 그 너머를 들여다보는 동안, 파크 두잉은 "내부"로부터 실험실연구를 개관하면서 그런 연구들은 그 저자들이 설정한 목표들을 얼마나 충족시켰는지 질문을 던진다. 초기 실험실연구의 가장 근본적인 주장은 과학적 주장의 구성과 수용과정이 그것의 내용으로부터 분리될 수 없다, 다시 말해 생산—우연성, 기회주의, 정치적 편이성, 성공을 향한 임시변통 등에 의해 추동되는 것으로 드러난—이 결과물을 형성한다는 단언이었다. 두잉은 12장에서 실험실 생활이 정말 온갖 종류의 우연성들로 가득 차 있는 것을 보이긴 했지만, 과학적 사실의 생산에 대한 민족지연구들은 이러한 우연성들이 어떻게 실제로 특정 주장의 형성과 그것의 수용 내지 거부에 영향을 주는지를 확립하지는 못했다고 주장한다. 파크 두잉은 현존하는 실험실연구의 이러한 단점에 대해 민족지방법론이라는 해법을 제안한다. 그는 논쟁의 종결에 대한 행위자들의 설명에 눈을 돌리는 것을 옹호하며, 지금까지 그러한 종결을 설명하려 애썼던 사람들은 실천의 즉각적 맥락을 넘어선 곳을 보는―분야나 장치의 권위에 호소하는―경향이 있었다고 지적한다.

일단 과학이 일군의 명제들로 간주되지 않게 되자, 이미지와 그 외 형태의 시각화가 많은 실험실연구에서 중요하면서도 종종 조직화하는 역할을 한다는 사실이 이내 분명해졌다. 이는 사회적 상호작용과 도구적 상호작용 모두를 매개한다. 이에 따라 시각적 재현에 대한 관심은 실천에 대한 관심과 함께 과학의 사회적 연구로 들어왔다. 과학 이미지의 생산, 해석, 활용에 대한 연구는 레걸라 버리와 조지프 더밋이 쓴 13장에서 개관되고 있다. 그들은 과학의 이미지화 실천에 대한 연구를 실험실 경계를 넘어선 장소들까지 확장할 것을 요청한다. 그러한 장소들에서 과학의 이미지화 실천은 과학의 권위를 전달할 뿐 아니라 다른 종류의 지식들과 상호작용(강화하거나, 도전하거나, 도전받거나)을 한다. 시각적 기술들에 크게 의지하는 의료 실천은 서로 다른 종류의 지식과 재현 및 시각 양식들 사이의 그러한 상호작용이 특히 흥미로운 환경 중 하나이다. 의료 이미지화 연구는 이미지의 사회적 설득력과 힘에 관해, 또 정체성과 시각의 구성에서 과학의 역할에 관해 우리가 질문을 던질 수 있게 해준다.

버리와 더밋이 이미지에 관한 연구에서 우리에게 일깨워주고 가상지식스튜디오(VKS)의 저자들이 14장에서 반복하는 것처럼, 실험실에서 과학실천에 대한 연구는 기기 장치, 도구, 기술을 연구에서 활용하는 것에 많은 관심을 기울여왔다. 이러한 연구들 중 일부는 장치와 기술의 매개 역할을 강조하는 반면, 다른 일부는 지식생산의 일상적 작업에서 장치와 기술이 다루기 힘들고 말을 듣지 않는 측면, 장치를 다룰 때 들어가는 숙련과 암묵적 지식, "일거리에 맞는 올바른 도구"를 얻고 활용하는 데 필요한 설명 작업, 불확실성을 줄이거나 서로 다른 환경에서 작업하는 과학자들 간의 커뮤니케이션을 원활하게 하는 데 쓰이는 표준화 노력을 지적한다. 그러나 연구에서 기기 장치와 기술들이 하는 역할은 여기서 VKS가 다루고 있는 e-과학의 경우에 특히 폭넓고 다면적인 모습을 보인다. 오늘날의 과학에서 컴퓨터와 인터넷 이용의 놀라운 혼종성—그리고 과학 실천의 너무나 많은 상이한 측면들에 스며들어 있는 방법과 매체 모두의 변화—을 지켜본 VKS 저자들은 과학연구에 대한 기존의 초점을 확장할 것을 주장한다. 그들은 과학연구를 과학**노동**으로 개념화하려 하고, 그럼으로써 도구적 실천의 경제적 차원들을 지식문화로서의 실천에 대한 연구와 통합한다. 이와 동시에 e-과학은 우리에게 과학의 실천에서 위치와 전위의 중요성을 검토할 독특한 기회를 제공한다.

e-과학의 출현, 커뮤니케이션과 연구기술의 세계화, 일견 제약이 없는 것처럼 보이는 연구자, 연구대상, 지식 주장의 이동성은 인터넷 시대의 과학 실천을 묘사하고 좀 더 일반적으로 과학에 관해 이론화하는 데 쓰이는 (이음새가 없고, 가상적이며, 유동적인) "연결망" 용어들에 반영되어 있다. 연결망 이미지는 맥락과 장소의 구성적 역할에서 다른 쪽으로 주의를 돌리지만, 지식의 탈맥락화 및 재맥락화와 미시-거시 수준의 융합에 대한 토론을 용이하게 한다. 그러나 크리스토퍼 헨케와 토머스 기어린이 15장에서 주장하듯이, 장소—지리적 · 사회문화적 위치로서, 또 특정한 설계와 장비를 갖춘 건축학적 환경으로서—는 과학의 실천에 계속해서 중요하다. 예를 들어 연구자들 간의 대면 상호작용을 가능케 하고 조직하며, 어떤 활동들을 과학적으로 정의하면서 다른 활동들은 정당성을 깎아내리는(그럼으로써 과학의 문화적 권위를 확보하는) 것을 돕고, 활동을 개인적이거나 집단적

인, 눈에 보이거나 시야에서 감춰진, 공적이거나 사적인 것으로 조직함으로써 말이다. "과학은 어디에서 일어나는가?"라는 질문은 전 지구적 연결망과 표준화된 환경의 시대에도 여전히 과학 실천에 대한 연구에 타당성을 갖고 있다.

"누구인가?"라는 질문—행위자들과 그들의 정체성을 어떻게 개념화할 것인가—도 물론 마찬가지로 중요하다. 2부의 많은 장들이 보여주는 것처럼, 실천지향적 과학연구에 대한 비판은 종종 행위-구조의 딜레마를 해소하는 데서 나타나는 지속적 어려움에 초점을 맞춘다. 실천에 초점을 맞추면 과학자들 자신이 능동적으로 세계를 형성하며 질서와 변화를 모두 가져오는 방식이 전면에 부각되기 때문에, 많은 저자들은 실천의 맥락 내지 환경—물질적, 사회적, 경제적, 문화적, 그 어떤 것이라도—의 공동구성적(co-constitutive) 성격을 설명하려는 노력이 필요하다고 본다. 그러한 구조적 요인들에 대한 탐색은 과학에서 여성 참여의 수준이 여전히 낮은 것을 설명하려는 헨리 에츠코비츠, 스테펀 푹스, 남라타 굽타, 캐럴 케멜고어, 마리나 랑가의 시도에서 두드러진 특징을 이룬다. 반면, 사이러스 모디와 데이비드 카이저의 과학교육 연구는 비트겐슈타인, 쿤과 함께 푸코와 부르디외에 호소하면서 명시적으로 구조적 접근과 사회적 행위 접근을 결합시키려 애쓰고 있다. 모디와 카이저는 과학교육이 가치, 지식, 자격을 갖춘 인력을 그저 재생산하는 것이 아니라 생성하기도 하는 것으로 본다. 그들은 학습과 교육을 이미 주어진 책에 있는 지식의 전파와 숙련 및 암묵적 지식의 발달 모두로 이어지는 하나의 과정으로 연구한다. 그들에게 학생과 교사들은 단지 규칙과 규범의 추종자가 아니라 정치적·사회적 요령을 갖춘 행위자이며, 따라서 교육은 단지 신참들을 걸러서 과학에 집어넣는 것이 아니라 과학의 도덕경제를 형성하는 능동적이고 역사적으로 변화하는 과정이다.

　실천을 연구하라는 명령은 오늘날 STS 학자들이 과학지식의 생산을 연구할 때 들여다보는 장소들의 범위를 넓혀주었다. 실천의 관점에서 보면, 의사가 내리는 모든 진단 내지 치료 결정, 정부규제기구가 행하는 모든 정책 선택, 새로운 기술에 숙달하려는 모든 사용자의 시도를 지식생산 과정의 일부로 볼 수 있다. 그러나 만약 그렇다면 우리의 눈을 실험실, 대학, 연구소, R&D 부서의 벽 안에만 고정시킬 이유는 물론 없으며, 이 편람의 다른 부들에 실린 많은 논문이 보여주듯이 최근에는 과학자가 아닌 행위자들에 대해, 또 과학지식, 기술적 노하우, 연구가 다른 지식, 숙련, 과업들과 교차하게 되어 있는 활동영역들에 대해 많은 시선이 정당하게 쏠리고 있다. 비록 생산적이긴 하지만, 그처럼 초점을 넓히는 것은 이론 구성을 더 복잡하게 만들고 "실천"이라는 용어 그 자체가 온갖 것들을 포괄하며 덜 분명하다는 감각에 기여한다. 2부의 장들은 공통의 이론이나 심지어 실천에 대한 공통의 정의조차도 갖고 있지 않지만, 가족 유사성과 함께 과학에 관해 계속 생각하기에 좋은 장소가 될 수 있는 일단의 문제들을 공유하고 있다.

9.
과학에서의 논증행위:
논증행위 이론과 과학학의 상호교류*

월리엄 키스, 월리엄 레그

STS 문헌은 과학적 논증행위(argumentation), 즉 과학자들이 세계, 과학 실천, 그리고 서로에 대해 주장을 평가하고 논박하는 방식을 조사하는 수많은 과학적 탐구 및 커뮤니케이션의 연구들을 제공한다. 토머스 쿤으로부터 영감을 얻은 역사가와 사회학자들은 전통적으로 형식논리에서 훈련을 받은 철학자들의 몫으로 남겨져 있던 영역인 과학적 논증의 내용에 대한 시각을 연마해왔다. 수사학도들 역시 과학과 관련해 자신들의 전문성을 가지고 왔다.[1]

이 장에서 우리는 논증행위 연구와 과학학의 상호교류를 기록하고 그들

---

* 이 논문의 초고에 대해 의견을 준 올가 암스테르담스카와 네 명의 익명 검토위원들에게 감사를 드린다.
1) 과학의 수사학에 관한 논문 선집은 Simons(1989, 1990); Pera and Shea(1991); Krips et al.(1995); Gross & Keith(1997); Harris(1997); Battalio(1998)를 보라.

간의 새로운 관계를 제시할 것이다. 우리가 이해하는 바로는 논증행위 이론가들과 과학학자들이 공통의 프로젝트에서 협력할 때, 혹은 두 분야 중 어느 한쪽의 학자가 다른 분야에서 나온 연구에 의지할 때 상호교류가 발생한다. 과학의 수사학은 상호교류에 의해 구성된 과학학의 한 분야를 나타낸다.

과학학과 논증행위 연구의 학제적 관계는 양쪽 분야 모두에서 다소 호소력을 갖는 "경계개념(boundary concept)"(Klein, 1996)—"텍스트", "담론", "논리", "수사", "논쟁(controversy)" 같은 관념들—에 의해 촉진된다. 그러한 일단의 개념들을 위해 우리는 먼저 논증행위 연구에 영향을 미친 분야들을 들여다볼 것이다. 수사학, 스피치 커뮤니케이션, 철학과 논리학, 작문, 언어학, 컴퓨터과학 등이 그런 예들이다.[2] 이어 우리는 논증행위와 논증을 관장하는 서로 다른 맥락에 따라 기존의 과학적 논증행위 연구의 지형도를 그려낼 것이다.[3] 그리고 앞으로의 학제적 상호교류를 위한 몇 가지 길을 제시하는 것으로 글을 맺으려 한다.

---

2) 논증행위 연구의 학제적 성격은 학회(가령 국제논증행위연구학회[International Society for the Study of Argumentation], 온타리오논증행위연구학회[Ontario Society for the Study of Argumentation]), 학술지(《논증행위(*Argumentation*)》, 《비형식논리(*Informal Logic*)》), 대학원 프로그램(가령 암스테르담대학)에서 분명하게 드러난다. 논증행위 이론에 대한 개관은 Cox & Willard(1982), van Eemeren et al.(1996)을 보라.

3) 우리의 과학학 논의는 정책결정을 포함한 다양한 맥락에서 수학과 자연과학에 대한 연구에 주로 초점을 맞추고 있다. STS의 다른 영역에 대한 포괄적인 논의는 이 논문의 범위를 넘어서는 것이다.

논증행위란 무엇이며, 누가 연구하는가?

"논증(argument)"은 묘한 단어이다. 영어에서 그것의 의미는 서로 다른 환경에서, 심지어 맥락에서 약간만 변화를 줘도 급격하게 변한다. "논증을 하다(making an argument)"와 "말다툼을 하다(having an argument)"는 완전히 다르다.(첫째는 오직 한 사람만 있으면 되지만, 둘째는 적어도 두 사람이 있어야 한다.) 논증행위 이론가들은 오키프(O'Keefe, 1977)로부터 영감을 얻어서 결과물로서의 논증과 과정으로서의 논증행위를 구별한다. 이론가들은 전통적으로 논증 결과물을 그것을 만들어낸 구체적 과정(담론, 성찰 등)과는 독립적으로 설명하고 평가했지만, 일부 접근들은 이러한 분리에 저항하는 경향을 갖는다.(예를 들어 구어 논증의 대화식 모델, 수사적 접근) 어쨌든 과학에서 논증은 종종 탐구와 토론의 과정에서 나온 별개의 인식가능한 결과물(예를 들어 학술대회의 발표, 서면 보고서, 논문)로 등장한다. 설사 결과물에 대한 이해가 과정에 의존한다고 하더라도 말이다.

우리는 보통 논증의 내용을 두 부분으로 나눈다. 논증의 결론 내지 요점과 그러한 결론을 뒷받침하는 자료(근거, 전제)로 말이다. 그러나 이러한 일반적 특징 파악을 넘어서면 내용에 대한 분석은 여러 방향으로 갈라진다. 이론가들은 논증에 들어갈 수 있는 자료나 근거의 종류—표현양식—를 놓고 의견이 나뉘며, 어떤 결과물이 논증으로 해석되기 위해 필요한 구조의 종류를 놓고도 이견을 보인다. 이러한 **논증구성**의 두 가지 질문들은 우리가 실제 논증을 어떻게 해석(하고 재구성)하는가에 영향을 줄 뿐 아니라, 우리가 어떻게 논증을 타당하고 합리적이고 훌륭하다고 **평가하는지**를 결정한다. 그러한 평가가 우리에게 이를 뒷받침하는 근거들(관련성, 사실성 등)의 질과 논거와 결론 사이의 구조적 관계(타당성, 귀납의 견고성 등)의 질에 대한 평가를 요구하는 한 말이다.

과정으로서의 "논증행위"는 보통 둘 혹은 그 이상의 사람들을 포함하는 인간 행위를 지칭한다.[4] 이에 따라 논증행위는 커뮤니케이션에 대한 설명을 필요로 한다. 논증이 종종 특정한 예시화 내지 커뮤니케이션 상황과 독립적으로 묘사될 수 있는 것으로 간주되는 반면, 논증행위는 일반적으로 이러한 측면에서 이해되어야 한다. 커뮤니케이션 과정으로서 논증행위는 커뮤니케이션의 서로 다른 **양태** 내지 **장소**들에서 일어날 수 있으며, 이는 다시 논증행위가 독백인지 대화인지에 영향을 미친다. 따라서 대화식 논증행위는 대면 양태에서 달성하기가 가장 쉽고, 공적 장소(학술대회 발표, 텔레비전 토론)에서는 좀 더 어렵다. 아울러 논증행위는 텍스트 형태로도 수행될 수 있다. 이메일, 간행물 편집인에게 보내는 일련의 편지들, 혹은 서로에게 답하는 학술지 논문들 등을 통해 아마도 여러 해에 걸쳐서 이어질 수도 있다. 우리는 또한 논증이 순환하는 것을 상상해볼 수 있다. 서로 다른 형태와 양태들로 도중에 수정하고 또 수정되면서 사회 속을 통해 순환하는 일단의 텍스트와 발화로서 말이다.[5]

사회적 실천으로서 논증행위는 서로 다른 **목적 내지 목표**를 가질 수 있다.(Walton, 1998) 탐구를 목표로 할 수도 있다.(Meiland, 1989) 진술 내지 가설의 시험이나 새로운 진술 내지 가설의 생성(다시 말해 "외전[外轉]")을 목표로 하는 것이다. 논증자는 또한 특정 입장을 옹호하며, 다른 이들에게 믿음이나 가치를 바꿔야 한다고 설득하려 할 수 있다. 어떤 이론가

---

4) 한 가지 예외는 "지능형 에이전트(intelligent agents)" 간의 논증행위를 모델로 만들려고 시도하는 AI의 영역에서 볼 수 있다.(McBurney & Parsons, 2002를 보라.) 지능형 에이전트는 인간이 아니지만 여전히 복수형이다.

5) Warner(2002); 이 생각은 Latour(1987)에서도 중심을 이루고 있다.

들은 갈등 해소(Keith, 1995)와 협상에 논증행위를 집어넣는 것을 생각한다.(Walton, 1998: chapter 4) 덜 유쾌한 외피를 두른 경우, 논증행위는 기만적 논증을 써서 청중을 조작하려는 시도의 일부가 될 수 있다. 마지막으로 논증행위는 집단적 숙의의 중심에, 즉 집단들이 사리에 맞는 선택을 하는 중심에 있다. 과학적 탐구가 국지적 수준과 제도적 수준 모두에서 실천적 추론과 선택의 양식들을 포함하는 한, 과학적 추론은 숙의의 요소를 갖고 있다.(cf. Knorr Cetina, 1981; Fuller, 2000a)

여기서 더 나아가 일부 이론가들은 논증행위 **절차**를 좀 더 포괄적인 과정의 개념과 구분한다.(가령 Wenzel, 1990; Tindale, 1999) "과정"은 예를 들어 논증행위를 위한 대화에서처럼 시간이 지남에 따라 전개되는 논증 활동을 가리킨다. 이러한 대화에서 논증행위는 번갈아 차례로 진행되며, 따라서 어떤 단일한 발화로 그 위치를 특정할 수 없다. "절차"는 보통 어떤 과정을 규범적으로 인도하는 담화구조를 지칭한다. 이는 참가자들이 그 속에서 말하거나 의사소통하는 질서, 각각의 단계에서 허용되거나 적절한 내용, 역할 분담 등등을 (부분적으로) 결정한다.(예를 들어 피고의 유죄에 관한 논증행위를 관장하는 재판절차)

논증행위의 개념이 갖는 폭을 감안할 때, 서로 다른 분야들이 그것의 연구에 다소 다른 접근법을 취하는 것은 전혀 놀라운 일이 아니다. 우리는 여기서 과학적 논증에 관해 가장 규모가 큰 일단의 성찰을 만들어낸 두 가지 전통에 초점을 맞출 것이다. 철학과 수사학이 그것이다.[6]

---

6) 분명 담론에 대한 철학적 이론은 수사 분석에 중대한 영향을 미쳤다. 여기서 우리는 주로 미국에서 명시적으로 수사 분석에 전념한 가장 큰 일단의 문헌을 만들어낸 두 개의 분야 전통에 초점을 맞춘다. 이에 따라 우리는 담론 이론과 언어 분석에서 대륙의 모든 전통을 직접 다루지는 않을 것이다. 우리가 아래에서 설명할 과학의 수사학 중 일부는 그런 작업에

철학

20세기 중반에 논증에 대한 철학적 연구는 형식논리 접근(예를 들어 과학철학에서의 논리경험주의)에 의해 지배되었다.[7] 형식논리 모델들은 규범적 접근을 취하며 논증의 내용이 사회적 맥락과 영향으로부터 분리돼 있는 것으로 취급한다.(이에 대한 개관은 Goble, 2001을 보라.) 이러한 모델들은 흔히 논증의 내용을 일련의 명제(혹은 진술 내지 문장)들—그중 일부(전제)가 다른 것들(중간 및 최종 결론)과 추론이나 정당화 관계를 맺고 있는—로 해석한다.[8] 명제주의 접근들은 훌륭한 논증구조에 대해 서로 다른 관점들을 취한다. 연역주의자들(예를 들어 카를 포퍼)은 그 형태가 진리를 보존하는 그러한 논증들만 타당한 것으로 인정한다. 결론에 있는 정보가 전제에 있는 정보를 넘어설 수 없기 때문에, 이 형태는 참된 전제들이 추가 정보에도 끄떡없는 참된 결론을 만들어낼 것임을 보증한다. 그러면 논증평가는 구조의 논리적 타당성과 전제의 진리성(혹은 합리적 수용가능성)을 평가하게 된다.

이원론 모델은 연역뿐 아니라 귀납논증을 받아들인다. 다시 말해 그 결

의존하지만 말이다. 이러한 전통들에 대한 유용한 개관은 Sills & Jensen(1992)을 보라. 아울러 우리는 논증행위 이론에 기여한 다른 영역들—가령 법률의 경우 법학자들은 법률적 논증행위의 측면들을 연구해왔다—도 제외했다. 명시적으로 수사학을 내세우는 대륙 학자들은 대부분 고전 수사학에서 활동해왔기 때문에 과학에서의 논증행위에는 간접적으로만 기여한다.

7) 미국에서 실용주의자들은 논리와 과학적 논증행위에 대한 중요한 연구들을 생산해왔지만(가령 Peirce, 1931-33; Hanson, 1958), 1950년대가 되자 그들이 철학과에 미치는 영향은 분석철학자들에게 자리를 내주었다.

8) 철학자들은 전통적으로 명제가 그것의 피상적 형태(가령 독일어냐 영어냐)와 무관하게 문장이나 진술의 내용을 표현하는 것으로 이해해왔다. 그러나 일부 철학자들은 명제가 아닌 문장이나 발화가 논증에서 기본적인 "진리 담지자"라고 생각한다. 추가적인 세부사항은 Kirkham(1992: chapter 2)을 보라.

론이 전제에 있는 정보를 넘어서는 확장 추론 양식을 받아들인다는 말이다. 귀납적 결론은 새로운 정보에 취약하기 때문에, 어느 정도 **개연적으로만** 참일 수 있다. 논리경험주의자들은 개연성 이론에 근거해 귀납적 뒷받침을 형식화하려 시도했다. 이는 그들에게 증거 문장과 가설-결론 사이의 형식적 관계로서 정량적인 "확증의 정도"를 정의할 수 있게 해주었다. 귀납의 견고성에 대한 평가는 수용가능한 일단의 증거 진술들과 관련해 주어진 가설에 대해 이 양을 계산하는 것을 의미했다.(Salmon, 1967; Kyburg, 1970을 보라.)

일부 논증행위 이론가들은 흥미롭지만 비연역적인 논증구조의 범위에 단순한 귀납뿐 아니라 유추 논증, 최선의 설명 추론, 결의론적 추론, 서사 등이 포함된다고 주장한다.(Govier, 1987; Johnson, 2000; Walton, 1989, 1998) 형식논리의 대안에 대한 영향력 있는 제안들(예를 들어 Naess, [1947]1966; Toulmin, 1958; Perelman and Olbrechts-Tyteca, [1958]1969)은 비형식논리, 비판적 사고 운동(van Eemeren et al., 1996; Johnson and Blair, 2000을 보라.)과 함께 철학자들 사이에 점차 논증평가의 "비형식적" 방법들에 대한 인식을 높였다. 이들은 대체로 논증의 구문론적 형식화가 가능한지와 별개로 이를 설명하고 평가할 수 있다고 가정한다.[9]

비형식 추론은 용어들의 상호연결된 의미와 완전한 형식화를 거부하는 배경 정보에 의존한다. 이에 따라 논증들은 비언어적 표현양식도 포함할 수 있다. 과학에서 흔히 볼 수 있는 기호적 내지 수학적 표기법, 다양한 형

---

9) 여기서 우리는 Barth and Krabbe(1982)가 구분한 "형식적"의 다양한 의미들—형식적[1](플라톤적 형태), 형식적[2](연역적 시스템 내에서 논리 상수를 활용하는 구문론의 규칙), 형식적[3](대화절차의 규칙)—중 두 번째 것을 지칭하고 있다.

태의 그림 표현, 물리적 모델, 컴퓨터 시뮬레이션 등이 여기 속한다.[10] 그러한 논증들은 확장 추론을 포함하기 때문에 그것의 결론은 어느 정도 "개연적"이다. 그러나 형식 귀납논리와 달리 개연성은 타당성이나 그럴듯함의 개념과 연관된 의미에서 정량적인 것이 아니라 **실용적**이다.(Toulmin, 1958: chapter 2; Walton, 1992)[11] 개연성 내지 타당성의 수준은 보통 관련성, 충분성, 수용가능성 같은 기준들을 만족시키는가에 달려 있다. 그러한 기준들을 적용하기 위해 우리는 맥락 속에서 논증의 해석적 세부사항들에 주목해야 한다.[12] 비형식 논증에 대한 규범적 논의는 또한 오류를 정의하고, 찾아내고, 비판하는 것에 크게 치우쳐 있다. 아리스토텔레스는 오류를 논증으로 가장한 비논증으로 정의한 것으로 유명하지만(*Sophistical Refutations* I), 오늘날의 이론가들은 그것의 정의에서 의견을 달리한다.[13]

많은 비형식 논리학자들은 자신들의 접근이 고대 그리스인들(특히 아리스토텔레스)과 중세의 토론 실천에서 유래한 논증평가의 변증법적 전통을 발전시킨 것으로 생각한다. 변증법적 시각에서 보면 타당한 논증은 명시된 거증책임을 충족시켜야 하고 관련된 도전들을 논박해야 한다.(Rescher,

---

10) 논증행위 연구(Birdsell & Groake, 1996; Hauser, 1999)와 과학학(Lynch & Woolgar, 1990; Galison, 1994; Perini, 2005; Ommen, 2005) 모두에서 비텍스트 형태의 재현과 논증에 대한 관심이 커지고 있다.

11) Rescher(1976)는 타당성 논증의 형식화 시도를 하고 있다. 논증 시스템의 컴퓨터 모델링에 관심 있는 이론가들은 무효로 할 수 있는 추론의 유형을 형식화하려는 시도를 해왔다.(cf. Prakken, 1997; Gilbert, 2002) Keith(2005)는 툴민의 모델을 비단조 추론(nonmonotonic reasoning)으로 재구성하고 문제가 된 "개연적으로"의 다양한 의미를 증폭시킨다.

12) 전형적 기준으로는 Johnson & Blair(1977), Johnson(2000), Govier(2005)를 보라. 관련성에 대한 맥락주의적 접근은 Hitchcock(1992), Tindale(1999), Walton(2004)을 보라.

13) 몇몇 사례를 들면 Tindale(1999)은 오류를 잘못된 결과물, 절차 혹은 과정으로 보고, van Eemeren et al.(2002)은 대화의 열 가지 규칙을 위반한 것으로 보며, Walton(1996)은 대화의 유형에서 부당한 변화로, 즉 주어진 대화 유형의 내적 목표를 가로막는 논증으로 본다.

1977; Walton, 1998; Johnson, 2000; Goldman, 1994, 1999: chapter 5) 이에 따라 변증법 이론가들은 종종 논증 결과물에 대한 설명을 특정한 기준(예를 들어 주장에 대한 엄격한 시험을 보장하는 절차, 개방적이고 비억압적인 의사소통을 촉진하는 사회적 조건)을 충족시켜야 하는 대화 내지 비판적 토론으로서의 논증행위 과정에 대한 이론 속에 집어넣는다.[14] 그러한 기준은 "외부의" 사회정치적 요인들로부터 보호받는 이상화된 사회적 공간—그 속에서 탐구자 공동체가 어떤 의미에서 객관적으로 더 낫거나 더 합리적인 논증을 만들어낼(그리고 가능하다면 거기에 합의할) 가능성이 높은—을 투사한다.[15]

수사학

비형식 접근과 형식 접근은 논증의 합리적 활용이라는 강조점을 공유한다. 이성이 결론에 대해 정당화 내지 합리적 근거를 제공한다는 것이다. 그러나 우리는 논증에 대해 **수사적** 시각을 취할 수도 있다. 비록 설득에 대한 연구와 일반적으로 연관되기는 하지만, 수사학의 전통—고대 그리스에서 현대 미국과 유럽의 담론 이론까지 펼쳐져 있는—은 대단히 넓은 쟁점들

---

14) Lakatos(1976)는 수학철학에서 절차에 초점을 맞춘 변증법 접근의 사례이다. 그는 형식주의 접근을 비판하면서 기하학의 역사적 발전을 가상의 대화로 재구성했다. 여기서 학생들은 특정한 다면체의 "진정한" 정의에 관해 언쟁을 벌이고, 그들의 논증과 반대논증 양식에 대해 서로에게 자의식적으로 도전한다. 이러한 과정이 포퍼주의의 설명—증명에 논박과 추가적인 증명이 뒤따르는—에 부합함을 보임으로써, 라카토슈는 수학적 추론의 변증법적 구조를 드러내 보였다. 포퍼는 논증분석에 대한 접근에서 연역주의자였지만, 그의 추측과 논박 방법론은 변증법적이다.(Lakatos, 1976: 143 note 2)

15) 대화민주주의와 숙의민주주의 모델이 종종 이러한 접근을 취한다. 하버마스의 작업은 특히 논증행위 이론가들 사이에 잘 알려져 있다.(가령 Habermas, 1984, 1996; cf. Rehg, 2003) 하지만 Alexy(1990), van Eemeren et al.(1993), Bohman & Rehg(1997)도 보라. 이러한 기준을 적용하는 데 있어서의 어려움에 관해서는 Elster(1998), Blaug(1999)를 보라.

을 다룬다. 그중 일부는 묘사를, 일부는 설명을, 일부는 처방을 담고 있다. 일부는 화자의 "발명"(즉, 논증의 발견)에 관심이 있는 반면, 다른 일부는 텍스트 "비평"에 관심이 있다.[16] 여기서 개관할 내용이 지나치게 방만해지지 않도록, 우리는 명시적으로 수사연구에 집중하면서 과학의 수사학에서 영향력이 있는 두 가지 하위전통에 초점을 맞출 것이다. 둘 다 미국의 대학에, 좀 더 구체적으로는 커뮤니케이션(내지 스피치 커뮤니케이션, 이전에는 그냥 스피치라고 했다.)과 영작문 분야에 기반을 두고 있다.[17]

스피치 커뮤니케이션 미국의 대학들에서 공공 발언과 토의에 대한 교육을 중심으로 형성된 이 전통은 구두 커뮤니케이션과 숙의의 정치적 맥락을 전면에 내세운다. 이 분야의 연구 중 많은 부분은 정치적 발언 상황에 대한 아리스토텔레스의 다소 이상화된 설명에 공감하거나 이에 반응하는 것으로 틀 지어진다.

웅변술의 장르는 세 가지로 이루어져 있다. 왜냐하면 담화의 청자가 속하는 [부류의] 숫자가 셋이기 때문이다. 담화 [상황]은 세 가지로 구성돼 있다. 화자, 그가 말하는 주제, 그의 말을 듣는 사람이며, 담화의 목적은 마지막 것[내가 청자

---

16) 수사 분석의 양식들은 너무 다양해서 여기서 다 언급하기는 어렵다. 역사적 개관은 Kennedy(1980), Bizzell & Herzberg(2001)를, 오늘날의 수사학에 관해서는 Lucaites et al.(1999), Jasinski(2001), 수사비평에 관해서는 Burgchardt(2000), 발명의 전통을 언급한 문헌은 Heidelbaugh(2001)를 보라. Farrell(1993)과 Leff(2002)는 수사에 대한 규범적 이해를 주장한다.

17) 이는 지난 백년간 "수사학"의 이름하에 이뤄진 모든 것에 대한 포괄적 내지 국제적 개설이 아니라, 과학에서의 논증연구에 영향을 미쳤던 그러한 전통들에 대한 유용한 학제적 소개로 의도된 것이다. 또한 우리는 수사학 연구가 이 두 전통을 완전히 포함한다거나 그것에 의해 포함된다고 주장하지 않는다.

라고 부르는]과 관련돼 있다. 그런데 그 청자는 필연적으로 구경꾼 아니면 판관이어야 하며, [후자의 경우] 판관은 과거 혹은 미래에 대하여 판결을 내려야만 한다. 미래에 대해서 판결을 내리는 사람은 가령 의회의 위원들과 같은 사람이며, 과거에 대해서 판결을 내리는 사람은 배심원인 것이다.(Aristotle, 1991: I.1.3, 1358a-b)

따라서 핵심 요소는 화자, 주제, 화자의 목적, 청중이다. 아리스토텔레스는 맥락에 대해 매우 간접적으로만 얘기한다. 그는 청자가 의회나 법원 같은 제도적 환경 속에서 판결에 도달하려는 목적으로 모였다고 가정하기 때문이다. 아리스토텔레스는 복수의 요소들이 설득의 과정에서 역할을 한다는 점을 인식했지만, 다른 설득의 수단인 성품(에토스)과 감정(파토스)보다는 논증(로고스)에 좀 더 주목한다.[18]

철학자들과 달리, 미국 스피치 전통의 이론가들은 논증 그 자체보다 논증행위에 좀 더 관심이 많으며, 명제를 증명(내지 반증)하려 의도한 변증법적 언쟁보다 행동의 경로에 관한 결정을 내리는 것을 목표로 하는 집단 숙의에 초점을 맞춘다. 그 결과 커뮤니케이션 이론가들은 흔히 논증행위를 확신(믿음의 변화) 내지 설득(행동의 변화)과정의 일부로 위치시킨다. 설득에 초점을 맞추는 것은 논증이 그것의 맥락을 고려에 넣어야 함을 의미한다. 그것은 구체적이어야 하고 상황에 적절해야 한다. 그리고 맥락은 상대

---

18) 설득의 수단으로 에토스와 파토스는 아리스토텔레스에게 넓은 의미에서 논증으로 간주될 수 있다. 그는 논증을 담화의 방식과 배치에 의해 구분한다. 어쨌든 아리스토텔레스에 대한 해석은 여전히 논쟁적이다. 아울러 유럽 전통 내에서 아리스토텔레스 그 자체가 아니라 이소크라테스/키케로의 인문주의가 19세기까지 대학교육을 지배했다는 점도 기억해야 한다. Kimball(1995)을 보라.

적이다. 하나의 맥락에서 중요한 논증이 다른 맥락에서는—"일반적으로" 아무리 타당하다 하더라도—중요하지 않을 수 있다. 설득은 또한 청중의 중요성을 부각시킨다. 청중 구성원들은 자기 자신의 입장과 견해에 비춰 논증을 평가한다. 이러한 전통에 있는 수사학자들은 1950년대 이후 상당한 정도의 혁신을 이뤄냈고, 그중 많은 수는 상징적 상호작용주의의 수사학 버전에 초점을 맞추었다. 그러나 과학의 수사학 문헌 중 상당수에서는 여전히 전통의 흔적을 볼 수 있다. "논증영역(spheres of argument)"에 대한 굿나이트의 영향력 있는 1982년 논문—아리스토텔레스와 하버마스를 뒤섞으려 시도한—이나 다윈주의 이론 수용의 숙의적 맥락을 재구성하려는 캠벨의 숱한 노력은 이를 잘 보여준다.

영어/작문 영문과와 작문 분야에서 수사학은 보통 서면 논증의 수사법적(figurative) 측면 및 장르적(generic) 측면과 관련해 이해되어왔다. 양 측면은 모두 대학생들에게 글쓰기를 가르칠 때 중요하다. 글쓰기에서는 청중이 물리적으로 존재하지 않기 때문에 적절한 맥락을 제공하기 위해 장르적 고려가 적용된다. 원래 장르는 문학적 형태(에세이, 단편소설 등) 혹은 알렉산더 베인(Bain, [1871]1996)을 따라 담론의 "양식"이라고 불리는 것—서술, 묘사, 설명, 논증 등 문체와 의사전달 기능을 융합시킨 것—을 가리켰다. 논증은 이러한 양식들 중 하나이며, 작문에서 논증은 종종 철학자들이 취급하는 것과 비슷하게 하나의 결과물로 취급되었다. 학생들은 그들의 논증이 "일반 청중"에 의해 비판적으로 독해될 거라는 가정하에 증거를 모으고, 오류를 피하는 등의 교육을 받았다.

18세기 순문학의 유산에서 나온 작문 교육은 또한 글쓰기의 문체나 수사법적 측면들에 주목했다. 이는 단어의 비문자적 의미를 포함하는 비유

(trope)와 단어의 특이한 배치를 포함하는 배열(scheme)을 구분했다. 비유에는 은유, 환유, 직유가 포함되는 반면, 배열에는 반복("인민의, 인민에 의한, 인민을 위한"), 대조, 점증(klimax)이 포함된다.[19] 글쓰기 교사들은 수사법을 서로 다른 수사적 목표에 맞게 사용해야 함을 이해한다. 주로 미학적인 것으로서, 혹은 전략적이고 기능적인 것으로서(예를 들어 논증을 지지하거나 명확하게 하는 방법으로서) 말이다.

수사학의 두 가지 하위전통 모두에서, 학자들은 논증을 좀 더 큰 사회적·의사소통적 맥락 속에 위치시킨다. 이에 따라 수사학 이론가들은 논증행위의 합리성이 참가자들의 사회적·문화적·정치적 맥락에 상대적인 것으로 보는 관점을 고수한다. 그렇기 때문에 이성의 "내부적" 차원을 그것의 "외부적" 맥락에서 깨끗하게 분리시킬 수 없다. 비판적 평가를 위해 그들은 분야에 고유한 내지 국지적 기준들, 혹은 수사학의 인문주의 전통에서 유래한 정치적 이상과 규범들에 의존하는 경향을 갖는다.[20]

---

19) 예를 들어 "그 소년을 전원 밖으로 데려갈 수는 있어도 그 아이에게서 전원을 빼앗아갈 수는 없다."는 대구를 이루며, "전원"이라는 단어는 농촌 문화에 대한 환유이다.

20) 비판적 사고 운동에서 어떤 사람들은 영역에 고유한 기준을 옹호했다. 연관된 논쟁에 대한 논의는 Siegel(1988)과 McPeck(1990)을 보라. Toulmin et al.(1984)은 학문 분야들(법학, 과학, 윤리학 등)로부터 평가 기준을 끌어냈다. 더 나아가 Willard(1989, 1996)는 공약불가능한 분야별 문제해결 합리성을 민주적 비판이라는 맥락 속에 위치시킨다. McKerrow(1989)는 푸코에 의지해 진리보다는 담론적 실천을 목표로 한 "비판적 수사"를 구상한다. Fisher(1984, 1987)는 논증의 질을 평가하기 위한 도구로 서사를 제안했다.

과학에서의 논증: 어디서, 그리고 어떻게

논증이 이뤄지는 중첩된 맥락들은 참가자들에게 구체적인 "요구들(exigencies)"—특정한 목표, 양태, 청중들—로 다가간다. 논증들은 국지적 환경, 즉 실험실, 야외현장, 소그룹, 노트 등에서 유래한 학술지와 책들에서 발견된다. 여기서 연구자들은 대화와 개인적 성찰에 관여한다. 논증의 구시라는 국지적 과정은 다시 좀 더 큰 담화의 맥락과 제도적 배경—지원기관, 관심 있는 대중들, 입법가와 정책결정자 등을 포함해서—내에서 전개된다.

이 절에서 우리는 이처럼 상이한 논증행위의 맥락들에 따라 과학학 접근을 조직할 것이다. 국지적 연구장소에서의 논증구성에 대한 연구에서 시작해 좀 더 폭넓은 담론 공동체에 대한 연구로 이동할 것이다. 담론 공동체는 많은 논증행위가 서면으로 수행되고 과학논쟁이 보통 일어나는 맥락을 이룬다. 과학적 논증행위는 과학의 제도적·문화적 측면들, 즉 과학의 "에토스", 자금지원 메커니즘, 분야 간 분할 등에 의해 추가로 영향을 받는다. 마지막으로 좀 더 폭넓은 비과학 대중들도 과학에 관한 논증에 참여한다. 자연스럽게 많은 과학학 연구들은 이러한 장소들 중 하나 이상에 초점을 맞춘다. 그들은 복수의 맥락을 가로질러, 혹은 복수의 목적을 가지고 논증을 탐구하기 때문이다. 그럼에도 불구하고 이런 개요는 분야 간 관계 맺기의 다양한 장소들을 차별화해주는 수단으로 여전히 유용하다.

분야들이 서로 관계를 맺을 가능성을 찾아내기 위해 우리는 두 연구영역 모두와 관련된 다양한 경계 개념들에 의존할 것이다. 이러한 개념들 중 일부(논리, 연역, 귀납, 변증법, 수사의 측면들 등)는 논증행위 연구에 대한 개관에서 이미 파악했고, 다른 일부(예를 들어 논쟁, 증거, 합의)는 과학학자들에게 두드러진 관심사로 부각되고 있다.

연구장소에서 논증의 국지적 구성

논증의 국지적 구성에 관한 최근의 철학적 연구는 논리경험주의에서 확증을 다루는 데 내재한 결함에 대응하는 규범적 증거 이론에 초점을 맞춰왔다.(Achinstein, 2001, 2005; Taper and Lele, 2004를 보라.) 메이요(Mayo, 1996)는 그러한 접근에 영향을 준 베이즈 가정들에서 벗어나, 과학자들이 가설들을 차별화하고 가능한 오차의 원천을 제거하는 데 실제로 사용하는 "오차-통계학적" 방법을 탐구한다. 스테일리(Staley, 2004)는 메이요의 접근법을 정교화해 이를 페르미국립가속기연구소(약칭 '페르미랩')에서의 탑쿼크 발견이라는 구체적 사례연구에 적용시켰다. 스테일리의 연구 중 일부 측면들, 예를 들어 대규모 협력 속에서 논문을 쓰는 과정에 대한 그의 분석은 논증행위 이론—특히 변증법과 수사학—과 좀 더 깊이 관계를 맺으면 분명 도움을 얻을 수 있을 것이다.(Rehg & Staley, in press를 보라.)

페미니스트 과학철학자들 역시 국지적 논증구성이 어떻게 좀 더 폭넓은 담론 맥락에 의존하는지를 보여줌으로써 증거의 이론에 기여해왔다. 롱기노(Longino, 1990, 2002)는 증거 논증이 어떻게 형이상학적이고 가치적재적인 배경 가정들—좀 더 폭넓은 문화에서 나온 젠더 편향을 포함해서—에 의존하는지를 보여준다. 켈러(Keller, 1983)에 따르면 유전학자 바버라 매클린톡은 경력 후반부까지 인정을 받지 못했는데, 그 이유는 유전학 공동체가 매클린톡이 구사하는 종류의 논증이나 그녀가 제시하는 종류의 증거를 한마디로 이해하지 못했기 때문이었다. 켈러는 과학에 대한 매클린톡의 시각이 빠른 속도로 성장하는 제도적 실험실 구조 바깥에 있었고, 이러한 국외자로서의 지위가 그녀의 창조성과 생물학 공동체가 그녀의 기여를 이해하는 데서 겪은 어려움 모두의 원천이었다고 주장한다.

철학적 증거 모델은 국지적 논증 구사의 결과물과 과정을 모두 다루며, 실체적·맥락적 세부사항에 대한 주목은 논리경험주의를 훌쩍 뛰어넘는다. 많은 철학자들은 이제 수사가 과학적 논증에서 필수적인 구성요소임을 인정한다.(McMullin, 1991; Toulmin, 1995; Kitcher, 1991, 1995) 그럼에도 불구하고 규범적 증거 이론은 블레이크슬리(Blakeslee, 2001)의 연구에서처럼 논증구성의 수사연구에 좀 더 주목함으로써 여전히 도움을 얻을 수 있다. 물리학에서의 논문 작성을 청중 구성의 대면과정으로서 연구한 블레이크슬리는 물리학 연구팀이 어떻게 청중에 대한 이해(생물학자들과의 국지적 교류를 통해 얻은)에 따라 자신들의 논문(생물학자들을 대상으로 한)을 수정하는지를 탐구했다.

사회학자, 인류학자, 과학사가들은 또한 과학에서의 국지적 논증행위 실천에 대한 이해에 인상적인 기여를 해왔다. 논증행위 연구와의 상호교류를 보여주는 분명한 사례는 아직 제한적이지만 말이다.[21] 실험실연구에 대한 라투르와 울가의 민족지 작업은 실험실을 "문학적 기입의 시스템"으로 접근한다. 저자들은 과학자들이 어떻게 데이터에서 사실을 구성하는지를 분석한다. 이는 단서조항이 달린 진술들(예를 들어 "스미스가 x에 대한 증거를 관찰했다.")을 단서조항이 없는 사실 진술("x가 존재한다.")로 변형시킴으로써 이뤄진다. 계속해서 그들은 과학자들의 행동을 방법 규범의 준수가 아닌 신뢰성의 추구라는 측면에서 설명한다.

---

21) 이러한 성격 규정에 대한 주된 예외는 실험의 수사에 대한 역사적 연구이다. 가령 Dear(1995)는 수사학에서 영향을 받아 17세기에 experimentum이라는 용어의 서로 다른 용례들을 연구했다. 아울러 Dear(1991)도 보라.

우리는 연구장소에서 가장 상세하고 엄격하게 묘사적인 논증행위 연구 중 일부를 민족지방법론자들에게 빚지고 있다. 과학자들의 직업적 대화(shop talk)에 대한 민족지방법론자들의 상세한 묘사는 일상적 과학 실천의 국지적·상황적 합리성을 드러내는 데 도움을 준다.(Lynch, 1993) 예를 들어 린치(Lynch, 1985)는 신경과학 실험실에 대한 연구에서 신경과학자들이 데이터 해석에 관해 합의에 도달하는 방식을 기록했다. 리빙스턴(Livingston, 1986, 1987, 1999)은 민족지방법론을 수학을 포함한 "증명의 문화"에 적용한다.[22] 그는 수학자들의 다양한 증명 구성(기하학적 증명, 괴델의 증명 등)을 추적함으로써 증명 텍스트 내지 "증명 설명"이 어떻게 일단의 단서, "게슈탈트 혹은 추론"을 제공하는지를 보여주고자 한다. 그것이 갖는 보편적·객관적 강제성의 감각은 수학의 체현된 사회적 실천에 의존한다. 그처럼 강하게 초점이 맞춰진 연구들은 실험실 상호작용을 좀 더 폭넓은 과학자 공동체의 에토스와 연결시키는 분석들에 의해 보완된다. 트래윅(Traweek, 1988)은 고에너지물리학에 관한 연구에서 이러한 공동체에서 효과적 논증은 공격적인 의사소통 방식을 요구한다는 점을 알게 되었다.

다른 사회학자들은 미시 및 거시사회학적 조건들(개인의 필요와 목표 지향성, 전문직 및 다른 사회적 이해관계, 계급 등)이 어떻게 국지적 논증구성에 영향을 주는지 설명하려 시도한다. 예를 들어 매켄지는 통계적 논증에 대한 칼 피어슨의 이해를 그의 사회적 우생학 촉진과, 더 나아가서 계급적 이해관계와 연결시킨다.(MacKenzie and Barnes, 1979; MacKenzie, 1978) 실제 상호교류의 가장 좋은 사례 중 하나는 경쟁하는 논리 유형들 간의 선택에 대한 블루어의 비트겐슈타인식 설명이다.(Bloor, 1983, chapter 6; cf.

---

22) 수학적 증명 및 증명 문화에 대한 다른 연구는 Heintz(2003)에 인용된 문헌을 보라.

[1976]1991, 1984) "연역적 직관"만으로는 이러한 선택을 과소결정하기 때문에, 추가적인 "이해관계와 필요", 즉 논리적 언어 게임이 배태된 다양한 실천들의 목표가 선택을 공동으로 결정한다.

라투르는 울가와의 협력관계 이후 사실 구성의 수사적 측면들을 행위자 연결망 이론의 맥락에서 좀 더 완전하게 발전시켰다.(다만 그는 수사학 연구보다 기호학에 좀 더 명시적으로 의존한다.)[23] 라투르(Latour, 1987)는 과학적 논증이 어떻게 텍스트, 사물, 기계, 기입, 계산, 인용의 연결망을 통해 구축되는지를 체계적으로 설명한다. 그는 연결망의 요소들을 견해를 사실로 바꾸는 수사적 자원들과 비교한다. "사실"은 어느 누구도 더 이상 효과적인 대항논증을 가지고 도전할 수 있는 자원을 갖고 있지 못한 주장이다. 과학자들은 부분적으로 자신들의 대의에 강력한 동맹군을 끌어들임으로써 이러한 설득 효과를 달성한다. 예를 들어 프랑스의 위생 운동이 과학자로서 파스퇴르의 성공을 도와준 것처럼 말이다.(Latour, 1988) 결국 라투르는 실험실 수준의 논증행위를 과학의 제도적·기술적 차원들과 연결시키고 있다.

실험실연구를 역사적으로 다룬 사례 중에서 고에너지물리학(HEP)에 대한 갤리슨의 권위 있는 연구(Galison, 1987, 1994)는 국지적 논증행위를 실험실 기술과 좀 더 폭넓은 제도적 경향 모두와 연결시켰다는 점에서 두드러진다. 실험실 수준에서 그는 논증행위가 어떻게 이론적 신념뿐 아니

---

23) 한편 울가는 사회구성주의의 회의적 함의를 정교화하는 작업에 나섰다. 이는 과학에서의 객관적 재현 수사에 대한 비판으로서, SSK 그 자체에도 성찰적으로 적용된다.(Woolgar, 1983; 1988a,b; Ashmore, 1989) 다른 학자들은 데리다의 관념에 의지해 실험실연구에 대한 Latour and Woolgar([1979]1986)의 문학비평적 접근을 더욱 발전시켰다.(Lenoir, 1998을 보라.)

라 실험실의 "물질문화"—특히 특정한 장치에 대한 헌신—에 의존하는지를 보여준다. "이미지" 전통에 있는 물리학자들에게 증거 논증은 거품상자(bubble chamber) 같은 장치들에 기록된 눈에 보이는 궤적의 분석에 의존한다. "논리" 전통에 있는 물리학자들은 계수 장치의 출력에 근거한 통계적 논증을 동원한다. HEP가 엄청난 물질적 지출과 대규모의 협력을 요하는 "거대과학"이 되면서, 실험실에서의 논증행위는 과학 전체를 아우르는 제도적 복잡성을 획득했고, 이는 협력자들에게 학제적 의사소통의 기술을 발전시키도록 강제하고 있다.

이상의 개관은 학제적 연구를 위한 풍부한 잠재력이 국지적 논증행위 연구에 존재함을 시사한다. 여기서 가장 시급한 질문들 중 일부는 실험실 문화의 다양한 우연성과 구체적 특수성들이 증거 논증의 규범성에 던지는 함의와 관련돼 있다. 이 장의 마지막 절에서는 이 문제에 대해 몇 가지 가능한 학제적 접근들을 제시할 것이다.

글쓰기와 논쟁: 담론 공동체와 분야로서의 과학

논증행위 이론과 과학학 사이의 실제 상호교류의 많은 부분은 주어진 연구 분야를 가로지르는 논증행위에 대한 연구에서 일어났다. 이곳에서 과학은 담론 공동체로 취급되었다. 여기서 초점은 서면 논증행위와 논쟁 연구에 맞춰져 있었다. 첫째, 과학적 논증행위의 기록이 대부분 서면 기록이기 때문에 텍스트는 논증에 대한 분석을 시작할 수 있는 자연스러운 장소이다. 둘째, 질적 사회학자들이 오래전부터 주장해온 것처럼, 어떤 분야의 근저에 깔린 가치와 가정들은 위기나 통상의 절차가 단절되는 순간에 가장 잘 드러난다.(Garfinkel, 1967) 동일한 방식으로 과학에서의 논쟁은 논증행위 연구자들에게 매력적이었다. 과학적 논증을 보여줄 뿐 아니라 어떤 경우에는 이에 대해 성찰하기도 하기 때문이다. "정상과학"으로 제시되는 과학이 투명하고 수사 내지 논증분석이 불가능한 것처럼 보인다면, 논쟁은 진입의 장소를 제공한다.

서면 논증행위 "수사적 전환"을 겪은 많은 분야들은 텍스트 지향이며 (Klein, 1996: 66-70을 보라.), 따라서 과학의 수사학에서 많은(아마도 대부분의) 연구가 과학 텍스트에 초점을 맞춰왔다는 것은 놀랄 일이 못될 것이다. 구체적인 목표, 시각, 초점은 각기 다르다. 일부 이론가들은 과학적 논증이 다른 종류의 논증과 어떻게 연속적인지 보여주는 반면, 다른 이론가들은 그것이 어떻게 독특한지를 보여준다. 많은 연구들은 단일한 텍스트에 초점을 맞추지만, 일부 저자들(예를 들어 마이어스, 캠벨)은 상호텍스트적 논증행위의 과정을 건드리면서 수많은 텍스트와 때로 저자들을 가로지르는 논증을 설명하려 시도한다. 많은 수사 분석은 일차적으로 묘사적이거나 분석적이지만, 어떤 연구들은 설명적이거나 처방적인 주장을 과감하게 제시한다.

그처럼 다양한 범위의 학술연구는 깔끔한 조직화를 거부한다. 여기서 우리는 담화의 맥락과 그것이 설득력이나 수용가능성에 부과하는 다양한 수사적 조건들과 관련해 논증의 텍스트적 측면을 설명하려는 노력으로 이러한 일단의 연구에 접근한다. 우리의 개관은 과학 텍스트의 수사적 차원의 밀도에 대한 감각을 전달하는 것을 목표로 한다. 한때 과학적 논증에서 주변적이고, 의심스럽고, 아마도 무관한 장식으로 여겨졌던 과학의 수사가 지식의 측면에서 중심적이고 모든 것을 포괄하며 일견 끝도 없는 변주에 열려 있는 것으로 등장했다.[24]

장르 전통에서 작업하는 베이저먼(Bazerman, 1988)은 글쓰기의 관례가 무엇을 주장할 수 있고 주장할 수 없는지, 어떤 종류의 증거를 사용할 수 있는지, 어떻게 결론이 도출될 수 있는지 결정하는 데 도움을 준다는 것을 보여주었다. 미국심리학회(American Psychological Association)의 『양식 설명서(*Manual of Style*)』에 대한 그의 영향력 있는 분석은 1920년대부터 1980년대까지 안내서의 변화가 이 분야의 자기이해의 변화뿐 아니라 시간이 지나면서 이 분야가 좀 더 경험적으로 변모하려고 애쓴 결과로 나온 방법론의 변화도 반영하고 있음을 보여주었다. 연구 논문에서 익숙한 5부 구조(서론, 문헌 검토, 방법, 결과, 토론)의 발전은 자기성찰적 내지 철학적 논증이 심리학 학술지에 들어가는 것을 사실상 불가능하게 만들었다.

파네스톡(Fahnestock, 1999)은 수사법적 접근의 좋은 예를 제공한다. 그녀는 어떤 과학적 논증이 그것을 표현한 양식의 요소들—배열과 비유—을 분석함으로써 가장 잘 이해될 수 있다고 주장한다. 그녀는 전통적 배열인 점증(gradatio, 그리스어의 klimax)을 예로 든다. 여기서 반복은 정도나 단계의 변화와 결합돼 있다. 전통적인 예는 "왔노라, 보았노라, 정복했노라."인데, 여기서는 반복을 활용하고 있을 뿐 아니라 앞에 나온 단언들을 확장하는 뒤쪽의 단언들 안에 끼워 넣는다. 파네스톡은 과학자들이 이러한 배열을 활용해 논증을 구조화한다는 것을 보여준다. 여기서는 실험 조건에서의 일련의 변화들을 통해 효과가 증가하면서 인과적 결론으로 이어진다.

적어도 두 개의 텍스트 연구가 긴 역사적 범위에서 주목할 만하다. 그

---

24) 실제로 일부 비판자들은 과학의 수사학이 흥미롭지 못하고 유익하지도 않다고 비판한다.(Fuller, 1995; Gaonkar, 1997) 좀 더 정당한 비판은 일반적으로 잘 정의된 연구 프로그램이 없었다는 것일 터이다. 과학의 수사에 대한 많은 연구들은 질적 수준이 높은 경우에도 "여기 또 다른 흥미로운 텍스트가 있다."는 식의 동기부여에 입각하고 있다.

로스 등(Gross et al., 2002)은 17세기부터 20세기까지 세 가지 언어(영어, 독일어, 프랑스어)로 씌어진 과학논문에서의 변화—양식, 제시(즉, 배치), 논증을 아리스토텔레스가 구분한 것에 의거해 분석한—를 추적한다. 그들은 이러한 문학적 발전을 과학에서의 개념적 변화의 진화적 모델(예를 들어 Hull, 1988)에 근거해 설명하려 시도한다. 앳킨슨(Atkinson, 1999)은 과학사회학, 수사학, 정량적 언어학에서 나온 자원들을 결합해 왕립학회에서 발간한 《철학회보(*The Philosophical Transactions of the Royal Society*)》의 장르적 측면들에서의 변화를 1675년부터 1975년까지 기록한다. 장르를 나타내는 언어 패턴("어역[語域]")의 빈도 변화를 추적함으로써, 앳킨슨은 오늘날 과학 글쓰기의 다양한 텍스트적 특징들(예를 들어 비서사성, 추상성)이 점진적으로 출현하는 것을 보여준다. 과학사가들도 이러한 종류의 수사 분석에 관심을 보여왔다. 수사법적 전통과 장르적 전통에 크게 의존한 디어(Dear, 1991)의 기여는 17세기부터 19세기까지 수많은 분야들—동물학, 생리학, 수학, 화학을 포함해서—에서 논증과 의사소통을 조건 지었던 텍스트의 동역학을 분석한다.

이러한 연구들은 장르적 요소와 수사법적 요소들이 어떻게 특정 담론 공동체와 연관되며 과학적 논증의 내용에 영향을 주는지를 보여준다. 또 다른 폭넓은 연구영역은 특정한 주제 내지 논쟁과 연결된 청중과 기회의 좀 더 구체적인 요구가 어떻게 과학 텍스트를 형성하는지에 초점을 맞추었다. 예를 들어 프렐리(Prelli, 1989a)는 고전 수사학의 착상(invention)을 통해 논증구성에 접근한다. 이 시각은 논증을 발전시키는 데 이용가능한 자원들을 목록화한다. 쟁점(stasis, 잠재적인 의견불일치 지점)과 주어진 내용, 청중, 상황에 맞는 이용가능한 "논증방식"(내지 관용표현)이 여기에 해당한다. 이러한 방식으로 프렐리는 실천적 추론에 기반해 상황에 따른 청중 판단을 위한 가능한 근거를 드러내는 논증행위의 "주제별" 비형식논리를 펼친다. 그는 쟁점과 관용표현의 광범한 체계를 제시하며, 과학 텍스트가 어떻게 논증행위의 부담에 체계적으로 대응하는지를 기록한다. 예를 들어 생물학자들은 자신들의 표본채취 기법, 분석 방법, 결과의 중요성 판단 등을 방어해야 한다. 프렐리는 이질적인 텍스트를 논증으로서 비교하고 그것의 설득 성공 내지 실패를 설명하는 시각을 제공한다.

수많은 사례연구들이 텍스트가 특정 사안 내지 "기회"에 관심이 있는 특정한 청중을 반영하는 방식을 탐구한다. 예를 들어 그로스(Gross, [1990]1996)는 뉴턴의 『프린키피아』에서 왓슨의 『이중나선』에 이르는 과학 텍스트들이 어떻게 그것의 논증을—청중의 지식과 가정을 배경으로 해서—과학자의 목표에 맞추는지를 보여준다. 그로스에 따르면 뉴턴은 독자들의 기대를 충족시키기 위해 의도적으로 자신의 논증을 기하학적 어법으로 제시했다. 셀처(Selzer, 1993)는 커뮤니케이션과 영어 전공 학자들이 쓴 일련의 분석 논문들을 제시한다. 기고자들은 스티븐 J. 굴드와 리처드 르원틴의 논문 「산마르코스 성당의 스팬드럴과 팡글로스 패러다임: 적응주의 프로그램 비판」에 대해 논평을 했다. 이는 진화 이론의 적응주의 프로그램이 도를 넘은 것을 비판한 글이었다. 기고 논문들은 굴드와 르원틴의 논증을 진화논쟁 속에 위치시킴으로써 그들이 어떻게 생물학의 역사, 생물학 분야의 문헌, 상대방의 관점을 우연하게 전략적으로 재현하는가를 드러낸다. 밀러(Miller, 1992; cf. Fuller, 1995)는 과학논문에 대한 반응의 차이를 소피스트들이 가졌던 적절한 시점(kairos)이라는 관념의 측면에서 설명할 수 있다고 주장한다. DNA 구조에 관한 왓슨과 크릭의 1953년 《네이처》 보고처럼 성공한 논문들은 역동적인 연구 분야의 문제풀이에서 시의적절한 순간과 장소에 스스로를 자리매김한다는 것이다.

마이어스(Myers, 1990)는 다양한 과학 텍스트(연구비 신청서, 집필 중인 학술지 논문, 대중과학 에세이)가 특정한 전문직과 일반인 청중의 요구에 의해 형성될 때 이에 대해 예외적으로 상세하고 폭넓은 분석을 제공한다. 마이어스는 자신의 언어학 배경과 구성주의 과학사회학에 모두 의존해, 텍스트가 어떻게 텍스트로서 그 결론뿐 아니라 과학적 지위도 주장하는지를 보여주고 싶어 한다. 논증이 어떻게 저자, 편집자, 심사위원 사이의 텍스트 협상으로부터 출현하는지를 조심스럽게 묘사함으로써, 마이어스는 글쓰기 과학과 그 결과물을 모두 조명한다.(Berkenkotter and Huckin, 1995; Blakeslee, 2001도 보라.)

찰스 다윈의 논증 전략을 역사적 지식과 면밀한 텍스트 분석에 근거해 연구한 존 앵거스 캠벨(Campbell, 1990, 1995, 1997)은 다윈이 쓴 노트의 구조가 나중에 『종의 기원』에 나타난 논증을 만들어냈음을 보여준다. 캠벨은 또한 다윈이 낡은 신학적 패러다임과 새로운 과학적 패러다임 사이의 문화적 간극을 메우기 위해 전략적으로 특정한 논증에서 모호성을 이용했으며, 다윈과 그 동맹군들은 우호적인 대중의 여론을 얻기 위해 홍보 기법들을 활용한 영리한 자기선전가들임을 보여준다. 캠벨(Campbell, 1986)은 다윈의 "문화적 문법"을 탐구한다. 이는 다윈의 입장에 불리하지만, 그럼에도 다윈이 지적·대중적 담론 모두에서 자신에게 유리하도록 활용했던 배경 가정들을 말한다.

마지막으로 몇몇 저자들은 텍스트 논증을 좀 더 큰 규범 구조 속에 위치시키고 과학적 논증의 가능성을 비판적으로 성찰함으로써 텍스트 논증에 대한 설명을 넘어선다. 수사학에 깊은 관심을 지닌 경제학자 매클로스키는 역사적인 경제학 논증과 오늘날의 경제학 논증 모두가 수사적 형태와 청중에 대한 고려에 의해 조건 지어짐을 보여준다.(McCloskey, [1986]1998)

많은 경제학 논증은 수학적 외관에도 불구하고 은유와 서사 구조에 의존한다. 이어 매클로스키(McCloskey, 1990)는 경제학의 실천이 성장을 저해당했고 위선적이라고 비판한다. 만약 경제학이 수학 용어로만 논증을 펴도록 제약을 덜 받는다면, 사회-정치적 문제들을 이해하고 해결하는 데 좀 더 효과적으로 기여할 수 있다는 것이었다.[25]

완전히 체계적인 것은 못되지만(Gaonkar, 1997), 과학 텍스트에서의 논증행위 분석은 심지어 일견 "건조하"거나 투명해 보이는 텍스트도 유용하게 해석될 수 있는 흥미로운 논증행위의 특징들을 갖고 있음을 보여주었다. 과학 텍스트의 텍스트적 특징은 명백히 **기능적**이다. 과학자 공동체와 그들을 담고 있는 문화 내에서 담화 상황(예를 들어 "증명", "증거")과 효과(예를 들어 학술지 게재 승인, 재연이나 반박)에 대응하고 이를 창출하는 데 일조한다는 점에서 그렇다. 흥미롭게도 어떤 사례들에서는 텍스트 논증의 수사적 특징들이 학문 분야에 속한 사람들을 반영하지만, 다른 사례들에서는 주어진 환경 내에서 과학적이라는 것, 혹은 과학자가 된다는 것이 무엇을 의미하는지 결정하는 데 일조함으로써 학문 분야에 속한 사람들을 구성하는 것처럼 보인다.

논쟁과 이론변화 위에서 설명한 많은 연구들은 논쟁적 텍스트에 초점을 맞추지만, 논쟁이 전개되는 도중에, 또 이론변화의 시기에 나타나는 논증행위는 이와 구분되는 또 다른 일단의 연구의 주제였다. 이는 쿤의 『과학

---

25) 이 절에서는 텍스트를 면밀하게 분석한 두 편의 철학 논문을 언급해둘 만하다. Suppe(1998)와 Hardcastle(1999)은 실제 논문을 한 줄씩 분석함으로써 과학논증의 서로 다른 규범적 모델을 검증하고 있다.

혁명의 구조』 출간에 따른 합리성 논쟁에 뒤이어 등장했다.[26]

철학자들은 쿤에 대응해 이론 발전의 변증법적 모델을 제안했다.[27] 예를 들어 페라(Pera, 1994; cf. 2000)는 변증법적 전통—그는 이를 수사적 담론의 "논리"라고 생각한다—을 과학적 논증행위 연구에 적용하려 시도한다. 그는 과학을 위한 일종의 비형식논리를, 다시 말해 논쟁을 수행하고 해결하는 일군의 실체적·절차적 규칙들(수사학의 시각에서 보면 그의 규칙들은 다소 추상적인 것으로 남아 있지만)을 설명한다. 키처(Kitcher, 1993, 2000)는 암암리에 전제된 변증법적 시각에서 논쟁을 분석한다. 그는 "소거 귀납법"을 기본적인 논증행위 전략으로 받아들인다. 논쟁에서 과학자들은 내적 모순에 빠지거나 "설명력 상실"(그들이 내놓은 주장의 범위에서 심각한 후퇴)을 겪지 않고서는 고수할 수 없는 입장으로 상대방을 몰아넣으려 애쓴다.

철학자들이 과학을 우연성에서 구해내려 분투하는 동안, 과학지식의 사회사가와 사회학자들은 우연성이 미치는 효과를 강조했다. 논쟁연구는 이러한 프로젝트에 풍부한 영역을 제공해주었다. 콜린스(Collins, 1983, 1985)에게 논쟁의 미시분석은 귀납적 추론을 괴롭히는 우연적 요소들을 끌어낸다. 섀핀과 섀퍼(Shapin & Schaffer, 1985)의 보일-홉스 논쟁 분석은 논쟁을 좀 더 폭넓은 거시사회학적 맥락 속에 위치시킨다. 논쟁 주역들이 방법(실험적 vs. 기하학적), 합의에 이르는 경로(공개적으로 반복된 실험 vs. 설득력 있는 연역), 지식의 정의(확률적 vs. 확실한)를 놓고 보여준 상반되는 관점의 배

---

26) 논쟁연구에 관한 논문집으로는 Engelhardt & Caplan(1987), Brante et al.(1993), Machamer et al.(2000)이 있다.

27) Laudan(1977)과 Shapere(1986) 같은 저작은 적어도 암묵적으로 변증법적 접근을 취한다. Brown(1977)과 Ackerman(1985)은 자신들의 모델을 변증법적인 것으로 제시한다. 쿤의 이론변화 설명에 대한 형식적 접근으로는 Stegmüller(1976)를 보라.

후에는 과학자 공동체와 정체(政體)의 사회조직 문제가 숨어 있었다. 섀핀과 섀퍼는 또한 논쟁 주역들의 상이한 관점이 그들이 취한 상이한 수사적 전략("문학적 기술")에도 반영되었음을 보여준다.

사회학자들 중에서는 진화 이론에서 멘델주의자와 생물측정학자 간의 논쟁을 연구한 김경만(Kim, 1994)이 종결에 대한 "내적" 논증행위 이론의 설명을 제시했다는 점에서 대다수의 학자들보다 더 나아갔다. 김경만은 세 가지 집단의 편에서 논증행위 과정을 분석한다. 엘리트 주창자들, 패러다임 상술자들(예를 들어 이론적 개종에 열려 있던 제자들), 그리고 경쟁하는 모델들이 자신의 작업에 갖는 실천적 유용성을 평가하던 "결정적 숫자의 (critical mass)" 육종가와 의사들이 그들이다.

이러한 사회-역사적 연구들은 대체로 쿤을 따라서 우리가 지금 알고 있는 사실들을 끌어넣지 않고 역사적 참가자들 자신의 시각에서 이론변화의 동역학을 이해하려 시도한다.(Kuhn, [1962]1996; cf. Hoyningen-Huene, 1993; Golinski, 1998) 그러나 이론변화에 대한 쿤의 구조적 거시사와는 대조적으로, 과학사가들은 과학논쟁에 대해 미시사적 접근을 취하고 논증행위의 풍부한 경험적 세부사항을 묘사하는 경향을 보여왔다.(예를 들어 Rudwick, 1985; Galison, 1997)

과학적 논증행위의 제도적 구조화

과학적 논증행위는 특정한 제도 및 분야 구조 내에서 일어난다. 특정한 자금지원 방식에 힘입어서, 특정 조직(대학, 정부 연구소, 기업) 내에서, 특정한 커뮤니케이션 통로(논문심사를 거치는 학술지, 학술대회 등)를 통해서, 특정한 인정 방식, 게이트키핑 등을 포함해서 말이다. 이러한 구조들은 과학적 논증행위에 어떻게 영향을 미치는가? 이 질문에 대한 학제적 답변은 에토스(ethos), 합의, 합리적 대화, 분야 간 경계의 관념을 포함하는 경계 개념들에 의존할 수 있다.

과학적 논증행위의 제도적 차원을 다룬 많은 연구들은 쿤 이전에 과학의 제도적 "에토스"의 사회학을 다룬 머턴의 고전적 논의(Merton, 1973)에 대응해 나온 것이다. 머턴은 근대과학의 진보를 제도화된 특정 "규범" 내지 이상들에 돌렸다. 과학자들의 행동을 관장하고 과학을 합리적인 집단적 노력으로 만드는 이러한 규범은 네 가지가 있다. 보편주의(비인격적 평가 기준을 고수하는 것), 조직된 회의주의, 불편부당한 지식 추구, "공산주의"(결과를 공동체와 공유하겠다는 약속)가 그것이다. 여기서 부각되는 핵심 쟁점은 이러한 에토스와 합의 형성 사이의 관계에 관한 것이다. 길버트와 멀케이(Gilbert & Mulkay, 1984)는 이 문제에 대한 머턴식 접근에서 벗어나, 합의를 객관적인 사회적 사실이 아니라 맥락의존적인 담화 구성물로 간주한다. 과학자들은 합의를 들먹이고, 상대방을 비판하고, 의견불일치를 설명할 때 의미, 구성원 자격, 믿음의 해석적 유연성을 이용한 "사회적 회계(social accounting)" 방법을 활용한다.

프렐리(Prelli, 1989b)는 제도적 에토스에 대한 머턴의 관념을 아리스토텔레스의 수사적 에토스 개념(성품에서 나온 논증)과 명시적으로 연결시켰다. 프렐리는 과학자들이 머턴의 것과 같은 "규범"을 일반적 규칙으로서가 아니라 상황에 따른 수사적 논증방식(topoi)으로, 자신들이 지지(혹은 공격)하고 싶은 연구를 한 사람들의 신뢰성을 확립(내지 약화)시키기 위한 논증행위의 자원으로 들먹인다고 주장한다. 뿐만 아니라 그러한 논증방식은 머턴주의적 이상을 **뒤집어놓은 것도** 포함한다. 프렐리의 사례연구(코코라는 고릴라가 몸짓 언어를 학습했는지에 관한 논쟁)는 전통적 이상의 역전이 어떻게 논쟁적 주장들을 "혁명적"인 것으로 지지하는 데 도움을 줄 수 있는지 보여준다.

헐(Hull, 1988)은 머턴의 고상한 에토스를 일종의 사회적 자연주의에 비춰 시험한다. 진화생물학과 분류학에서의 논쟁을 파고든 헐은 신용과 같은 제도적 메커니즘이 어떻게 자기 이해관계를 가진 과학자들을 지식생산에서 협력하게 이끄는지를 보여준다. 솔로몬(Solomon, 2001; 아울러 이 책 10장에 실린 솔로몬의 글도 보라.)은 논쟁을 과학자들이 어떤 이론을 받아들이거나 거부하도록 실제로 동기부여를 하는 다양한 "결정 벡터(decision vector)"—이전에는 "편향요인"으로 생각되었던—의 측면에서 분석함으로써 자연주의를 사회-심리학적 방향으로 이끈다. 솔로몬의 사회적 인식론[28]은 증거의 해석이나 이론 구성을 인도하는 가정 등의 과학적 논증행위에서 문화와 젠더 기반의 편향을 다룬 일단의 비판적 작업—철학자, 사회학자, 역사가들이 추구하고 있는—에 속하며, 그 수는 점차 늘어나고 있다.(예를 들어 Harding, 1999; Wylie, 2002) 이러한 작업 중 많은 수는 제도적 수준과 분명한 관련을 맺고 있는데, 그 역사와 구조는 여성의 과학 참여를 막는 쪽으로 체계적으로 작동해왔다.(예를 들어 Potter, 2001; 이 주제의 개관은 Schiebinger, 1999를 보라.) 몇몇 비판적 제안들은 절차 규범에 호소한다. 예를 들어 롱기노(Longino, 1990: chapter 4; 2002: 128-135)는 비판적 과학토론의 수행과 제도적 조직을 위해 (하버마스와 유사한) 이상화된 기준들을 제시하는 논증행위 과정의 규범적 모델을 발전시키고 있다.

논증에 미치는 제도적·문화적 영향은 폴 에드워즈(Edwards, 1996)에 의해서도 제시된 바 있다. 에드워즈는 컴퓨터과학과 인공지능 연구의 발전

---

28) 이 용어는 Fuller(1988)에서 유래한 것이며, 사회적 인식론의 주창자들로는 Nelson(1990); Hull(1988); Kitcher(1993, 2001); Longino(1990, 2002); Goldman(1999); Harding(1999); Kusch(2002)가 있다. 다양한 관점들을 보려면 Schmitt(1994)를 참조하라.

이 어떻게 한정된 일군의 공리들에 기반을 둔 수학적 모델에 대한 미국 군대(와 그 산하기관인 랜드연구소[RAND Corporation])의 선호(다시 말해 당면한 문제와 연관된 모든 것이 문제의 모델에 포함돼 있다는 "닫힌 세계" 가정)에 의해 심대하게 조건 지어졌는지를 보여준다. 에드워즈는 이러한 논증양식이 냉전시기에 과학의 이해와 기술 발전 모두에 영향을 미쳤음을 보여준다.

마지막으로 다수의 이론가들은 논증행위 이론을 분야 간 경계와 연결된 사안들에 적용해왔다. 세카렐리(Ceccarelli, 2001)는 청중 효과의 관점에서 생물학의 세 가지 유명 저작들을 탐구하면서 분야 간 차이의 관리에 초점을 맞춘다. 그녀는 이러한 저작 중 두 가지(도브잔스키의 『유전학과 종의 기원(*Genetics and the Origins of Species*)』과 슈뢰딩거의 『생명이란 무엇인가?(*What Is Life?*)』)에 쓰인 논증과 표현양식이 어떻게 청중을 분야 간 경계를 넘어 확대할 수 있도록 고안됐는지 보여준다. 이 책들이 고전이 된 이유는 바로 그것의 논증이 하나 이상의 분야의 언어를 "말하면서" 묘사적인 생물학 전통과 분석적인 물리학 및 화학 전통 간의 불일치를 전략적으로 숨겼기 때문이었다. 테일러(Taylor, 1996) 역시 경계의 문제에 수사 분석을 적용해, 분야 간 경계가 어떻게 논증의 전략을 통해 창출되고 유지되는지를 보여준다. 그가 보기에 과학적 논증행위는 논증을 인증 내지 거부하는 사람들, 출판물, 제도들의 "생태계"에 속해 있다.

분야 간 경계는 STS에도 문제를 낳았다. 분야 간 공약불가능성에 대한 강력한 느낌이 "다른" 분야들과 관계 맺는 것을 꺼리게 만들어 학제적 논증과 커뮤니케이션을 좌절시키고 있기 때문이다.(Fuller and Collier, 2004; 아울러 Fuller, 1988, 1993도 보라.) 풀러와 콜리어는 논증이 분야들과 관련돼야 한다는 내적 접근의 가정을 거부하면서, 책임 있는 분야 간 대화를 촉진하는 변증법적·수사적 전략을 제안한다. 그들의 모델은 우리가 여기서 다룰 네 번째 환경인 과학과 정치 사이의 관계에도 함의를 갖는다.

대중 담론과 정책 논증행위

과학적 논증행위는 과학자 공동체 내부의 실험적·담화적·제도적 맥락에서뿐 아니라 과학과 사회의 접촉면에서도 발생한다. 이러한 접촉면은 오래전부터 하버마스(Habermas, 1971) 같은 비판적 사회이론가들의 관심사였다. 정책 논증행위를 민주주의 맥락 속에 위치시키려는 하버마스의 시도는 정책학에서의 "논증행위 전환(argumentative turn)"을 예견케 했다.(Fischer & Fischer, 1993; cf. Majone, 1989; Schön & Rein, 1994; Williams & Matheny, 1995; De Leon, 1997; Forester, 1999) 관련 문헌은 접촉면 그 자체(법정, 관료제, 입법부, 병원, 언론매체 등)만큼이나 다양하다. 여기서 우리는 민주적 대중참여의 전망을 다룬 연구들에 초점을 맞추려 한다.

풀러는 구성주의 과학학에서 영향을 받은 비판적 사회이론을 경유해 과학과 민주주의의 문제에 접근한다. 그는 과학의 사회적 조건화를 심각하게 받아들이지만, 많은 사회학자들과는 달리 과학적 논증행위와 대중 숙의 사이의 간극을 메우는 규범적 비판에 깊이 몰두하고 있다.(Fuller, 1988, 1993; cf. Remedios, 2003) 풀러(Fuller, 2000a)는 과학의 계몽주의적 이상이 더 과학적인 거버넌스로 가는 길이자 사회를 민주화하는 모델 모두였음을 상기하면서, 만약 우리가 다른 제도들에 대해 하듯 과학에도 그것의 민주적 성격(혹은 그 결여)에 대한 책임을 묻는다면 과학이 어떻게 보일까 하는 질문을 던진다. 결국 그는 제2차 세계대전 이후 연구대학들에 대중의 감독에서 자유로운 정부자금을 보장함으로써 연구대학들의 이해(利害)에 봉사했던(그리고 그 철학적 정당화를 쿤에서 찾았던[Fuller, 2000b]) 엘리트적 입장에 반대한다. 만약 우리가 과학정책과 자금지원에 관한 논의에 참여하는 것을 분야 **내의** 전문가들에게 국한한다면, 대중도 다른 과학자들도 과학 연구의 목표나 연구자금의 할당에 영향을 미칠 수 없을 것이다. 풀러는 과학적 논증을 평가하는 "자유주의적" 양식과 "공화주의적" 양식을 대비시켜 설명하면서, 이 중 어느 것도 그가 현재 자금지원 과정의 "마피아" 경향이라고 부른 것과 조화를 이루지 못함을 보여준다.

윌러드(Willard, 1996)는 리프먼(Lippmann, 1925)의 질문을 통해 과학과 민주주의 문제를 꺼내든다. 전문성이 주도하는 사회가 민주주의를 쓸모없고 비생산적인 것으로 만들었는가? 윌러드는 이 문제가 오도된 자유주의적 공동체 개념―그곳에서 전문가들이 민주적 공동체 바깥에 있는 것으로 영원히 간주되는―에서 나온 것으로 믿는다. 이에 따라 그는 사회 속의 과학적 논증의 "지식학(epistemics)" 모델을 제안한다. 이는 논쟁의 초점을 "누가 포함되는가?"와 "누가 정부를 감시하는가?" 하는 질문들에서 복수의 청중들에게 이해될 수 있고/있거나 논쟁적이게 만드는 과학 및 정책 논증의 특징들로 옮겨놓을 것이다. 윌러드의 설명은 과학적 논증의 정치적 내용과 정치적 관점의 과학적 관련성 모두를 진지하게 받아들인다.

그러한 제안들은 과학집약적 정책 논증행위에서 의미 있는 대중참여라는 도전에 맞서야 한다. 윌러드가 장소들 간의 번역의 중요성을 지적한 반면, 브라운(Brown, 1998)은 서사의 이점을 들고 나온다. 과학적 논증들은 보통 서사 내에 자리를 잡고 있고, 그것과의 관련하에 이해돼야 한다는 것이다. 브라운은 민주적 제도들에 좀 더 이해되기 쉬운 과학적 논증에 대한 설명을 제공하려 애쓴다.

물론 과학과 민주주의에 관한 연구가 이 영역의 연구를 모두 포괄하지는 못한다. 쟁점에 초점을 맞춘 연구의 사례 두 개와 함께 논의를 정리할까 한다.[29] 콘딧(Condit, 1999)은 20세기 유전학 이론의 발전을 그것의 대중적 수용과 관련하여 탐구한다. 그녀는 유전학이 사회나 인간의 자기이해에 의미하는 바에 관한 대중적 논의가 학술문헌에 있는 논의와 상호작용을 한다는 점을 보여준다. 캠벨과 메이어의 책(Campbell and Meyer, 2003)에 수록된 논문들은 창조론 논쟁의 수많은 측면들을 다룬다. 그들은 학교에서 학생들에게 무엇을 가르쳐야 하는가 하는 질문에서 시작해서 교육에 관한 논의뿐 아니라 진화, 지적 설계, 창조 이론 논증의 종류와 질에 관한 논의까지 파고든다. 우리는 논쟁을 가르쳐야 하는가, 아니면 그저 "옳은" 답만 가르쳐야 하는가?

학제적 상호성의 확대: 여기서 어디로 갈 것인가?

우리의 개관은 과학적 논증행위와 관련된 풍부한 일단의 연구를 드러내 보였다. 아울러 우리는 논증행위 연구 문헌에서 나온 범주들에 의존해 이를 활용한 과학학자들의 몇몇 주목할 만한 사례들도 찾아냈다. 그러나 우리는 논증행위 이론가들과 STS 학자들 간의 좀 더 밀접하고 직접적인 협력이 특히 유익하게 판명될 중요한 문제영역들이 있다고 믿는다.

예를 들어 일반대중이 전문가 조언에 대한 비판적 평가를 해야 할 필요가 커지고 정책논쟁과 전문성에 대해 STS 연구자들의 관심이 높아지는 상황에서, STS 학자들과 논증행위 이론가들 간의 협력은 이 영역에 특히 흥

---

29) 과학-사회 접촉면에서 논증행위 이론에 입각한 사례연구는 많이 있다. 몇 가지 잘 알려진 사례들로는 Harris(1997: chapters 7-9); 하버드에서의 연구에 관한 공청회를 다룬 Waddell(1989, 1990), 스리마일섬 일화를 연구한 Farrell and Goodnight(1981)가 있다. Fabj & Sobnosky(1995)는 Goodnight(1982)의 논증영역 모델에 의지해 수많은 연구가 이뤄진 에이즈 치료운동 사례를 분석한다. NAS와 NIH에서의 논증행위에 대한 상세한 분석은 Hilgartner(2000)를 보라.

미로울 수 있다. 우리가 앞서 "어디서, 그리고 어떻게" 절에서 본 것처럼, 많은 학자들은 "비판적 과학학(critical science studies, CSS)"이라고 부를 만한 것을 이런저런 형태로 추구해왔다.(예를 들어 Fuller, 1988; Longino, 1990; cf. Hess, 1997: chapter 5) CSS에 관심 있는 학자들과 논증행위 이론가들 간의 협력은 철학적·수사학적·사회학적 시각들의 더 나은 통합을 가능케 해줄 수 있다. 여기서 주된 도전은 규범적인 철학적 접근과 종종 무비판적이거나 반처방적이라고 생각되곤 하는 묘사적/설명적인 지식사회학 사이의 뿌리 깊은 차이를 극복하는 데 있다. 우리는 그러한 차이를 피할 수 있는 세 가지 경로를 제안하면서 글을 맺으려 한다. 경로들은 점점 더 강한 형태의 학제성을 제시하지만, 각각의 경우에 수사학적 시각이 간극을 메우는 데 도움을 준다.

첫 번째 경로는 특정 사례를 위해 분열적인 철학적 신념은 제쳐두기로 합의함으로써 논증행위에 관한 애초의 입장은 각자 유지한 채 양측이 협력하게 하는 것이다. 예를 들어 하버마스 같은 비판이론가들을 지식사회학의 강한 프로그램으로부터 분리시키는 뿌리 깊은 차이를 생각해보자. 후자는 합의 형성을 설명하면서 논증이 갖는 정당화의 "힘"에 대해 회의적인 시각을 취하는 반면, 전자는 "더 나은 논증이 갖는 [본질적인] 힘"을 믿는 듯 보인다.[30] 사실 논증이 설득력이 있을 수 있다고 과학자들이 **믿는다**는 것은 어느 쪽도 부인하지 않는다. 그렇다면 양측은 그러한 현상학적 가정에 따라 행동할 수 있다. 이때 그들은 사실상 논증의 수사적 효과에 관

---

30) 강한 프로그램에 대한 이러한 독해를 제시하는 관점은 Barnes & Bloor(1982)와 Bloor(1984)를 보라. Habermas(1984)는 상반된 관점을 제시한다.(cf. 아울러 McCarthy, 1988; Bohman, 1991 참조) 우리의 목적을 위해 중요한 것은 이러한 해석들의 정확성이 아니라 이런 식으로 상대방을 해석하는 학자들이 여전히 협력할 수 있다는 점이다.

해 주장하게 되고, 이어 합의 형성(혹은 그 결핍)이 주어진 사례에서 이용가 능한 논증과 다른 사회적 조건들에 의해 어떻게 설명되어야 하는가 하는 질문을 던지게 된다. 사회학적 분석을 통해 결과가 그 내용에서 사회적 조 건들에 의존한다는 것이 드러나면, 추가로 비판적 질문이 연관성을 갖는 다. 이러한 의존성에 대한 지식이 결과의 합리성에 대한 우리의 신념을 약 화시키는가? 어떤 사례들에서는 그럴 수 있지만, 다른 사례들에서는 그렇 지 않을 것이다. 다시 한 번 그에 대한 답은 수사적-변증법적 상황—구체 적으로는 맥락 속에 있는 과학의 목표—에 의존한다.(Rehg, 1999)

민족지방법론자와 비판이론가들을 포함하는 두 번째 경로는 양측 모두 가 자신들의 방법론적 신념과 싸워서 아마도 수정하도록 도전을 제기한 다. 비판적 사회이론가나 철학자들과 달리, 급진적 민족지방법론자들은 연구자들 자신이 상호작용에서 활용하는 상황적 "방법"과 국지적 합리성 들을 그저 인지하고 명료하게 설명하고자—이론화하거나 평가하거나 비 판하지는 않으면서—애쓴다.(Lynch, 1993; cf. Lynch, 1997) 그러나 결과적 으로 이러한 연구들은 과학자들이 서로서로 실천에 책임을 묻기 위해 방 법의 규범을 **활용한다**는 것을 보여주었다.(예를 들어 Gilbert and Mulkay, 1984) 이는 민족지방법론에서 영향을 받은 비판이론가들이 참가자의 태도 를 받아들이고 논증행위의 규범을 맥락화하는 한 비판을 포기할 필요가 없음을 시사한다. 최소한 그들은 이상화된 규범들을 입법적 측면이 아닌 실용적이고 수사적인 측면에서 볼 수 있다. 규범들을 수사적 조치로 보는 것—이를 이해할 수 있는지는 탐구의 국지적 맥락이 갖는 실체적 특징들 에 달려 있다—은 새로운 비판의 가능성을 열어준다.(Rehg, 2001; cf. Prelli, 1989b) 반대로 이러한 접근은 비판적 민족지방법론의 관념을 제안한다.(cf. Lynch, 1999)

과학적 논증에 대한 규범적 인식으로 가는 마지막 경로는 과학적 논증을 다층적인 수사적 맥락—그것의 시민적·정치적 맥락과의 대화 속에 위치한—속으로 좀 더 굳건하게 위치시킨다.(그러한 대화의 가능성을 설명한 문헌은 Cherwitz, 2004, 2005a,b를 보라.) 다시 말해 비판이론가는 실험실과 학술지에서의 논증행위를 입법부와 공론장에서의 논증행위와 연속적인 것으로 만드는 논증의 설명을 창출한다. 이는 정치적으로 분열돼 있는 분야(해양생태학이나 임학 같은)들에서 이미 현실이며, 몇몇 생의학 분야들에서 빠른 속도로 출현하고 있다. 민주적 거버넌스와 사회정의의 원칙이라는 맥락과 관련해(Fuller, 2000a), 과학 실천과 공공적/사회적 가치들 간의 비판적 대화를 (고도로 미묘한 방식으로) 창출해낼 수 있을 것이다. 이 중 어느 쪽도 다른 쪽을 결정하지 않으면서 말이다. 예를 들어 여성에 관한 의학연구에 더 많이 주목하게 하는 운동—편파성과 과학적 불충분성에 대한 인식(다시 말해 남성에 대한 임상시험에서 나온 결과를 여성에게로 손쉽게 일반화될 수 없다는)에 의해 추동된—은 과학 실천에 대한 비판이 결실을 거둘 수 있음을 보여준다.

　이러한 사례들은 과학지식사회학 학자들이 논증행위에 대해 일차적으로 묘사적이고 설명적인 분석을 목표로 하지만, 그럼에도 합리적 논증의 규범적 기준에 몰두하는 비판적 프로젝트와 학제적인 관계를 맺을 수 있음을 시사한다. 만약 논증행위 이론이 그처럼 놀라운 제휴를 촉진할 수 있다면, 과학학과 논증행위 이론의 상호교류가 늘어날 전망은 더 밝아질 것이다.

참고문헌

Achinstein, Peter (2001) *The Book of Evidence* (Cambridge: Oxford University Press).

Achinstein, Peter (ed) (2005) *Scientific Evidence: Philosophical Theories and Applications* (Baltimore, MD: Johns Hopkins University Press).

Ackerman, Robert John (1985) *Data, Instruments, and Theory: A Dialectical Approach to Understanding Science* (Princeton, NJ: Princeton University Press).

Alexy, Robert (1990) "A Theory of Practical Discourse," in S. Benhabib & F. Dallmayr (eds), *The Communicative Ethics Controversy* (Cambridge, MA: MIT Press): 151‒190.

Aristotle (1991) *On Rhetoric*, trans. G. A. Kennedy (New York and Oxford: Oxford University Press).

Ashmore, Malcolm (1989) *The Reflexive Thesis: Wrighting Sociology of Scientific Knowledge* (Chicago: University of Chicago Press).

Atkinson, Dwight (1999) *Scientific Discourse in Sociohistorical Context: The Philosophical Transactions of the Royal Society of London, 1675–1975* (Mahwah, NJ: Lawrence Erlbaum).

Bain, Alexander ([1871]1996) *English Composition and Rhetoric* (Delmar, NY: Scholars' Facsimiles and Reprints).

Barnes, Barry & David Bloor (1982) "Relativism, Rationalism and the Sociology of Knowledge," in M. Hollis & S. Lukes (eds), *Rationality and Relativism* (Cambridge, MA: MIT Press): 21‒47.

Barth, E. M. & E. C. W. Krabbe (1982) *From Axiom to Dialogue: A Philosophical Study of Logics and Argumentation* (Berlin and New York: de Gruyter).

Battalio, John T. (ed) (1998) *Essays in the Study of Scientific Discourse: Methods, Practice, and Pedagogy* (Stamford, CT: Ablex).

Bazerman, Charles (1988) *Shaping Written Knowledge: The Genre and Activity of the Experimental Article in Science* (Madison: University of Wisconsin Press).

Berkenkotter, Carol & Thomas N. Huckin (1995) *Genre Knowledge in Disciplinary Communication: Cognition/Culture/Power* (Hillsdale, NJ: Lawrence Erlbaum).

Birdsell, David J. & Leo Groark (eds) (1996) Special Issues on Visual Argument, *Argumentation and Advocacy* 33: 1‒39, 53‒80.

Bizzell, Patricia & Bruce Herzberg (eds) (2001) *The Rhetorical Tradition* (Boston: Bedford/St. Martins).

Blakeslee, Anne M. (2001) *Interacting with Audiences: Social Influences on the Production of Scientific Writing* (Mahwah, NJ: Lawrence Erlbaum).

Blaug, Ricardo (1999) *Democracy, Real and Ideal* (Albany: State University of New York Press).

Bloor, David ([1976]1991) *Knowledge and Social Imagery* (Chicago: University of Chicago Press).

Bloor, David (1983) *Wittgenstein: A Social Theory of Knowledge* (New York: Columbia University Press).

Bloor, David (1984) "The Sociology of Reasons: Or Why 'Epistemic Factors' Are Really 'Social Factors'," in J. R. Brown (ed), *Scientific Rationality* (Dordrecht, The Netherlands, and Boston: Reidel): 295–324.

Bohman, James (1991) *New Philosophy of Social Science* (Cambridge, MA: MIT Press).

Bohman, James & William Rehg (eds) (1997) *Deliberative Democracy: Essays on Reason and Politics* (Cambridge, MA: MIT Press).

Brante, Thomas, Steve Fuller, & William Lynch (eds.) (1993) *Controversial Science* (Albany: State University of New York Press).

Brown, Harold I. (1977) *Perception, Theory, and Commitment* (Chicago: Precedent).

Brown, Richard Harvey (1998) *Toward a Democratic Science: Scientific Narration and Civic Communication* (New Haven, CT: Yale University Press).

Burgchardt, Carl R. (2000) *Readings in Rhetorical Criticism* (State College, PA: Strata).

Campbell, John Angus (1986) "Scientific Revolution and the Grammar of Culture: The Case of Darwin's *Origin*," *Quarterly Journal of Speech* 72(4): 351–367.

Campbell, John Angus (1990) "Scientific Discovery and Rhetorical Invention: The Path to Darwin's *Origin*," in H. W. Simons (ed), *The Rhetorical Turn: Invention and Persuasion in the Conduct of Inquiry* (Chicago: University of Chicago Press): 58–90.

Campbell, John Angus (1995) "Topics, Tropes, and Tradition: Darwin's Reinvention and Subversion of the Argument to Design," in H. Krips, J. E. McGuire, & T. Melia (eds), *Science, Reason, and Rhetoric* (Pittsburgh: University of Pittsburgh Press): 211–235.

Campbell, John Angus (1997) "Charles Darwin: Rhetorician of Science," in R. A.

Harris, *Landmark Essays on Rhetoric of Science: Case Studies* (Mahwah, NJ: Hermagoras): 3 – 18.

Campbell, John & Stephen C. Meyer (eds) (2003) *Darwinism, Design and Public Education* (East Lansing: Michigan State University Press).

Ceccarelli, Leah (2001) *Shaping Science with Rhetoric: The Cases of Dobzhansky, Schroedinger and Wilson* (Chicago: University of Chicago Press).

Cherwitz, Richard (2004) "A Call for Academic and Civic Engagement," *ALCALDE*, January/February, 2004.

Cherwitz, Richard (2005a) "Citizen Scholars: Research Universities Must Strive for Academic Engagement," *The Scientist* 19 (January 17): 10.

Cherwitz, Richard (2005b) "Intellectual Entrepreneurship: The New Social Compact," *Inside Higher Ed* (March 9, 2005) Available at: http://www.insidehighered.com/views/2005/03/09/cherwitz1.

Collins, H. M. (1983) "An Empirical Relativist Programme in the Sociology of Scientific Knowledge," in K. D. Knorr Cetina & M. Mulkay (eds) *Science Observed* (London and Beverly Hills, CA: Sage): 85 – 140.

Collins, H. M. (1985) *Changing Order: Replication and Induction in Scientific Practice* (London and Beverly Hills, CA: Sage).

Condit, Celeste Michelle (1999) *The Meaning of the Gene: Public Debates about Human Heredity* (Madison: University of Wisconsin Press).

Cox, J. Robert & Charles Arthur Willard (eds) (1982) *Advances in Argumentation Theory and Research* (Carbondale: Southern Illinois University Press).

Dear, Peter (ed) (1991) *The Literary Structure of Scientific Argument* (Philadelphia: University of Pennsylvania Press).

Dear, Peter (1995) *Discipline and Experience: The Mathematical Way in the Scientific Revolution* (Chicago: University of Chicago Press).

De Leon, Peter (1997) *Democracy and the Policy Sciences* (Albany: State University of New York Press).

Edwards, Paul N. (1996) *The Closed World: Computers and the Politics of Discourse in Cold War America* (Cambridge, MA: MIT Press).

Eemeren, Frans H. van & Rob Groodendorst (1992) *Argumentation, Communication, and Fallacies* (Hillsdale, NJ: Lawrence Erlbaum).

Eemeren, Frans H. van, Rob Grootendorst, Sally Jackson, & Scott Jacobs (1993)

Reconstructing Argumentative Discourse (Tuscaloosa: University of Alabama Press).

Eemeren, Frans H. van, Rob Grootendorst, Francisca Snoek Henkemans, J. Anthony Blair, Ralph H. Johnson, Erik C. W. Krabbe, Christian Plantin, Douglas N. Walton, Charles A. Willard, John Woods, & David Zarefsky (1996) *Fundamentals of Argumentation Theory* (Mahwah, NJ: Lawrence Erlbaum).

Eemeren, Frans H. van, Rob Grootendorst, & A. Francisca Snoek Henkemans (2002) *Argumentation: Analysis, Evaluation, Presentation* (Mahwah, NJ: Lawrence Erlbaum).

Elster, Jon (1998) *Deliberative Democracy* (Cambridge: Cambridge University Press).

Engelhardt, H. Tristam & Arthur L. Caplan (eds) (1987) *Scientific Controversies: Case Studies in the Resolution and Closure of Disputes in Science and Technology* (Cambridge: Cambridge University Press).

Fabj, Valeria & Matthew J. Sobnosky (1995) "AIDS Activism and the Rejuvenation of the Public Sphere," *Argumentation and Advocacy* 31: 163–184.

Fahnestock, Jeanne (1999) *Rhetorical Figures in Science* (New York: Oxford University Press).

Farrell, Thomas B. (1993) *The Norms of Rhetorical Culture* (New Haven, CT: Yale University Press).

Farrell, Thomas B. & G. Thomas Goodnight (1981) "Accidental Rhetoric: The Root Metaphors of Three Mile Island," *Communication Monographs* 48: 271–300.

Fischer, Frank & John Forester (eds) (1993) *The Argumentative Turn in Policy Analysis and Planning* (Durham, NC: Duke University Press).

Fisher, Walter R. (1984) "Narration as Human Communication Paradigm: The Case of Public Moral Argument," *Communication Monographs* 51: 1–22.

Fisher, Walter R. (1987) *Human Communication as Narration: Toward a Philosophy of Reason, Value, and Action* (Columbia: University of South Carolina Press).

Forester, John (1999) *The Deliberative Practitioner* (Cambridge, MA: MIT Press).

Fuller, Steve (1988) *Social Epistemology* (Bloomington: Indiana University Press).

Fuller, Steve (1993) *Philosophy, Rhetoric, and the End of Knowledge: The Coming of Science and Technology Studies* (Madison: University of Wisconsin Press).

Fuller, Steve (1995) "The Strong Program in the Rhetoric of Science," in H. Krips, J. E. McGuire, & Trevor Melia (eds) *Science, Reason, and Rhetoric* (Pittsburgh:

University of Pittsburgh Press): 95–117.

Fuller, Steve (2000a) *The Governance of Science* (Buckingham: Open Press).

Fuller, Steve (2000b) *Thomas Kuhn: A Philosophical History for Our Times* (Chicago: University of Chicago Press).

Fuller, Steve & James H. Collier (2004) *Philosophy, Rhetoric, and the End of Knowledge: A New Beginning for Science and Technology Studies*, 2nd ed. (Mahwah, NJ: Lawrence Erlbaum).

Galison, Peter (1987) *How Experiments End* (Chicago: University of Chicago Press).

Galison, Peter (1994) *Image and Logic* (Chicago: University of Chicago Press).

Gaonkar, Dilip Parameshwar (1997) "The Idea of Rhetoric in the Rhetoric of Science," in A. G. Gross & W. Keith (eds) *Rhetorical Hermeneutics* (Albany: State University of New York Press): 25–85.

Garfinkel, Harold (1967) "Studies of the Routine Grounds of Everyday Activities," in *Studies in Ethnomethodology* (Englewood Cliffs, NJ: Prentice-Hall): 35–75. Reprinted in Garfinkel, Harold (1984) *Studies in Ethnomethodology* (Cambridge: Polity).

Gilbert, Michael A. (ed) (2002) Special Issue on Informal Logic, Argumentation Theory, and Artificial Intelligence, *Informal Logic* 22(3).

Gilbert, G. Nigel & Michael Mulkay (1984) *Opening Pandora's Box* (Cambridge: Cambridge University Press).

Goble, Lou (ed) (2001) *The Blackwell Guide to Philosophical Logic* (Oxford: Blackwell).

Goldman, Alvin I. (1994) "Argumentation and Social Epistemology," *Journal of Philosophy* 91: 27–49.

Goldman, Alvin I. (1999) *Knowledge in a Social World* (Oxford: Oxford University Press).

Golinski, Jan (1998) *Making Natural Knowledge: Constructivism and the History of Science* (Cambridge: Cambridge University Press).

Goodnight, G. Thomas (1982) "The Personal, Technical, and Public Spheres of Argument: A Speculative Inquiry into the Art of Public Deliberation," *Journal of the American Forensic Association* 18: 214–227.

Govier, Trudy (1987) *Problems in Argument Analysis and Evaluation* (Dordrecht: Foris).

Govier, Trudy (2005) *A Practical Study of Argument*, 6th ed. (Belmont, CA: Thomson-Wadsworth).

Gross, Alan G. ([1990]1996) *The Rhetoric of Science* (Cambridge, MA: Harvard University Press).

Gross, Alan G. & William Keith (eds) (1997) *Rhetorical Hermeneutics* (Albany, NY: SUNY Press).

Gross, Alan G., Joseph E. Harmon, & Michael Reidy (2002) *Communicating Science: The Scientific Article from the 17th Century to the Present* (New York: Oxford University Press).

Habermas, Jürgen (1971) *Toward a Rational Society*, trans. J. J. Shapiro (Boston: Beacon).

Habermas, Jürgen (1984) *Theory of Communicative Action*, vol. 1, trans. T. McCarthy (Boston: Beacon).

Habermas, Jürgen (1996) *Between Facts and Norms*, trans. W. Rehg (Cambridge, MA: MIT Press).

Hanson, Norwood Russell (1958) *Patterns of Discovery: An Inquiry into the Conceptual Foundations of Science* (Cambridge: Cambridge University Press).

Hardcastle, Valerie Gray (1999) "Scientific Papers Have Various Structures," *Philosophy of Science* 66: 415-439.

Harding, Sandra (1999) *Is Science Multicultural? Postcolonialisms, Feminisms, and Epistemologies* (Bloomington: Indiana University Press).

Harris, Randy Allen (1997) *Landmark Essays on Rhetoric of Science: Case Studies* (Mahwah, NJ: Hermagoras).

Hauser, Gerared A. (ed.) (1999) Special Issues on Body Argument, *Argumentation and Advocacy* 36: 1-49, 51-100.

Heidelbaugh, Nola J. (2001) *Judgment, Rhetoric, and the Problem of Incommensurability: Recalling Practical Wisdom* (Columbia: University of South Carolina Press).

Heintz, Bettina (2003) "When Is a Proof a Proof?" *Social Studies of Science* 33(6): 929-943.

Hess, David J. (1997) *Science Studies* (New York: New York University Press).

Hilgartner, Stephen (2000) *Science on Stage: Expert Advice as Public Drama* (Stanford, CA: Stanford University Press).

Hitchcock, David (1992) "Relevance," *Argumentation* 6: 251 – 270.

Hoyningen-Huene, Paul (1993) *Reconstructing Scientific Revolutions: Thomas S. Kuhn's Philosophy of Science*, trans. A. T. Levine (Chicago: University of Chicago Press).

Hull, David L. (1988) *Science as a Process* (Chicago: University of Chicago Press).

Jasinski, James (2001) *Sourcebook on Rhetoric: Key Concepts in Contemporary Rhetorical Studies* (Thousand Oaks, CA: Sage).

Johnson, Ralph H. (2000) *Manifest Rationality* (Mahwah, NJ: Lawrence Erlbaum).

Johnson, Ralph H., & J. Anthony Blair (1977) *Logical Self-Defense* (New York: McGraw-Hill).

Johnson, Ralph H. & J. Anthony Blair (2000) "Informal Logic: An Overview," *Informal Logic* 20(2): 93 – 107.

Keith, William (1995) "Argument Practices," *Argumentation* 9: 163 – 179.

Keith, William (2005) "The Toulmin Model and Non-monotonic Reasoning," in *The Uses of Argument: Proceedings of a Conference at McMaster University* (Hamilton, Ontario: OSSA): 243 – 251.

Keller, Evelyn Fox (1983) *A Feeling for the Organism: The Life and Work of Barbara McClintock* (New York: Freeman).

Kennedy, George A (1980) *Classical Rhetoric and Its Christian and Secular Tradition from Ancient to Modern Times* (Chapel Hill: University of North Carolina Press).

Kim, Kyung-Man (1994) *Explaining Scientific Consensus: The Case of Mendelian Genetics* (New York: Guilford).

Kimball, Bruce A. (1995) *Orators and Philosophers: A History of the Idea of Liberal Education* (New York: College Entrance Examination Board; College Board Publications).

Kirkham, Richard L. (1992) *Theories of Truth: A Critical Introduction* (Cambridge, MA: MIT Press).

Kitcher, Philip (1991) "Persuasion," in M. Pera & W. R. Shea (eds), *Persuading Science* (Canton, MA: Science History Publications): 3 – 27.

Kitcher, Philip (1993) *The Advancement of Science* (New York: Oxford University Press).

Kitcher, Philip (1995) "The Cognitive Functions of Scientific Rhetoric," in H. Krips, J. E. McGuire, & T. Melia (eds) *Science, Reason, and Rhetoric* (Pittsburgh: University of

Pittsburgh Press): 47 – 66.

Kitcher, Philip (2000) "Patterns of Scientific Controversies," in P. Machamer, M. Pera, & A. Baltas (eds), *Scientific Controversies: Philosophical and Historical Pespectives* (New York: Oxford University Press): 21 – 39.

Kitcher, Philip (2001) *Science, Truth, and Democracy* (Oxford: Oxford University Press).

Klein, Julie Thompson (1996) *Crossing Boundaries: Knowledge, Disciplinarities, and Interdisciplinarities* (Charlottesville: University Press of Virginia).

Kleinman, Daniel Lee (Ed.) (2000) *Science, Technology, and Democracy* (Albany: State University of New York Press).

Knorr Cetina, Karin D. (1981) *The Manufacture of Knowledge* (Oxford: Pergamon).

Krips, Henry, J. E. McGuire, & Trevor Melia (eds) (1995) *Science, Reason, and Rhetoric* (Pittsburgh: University of Pittsburgh Press).

Kuhn, Thomas S. ([1962]1996) *The Structure of Scientific Revolutions*, 3rd ed. (Chicago: University of Chicago Press).

Kusch, Martin (2002) *Knowledge by Agreement* (Oxford: Oxford University Press).

Kyburg, Henry E. Jr. (1970) *Probability and Inductive Logic* (New York: Macmillan).

Lakatos, Imre (1976) *Proofs and Refutations: The Logic of Mathematical Discovery* (Cambridge: Cambridge University Press).

Latour, Bruno (1987) *Science in Action* (Cambridge, MA: Harvard University Press).

Latour, Bruno (1988) *The Pasteurization of France*, trans. A. Sheridan & J. Law (Cambridge, MA: Harvard University Press).

Latour, Bruno & Steve Woolgar ([1979]1986) *Laboratory Life: The Construction of Scientific Facts* (Princeton, NJ: Princeton University Press).

Laudan, Larry (1977) *Progress and Its Problems* (Berkeley: University of California Press).

Leff, Michael (2002) "The Relation between Dialectic and Rhetoric in a Classical and a Modern Perspective," in F. H. van Eemeren and P. Houtlosser (eds), *Dialectic and Rhetoric* (Dordrecht, The Netherlands: Kluwer): 53 – 63.

Lenoir, Timothy (ed) (1998) *Inscribing Science: Scientific Texts and the Materiality of Communication* (Stanford, CA: Stanford University Press).

Lippmann, Walter (1925) *The Phantom Public* (New York: Macmillan).

Livingston, Eric (1986) *The Ethnomethodological Foundations of Mathematics* (Boston and London: Routledge).

Livingston, Eric (1987) *Making Sense of Ethnomethodology* (London: Routledge).

Livingston, Eric (1999) "Cultures of Proving," *Social Studies of Science* 29: 867–888.

Longino, Helen E. (1990) *Knowledge as a Social Process* (Princeton, NJ: Princeton University Press).

Longino, Helen E. (2002) *The Fate of Knowledge* (Princeton, NJ: Princeton University Press).

Lucaites, John Louis, Celeste Michelle Condit, & Sally Caudill (eds) (1999) *Contemporary Rhetorical Theory* (New York: Guilford).

Lynch, Michael (1985) *Art and Artifact in Laboratory Science* (London: Routledge).

Lynch, Michael (1993) *Scientific Practice and Ordinary Action* (Cambridge: Cambridge UniversityPress).

Lynch, Michael (1997) "Ethnomethodology without Indifference," *Human Studies* 20: 371–376.

Lynch, Michael (1999) "Silence in Context: Ethnomethodology and Social Theory," *Human Studies* 22: 211–233.

Lynch, Michael & Steve Woolgar (eds) (1990) *Representation in Scientific Practice* (Cambridge, MA: MIT Press).

Machamer, Peter, Marcello Pera, & Aristides Baltas (eds) (2000) *Scientific Controversies: Philosophical and Historical Perspectives* (New York: Oxford University Press).

MacKenzie, Donald (1978) "Statistical Theory and Social Interests: A Case Study," *Social Studies of Science* 8: 35–83.

MacKenzie, Donald & Barry Barnes (1979) "Scientific Judgment: The Biometry-Mendelism Controversy," in B. Barnes & S. Shapin (eds), *Natural Order* (Beverly Hills: Sage): 191–210.

Majone, Giandomenico (1989) *Evidence, Argument, and Persuasion in the Policy Process* (New Haven, CT: Yale University Press).

Mayo, Deborah G. (1996) *Error and the Growth of Knowledge* (Chicago: University of Chicago Press).

McBurney, Peter & Simon Parsons (2002) "Dialogue Games in Multi-Agent Systems," *Informal Logic* 22(3): 257–274.

McCarthy, Thomas (1988) "Scientific Rationality and the 'Strong Program' in the

Sociology of Knowledge," in E. McMullin (ed), *Construction and Constraint* (Notre Dame: University of Notre Dame Press): 75‒95.

McCloskey, Deirdre N. ([1986]1998) *The Rhetoric of Economics* (Madison: University of Wisconsin Press) Originally published under the name Donald N. McCloskey.

McCloskey, Deirdre N. (1990) *If You're So Smart: The Narrative of Economic Expertise* (Chicago: University of Chicago Press).

McKerrow, Raymie E. (1989) "Critical Rhetoric: Theory and Praxis," *Communication Monographs* 56: 91‒111.

McPeck, John E. (1990) *Teaching Critical Thinking* (New York: Routledge).

McMullin, Ernan (1991) "Rhetoric and Theory Choice in Science," in M. Pera & W. R. Shea (eds), *Persuading Science* (Canton, MA: Science History Publications): 55‒76.

Meiland, Jack W. (1989) "Argument as Inquiry and Argument as Persuasion," *Argumentation* 3: 185‒196.

Merton, Robert K. (1973) *The Sociology of Science* (Chicago: University of Chicago Press).

Miller, Carolyn R. (1992) "*Kairos* in the Rhetoric of Science," in S. P. White, N. Nakadate, & R. D. Cherry (eds), *A Rhetoric of Doing* (Carbondale: Southern Illinois University Press): 310‒327.

Myers, Greg (1990) *Writing Biology: Texts in the Social Construction of Scientific Knowledge* (Madison, WI: University of Wisconsin Press).

Naess, Arne ([1947]1966) *Communication and Argument*, trans. A. Hannay (Oslo: Universitetsforlaget; London: Allen & Unwin).

Nelson, Lynn Hankinson (1990) *Who Knows: From Quine to a Feminist Empiricism* (Philadelphia: Temple University Press).

O'Keefe, Daniel J. (1977) "Two Concepts of Argument," *Journal of the American Forensic Association* 13: 121‒128.

Ommen, Brett (2005) "The Rhetorical Interface: Material Addressivity and Scientific Images," presented at the National Communication Association meeting, Chicago, November 10‒14.

Peirce, Charles Sanders (1931‒1933) *Collected Papers*, vols. I‒III, C. Hartshorne & P. Weiss (eds) (Cambridge,MA: Harvard University Press).

Pera, Marcello (1994) *The Discourses of Science*, trans. C. Botsford (Chicago:

University of Chicago Press).

Pera, Marcello (2000) "Rhetoric and Scientific Controversies," P. Machamer, M. Pera, & A. Baltas (eds), *Scientific Controversies: Philosophical and Historical Pespectives* (New York: Oxford University Press): 50 – 66.

Pera, Marcello & William R. Shea (eds) (1991) *Persuading Science* (Canton, MA: Science History Publications).

Perelman, Chaim & Lucie Olbrechts-Tyteca ([1958]1969) *The New Rhetoric: A Treatise on Argumentation*, trans. J. Wilkinson & P. Weaver (Notre Dame, IN: University of Notre Dame Press).

Perini, Laura (2005) "The Truth in Pictures," *Philosophy of Science* 72: 262 – 285.

Potter, Elizabeth (2001) *Gender and Boyle's Law of Gases* (Bloomington: Indiana University Press).

Prakken, Henry (1997) *Logical Tools for Modelling Legal Argument* (Dordrecht, The Netherlands: Kluwer).

Prelli, Lawrence J. (1989a) *A Rhetoric of Science: Inventing Scientific Discourse* (Columbia, SC: University of South Carolina Press).

Prelli, Lawrence J. (1989b) "The Rhetorical Constructions of Scientific Ethos," in H. W. Simons, *Rhetoric in the Human Sciences* (London: Sage): 48 – 68.

Rehg, William (1999) "Critical Science Studies as Argumentation Theory: Who's Afraid of SSK?," *Philosophy of the Social Sciences* 30(1): 33 – 48.

Rehg, William (2001) "Adjusting the Pragmatic Turn: Ethnomethodology and Critical Argumentation Theory," in W. Rehg & J. Bohman (eds), *Pluralism and the Pragmatic Turn* (Cambridge, MA: MIT Press): 115 – 143.

Rehg, William (ed) (2003) Special Issue on Habermas and Argumentation, *Informal Logic* 23: 115 – 199.

Rehg, William & Kent Staley (in press) "The CDF Collaboration and Argumentation Theory: The Role of Process in Objective Knowledge," *Perspectives on Science*.

Remedios, Francis (2003) *Legitimizing Scientific Knowledge: An Introduction to Steve Fuller's Social Epistemology* (Lanham, MD: Lexington Books).

Rescher, Nicolas (1976) *Plausible Reasoning* (Amsterdam: Van Gorcum).

Rescher, Nicolas (1977) *Dialectics: A Controversy Oriented Approach to the Theory of Knowledge* (Albany: State University of New York Press).

Rudwick, Martin J. S. (1985) *The Great Devonian Controversy* (Chicago: University of

Chicago Press).

Salmon, Wesley C. (1967) *The Foundations of Scientific Inference* (Pittsburgh: University of Pittsburgh Press).

Schiebinger, Londa (1999) *Has Feminism Changed Science?* (Cambridge, MA: Harvard University Press).

Schmitt, Frederick F. (ed) (1994) *Socializing Epistemology: The Social Dimensions of Knowledge* (Lanham, MD: Rowman & Littlefield).

Schön, Donald A. & Martin Rein (1994) *Frame Reflection: Toward the Resolution of Intractable Policy Controversies* (New York: Basic).

Selzer, Jack (ed) (1993) *Understanding Scientific Prose* (Madison: University of Wisconsin Press).

Shapere, Dudley (1986) *Reason and the Search for Knowledge* (Boston and Dordrecht, The Netherlands: Reidel).

Shapin, Steven & Simon Schaffer (1985) *Leviathan and the Air Pump: Hobbes, Boyle, and the Experimental Life* (Princeton, NJ: Princeton University Press).

Siegel, Harvey (1988) *Educating Reason* (New York: Routledge).

Sills, Chip & George H. Jensen (eds) (1992) *The Philosophy of Discourse: The Rhetorical Turn in Twentieth-Century Thought*, 2 vols. (Portsmouth, NH: Boynton/Cook-Heinmann).

Simons, Herbert W. (ed) (1989) *Rhetoric in the Human Sciences* (London: Sage).

Simons, Herbert W. (ed) (1990) *The Rhetorical Turn: Invention and Persuasion in the Conduct of Inquiry* (Chicago: University of Chicago Press).

Solomon, Miriam (2001) *Social Empiricism* (Cambridge, MA: MIT Press).

Staley, Kent W. (2004) *The Evidence for the Top Quark* (Cambridge: Cambridge University Press).

Stegmüller, Wolfgang (1976) *The Structure and Dynamics of Theories* (Berlin: Springer-Verlag).

Suppe, Frederick (1998) "The Structure of a Scientific Paper," *Philosophy of Science* 65: 381–405.

Taper, Mark L. & Subhash R. Lele (eds) (2004) *The Nature of Scientific Evidence* (Chicago: University of Chicago Press).

Taylor, Charles Alan (1996) *Defining Science* (Madison: University of Wisconsin Press).

Tindale, Christopher W. (1999) *Acts of Arguing* (Albany: State University of New York Press).

Toulmin, Stephen (1958) *The Uses of Argument* (Cambridge: Cambridge University Press).

Toulmin, Stephen (1995) "Science and the Many Faces of Rhetoric," in in H. Krips, J. E. McGuire, & T. Melia (eds), *Science, Reason, and Rhetoric* (Pittsburgh: University of Pittsburgh Press): 3–11.

Toulmin, Stephen, Richard Rieke & Allan Janik (1984) *An Introduction to Reasoning,* 2nd ed. (New York: Macmillan).

Traweek, Sharon (1988) *Beamtimes and Lifetimes: The World of High Energy Physicists* (Cambridge, MA: Harvard University Press).

Waddell, Craig (1989) "Reasonableness versus Rationality in the Construction and Justification of Science Policy Decisions: The Case of the Cambridge Experimentation Review Board," *Science, Technology & Human Values* 14 (Winter): 7–25.

Waddell, Craig (1990) "The Role of *Pathos* in the Decision-Making Process: A Case in the Rhetoric of Science Policy," *Quarterly Journal of Speech* 76: 381–400. Reprinted in Harris (1997).

Walton, Douglas N. (1989) *Informal Logic* (Cambridge: Cambridge University Press).

Walton, Douglas N. (1992) *Plausible Argument in Everyday Conversation* (Albany: State University of New York Press).

Walton, Douglas N. (1996) *A Pragmatic Theory of Fallacy* (Tuscaloosa: University of Alabama Press).

Walton, Douglas N. (1998) *The New Dialectic* (Toronto: University of Toronto Press).

Walton, Douglas N. (2004) *Relevance in Argumentation* (Mahwah, NJ: Lawrence Erlbaum).

Warner, Michael (2002) *Publics and Counterpublics* (New York: Zone Books).

Wenzel, Joseph A. (1990) "Three Perspectives on Argument," in R. Trapp and J. Schuetz (eds), *Perspectives on Argumentation: Essays in Honor of Wayne Brockriede* (Prospect Heights, IL: Waveland): 9–26.

Willard, Charles Arthur (1989) *A Theory of Argumentation* (Tuscaloosa: University of Alabama Press).

Willard, Charles Arthur (1996.) *Liberalism and the Problem of Knowledge* (Chicago:

University of Chicago Press).

Williams, Bruce A. & Albert R. Matheny (eds) (1995) *Democracy, Dialogue, and Environmental Disputes* (New Haven, CT: Yale University Press).

Woolgar, Steve (1983) "Irony in the Social Study of Science," in K. D. Knorr Cetina & M. Mulkay (eds) *Science Observed* (London and Beverly Hills, CA: Sage): 239–266.

Woolgar, Steve (1988a) *Science: The Very Idea* (Chichester: Horwood; London: Tavistock).

Woolgar, Steve (1988b) (ed) *Knowledge and Reflexivity* (London: Sage).

Wylie, Alison (2002) *Thinking from Things: Essays in the Philosophy of Archaeology* (Berkeley: University of California Press).

10.
STS와 과학의 사회적 인식론*

미리엄 솔로몬

과학의 사회적 인식론(social epistemology of science)은 1980년대 초 이후 성장해온 다학문적 분야이다. 브뤼노 라투르의 "행위자 연결망"(Latour, 1987)에서 장 라브와 에티엔 벵거의 "주변적 참여"를 통한 학습 모델(Lave & Wenger, 1991)과 앨빈 골드먼의 "사회적 지식학(social epistemics)"(Goldman, 1999)을 거쳐 도너 해러웨이의 "사회적으로 상황화된 지식(socially situated knowledge)"(Haraway, 1991)과 헬렌 롱기노의 사회적으로 구성된 "객관성"에 이르기까지 초점은 사회적으로 분포된 숙련, 지식, 평가에 있었다.

이 장에서 나는 주로 영미철학 전통의 인식론과 과학철학 분야에서 나

---

*이 논문의 초고는 네 명의 익명 검토위원들과 올가 암스테르담스카로부터 광범위한 논평을 받았다. 이 분야에 대한 나의 인식을 넓혀준 그들의 의견에 크게 감사를 드린다. 나는 과학의 사회적 이해와 관련된 모든 철학적 전통을 상세히 다루고자 했고, 앞으로의 연구를 자극할 수 있도록 충분한 논의를 담으려 애썼다.

온 최근의 관념들에 초점을 맞춰, 이를 과학학의 다른 영역들에서 작업하는 사람들에게 희망컨대 유용한 방식으로 제시할 것이다. STS는 과학 변화의 사회적 측면들을 기록한 역사적 사례들을 풍부하게 제시함으로써 과학의 사회적 인식론에 대한 영미철학 연구에 가장 중요한 동기부여를 제공했다. 이제 영미철학(Anglo-American Philosophy)[1]이 새로운 탐구를 인도할 수 있는 관념들을 가지고 유사한 방식으로 STS에 빚을 갚을 때가 됐다.

대륙철학(Continental Philosophy) 전통은 STS의 관념들이 발전하는 데 중요한 역할을 했다. 이에 대해서는 간략하게만 논의할 것인데, 그 이유는 부분적으로 그것이 내 전문영역이 아니어서이지만, 그것이 이미 STS에서 잘 알려져 있기 때문이기도 하다. 루트비히 비트겐슈타인이 에든버러의 강한 프로그램에 미친 영향부터 자크 데리다, 미셸 푸코, 위르겐 하버마스, 마르틴 하이데거, 에드문트 후설, 한스-요르크 라인베르거, 미셸 세르, 이자벨 슈탕제르가 브뤼노 라투르와 카린 크노르 세티나에 미친 영향까지, 이러한 영향들은 널리 퍼져 있고 아직도 현재진행형이다. 이 편람에서 이 주제를 다룬 논문이 있었으면 좋았을 텐데! 내가 찾은 가장 유용한 문헌은 존 자미토의 『지식의 멋진 혼란(A Nice Derangement of Epistemes)』(2004)인데, 이 훌륭한 학술연구마저도 대륙철학 전통에 대한 포괄성은 결여하고 있다.

또한 나는 피터 갤리슨, 브뤼노 라투르, 장 라브, 도너 해러웨이 등과 같

---

1) 나는 공식적인 분야인 "철학(Philosophy)"을 나타낼 때 대문자 "P"를 썼고, 영미철학과 대륙철학 분야를 염두에 두었다. 내가 그 연구가 철학적(philosophical)이라고 (소문자 "p"를 써서) 말할 때는 이것이 근본적이거나 규범적인 쟁점을 다루고 있음—그것이 철학 분야의 구성원에 의해 행해지는지 여부와 무관하게—을 의미한다. 철학자들이 사용하는 "규범적"이라는 용어는 평가적 판단과 처방적 권고를 포괄한다.

이 사회적 인식론 내에서 작업하지만 그들의 분야 정체성이 철학이 아닌 사람들의 관념에 대해서는 많은 이야기를 하지 않을 것이다. 이는 그들의 작업이 철학적이지 않아서가 아니라(사실 나는 그들의 작업이 고도로 철학적이며, 특히 대륙철학 전통의 영향을 받았다고 생각한다.) 그들의 작업이 아마도 이 논문의 독자들에게 이미 익숙할 것이기 때문이다.

과학의 사회적 인식론 분야에서 작업하는 영미철학자들은 종종 자신들을 **자연화된** 인식론자로 부른다. W. V. 콰인의 논문「인식론의 자연화」(Quine, 1969)로부터 영감을 얻은 이러한 최근의 전통은 철학을 다른 지식의 과학들과 연속적인 것으로 간주하며, 관찰 및 실험 데이터에 마찬가지로 호응한다고 본다. 자연주의 인식론자들은 20세기 초중반에 영미 인식론을 지배했던 접근법들—개념적 분석과 선험적 탐구의 접근법—을 거부한다. 콰인은 인식론이 "심리학의 한 장"(1969: 82)이 되어야 하며, 자연주의 인식론자들의 첫 번째 물결은 주로 인지심리학과 인지신경과학 분야에서 작업한다고 생각했다. 그러나 콰인의 자연주의 논증은 개인주의를 수반하지 않는다. 적절한 지식의 과학은 오직 개별 정신을 탐구하는 것뿐이라는 의미가 아니라는 말이다. 1980년대 말이 되자 몇몇 자연주의 인식론자들은 (종종 에든버러의 강한 프로그램에서 나온 것 같은 초기 STS의 사례연구들로부터 도움을 얻어) 지식 현상은 사회적 사실과 사회적 메커니즘을 언급하지 않고서는 좀처럼 묘사되거나 이해될 수 없음을 깨달았다. 자연주의 인식론자로서 그들은 개인주의를 거부한다.

이처럼 "사회적인 것" 내지 "사회적 요인들"을 포함시키는 것은 "얄팍한" 측면에 치우치는 경향이 있다.(대륙철학 전통에 익숙한 사람들이 판단하기에 그렇다는 얘기이다.) "사회적인 것"은 복수형으로 쓴 개인들(때로 다양한 개인들)로 이해된다. 역사적 내지 문화적 맥락에 대한 논의는 보통 많지 않고, 초점은 보편적인 사회적 메커니즘에 맞춰진다. 나중에 이러한 관점의 구체적인 사례를 제시하도록 하겠다.

반면 대륙철학 전통에서는 문화적·사회적 맥락들이 항상 인정되어왔다. 사실 여기서의 배경 입장은 "사회적인 것"을 "개인적인 것"에 더해 고려해야 한다고 주장하는 것이 아니라, **모든 것**을 사회적·역사적·문화적 맥락 속에서 이해해야 한다는 것이다. 나는 이를 영미권의 "사회적 인식론"과 구분하기 위해 "사회-문화적 인식론"으로 부르려 한다.(하지만 이는 나 자신이 제안한 용어임을 염두에 두기 바란다.)

대륙철학 전통에 있는 모든 사람이 비영어권 유럽에 거주하는 것은 물론 아니다.(또한 모든 영미철학자가 영어권 국가들에서 작업하는 것도 아니다.) 미국 과학철학자들 중에서 대륙 전통에서 강하게 영향을 받은 두드러진 사례는 아널드 데이비슨(Davidson, 2002), 이언 해킹(예를 들어 Hacking, 2000, 2004), 헬렌 롱기노(Longino, 1990, 2001), 조지프 라우스(Rouse, 1987, 1996), 앨리슨 와일리(Wylie, 2002)가 있다.

이 논문은 주로 영미권의 사회적 인식론에서 나온, STS에 아직 잘 알려지지 않았지만 유용할 수 있는 몇 가지 관념들을 제시한다. 대부분의 경우 관념들은 **규범적 전략들**, 즉 지식생산 과정을 평가하는 방법과 그것을 개선하기 위한 권고들에 관한 것이다. 자연주의 인식론자들에게 규범적 권고는 개선을 위한 현실적 권고여야 한다. 윤리학 분야는 흔히 "'해야 함(ought)'은 '할 수 있음(can)'을 의미한다."고 말한다. 예를 들어 과학자들이 모든 자신들의 믿음에 대해 가능한 상호 불일치를 점검해봐야 한다고 요구하는 것은 무의미하다. 그것은 인간의 능력으로 불가능하기 때문이다. 인간이 항상 기저율오류, 귀인오류, 현저성편향 혹은 확인편향을 피해야 한다고 요구하는 것도 무의미하다. 대니얼 카네만과 에이머스 트버스키 등의 연구로부터 우리는 종종 이러한 오류와 편향들을 가지고 추론한다는 풍부한 증거를 갖고 있기 때문이다.[2] 자연주의적인 규범적 권고라면 우리가 실제로 사용하는 지식과정에 대한 묘사적 이해에 의해 제한을 받아야 한다.

일부 분야들—가장 두드러진 것으로는 역사와 민족지연구—에서는 규범적 권고를 피하는 것이 보통이다. 이러한 분야들의 역사를 보면 규범적 판단이 이데올로기적 편향에 따른 근본적 결함을 안고 있었고, 그래서 규범적 판단 자체를 피하는 것이 현명한 일이 되었다. 나는 결국에 가면 규범적 질문들을 던져야 한다고 주장하려 한다.(다른 철학자들도 이에 동의할 것이다.) 이는 적어도 두 가지 이유 때문이다. 첫째, 우리는 과학적 내지 기술적 성공 같은 규범적 목표들을 가지고 있고, 규범적 탐구는 그러한 목표를 달성하는 더 나은 방법을 찾는 데 도움을 줄 수 있다. 둘째, 규범적 권고는 가령 연구비 신청 구조나 연구집단들 간의 관계나 기업 자금지원에 대한 규제를 바꾸는 식으로 과학 실천에 **개입**하는 권고이다. 성공적 개입(특히 Hacking[1983]이 지적한 것 같은)은 단순한 관찰 내지 설명의 성공이 아닌 하나의 모델을 요구한다. 따라서 성공적 개입은 우리가 갖고 있는 과학 변화의 이론이 그럴법한가에 대한 훌륭한 시험이 된다. 규범적 질문들에 명시적으로 주목하는 철학적인 사회적 인식론은 STS가 과학에 관한 이론화를 하는 데 필수적인 자원이 된다.

최근 과학의 사회적 인식론에서 나온 몇몇 규범적 권고들은 솔직히 말해 뻔한 것처럼 보인다. 과학 실천에 대해 깊이 고민해보지 않아도 "비판

---

2) Gigerenzer(2002)와 몇몇 다른 학자들은 이러한 연구를 반박한다. 나는 이러한 반대 연구들이 설득력이 있다고 보지 않지만, 여기서 이 논쟁을 벌이는 것은 적절치 않다.

은 이론 향상을 위한 자원이다.", "인지노동의 분업은 앞으로 나아가는 효과적인 방법이다.", "식견을 갖춘 전문가와의 상담은 연구를 향상시킨다." 같은 권고는 내놓을 수 있는 듯하다. 실제로 아이작 뉴턴, 존 스튜어트 밀, 카를 포퍼가 이러한 권고들을 이미 내놓은 바 있다. 그러나 모든 권고가 뻔한 것은 아니며, 일견 뻔해 보이는 몇몇 권고들이 결함이 있는 권고로 밝혀지기도 한다. 그래서 나는 이 논문에서 규범적 도구와 권고들의 전체 범위를 그려내면서 그것을 뒷받침하는 종류의 증거를 보여주려 한다.

규범적 도구들은 과학적 의사결정과 과학 변화를 어떻게 평가할지에 관해 사고하는 방식이다. 전통적으로 이는 개별 과학자들의 합리성을 평가하거나 참인 이론에 도달하는 단계들을 평가하는 것을 의미했다. 과학의 사회적 인식론은 과학자들이 하는 일을 평가하는 다른 방법을 제시한다. 개별 과학자들이 하는 일 대신(혹은 그것에 더해) 과학자 공동체 전체가 하는 일을 들여다보는 것이 전형적이다. 이러한 평가도구들은 그 일반성에 있어 좀 더 국지적인 것에서 좀 더 보편적인 것(시간, 영역, 분야 등에서)까지 다양할 수 있다.

규범적 권고들은 특정한 맥락에서 특정한 사회적 지식 실천을 옹호하거나 반대하는 구체적 권고들이다. 고려되는 실천의 종류에는 다른 사람들의 신뢰와 증언, 권위에 대한 의존, 동료심사, 기업 자금지원, 정부 자금지원, 그리고 출판물, 학술대회, 그 외 수단들을 통한 지식전달이 포함된다. 다시 한 번 이러한 권고들의 일반성 수준은 다양할 수 있다. 물론 어떤 규범적 도구들은 규범적 권고를 자신 있게 내놓기 전에 자리를 잡고 있어야 할 것이다.

규범적 도구

인지노동의 배분

과학의 사회적 인식론자들이 제시하는 가장 중요한 규범적 도구는 개인적 수준보다 사회적 수준에서의 평가를 가능하게 하는 것들이다. 가장 간단하면서 가장 자주 제시되는 사례는 개별 과학자들의 추론이 어떻게 전반적으로 유익한 인지노동 분업에 기여하는가를 탐구함으로써 이를 평가하는 전략이다. 예를 들어 프랭크 설로웨이(Sulloway, 1996)는 개성이 이론 선택에 영향을 미치며, 과학혁명의 시기에 어떤 과학자들은 좀 더 급진적인 이론을 택하는 반면 다른 과학자들은 덜 급진적인 이론을 택하는 이유가 그들의 서로 다른 개성(그는 이것이 궁극적으로 과학자들이 몇째 아이로 태어났는가에 기인한다고 생각한다.) 때문이라고 주장한다. 설로웨이는 개별 과학자들이 편향될 수 있음을 인정하지만, 이러한 노동분업의 전반적 효과는 유익하다고 주장한다. 경쟁 이론들이 제각기 발전될 것이기 때문이다. 첫아이(좀 더 보수적)인 과학자와 둘째 이후로 태어난(좀 더 급진적) 과학자들이 합리적인 균형을 이루고 있기 때문에, 합리적인 노동분업이 이뤄질 것이다. 결국에 가면 한 이론이 승리를 거둘 거라는 충분한 증거가 나타날 거라고 설로웨이는 생각한다. 그러나 이를 미리 예단하는 것은 불가능하므로, 노동분업은 앞으로 나아가는 효과적인 방법이 된다.

많은 철학자들은 노동분업에 관해 동일한 점을 지적하면서 과학자들의 추론과 선택에 영향을 주는 서로 다른 요인들을 탐구했다. 데이비드 헐(Hull, 1988)은 과학자들이 노력을 배분하는 것은 공로 추구 동기 때문이라고 주장한 근래 들어 최초의 학자였을 것이다. 과학자는 아직 주창자가 없는 그럴법한 이론을 추구하는 것이 자기 자신의 경력에 더 유망하다고 본다는 것이다. 만약 그 이론이 성공적이면 해당 과학자는 초기 주창자로서 공로를 다른 사람들과 나누는 대신 모든 내지 대부분의 공로를 독차지할 것이다. 앨빈 골드먼의 영향력 있는 1992년 논문(경제학자 모셰 셰이크드와 공저)은 이러한 통찰을 공식화해서, 공로 추구에 근거해 결정을 내리는 것은 순수한 진리 추구—그것이 가능하기만 하다면—에 근거해 결정을 내리는 것만큼이나 훌륭하다고 주장한다. 필립 키처(Kitcher, 1990, 1993)도 비슷한 결론에 도달해서 진리라는 목표를 공로라는 목표와 바꿔치기한, 지식 측면에서 "더럽혀진" 개인들을 제시한다. 골드먼과 키처는 모두 개인들이 때때로 덜 그럴법하다고 평가한 이론을 추구할 거라고 주장한다. 공로의 측면에서 얻을 수 있는 보상이 더 크기 때문이다. 그리고 두 사람은 모두 이것이 과학자 공동체에 이득이 될 거라고 결론 내린다. 그 결과가 인지노동의 훌륭한(이상적이지는 않더라도) 분업으로 나타나기 때문이다.

몇몇 철학자들은 인지노동 배분의 다른 원인들을 살펴보았다. 로널드 기어리(Giere, 1988: 277)는 과학자들이 "훈련과 경험의 우연성" 때문에 경쟁 이론들의 그럴법함에 대해 서로 다른 판단을 내리게 된다고 주장한다. 나(Solomon, 1992)는 그런 주장에 부분적으로 근거해 기어리가 예로 든 베게너의 『대륙과 해양의 기원(Origin of Continents and Oceans)』(1915) 이후의 지질학을 좀 더 면밀하게 들여다보았고, 현저성, 가용성, 대표성 같은 이른바 "인지편향"들이 인지적 노력의 배분을 가져오는 중요한 원인임을 알아냈다.[3] 키처(Kitcher, 1993: 374)는 인지적 다양성이 공로 추구라는 유인뿐 아니라 판단의 차이(예를 들어 최초의 확률 부여)에 의해 유발될 수 있다고 제시했다. 사가드(Thagard, 1993)는 동일한 결과가 정보 전파의 지연

---

3)　Oreskes(1999)는 판단의 차이를 서로 다른 방법론적 전통에 돌리는 상이한 설명을 제시한다.

에 의해서도 얻어진다고 주장했다. 이 경우 서로 다른 과학자들이 서로 다른 데이터 집합에 근거해 결정을 내리게 되기 때문이다.

　물론 노동분업의 원인에 대한 이러한 설명들 각각이 전적으로 옳거나 완전한 것은 아니다. 이들을 조합한 것이 아마도 복잡한 진짜 이야기를 제공해줄지 모른다. 그러나 인지노동의 분업에 관한 이 모든 관념은 개별 과학자들의 결정을 의견차이가 표출되는 시기에 과학자 공동체 전체가 하는 일에 대한 기여라는 측면에서 평가한다는 공통점을 갖고 있다. 과학자 공동체의 시각에서 보면 개별 과학자가 "편향된" 방식으로 추론하는지 여부는 중요하지 않다. 중요한 것은 그렇게 "편향된" 추론이 어떻게 집합적 프로젝트에 기여하는가 하는 것이다.[4] 아울러 이러한 관념들은 일정하게 가정된 낙관주의를 공유한다. 서로 다른 개별 결정들이 만들어낸 인지적 노력의 배분이 훌륭한 배분인 사례들에 초점을 맞춘다는 점에서 그렇다. 자기 이해관계에 입각한 수많은 행동들이 전반적으로 훌륭한 부의 배분으로 귀결되는 애덤 스미스의 "보이지 않는 손"처럼, 그들은 "보이지 않는 이성의 손"이 있어 개별적 결정의 다양한 원인들이 전반적으로 훌륭한 인지적 노력 배분으로 귀결된다고 주장한다. 나는 사실 "보이지 않는 이성의 손"은 없으며, 역사적 사례들을 검토해보면 때로는 인지적 노력이 잘 배분되지만 때로는 그렇게 잘 배분되지 못하거나 형편없이 배분된다는 것을 알 수 있다고 주장했다.(Solomon, 2001)[5] 인지적 노력이 잘 배분되지 못하거

---

4)　내가 "편향"에 인용부호 표시를 했음을 유의하라. 이는 "편향"이 인식적으로 부정적 함의가 담긴 용어라는 사실을 표시하기 위한 것이다. 앞에서의 설명 때문에 그러한 "편향"은 실상 과학에 대해 부정적 영향을 미치지 않을 수 있다.

5)　물론 "잘"과 "형편없이"에 대해서는 좀 더 설명이 필요하다. Solomon(2001)에서는 고려 대상 이론이 지금까지 상대적으로 거둔 "경험적 성공"의 측면에서 설명을 했다. 많은 다른 유형의 설명도 가능하다.(가령 예측력이나 설명의 통일, 문제해결 능력의 측면에서)

나 형편없이 배분된 사례로는 20세기 초 핵 유전학과 세포질 유전학 사이의 논쟁이나 20세기 중반의 암 바이러스 연구를 들 수 있다. 내가 보기에 세포질(비염색체) 유전학과 암의 바이러스 모델은 그것이 받았어야 했던 것보다 더 적은 관심을 받았다. 이는 인지적 노력의 배분을 향상시키는 방법에 관한 규범적 권고가 이뤄질 수 있음을 의미한다.

인지노동은 새로운 아이디어의 발견과 발전뿐 아니라 널리 받아들여지고 있는 사실, 이론, 기법의 저장을 위해서도 분업이 이뤄질 수 있다. 책이 어떤 개인도 간직할 수 없는 양의 정보를 담을 수 있는 것처럼, 정보는 공동체에 있는 대부분의 혹은 모든 구성원이 접근가능하지만 각자의 머릿속에는 복제될 수 없는 방식으로 공동체 내에 저장될 수 있다. 이것이 달성되는 한 가지 중요한 방식은 서로 다른 주제에 관한 전문가들 혹은 서로 다른 경험 내지 기법을 갖춘 전문가들이 공동체 내에서 지식을 증가시킬 때이다. 지식과 전문성은 사회적으로 배분된다. 항해에 대한 에드윈 허친스의 설명(Hutchins, 1995)—해군 함정에 승선한 장교와 사병들 사이에 숙련과 지식이 배분되는—이 한 가지 사례이다. 데이비드 턴벌(Turnbull, 2000)도 석공에서 지도제작, 말라리아 백신 개발에 이르기까지 배분된 지식과 연구의 수많은 사례들을 제시한다.

인지노동이 배분될 수 있는 마지막 방법은 과학자 공동체가 이견 표출에서 합의로 이동할 때 요구되는 지식활동을 위한 것이다. 전통적 과학철학에서 합의는 과학자 공동체의 성원 각자가 동일한 결정을 내린 결과로 제시된다. 훌륭한 합의는 각각의 과학자가 동일한 과정을 통해 최선의 이론을 선택한 결과이며, 나쁜 합의는 각각의 과학자가 공통의 부적절한 과정을 거쳐 잘못된 이론을 선택한 결과이다. 그러나 물론 이는 집단합의의 형성에 대해 가장 단순한 모델일 뿐이며, 동일한 시작점뿐 아니라 동일한 종착점과 동일한 변화과정을 가정한 모델이다.(그럼에도 불구하고 가장 단순한 이 모델이 대다수의 철학자들이 가정해온 모델이다.) 합의 형성에 대한 다른 설명—인지노동이 배분돼 있는—에는 후세인 사카(Sarkar, 1983)와 레이첼 라우든, 래리 라우든(Laudan and Laudan, 1989)의 설명이 있다. 그들은 서로 다른 과학자들이 서로 다른 좋은 이유에서 동일한 이론을 선택할 수 있음을 발견했다. 『사회적 경험론(*Social Empiricism*)』에서 나 자신의 설명(Solomon, 2001)은 이견이 표출될 때와 마찬가지로 개별 과학자들이 편향되고 특이한 결정을 내릴 수 있지만 전반적인 결정은 사회적 시각에서 평가되어야 한다는 것이었다. 나는 합의의 사례들을 평가할 때 특정한 사례들에서 작동하는 편향(내가 "결정 벡터"라고 부르는)의 배분을 들여다본다.

대륙이동설—좀 더 정확하게는 그것의 뒤를 이은 판구조론—에 관한 합의의 사례는 합의의 배분된 성격과 다시 한 번 사회적 시각을 취할 필요성을 보여준다. 합의의 적절성에 관한 규범적 판단을 내리기 위해서이다. 판구조론에 관한 합의는 1960년대에 출현했다. 이 시기 역사가들은 "대다수의 전문가들이 자신의 전문 분야에 연관된 관찰에 의해서만 확신을 얻었다."(Menard, 1986: 238)와 같은 언급을 해왔다. 합의 형성은 고지자기학자, 해양학자, 지진학자, 층서학자, 그리고 당시 고생물학과 조산운동에 관심이 있던 대륙 지질학자 순서로 나타났다. 믿음 변화는 이동설을 입증하는 관찰들이 각각의 전문 분야에서 나타나고 낡은 데이터가 이동설에 맞게 재해석된 후에야 나타났다. 이러한 전반적 패턴에 더해 이전의 믿음, 개인적 관찰, 동료의 압력, 권위자의 영향, 주목할 만한 데이터 제시 등으로 인한 믿음 변화와 믿음 유지의 패턴이 있었다.[6]

6) Oreskes(1999)는 다시 한 번 Laudan and Laudan(1979)과 Sarkar(1983)의 사회적 인식론과

이 모든 패턴은 결정 벡터(다른 이들이 "편향요인"이라고 부르는 것에 대해 내가 더 선호하는 용어[7])의 측면에서 설명될 수 있다. 결정 벡터에 그런 이름이 붙은 이유는 결정의 결과(방향)에 영향을 주기 때문이다. 그것의 영향은 과학적 성공에 좋을 수도 있고 나쁠 수도 있기 때문에 이 용어의 지식적 중립성이 확보된다. 뿐만 아니라 합의로 이어지는 결정 벡터는 다른 역사적 사례들에서 이견 표출을 낳았던 결정 벡터와 유형, 종류, 크기에서 비슷하다. 여기서는 결과가 계속된 이견 표출이 아니라 합의로 나타났는데, 그 이유는 충분히 많은 결정 벡터들이 같은 방향으로 잡아당기고 있기 때문이다.

중요하게 지적할 것은 결정적 실험 혹은 결정적인 일단의 관찰이 있을 수 **있었지만**, 실제로는 그렇지 않았다는 점이다. 고지자기 데이터, 특히 심해 해령의 양쪽에 대칭적인 자기 줄무늬를 보여주는 데이터를 1965년에 바인과 매튜스가 발견한 것을 이런 식으로 볼 수 있었다. 그러나 이것이 결정적 데이터라고 본 것은 오직 바인, 매튜스, 그리고 몇몇 고위급 해양학자들뿐이었다. 고지자기학자들은 그보다 앞서 설득된 경향이 있었고, 지진학자, 층서학자, 대륙 지질학자들은 좀 더 나중에 그러했다. 어떤 단일한 실험도 한 번에 하나의 집단 이상의 지질학자들에게 "결정적"이지 않았다. 합의는 점진적이었고, 지질학의 하위 분야, 국가, 비공식 커뮤니케이션 네트워크에 걸쳐 배분돼 있었다. 합의가 완성된 것은 판구조론이 모든

좀 더 부합하는 다른 이야기를 들려준다. 여기서 지질학 혁명에 대한 이러한 경쟁 설명들을 판단하는 것은 적절치 않다.

7) 사실 아주 정확한 것은 아니다. 『사회적 경험론』에서 제시한 결정 벡터의 정확한 정의는 "결정의 결과에 영향을 미치는 모든 것"으로, "편향요인"보다 범위가 더 넓다. 이러한 차이는 여기서 중요하지 않다.

경험적 성공(고정설, 수축설, 이동설이 이뤘던 성공과 그 외 더 많은 성공)을 거두었을 때였지, 어떤 개인 내지 개인들이 모든 성공을 거뒀다고 보았기 때문이 아니었다. 뿐만 아니라 경험적 성공은 합의를 이끌어내기에 충분하지 않았다. 결정 벡터들(때로는 경험적 성공과 결부돼 있지만, 때로는 그렇지 않은)이 결정적이었다.

합의가 항상 규범적으로 적절한 것은 아니다. 때로 과학자들은 보편적 지지를 받을 자격이 없는 이론들에 동의한다. 1950년대에 "중심가설(central dogma)"—DNA가 전령 RNA와 단백질 합성을 통해 세포과정을 통제한다는—에 대한 합의는 세포질 유전, 유전자 전이, 유전자 조절, 유전된 초분자구조에 관한 중요한 연구(에프러시, 소네본, 세이거, 매클린톡 등의 연구)를 배제했다. 때로 과학자들은 전혀 지지를 받을 자격이 없는 이론들에 동의한다. 예를 들어 가지 야샤르길이 1967년에 개발한 두개내외우회로조성술(extracranial-intracranial bypass operation)은 견고한 데이터가 나오기도 전에 뇌졸중 환자들을 위한 표준적 치료법이 되었다. 이 수술은 "신경외과 공동체의 총아"가 되었는데(Vertosick, 1988: 108), 특별한 훈련을 필요로 했고 높은 수익이 보장됐기 때문이다. 근거는 충분히 훌륭했다. 두피로 공급되는 혈관에는 죽상동맥경화증이 거의 생기지 않기 때문에, 그것을 뇌로 공급되는 동맥에 봉합하면 뇌로 가는 혈류가 증가해 뇌졸중을 예방하는 데 도움을 준다는 추론이었다. 그러나 이는 경험적 증거가 아니라 "그럴법한 추론" 내지 이론적 뒷받침임을 주목하기 바란다. 사실 이를 뒷받침하는 훌륭한 데이터는 결코 만들어지지 못했고, 이 수술은 1985년 이후 총애를 잃었다. 하지만 아무런 중대한 경험적 성공도 거두지 못한 이론에 대해 거의 18년 동안 합의가 유지됐던 것이다.

합의는 과학연구의 목적인(telos)이 아니다. 이는 진리의 표식이 아니며

"이후 행복하게 잘살았다."를 나타내는 것도 아니다. 나는『사회적 경험론』에서 합의의 해체도 사회적 시각에서 살펴보았고, 규범적 판단을 내리는 데 동일한 규범적 틀을 활용했다. 논의된 사례들에는 시험관 내의 상온핵융합이 불가능하다는 합의의 해체와 궤양은 산의 과다로 유발된다는 합의의 해체가 있다.

내가 제시한 규범적 틀인 "사회적 경험론"은 적절한 이견 표출, 합의의 형성, 합의의 해체에 본질적으로 동일한 조건을 요구한다. 규범적 조건은 어떤 이론들이 진지하게 간주되려면 제각기 모종의 연관된 경험적 성공을 이뤄야 하며 결정 벡터들이 고려 대상 이론에 대해 균등하게 배분돼 있어야 한다는 것이다.[8] "사회적 경험론"은 어떤 "종착점"에 특권을 부여하지 않지만, 대다수의 과학 이론가들은 (때로 "해결" 내지 "종결"이라고 불리는) 합의에 특권을 부여한다.

이 소절에서 과학적 의사결정과 인지노동 배분에 관한 연구로 언급된 모든 사람이 취하는 규범적 시각—총합적 수준에서의 평가—은 몇몇 과학철학자들에 의해 좀 더 폭넓게 적용되고 있다. 인지노동의 효과적 배분은 결국 과학자들에게 유일한 규범적 목표나 규범적 절차가 아니다. 다음 두 개의 소절에서 나는 집단적·총합적 과학연구에 대한 다른 종류의 평가를 제시할 것이다.

지식목표

과학은 복잡하고 역사적으로 배태된 활동이며, 그것의 목표는 투명하지 않다. 철학자들(과 과학학의 다른 학자들)은 과학의 목표에 대해 합의하

---

8) 이는『사회적 경험론』에서 발전시킨 개념들을 빌려서 구체적으로 설명되고 있다.

지 못하고 있다. 첫째, 그들은 과학자들의 활동에서 파악해낸 목표들에 대해 의견을 달리한다. 예를 들어 키처(Kitcher, 1993)는 과학자들이 중요한 근사적 진리를 목표로 한다고 주장하고, 기어리(Giere, 1999)는 과학자들이 관련된 측면들에서 세상과 닮은 재현을 만들어내는 것을 목표로 한다고 주장하며, 바스 반 프라센(van Frassen, 1980)은 과학자들이 그저 훌륭한 예측을 해내고자 애쓴다고 주장한다. 일부 철학자들(예를 들어 Fuller, 1993; Longino, 1990, 2001)은 과학의 목표가 보편적이지도 않고 불변도 아니라고 주장한다.

둘째, 철학자들은 무엇이 과학의 목표가 **되어야 한다**고 생각하는지에 대해서도 의견을 달리한다.(물론 자연주의 철학자들에게는 이것이 현실적으로 달성가능한 과학의 실제 목표와 충분히 가까워야 한다.) 여기에는 다수의 경쟁하는 규범적 관점들이 있고, 인류의 번창, 억압받는 사람들에 대한 조력, 지구 보존 같은 비지식적 목표들(로 전통적으로 간주되던 것)도 종종 그 속에 포함된다. 이 논문에서 나는 이 문제에 대해 입장을 취하지는 않을 것이다.[9] 대신 나는 그들이 제시하는 서로 다른 규범적 도구의 측면에서 과학의 목표에 대한 다른 관점들을 제시할 것이다.

스티브 풀러(Fuller, 1993)는 과학자 공동체가 옹호하는 일련의 상이한 지식목표들에 대해 쓰면서, 과학정책에 관심 있는 사람들은 그러한 목표들 그 자체에 대해 민주적 과정을 통한 논쟁을 벌여야 한다고 주장한다.[10] 키처(Kitcher, 2001)는 최근에 관점을 바꿨고, 이제 과학의 목표에 대한 민

---

9) 나는 Solomon(2001)에서 이 문제를 길게 논의하면서 나 자신의 관점도 제시했다.

10) 이는 광범위하고 학제적인 풀러의 저작에서 다뤄진 한 가지 주제일 뿐이다. 풀러가 이 분야에서 유일한 학제적 학술지인 《사회적 인식론(*Social Epistemology*)》(1986년부터 현재까지)을 창간했다는 점도 언급해두어야 할 것이다.

주적 숙의과정을 역시 주장하고 있다.

샌드라 하딩(예를 들어 Alcoff and Potter, 1993에 수록된 글)은 페미니스트 과학을 옹호한다. 페미니스트 과학은 정치적으로 참여적이고 비판적인 입장에서 이뤄지는 과학이다. 특히 장점이 있는 것은 "주변화된 삶으로부터" 이뤄지는 과학이다. 다시 말해 주류 과학연구와 관련해 정치적으로 주변화돼 있지만, 아울러 정치적·지식적으로 어떤 분야의 근간에 도전하는, 세상을 바꾸는 프로젝트에 참여하게 된 사람들이 수행하는 과학을 말한다. 하딩은 그러한 과학에 대해 "강한 객관성"이라는 규범적 용어를 사용하면서, 이것이 연구의 목표를 제공하고 그러한 목표들에는 주변화된 공동체의 상황을 개선하는 것 같은 정치적 목표들도 포함될 거라고 내다본다. 하딩의 "강한 객관성" 개념은 도너 해러웨이의 "상황적 지식"과 유사하다. 두 사람은 모두 해러웨이의 표현을 빌리면 "아래에서 보는 시각이 더 낫다."고 주장한다.(Haraway, 1991: 190) 그들은 모두 마르크스주의 지식 관념에 의존해 이를 좀 더 폭넓은 정치적 관심사들에 적용한다. 해러웨이는 객관성이 "… 부분적 관점들과 멈칫거리는 목소리들을 집합적 주체 위치로 합치는 것"으로 이뤄져 있다고 덧붙인다.(Haraway, 1991: 196) 하딩은 "강한 객관성"이 자신의 사회적 입장에 대한 정치적 성찰이 이뤄낸 것이지 사회적 입장에서만 나오는 것은 아니라고 좀 더 강하게 주장한다. 두 사람은 모두 객관성을 개별적이 아니라 사회적으로 성취되는 것으로 제시한다.

린 핸킨슨 넬슨의 『인식자는 누구인가? 콰인에서 페미니스트 경험론까지(*Who Knows? From Quine to a Feminist Empiricism*)』(1990)는 지식목표가 사회적으로 달성된다고 주장한다. 뿐만 아니라 그녀는 지식목표가 비지식적 가치들과 구분될 수 없다고 주장한다. 이론, 관찰, 가치는 서로 엮여 있고 사회적으로 체현돼 있으며, 원칙적으로 모두 수정가능하다. 그녀의 지식틀은 W. V. 콰인의 믿음 그물망—개인 대신 공동체가 그물망의 장소이며, "가치"는 전통적으로 비지식적 목표였던 것을 포함하도록 확장된—과 흡사하다.

지식목표에 대해 가장 급진적인 입장은 우리의 사회적 지식 실천이 진리를 발견하는 것이 아니라 **구성하는** 것이며, 더 나아가 탐구의 목표가 모종의 비임의적 방식으로 설정돼 있는 것이 아니라 그것을 놓고 협상하는 것이라고 주장하는 것이다. 1970년대와 1980년대에 과학사회학의 강한 프로그램에 속한 연구—대표적인 것으로 반스와 블루어, 라투르와 울가, 섀핀과 섀퍼, 콜린스와 핀치의 연구—가 종종 그러한 사회구성주의에 의해 인도되었다. 영미철학 전통에 속한 오늘날의 사회적 인식론자 대부분은 사회구성주의 전통에 대한 이견 표출에서 동기부여를 얻었고, 덜 급진적인 입장을 주장했다. STS의 최근 연구(예를 들어 Knorr Cetina, 1999; Jasanoff, 2004; Latour, 2005; 그리고 Pickering, 1995 등)는 과학의 목표가 협상된다는 주장을 계속하면서도 협상에서 사회세계뿐 아니라 물질세계에도 발언권을 주고 있다. 그 결과 이러한 구성주의 시각은 덜 급진적(강한 프로그램의 의미에서 급진적)인 것이 되었고 철학(대륙철학과 영미철학 모두)에서의 작업과 더 가까워졌다. 그들은 또한 선배들이 가정했던 사회적인 것에 대한 정태적 관점에 도전하고 있다. 대신 그들은 과학지식과 과학적 사회가 물질적 관계 맺기에 의해 **공동생산**된다고 간주한다.

규범적 절차

규범적 지식 관념을 탐구하는 방법에는 두 가지가 있다. 하나는 지식목표(진리, 경험적 성공, 그 외 뭐든)를 진술하고, 이어 이러한 목표를 달성하는 데 얼마나 효과적인가에 따라 결정과 방법을 평가하는 것이다. 다른 방법은 절차의 결과물은 고려하지 말고 절차 그 자체를 그것의 "합당함"이나 "합리성"에 대해 평가하는 것이다. 지금까지 나는 첫 번째 범주에 속하는 사회적 지식 입장, 즉 "도구적 합리성"의 입장을 들여다보았다. 롱기노의 규범적 관점은 대체로 두 번째 범주에 속한다. 그녀는 모든 과학자 공동체를 위한 객관적 절차를 명시함으로써 "객관성"의 의미를 자세히 설명한다고 주장한다.

요즘 롱기노는 자신이 내세우는 과학의 사회적 인식론을 "비판적인 맥락적 경험론"으로 부른다.(Longino, 2001) 여기에는 사회적으로 적용가능한 네 가지 규범이 있는데, 그녀는 이것이 "객관성"의 의미에 대한 성찰에 의해 얻어졌다고 주장한다. 네 가지 규범은 다음과 같다.

1. 지적 권위의 평등(혹은 전문성의 차이를 존중하는 "완화된 평등")
2. 모종의 공유된 가치, 특히 경험적 성공에 대한 가치부여
3. 비판을 위한 공개 포럼(예를 들어 학술대회, 학술지에 실린 논문에 대한 답변)
4. 비판에 대한 응답

과학자 공동체가 이러한 규범들을 충족시키면서 아울러 세상에 부합하는 이론(혹은 모델)을 만들어내는 한, 이는 과학지식의 조건을 충족시킨다. 규범이 개인들이 아닌 공동체에 의해 충족된다는 점에 유의하기 바란다. 비록 일부 개인들은 어떤 조건을 충족시켜야 하지만 말이다.(예를 들어 그들은 특정한 비판들에 응답해야 한다.)

롱기노에 따르면 이러한 네 가지 규범을 충족시킨 결과는 보통 다원주의로 나타난다. 경험적 성공은 과학연구에서 보편적으로 공유된 한 가지

가치이지만, 이는 수많은 형태로 나타나며 과학논쟁을 중재하기에는 충분치 못하다. 결국 이론은 이용가능한 증거에 의해 과소결정되며, 하나의 영역에서 하나 이상의 이론이 경험적으로 성공할 수 있다. 서로 다른 이론들은 서로 다른 방식으로 경험적 성공을 거둘 수 있다. 그리고 롱기노는 최고의 비판은 보통 다른 이론을 가지고 작업하고 있는 과학자들로부터 나온다고 주장한다. 따라서 다원주의는 과학연구에서 전형적이면서 선호되는 상태이다.

롱기노의 설명은 일정한 직관적 그럴법함을 갖고 있다. 더 큰 지적 민주주의의 요구는 모든 과학자의 목소리가 더 공평하게 들리도록 하는 듯 보이며, 따라서 좋은 아이디어가 고려될 수 있는 기회를 늘려준다. 이는 또한 도덕적 호소력을 갖고 있다. 모든 사람이 말할 수 있는 기회를 가지며, 모든 진정한 비판은 응답을 얻는다.

규범적 권고

규범적 권고는 특정한 맥락에서 특정한 사회적 실천에 찬성 혹은 반대하는 구체적인 권고이다. 때로 이는 규범적 도구의 적용에서 나온다. 예를 들어 인지노동의 특정한 배분에 대한 권고는 앞 절에서 논의한 것처럼 사회적인 규범적 입장을 취하는 데서 나올 수 있다. 이 절에서 나는 좀 더 많은 국지적 평가 이후에 내려진 규범적 권고들에 초점을 맞출 생각이다. 이는 전반적인 규범적 도구들에 의해 인도를 받을 수도, 그렇지 않을 수도 있다.

지식 실천은 개인적일 수도, 사회적일 수도 있다. 개인적 지식 실천에 대한 권고의 사례로는 "모든 용어를 분명하게 정의하라.", "자신의 주장을 뒷받침하는 증거가 있는지 확인하라.", "가설을 세울 때는 대담하라.", "논리적 오류를 피하라." 같은 것이 있다. 사회적 지식 실천에 대한 권고의 사례로는 "훈련된 공동연구자의 관찰을 신뢰하라.", "자신의 연구를 다른 사람에게 읽히고 비판을 받았는지 확인하라.", "권위 있는 사람들의 조언을 존중하라.", "연구결과를 출판물뿐 아니라 학술대회에서도 발표하라." 등이 있다. 이러한 사례들은 개인들에 대한 사회적 지식 권고이다. 다른 사례들은 과학정책의 수준에서 공동체에 대해 권고를 한다. 여기서의 사례로는 "과학에 대한 기업의 자금지원은 정부의 자금지원보다 덜 믿을 만한 결과로 이어진다.", "과학논문 초고에 대한 이중맹검 심사가 최선의 실천이다.", "전문 과학자를 양성하고자 한다면, 진지한 과학교육을 중학교 때 시작해야 한다." 같은 권고들이 있다.

철학자들은 지식 실천에 대한 권고 문제에 특별한 전문성을 갖고 있지 않다. 최근 들어 그들은 이러한 문제들 중 일부—주로 개인에 대한 사회적 지식 권고—에 대해서만 글을 써왔다. 이에 대해 간략하게 개관해보자.

증언에 대한 신뢰

몇몇 (과학철학자라기보다) 인식론자들은 신뢰에 대해 글을 써왔다. 어떤 조건하에서 다른 사람들의 증언에 대한 신뢰가 적절한 것인지에 대해서는 합의가 이뤄져 있지 않다. 예를 들어 C. A. J. 코디(Coady, 1992)와 마틴 쿠시(Kusch, 2002)는 다른 과학자들에 대한 신뢰가 기본 입장이라고 생각한다. 불신의 특정한 이유가 존재하지 않는 한 신뢰는 적절한 것이다. 반면 다른 사람들, 가령 엘리자베스 프리커(Fricker, 2005) 같은 이들은 신뢰가 획득되어야 하는 것이며, 한 연구자는 다른 과학자를 신뢰하기 위한 구체적인 정당화를 필요로 한다고 주장한다. 화자가 증거 보고에 대해 믿을 만하며 화자는 정직하다는 증거 같은 것 말이다.

골드먼(Goldman, 2002)은 신뢰에 대해 특이한 정서적 이론을 갖고 있다. 그는 사람들이 자신과 이전에 정서적 유대를 가졌던 사람들의 믿음을 신뢰할 가능성이 높다고 주장한다.(이것이 믿음의 수용가능성에 대한 유대 접근법[bonding approach to belief acceptability, BABA]이다.) 감정은 지성을 제약한다. 골드먼은 진화심리학을 통해 이해하면 이러한 관행이 믿을 만하다고 주장한다. 정서적 유대를 가진 사람들은 그렇지 않은 사람들보다 서로 속이려는 유인이 더 적을 것이기 때문이다. BABA는 특히 부모-자녀간 교육 상호작용의 근간을 이룬다. 골드먼은 과학자 공동체에서 BABA가 믿을 만한지, 얼마나 널리 퍼져 있는지를 탐구하지는 않았다.

이러한 철학 문헌과 신뢰에 관한 STS 문헌, 가령 스티븐 섀핀의 『진리의 사회사(A Social History of Truth)』(1994)를 비교해보면 유익할 것이다. 물론 섀핀은 규범적 접근이 아니라 기술적인 역사적 접근을 취하지만, 자연주의 인식론자들은 현실적 권고를 목표로 하기 때문에 그들은 섀핀이 포착해낸 신뢰의 조건들—젠더 및 사회계급(17세기 잉글랜드에서 "젠틀맨"이 되는 것)과 연관돼 있는—이 인식론자들이 권고하는 규범들과 관계가 있는지 탐구할 수 있다. 19세기 객관성의 역사적 발전에 관한 로레인 대스턴의 연구(예를 들어 Daston, 1992)는 신뢰와 증언의 변화하는 실천을 들여다보는 또 하나의 풍부한 자원이다.

권위

몇몇 인식론자들(예를 들어 Goldman, 1999; Kitcher, 1993)은 권위에 관해 글을 써왔다. 대체로 볼 때 그들은 "획득된" 권위와 "획득되지 않은" 권위를 구분하고 과학자들이 이 중 전자에만 의존하도록 권고하는 데 관심이 있었다. "획득된" 권위는 과학자의 경력 기록이나 과학자의 논증의 질 (평가하는 과학자나 일반인이 인식한)에 의해 측정될 수 있다. 힐러리 콘블리스(Cornblith, 1994)는 권위성에 대한 사회적 판단이 능력본위 고용 시스템에서의 지위와 같은 믿을 만한 대용물에 근거했을 때 믿을 만하다고 주장한다. 그런 경우 과학자 공동체 내에서 어떤 사람의 권위성은 그들이 권위 있는 지위를 획득한 정도에 맞게 잘 보정될 것이다. 콘블리스는 개인들이 제각기 자신이 의존하는 권위를 평가하도록 요구하지 않는다는 점에서 골드먼이나 키처와 견해를 달리한다. 과학자 공동체 내에서 귀속된 권위가 실제로 과거의 믿을 만한 작업과 연관성이 있다면 그것으로 충분하다.

롱기노는 권위에 대해 널리 퍼진 존중에 좀 더 회의적이다. 그녀가 품고 있는 우려는 획득되지 않은 권위─지식이나 과거의 성취와 연관성이 없는 다양한 방식으로 획득된 정치적 우위─가 너무 많은 역할을 해서 주변화된 목소리들이 키워지기는커녕 아예 들리지 않게 되는 것이다. 그녀는 초기 저작(Longino, 1990)에서 "지적 권위의 평등"을 요청한다. 이후(Longino, 2001) 그녀는 자신의 입장을 수정해 "지적 권위의 완화된 평등"을 요청하고 있다. 이는 지적 능력과 지식의 차이를 존중하면서도 여전히 민주적 토론에서는 동일한 기준을 요구하는 것이다.

비판

과학자들뿐 아니라 존 스튜어트 밀, C. S. 퍼스, 카를 포퍼로 시작하는 절대다수의 인식론자들은 과학연구가 해당 분야의 전문가인 과학자들의 평가와 비판을 받도록 권고한다. 동료 과학자들이 오류를 수정하고, 그에 응답하는 최선의 논증을 자극할 비판을 제기하고, 논문으로 발표하는 경우 결과로 나온 원고의 질을 확인시켜줄 거라는 생각에서이다. 여기에는 비판적 담화—커피머신 앞에서의 토론, 학술대회에서의 질문, 원고에 대한 독자들의 반응 등등—가 과학연구를 향상시킬 거라는 가정이 깔려 있다. 또한 어떤 담화가 "비판적"이고 어떤 담화가 그렇지 않은지(예를 들어 "그저 수사적"인지) 판별할 수 있다는 가정도 깔려 있다. 롱기노(Longino, 1990, 2001)는 과학자들이 자신들의 작업을 비판에 노출시킬 뿐 아니라 비판에 답할 것을 요구하는 인식론자의 강력하면서도 전형적인 사례이다. "비판"과 "합리적 숙의"에 대한 신념은 플라톤에서 칸트, 하버마스, 롤스에 이르는 깊은 철학적 뿌리를 갖고 있다.[11]

나는 비판의 실천에 대해 회의적 태도를 보이는 점에서 내가 특이하다고 믿는다. 나는 비판이 자존심, 끈질긴 믿음, 확인편향 같은 메커니즘 때문에 종종 무시되고, 오해되고, 방해를 받는다는 것을 보여주는 사회심리학 연구(예를 들어 Kahneman et al., 1982; Nisbett & Ross, 1980)를 언급했고,[12] 연구자들이 비판에 묵묵부답이거나 이를 무시하는 태도를 보이는 과학사와 오늘날의 과학에서의 특정한 사례들을 지적했다.(프리스틀리와 아인슈타인이 잘 알려진 사례지만, 그 외에도 많다.) 내가 보기에 우리는 비판의 과정에 대해 좀 더 많은 경험연구를 할 필요가 있다. 실제로 어떤 이득이 있는지, 또 비판에 대한 응답의 측면에서 과학자들에게 뭘 기대하는 것이 합당한지 알아내기 위해서 말이다. 그러한 연구는 예컨대 학술대회 토론 녹취록에 대한 담화분석에서 시작할 수 있다. 비판이 비판받는 개인에게 미치는 영향뿐 아니라 비판을 목격하는 것이 과학자 공동체 전체에 미치는 영향에 대해서도 사회적 인식론이 추가적인 관찰과 탐구를 하는 것이 중요하다.[13]

---

11) 좀 더 완전한 논의는 Solomon(2006)을 보라.
12) 앞서 주 2에서처럼 Gigerenzer(2002)의 비판적 작업을 언급해두어야겠다.

협력

폴 사가드(Thagard, 1997)는 물리과학, 생물과학, 인간과학에서 협력이 만연하고 그 빈도가 증가하고 있는 현상을 탐구했다. 그는 서로 다른 종류의 협력들을 기술하는데, 가장 흔한 것은 선생/제자(teacher/apprentice, 보통 교수와 대학원생), 유사동료(peer-similar, 같은 분야에서 훈련받은 연구자들), 다른 동료(peer-different, 다른 분야에서 훈련받고 학제적 프로젝트에 관여하고 있는 연구자들) 간의 협력이다. 선생/제자 협력은 선임 연구자의 생산성을 높이려는 의도를 담고 있다. 동료 협력자를 고용하는 것보다 비용은 덜 들지만, 제자의 경험 미숙으로 인해 오류의 위험은 더 크다. 이는 또한 다음 세대의 선임 연구자들을 훈련시킨다. 유사동료 협력은 적어도 이론적으로는 탐구의 힘을 증가시킬 수 있다. 컴퓨터 시뮬레이션은 서로 의사소통하는 행위자들이 그렇지 않은 행위자들보다 문제를 더 빨리 해결할 수 있음을 보여준다. 유사동료 협력은 또한 결과와 추론에 대한 점검을 제공해준다. 유사동료 협력의 잘 알려진 사례는 왓슨과 크릭의 DNA 구조 발견이다.[14] 다른 동료 협력은 학제적 연구를 가능하게 하지만, 유사동료 협력이 제공하는 결과와 추론에 대한 점검은 어렵다. 다른 동료 협력의 사례는 박테리아가 위궤양의 주된 원인임을 발견한 배리 마셜(위장병학자)과 로빈 워런(병리학자)의 연구가 있다.

협력이 주는 또 다른 지식이득으로 과학자들이 종종 언급하는 점은 개

---

13) 이 점은 올가 암스테르담스카에게 빚졌다.
14) 왓슨과 크릭은 물론 동일한 동료(peer-identical)는 아니었다. 그들은 같은 분야에서 다른 훈련을 받았고, 왓슨이 크릭보다 젊긴 했지만 크릭은 아직 박사학위를 마치지 못한 상태였다. 사가드의 분류 목적에 비춰보면, 그들은 유사동료로 간주할 수 있다. 그들은 유사한 전문직 지위를 갖고 있었고 서로의 작업과 전문성을 완전히 이해할 수 있었기 때문이다.

별 연구를 할 때 동기부여를 못 받는 수많은 연구자들에게 동기부여를 증가시킨다는 것이다. 증가된 동기부여는 보통 증가된 생산성으로 번역된다.

협력의 지식이득과 위험에 대한 이러한 탐구에 근거해, 사가드는 몇 가지 규범적 권고들을 제시한다. 예를 들어 그는 일부 과학 분야들에서 경력 초기의 과학자들에게 독립적인 연구자로 자리매김하라며 학위논문 지도교수와의 유익한 협력을 포기하도록 장려해서는 안 된다고 주장한다. 사가드는 여기서의 지식손실이 이득을 능가한다고 생각한다.

경쟁

헐(Hull, 1988)은 과학에서의 경쟁에 관해서 쓴 최초의 철학자들 중 하나였다.[15) 그는 진화적 변화와 과학 변화 사이의 유추를 중시하며, 종이 생존을 위해 경쟁하는 것과 동일한 종류의 방식으로 과학 이론들이 경쟁하고 있다고 생각한다. 경쟁적 에너지는 성공한 작업에 대해 공로를 인정받으려는 과학자들의 욕망에서 유래한다.(최근의 과학문화에서 공로는 공급이 부족하다.) 키처(Kitcher, 1990, 1993), 골드먼과 셰이키드(Goldman & Shaked, 1992)는 모두 이에 근거해, 공로에 대한 욕망은 과학자들 간의 경쟁성으로 이어질 수 있으며, 이는 그들로 하여금 이용가능한 과학 이론에 대해 효과적으로 인지노동을 배분하도록 이끌 거라고 주장한다. 경쟁성은 또한 그것이 없었을 때보다 과학자들이 더 열심히 일하고 더 생산적으로 되도록 이끌 수 있다.[16)

---

15) 마이클 폴라니(Polanyi, 1962)는 경쟁, 과학의 경제학, 과학자들의 자기조직에 관한 좀 더 최근의 철학적 저술을 예견했다. 사회학자 로버트 머턴(Merton, 1968)은 적어도 17세기 이후로 경쟁은 과학자들이 더 빨리 작업하고 더 일찍 발표하도록 동기부여하는 기능을 가진 과학의 특징이었다고 주장했다.

과학자들 간의 경쟁성은 문화에 따라 차이를 보이며, 시간에 따라서도 달라진다. 예를 들어 20세기 중엽에 영국 과학자들은 서로의 연구 문제에 간섭하지 않겠다는 신사협정을 맺은 반면, 미국에서는 동일한 문제에 관해 연구 중인 다른 실험실과의 경쟁이 용인되었다.(이러한 차이는 DNA 구조 발견의 역사에서 드러난다. 프랜시스 크릭이 다른 영국 과학자들과의 경쟁을 불편하게 여긴 반면, 제임스 왓슨은 그렇게 해도 전혀 문제될 것이 없다고 보았다.) 최근 들어 과학에서의 경쟁은 공로보다 상업적 이해관계에 더 많이 결부돼왔으며, 비밀주의도 증가해왔다. 대다수 과학자들은 이러한 상황을 개탄하고 있고, 일부는 그에 반대하는 운동을 조직했다. 예를 들어 셀레라 지노믹스의 크레이그 벤터가 자기 소유의 데이터로 독점을 확립하기 전에 (DOE와 NIH의 자금지원을 받아) DNA의 염기서열을 해독하려 했던 대학 과학자들의 공동노력은 이를 잘 보여준다.

이제 과학철학자들이 "얼마나 많은 경쟁성이 필요한가?", "경쟁을 위한 적절한 조건은 무엇인가?" 같은 좀 더 복잡한 쟁점들과 씨름해서 권고를 제시할 때가 되었다. 과도한 경쟁—그리고 이와 연관된 공로 부여의 감소, 협력적 · 상호보완적 연구의 효과성 감소, 동료심사를 거친 논문발표 감소—이 최소화될 수 있도록 말이다.

이견 표출과 합의
때로 과학자들은 의견이 일치하지만, 때로는 그렇지 못하다. 많은 철

---

16) 경쟁적 환경에 대한 대응에서는 상당한 개인 간 차이가 있을 수 있으며, 경쟁적 힘들의 강도와 성격에 따라서도 차이가 있을 수 있다. 다양한 경쟁적 · 비경쟁적 환경에서 과학이 무엇을 얻는가뿐 아니라 무엇을 잃는가(인력, 노력)에 대해서도 탐구해볼 만한 가치가 있다.

학자들(과 과학자들)은 의견일치를 연구의 목표로 생각하며, 합의의 성취를 이상적인 경우 지식의 성취로 본다. 심리치료에서 성취를 나타내는 인기 있는 용어인 "종결"은 합의를 나타내는 말로 널리 쓰인다. 그러나 비록 적지만 무시할 수 없는 숫자의 철학자들—밀(Mill, 1859)에서 시작해 파울 파이어아벤트(Feyerabend, 1975), 롱기노(Longino, 1990, 2001), 나 자신(Solomon, 2001)으로 이어지는—은 합의를 형성하라는 압력을 지식의 골칫거리로 본다. 전도유망한 연구경로를 차단하고 비판을 억압할 수 있기 때문이다. 물론 정치적 내지 실천적 이유에서는 적어도 일시적으로나마 합의에 도달하는 것이 때로 유용하다. 예를 들어 의사들이 어떤 수술이나 약에 대해 보험 적용을 주장하고자 할 때, 그들이 통일된 전선을 형성할 수 있다면 더 힘을 가질 것이다. 혹은 국가들이 환경훼손을 복구하는 조치를 취하고자 할 때, 과학자들이 동의할 수 있는 환경 모델을 가지고 작업한다면 최상일 것이다. 그러나 그처럼 외부적인 정치적 · 실천적 필요가 없을 때는 이견 표출이 문제가 되지 않으며, 내가 보기에는 합의에 도달하려는 노력에 의해 고쳐져야 하는 것도 아니다. 롱기노(Longino, 1990, 2001)는 다원주의를 보편적으로 받아들인다. 나는 이의를 제기하며, 합의는 **가끔씩** 지식 측면에서 적합하다고 생각한다. 현실에서 합의가 이뤄지는 빈도보다는 덜 자주 그렇지만 말이다.(Solomon, 2001)

다양성

다양성은 과학에 좋은 것이라고 흔히 말하곤 한다. 서로 다른 저술가들은 서로 다른 유형의 다양성에 초점을 맞춘다. 설로웨이(Sulloway, 1996)는 개성의 차이, 특히 좀 더 급진적인 개성과 보수적인 개성의 차이에 대해 쓰면서, 이러한 차이들이 과학에서 유익한 노동분업으로 이어진다고 주장한다. 프레더릭 그리넬(Grinnell, 1992)은 경험과 전문직 성취 수준에서의 다양성(대학원생 vs. 박사후 연구원 vs. 선임 연구자)이 사고에서 충분한 다양성으로 이어진다고 지적한다. 라우든과 라우든(Laudan and Laudan, 1979), 그리고 토머스 쿤(Kuhn, 1977)은 서로 다른 과학자들이 과학적 방법을 다르게 적용한다고 추측했다. 예를 들어 단순성, 일관성, 범위, 다산성, 설명력, 예측력 같은 가치 특성들에 서로 다른 가중치를 부여하는 식으로 말이다. 키처(Kitcher, 1993: 69-71)는 합리적 개인들 사이에 과학의 성장을 위해 "건강한" 정도의 인지적 차이가 있다고 주장한다. 롱기노(Longino, 1990, 2001)는 깊이 간직된 가치들에서의 다양성이 과학의 진보에 필수적이라고 주장해왔다. 다른 페미니스트 비평가들, 예를 들어 샌드라 하딩(Harding, 1991), 도너 해러웨이(Haraway, 1991), 이블린 폭스 켈러(특히 Keller, 1985 같은 그녀의 초기 저작)도 과학자 집단에서 인종, 계급, 젠더 다양성이 중요함을 주장했다.

내가 보기에 이러한 논의들에 빠져 있는 것은 어떤 유형의 다양성이 어떤 상황에서 어떤 특정한 과학에 좋은가 하는 세부적인 탐구이다. 다양성이 일반적으로 과학에 좋다는 데는 누구나 동의할 것이다. 창의적 아이디어의 수와 종류를 증가시킬 수 있고 그러한 아이디어에 관해 인지노동을 배분할 수 있기 때문이다. "너무 많은" 다양성에 대해 걱정하는 사람은 아무도 없는 듯 보인다.

앞으로의 연구주제

철학자들은 이제 과학의 사회적 인식론의 응용에서 막 작업을 시작했을 뿐이다. 그들이 과학정책 전문가들과 협력할 수 있는 앞으로의 연구주제들에는 디지털 출판과 같은 논문발표 관행을 탐구하고 아마도 도전하는 것, 과학자 공동체의 위계적 조직, 민간자금 지원 대 공공자금 지원, 대학 연구 대 산업연구, 동료심사의 과정 등이 있다. 실험과학이 시작된 지 겨우 300년밖에 안 되었고, 그것의 사회적 제도들을 가지고 충분한 실험을 해보지는 못했다. 상상력을 갖춘 철학자들은 이 논문에서 설명한 것 같은 도구들을 가지고 서구 과학자들의 견고한 전통적 실천을 넘어서 미래의 연구에 도움이 될 권고를 할 수 있을 것이다.

참고문헌

Coady, C. A. J. (1992) *Testimony: A Philosophical Study* (Oxford: Oxford University Press).

Daston, Lorraine (1992) "Objectivity and the Escape from Perspective," *Social Studies of Science* 22(4): 597–618.

Davidson, Arnold (2002) *The Emergence of Sexuality: Historical Epistemology and the Formation of Concepts* (Cambridge, MA: Harvard University Press).

Feyerabend, Paul (1975) *Against Method* (London: Verso).

Fricker, Elizabeth (2005) "Telling and Trusting: Reductionism and Anti-Reductionism in the Epistemology of Testimony," *Mind* 104: 393–411.

Fuller, Steve (1993) *Philosophy of Science and Its Discontents*, 2nd ed. (New York: The Guilford Press).

Giere, Ronald (1988) *Explaining Science: A Cognitive Approach* (Chicago: University of Chicago Press).

Giere, Ronald (1999) *Science Without Laws* (Chicago: University of Chicago Press).

Gigerenzer, Gerd (2002) *Adaptive Thinking: Rationality in the Real World* (New York: Oxford University Press).

Goldman, Alvin (1999) *Knowledge in a Social World* (Oxford and New York: Oxford University Press).

Goldman, Alvin (2002) *Pathways to Knowledge: Public and Private* (Oxford and New York: Oxford University Press).

Goldman, Alvin with Moshe Shaked (1992) "An Economic Model of Scientific Activity and Truth Acquisition," in Alvin Goldman (ed), *Liaisons: Philosophy Meets the Cognitive and Social Sciences* (Cambridge, MA: MIT Press).

Grinnell, Frederick (1992) *The Scientific Attitude* (New York: The Guilford Press).

Hacking, Ian (1983) *Representing and Intervening: Introductory Topics in the Philosophy of Natural Science* (Cambridge: Cambridge University Press).

Hacking, Ian (2000) *The Social Construction of What?* (Cambridge, MA: Harvard University Press).

Hacking, Ian (2004) *Historical Ontology* (Cambridge, MA: Harvard University Press).

Haraway, Donna (1991) *Simians, Cyborgs and Women: The Reinvention of Nature*

(New York: Routledge Press).

Harding, Sandra (1991) *Whose Science? Whose Knowledge? Thinking from Women's Lives* (Ithaca, NY: Cornell University Press).

Harding, Sandra (1993) "Rethinking Standpoint Epistemology: What Is Strong Objectivity?" in Linda Alcoff & Elizabeth Potter (eds), *Feminist Epistemologies*. (London: Routledge): 49 - 82.

Hull, David (1988) *Science as a Process: An Evolutionary Account of the Social and Conceptual Development of Science* (Chicago: University of Chicago Press).

Hutchins, Edwin (1995) *Cognition in the Wild* (Cambridge, MA: MIT Press).

Jasanoff, Sheila (ed) (2004) *States of Knowledge: The Co-Production of Science and the Social Order* (London: Routledge).

Kahneman, Daniel, Paul Slovic, & Amos Tversky (eds) (1982) *Judgments Under Uncertainty: Heuristics and Biases* (Cambridge: Cambridge University Press).

Keller, Evelyn Fox (1985) *Reflections on Gender and Science* (New Haven and London: Yale University Press).

Kitcher, Philip (1990) "The Division of Cognitive Labor," *Journal of Philosophy* 87(1): 5 - 22.

Kitcher, Philip (1993) *The Advancement of Science* (Oxford and New York: Oxford University Press).

Kitcher, Philip (2001) *Science, Truth and Democracy* (Oxford and New York: Oxford University Press).

Knorr Cetina, Karin (1999) *Epistemic Cultures: How the Sciences Make Knowledge* (Cambridge, MA: Harvard University Press).

Kornblith, Hilary (1994) "A Conservative Approach to Social Epistemology," in F. F. Schmitt (ed), *Socializing Epistemology: The Social Dimensions of Knowledge* (Lanham, MD: Rowman and Littlefield).

Kuhn, Thomas (1977) "Objectivity Value Judgment and Theory Choice," in Thomas Kuhn, *The Essential Tension* (Chicago: University of Chicago Press): 320 - 339.

Kusch, Martin (2002) *Knowledge by Agreement: The Programme of Communitarian Epistemology* (Oxford: Oxford University Press).

Latour, Bruno (1987) *Science in Action* (Cambridge, MA: Harvard University Press).

Latour, Bruno (2005) *Reassembling the Social: An Introduction to Actor-Network-Theory* (New York and Oxford: Oxford University Press).

Laudan, Rachel & Larry Laudan (1989) "Dominance and the Disunity of Method: Solving the Problems of Innovation and Consensus," *Philosophy of Science* 56(2): 221–237.

Lave, Jean & Etienne Wenger (1991) *Situated Learning: Legitimate Peripheral Participation* (Cambridge and New York: Cambridge University Press).

Longino, Helen (1990) *Science as Social Knowledge: Values and Objectivity in Scientific Inquiry* (Princeton, NJ: Princeton University Press).

Longino, Helen (2001) *The Fate of Knowledge* (Princeton, NJ and Oxford: Princeton University Press).

Menard, H. W. (1986) *The Ocean of Truth: A Personal History of Global Tectonics* (Princeton, NJ: Princeton University Press).

Merton, Robert K. (1968) "Behavior Patterns of Scientists," in R. K. Merton (1973), *The Sociology of Science: Theoretical and Empirical Investigations* (Chicago: University of Chicago Press): 325–342.

Mill, John Stuart (1859) *On Liberty*, reprinted in Mary Warnock (ed) (1962), *John Stuart Mill: Utilitarianism* (Glasgow, U.K.: William Collins Sons).

Nelson, Lynn Hankinson (1990) *Who Knows? From Quine to a Feminist Empiricism* (Philadelphia: Temple University Press).

Nisbett, Richard & Lee Ross (1980) *Human Inference: Strategies and Shortcomings of Social Judgment* (Englewood Cliffs, NJ: Prentice-Hall).

Oreskes, Naomi (1999) *The Rejection of Continental Drift: Theory and Method in American Earth Science* (New York and Oxford: Oxford University Press).

Pickering, Andrew (1995) *The Mangle of Practice: Time, Agency and Science* (Chicago: University of Chicago Press).

Polanyi, Michael (1962) "The Republic of Science: Its Political and Economic Theory," in Marjorie Greene (ed) (1969) *Knowing and Being: Essays by Michael Polanyi* (Chicago: University of Chicago Press): 49–72.

Quine, W. V. (1969) "Epistemology Naturalized," in *Ontological Relativity and Other Essays* (New York: Columbia University Press).

Rouse, Joseph (1987) *Knowledge and Power: Toward a Political Philosophy of Science* (Ithaca, NY and London: Cornell University Press).

Rouse, Joseph (1996) *Engaging Science: How to Understand Its Practices Philosophically* (Ithaca, NY: Cornell University Press).

Sarkar, Hussein (1983) *A Theory of Method* (Berkeley and Los Angeles: University of California Press).

Shapin, Steven (1994) *A Social History of Truth: Civility and Science in Seventeenth-Century England* (Chicago: University of Chicago Press).

Solomon, Miriam (1992) "Scientific Rationality and Human Reasoning," *Philosophy of Science* 59(3): 439–455.

Solomon, Miriam (2001) *Social Empiricism* (Cambridge, MA: MIT Press).

Solomon, Miriam (2006) "*Groupthink* versus *The Wisdom of Crowds*: The Social Epistemology of Deliberation and Dissent," *The Southern Journal of Philosophy* 44 (special issue on Social Epistemology based on the Spindel Conference, September 2005): 28–42.

Sulloway, Frank (1996) *Born to Rebel: Birth Order, Family Dynamics and Creative Lives* (New York: Pantheon Books).

Thagard, Paul (1993) "Societies of Minds: Science as Distributed Computing," *Studies in the History and Philosophy of Science* 24(1): 49–67.

Thagard, Paul (1997) "Collaborative Knowledge," *Nous* 31(2): 242–261.

Turnbull, David (2000) *Masons, Tricksters and Cartographers: Comparative Studies in the Sociology of Scientific and Indigenous Knowledge* (Amsterdam: Harwood).

Van Fraassen, Bas (1980) *The Scientific Image* (New York: Oxford University Press).

Vertosick, Frank Jr. (1988) "First, Do No Harm," *Discover* July: 106–111.

Wegener, Alfred ([1915]1966) *The Origin of Continents and Oceans*, 4th ed. Trans. J. Biram (London: Dover).

Wylie, Alison (2002) *Thinking from Things: Essays in the Philosophy of Archeology* (Berkeley: University of California Press).

Zammito, John (2004) *A Nice Derangement of Epistemes: Post-Positivism in the Study of Science from Quine to Latour* (Chicago and London: University of Chicago Press).

11.
과학기술에 대한 인지연구*

로널드 N. 기어리

과학기술에 대한 인지연구는 원래 과학기술사, 과학기술철학, 그리고 인지과학―특히 인지심리학과 인공지능―을 포함하는 다학문적 혼합체로 발전했다. 장 피아제(Piaget, 1929)와 좀 더 뒤로는 하워드 그루버(Gruber, 1981)와 아서 밀러(Miller, 1986)의 저작에 힘입어 초기에 유럽의 영향이 다소 있었지만, 대부분의 초기 연구는 미국에서 나왔다. 1960년대 초부터 과학적 발견의 과정은 근본적으로 합리성과 무관하다는 당시 표준적인 철학적 주장에 도전하려는 욕망에 의해 부분적으로 추동되어, 허버트 사이먼(Simon, 1966, 1973)은 인공지능 기법을 과학적 발견과정의 연구에 적용할 것을 제안했다. 피츠버그에서 수많은 협력자들과 함께 수행된

*이 논문의 초고에 도움이 되는 수많은 제안을 해준 올가 암스테르담스카, 낸시 네르세시언, 세 명의 익명 심사자들에게 감사를 표하고자 한다.

이 작업은 단행본『과학적 발견: 창조과정에 대한 계산적 탐구(*Scientific Discovery: Computational Explorations of the Creative Processes*)』에서 정점에 달했다.(Langley et al., 1987) 이후 얼마 안 있어 팻 랭글리와 제프 슈레이저가 편집한『과학적 발견과 이론 형성의 계산 모델(*Computational Models of Scientific Discovery and Theory Formation*)』(Langley and Shrager, 1990)이 나왔다. 이 책에는 주로 미국의 AI 연구자들이 참여했다. 10년 후에 사이먼은 피츠버그의 심리학자 데이비드 클라와 함께 사반세기에 걸친 작업을「과학적 발견 연구: 상보적 접근들과 서로 다른 발견들」이라는 제목의 논문에서 개관했다.(Klahr & Simon, 1999) 제목에 나오는 "상보적 접근들"은 (1) 과학적 발견에 대한 역사적 설명, (2) 과학적 발견과 관련된 일을 하고 있는 비과학자들을 상대로 한 심리학 실험, (3) 과학 실험실에 대한 직접 관찰, (4) 과학적 발견과정에 대한 계산 모델이다.(아울러 Klahr, 2000, 2005 도 보라.)

1970년대 말에 오하이오주 볼링 그린 주립대학에서 라이언 트위니를 위시한 일군의 심리학자들은 과학적 사고를 체계적으로 연구하는 프로그램을 시작했다. 여기에는 학생들이 "인공우주"를 관장하는 "법칙"들을 발견하기 위해 애쓰는 시뮬레이션 실험도 포함돼 있었다. 그들의 책『과학적 사고에 관하여(*On Scientific Thinking*)』(Tweney et al., 1981)는 "확인편향"과 같은 현상을 논의했다. 이는 피험자가 분명하게 부정적인 데이터가 있음에도 일부 데이터와 부합하는 가설을 추구하는 경향을 말한다. 불행히도 이러한 연구 프로그램은 자금지원 부족으로 중단되고 말았다. 트위니 자신은 마이클 패러데이에 관한 연구를 시작했고 오늘날까지 이를 이어오고 있다.(Tweney, 1985; Tweney et al., 2005) 버지니아대학의 심리학자 마이클 고먼 역시 시뮬레이션 상황에서 과학적 추론에 관한 실험을 수행했고, 이를『과학에 대한 시뮬레이션: 추단법, 정신 모델, 테크노사이언스의 사고(*Simulating Science: Heuristics, Mental Models and Technoscientific Thinking*)』라는 책에서 요약했다.(Gorman, 1992)

거의 같은 시기에 심리학자 데드리 겐트너와 동료들은 유추추론과 정신 모델의 이론을 발전시키기 시작했고, 이를 전기의 발견이나 열과 온도의 구분 같은 역사적 사례들에 적용했다.(Gentner, 1983; Gentner & Stevens, 1983) 발달심리학자 수전 캐리(Carey, 1985)는 피아제의 발달단계론(Piaget, 1929)에 명시적으로 반대하며 과학에서의 혁명적 변화에 대한 토머스 쿤의 설명을 아이의 인지발달에 적용하기 시작했다. 피츠버그의 또 다른 심리학자 미셸린 T. H. 치(Chi, 1992) 역시 개념적 변화 현상을 초심자와 전문가의 문제풀이 전략의 차이라는 맥락에서 탐구했다.

쿤의『과학혁명의 구조』(1962)는 과학학 전반, 그중에서도 특히 과학철학에 엄청난 충격을 주었다. 쿤의 작업에 대응해 많은 과학철학자들은 개념적 변화를 연구하기 시작했다. 쿤 자신은 과학에서 개념적 변화가 일어나는 방식에 대한 설명의 일부로 게슈탈트 심리학을 끌어들였다. 1980년대에 몇몇 과학철학자들은 인지과학에서 나온 좀 더 최신의 관념들을 과학에서의 개념적 변화를 이해하는 데 적용하기 시작했다. 낸시 네르세시언은『패러데이에서 아인슈타인까지: 과학 이론에서의 의미 구성(*Faraday to Einstein: Constructing Meaning in Scientific Theories*)』(Nersessian, 1984)에서 정신 모델과 유추추론의 관념을 19세기와 20세기 초 물리학의 장 이론 발전에 적용시켰다. 린들리 다르덴의『과학에서의 이론변화: 멘델 유전학에서 도출된 전략(*Theory Change in Science: Strategies from Mendelian Genetics*)』(Darden, 1991)은 인공지능에서 얻은 기법들을 적용해 멘델 유전학의 발전과정에서 쓰인 이론적 · 실험적 전략들을 프로그램하려 시도했다. 폴 사가드(Thagard, 1988, 1991, 2000)는 전면적인 "계산적 과학철학"을 옹호했고, 더 나아가 그가 컴퓨터 프로그램으로 구현한 "설명적 일관성"의 관념에 기반을 둔 개념적 변화의 설명을 발전시켰다. 캐리, 치, 다르덴, 네르세시언, 사가드, 트위니 등의 연구는 미네소타 과학철학 연구 시리즈로 나온 단행본 『과학의 인지 모델(*Cognitive Models of Science*)』(Giere, 1992b)에 실려 있다.

나중에 과학기술에 대한 인지연구로 인정받게 되는 초기 작업들을 주로 언급한 지금까지의 간략하고 필연적으로 불완전한 개관에서 몇 가지 주목할 만한 점들이 있다. 첫째, 이는 주로 과학에 관한 것이다. **기술**에 대한 인지연구는 나중에서야 발전했다. 둘째, 작업이 대단히 혼종적이다. 서로 다른 분야들에서 온 사람들이 인지과학의 서로 다른 측면들에 호소해 서로 다른 주제와 서로 다른 역사적 시기 내지 인물들에 초점을 맞추었다. 과학기술에 대한 인지연구는 따라서 확실히 **다학문적**이다. 셋째, 이러한 연구 대부분은 과학의 사회적 연구에서 동시대에 이뤄진 발전을 거의 혹은 전혀 인식하지 못한 채 이뤄졌다. 이러한 상황은 1980년대 말에 바뀌었다. 나 자신의 책 『과학에 대한 설명: 인지적 접근(*Explaining Science: A Cognitive Approach*)』(Giere, 1988)이나 "과학지식사회학"을 논박하려 했던 컴퓨터과학자 피터 슬레작의 논문(Slezak, 1989)이 《과학의 사회적 연구(*Social Studies of Science*)》 지면에 실린 것은 이를 잘 보여준다.

슬레작의 공격은 그의 논문에 뒤이어 실린 논평에 의해 거의 사망 선고를 받았다. 내 책은 과학의 사회적 연구에 대한 공격이라기보다 대안적인 (하지만 많은 면에서 상보적인) 접근인 "과학지식의 인지적 구성"을 발전시키려는 시도에 가까웠다.(Giere, 1992a) 이 접근은 전적으로 "자연주의적인" 시도라는 점을 과학의 사회적 연구와 공유했고, 그 결과 애초 과학지식사회학의 강한 프로그램의 네 가지 이상 중 세 가지(공평성만 생략한 인과성, 대칭성, 성찰성)를 받아들였다. 이는 논리경험주의나 그 후계자인 바스 반 프라센의 구성적 경험론뿐 아니라 라카토슈(Lakatos, 1970)와 라우든(Laudan, 1977)의 좀 더 역사지향적인 접근과도 대조를 이룬다. 이는 또한 당시 존재하던 과학의 사회적 연구 내에서의 다양성—머턴의 구조기능주의 분석, 강한 프로그램, 라투르와 울가, 크노르 세티나의 구성주의, 담화분석 등을 포함했던—도 인정했다.

아래에서 나는 과학기술에 대한 인지연구에서 나타난 좀 더 최근의 발전들을 개관하면서 기여한 학자들의 연대기나 분야 기반보다 그간 연구되어온 일련의 주제들에 초점을 맞출 것이다. 이는 현재의 연구에 대해 결코 완전하지 못하지만 유용한 소개를 제공해줄 것이다.[1]

분산인지

나는 분산인지(distributed cognition)에서 시작해볼까 한다. 이는 인지과학에서 상대적으로 새로운 주제이지만, 인지연구 공동체와 과학기술의 사회적 연구 공동체 사이에 건설적 상호작용을 가능케 할 상당한 잠재력을 제공해준다.

인지과학에서 여전히 지배적인 패러다임은 "인지는 계산(cognition is computation)"이라는 문구로 특징지어진다. 이는 상당히 엄격한 의미로 이해되어왔다. 표상을 구축하는 데 쓰이는 기호체계가 있고 이러한 표상들

---

1) 최근의 다른 소개로는 Carruthers et al.(2002), Gorman et al.(2005), Nersessian(2005), Solomon(이 책의 10장)을 보라.

은 명시적인 규칙들에 의해 관장되는 조작에 의해 변형된다는 것이다. 물론 원형적인 계산 시스템은 인간의 마음/뇌에 대한 모델을 제공해온 디지털 컴퓨터이다. 여기서의 가정은 계산이, 그에 따라 인지가 기계 내지 인간의 개별 몸속에 국소화된다는 것이었다.

앞서 인용한 저작들 중 많은 수의 제목만 보더라도, 초기 25년 동안 과학에 대한 인지연구는 주로 계산 패러다임 내에서 이뤄졌다는 충분한 증거가 된다. 이는 특히 과학적 발견에 관한 문헌에서 두드러진다. 표면적으로 보면 이러한 패러다임은 사회적 상호작용을 고려할 여지를 거의 남겨두지 않는다. 비판자들이 사회적 상호작용을 설명하라고 압박을 가하면, 계산 패러다임의 주창자들은 계산 시스템이 사회적 상황에 관한 정보가 포함된 입력물을 받아서 이러한 입력물로 작업해 적절한 응답을 만들어낼 수 있다고 대응했다.(Vera & Simon, 1993) 결국 모든 인지는 여전히 개인의 인지 시스템에 내재해 있다는 것이다.

물론 과학의 사회적 연구는 훨씬 더 일반적인 인지의 관념을 가지고 이뤄진다. 이에 따르면 그저 과학을 하는 것만으로 인지활동에 참여하고 있는 것이다. 그리고 과학을 하는 것은 사회적 활동으로 간주되기 때문에 인지는 자동적으로 사회적인 것이 된다. 그러나 과학의 사회적 연구에 속한 많은 사람들은 과학적 인지가 오직 사회적 수준에서만 일어난다고 가정하는 역감소(reverse reduction)의 문제를 안고 있다. 개인의 머릿속에서 진행되고 있는 것이면 무엇이든 과학에서의 인지를 이해하는 것과 무관하다고 가정하는 것이다.

최근 들어 인지과학 **내부의** 몇몇 사람들은 인지에 더 이상 줄일 수 없는 외부적·사회적 요소가 있다는 결론에 도달했다. 이러한 두 연구 공동체 간의 이해를 돕기 위해 어떤 과정이 분명하게 과학적인 인지 **결과,** 즉 과학

지식을 만들어낸다면 이는 과학적 인지과정이라고 말해두도록 하자. SSK
는 과학**지식**사회학(Sociology of Scientific *Knowledge*)의 약자임을 기억하기
바란다. 이제 인지과학 **내부**에서 나온 두 가지 기여를 간략히 설명하겠다.
과학지식을 만들어내는 과정은 적어도 부분적으로 인간의 몸 바깥에서 일
어나며 결국에 가면 사회적 공동체 내에서 일어난다는 결론을 주장하는
연구들이다.(좀 더 상세한 설명은 Giere, 2006: chapter 5를 보라.)

PDP 연구집단

분산인지 개념의 원천 중 하나는 보통 인지과학의 핵심에 위치한 것으
로 간주되는 분야들—컴퓨터과학, 신경과학, 심리학—에 있다. 1980년대
초에 주로 샌디에이고에 기반을 두고 있었던 PDP 연구집단은 간단한 프
로세서들로 이뤄진 연결망의 능력을 탐구했다. 이는 기능적으로 인간의 뇌
에 있는 신경구조와 적어도 다소 비슷한 것으로 생각되었다.(McClelland &
Rumelhart, 1986) 그러한 연결망이 가장 잘하는 일은 환경에 의해 주어진
입력에서 **패턴**을 인식하고 완성하는 것임이 밝혀졌다. 이를 일반화해 인간
의 인지 중 많은 부분 역시 패턴 인식의 문제라는 주장이 나왔다. 패턴 인
식은 일군의 뉴런들에 담겨 있는 원형의 활성화를 통해 이뤄지며, 뉴런의
활동은 이전의 감각경험에 의해 영향을 받는다.[2]

그러나 만약 그렇다면, 인간은 어떻게 언어 사용이나 수학 같은 기본적
인지활동에 요구되는 듯 보이는 유형의 **선형적** 기호 처리를 하는 것일까?
매클랠런드와 러멜하트는 인간이 **외부의** 표상을 만들어내고 조작함으로써
이러한 선형적 활동에 요구되는 유형의 인지 처리를 한다고 주장했다. 외

---

2)   이러한 인지 이해에 대한 철학적 소개는 Churchland(1989, 1996)를 보라.

부의 표상을 만들어내고 조작하는 일은 복잡한 패턴 매처(pattern matcher)에 의해 잘 수행**될 수 있다.** 오늘날 정전(正典)과도 같은 다음의 사례를 생각해보자. 머릿속에서 두 개의 세 자리 숫자, 가령 456과 789를 곱하려고 해보라. 심지어 이처럼 매우 단순한 산수 과제도 대부분의 사람들은 해내지 못한다. 이러한 과제를 수행하는 구식 방법은 **외부의 표상**을 만들어내는 것을 포함한다. 두 개의 세 자리 숫자를 위아래로 쓰고 9×6에서 시작해 한 번에 두 개의 숫자씩 곱한 후에 그 결과를 특정한 순서로 적는 식으로 말이다. 기호들은 문자 그대로 손으로 조작된다. 이 과정은 눈과 손의 운동협응을 포함하며, 그저 곱셈을 하는 사람의 머릿속에서 진행되는 것이 아니다. 이 사람의 기여는 (1) 외부의 표상 구축, (2) 제대로 된 순서로 올바른 조작 수행, (3) 어떤 두 숫자의 곱을 제공하는 것—기억에서 쉽게 해낼 수 있다—이다. 이 사람이 전자계산기나 컴퓨터를 이용하는 경우에도 사정은 비슷하다.

이제 이러한 과제를 수행하는 인지 시스템은 어떤 것일까? 매클랠런드와 러멜하트는 곱셈을 하는 것이 단지 이 사람의 마음/뇌가 아니라 이 사람 **더하기** 외부의 물리적 표상으로 이뤄진 **시스템 전체**라고 답했다. 인지과정은 사람과 외부의 표상 사이에 분산돼 있다.

허친스의 『야생의 인지』

분산인지 개념의 두 번째 두드러진 원천은 에드 허친스가 『야생의 인지 (Cognition in the Wild)』(1995)에서 수행한 항해연구이다. 이는 전통적인 "도선(導船)", 그러니까 항구에 다가가면서 육지와 가까이 항해하는 것에 대한 민족지연구이다. 허친스는 사람 개개인이 복잡한 인지 시스템의 단순한 구성요소일 수 있음을 보여준다. 예를 들어 배 양편에 선원들이 있는 데, 그들은 망원경으로 선박의 자이로컴퍼스에 대해 상대적인 이정표의 각 위치를 기록한다. 이렇게 읽어낸 수치들은 가령 선박의 전화를 통해 도선실로 전달된다. 이곳에서 그 수치들은 특별하게 디자인된 지도 위에서 항해사에 의해 한데 합쳐져 배의 위치를 표시한다. 이 시스템에서는 한 사람이 할당된 시간 간격 내에 모든 요구되는 임무를 수행하는 것이 불가능하다. 도선실에 있는 다른 사람에게 전달되기 전까지 결과를 아는 사람은 오직 항해사와 아마도 그 조수뿐이다.

허친스의 상세한 분석에서는 선박 위의 사회구조와 심지어 미국 해군의 문화가 이러한 인지 시스템의 작동에서 중요한 역할을 한다. 예를 들어 시스템의 원활한 작동을 위해서는 항해사가 관측을 하는 사람들보다 더 계급이 높아야 한다. 그는 다른 사람들에게 명령을 내리는 위치에 있어야 하기 때문이다. 인간 구성요소와 관련된 사회 시스템은 요구되는 장치들의 물리적 배치이면서 전체 인지 시스템의 일부이기도 하다. 전반적으로 사회 시스템은 인지가 **어떻게** 분산되는가를 결정한다.

우리는 허친스의 사례를 **집단인지**(collective cognition)의 한 가지 사례에 불과한 것으로 간주할 수 있다.(Resnick et al., 1991) 하나의 공동체, 조직된 집단이 인지과제를 수행하면서 선박의 위치를 결정하는 것이다. 그러나 허친스의 분산인지 개념은 집단인지를 넘어선다. 그는 인지 시스템의 일부로 사람들뿐 아니라 장치나 다른 인공물도 포함시킨다. 따라서 선박의 위치를 결정하는 인지 시스템의 구성요소 중에는 "호이(hoey)"로 불리는 자 같은 기구로 방위를 그려 넣는 항해 지도가 있다. 선박의 위치는 배 양편에 있는 두 사람이 관측한 결과에서 얻은 방위들을 이용해 그려 넣은 두 개의 선의 교차점으로 정해진다. 따라서 인지과정의 일부는 누군가의 머릿속이 아니라 장치 속이나 지도 위에서 일어난다. 인지과정은 사람들과 물질적

인공물 사이에 분산된다.

일부 학자들(Clark, 1997; Tomasello, 1999, 2003)은 인간의 언어 그 자체를 포괄하도록 이러한 사고방식을 확장한다. 이러한 관점에 따르면 언어는 개인들이 다른 사람들과 의사소통하기 위해 활용하는 문화적 인공물이다. 말하기와 글쓰기가 처음에 내부에 있던 것을 외화시키는 문제라는 생각은 사람들이 공동체적인 것을 내화해 조용히 "혼잣말을 하는" 것을 학습할 수 있다는 사실에 의해 부추겨진 환상으로 간주된다. 그러나 다른 사람들과 의사소통을 하는 능력은 자기 자신과 의사소통을 하는 능력보다 선행하며 이를 가능케 한다. 따라서 설사 겉보기에 고독한 과학적 천재가 새로운 이론을 만들어내는 경우라 하더라도 실은 사회적 맥락 속에서 활동하고 있는 것이다. 최종 결론은 인지가 신체적으로 체현된 동시에 문화적으로 배태돼 있다는 것이다.

실험

실험은 과학의 사회적 연구의 핵심 관심사 중 하나였다.(Shapin & Schaffer, 1985; Gooding et al., 1989) 과학에 대한 인지연구의 시각에서, 그리고 항해 시스템에 대한 허친스의 분석의 연장선상에서, 실험은 분산인지 시스템의 작동으로 생각될 수 있다.

카린 크노르 세티나는 『지식문화(*Epistemic Cultures*)』에서 고에너지물리학과 분자생물학 연구를 탐구한다.(Knorr Cetina, 1999) 그녀는 유럽입자물리연구소(CERN)에서 가속기의 작동이 "일종의 분산인지"를 포함한다고 설명하는데, 이 표현은 "집단인지"를 의미한 것으로 보인다. 가속기의 작동이 그 참여도가 시간에 따라 변하는 수백 명의 사람들을 포함한다는 사실을 강조하려는 것이다. 다양한 부류의 행위자들의 행동에 대한 그녀의 묘사는 과학자들과 그들이 쓰는 장치들 사이에 인지과제가 어떻게 분산되는지를 결정할 때 특정한 유형의 사회 시스템이 작동하는 것을 암암리에 보여준다. 반면 그녀는 분자생물학의 실험이 보통 다양한 장치를 가지고 작업하는 단 한 사람의 연구자만 포함한다고 주장한다. 이에 따라 그녀는 분자생물학에서 집단인지를 말하지 않는다. 그러나 인지분석에서는 장치를 가지고 있는 단 한 명의 사람도 분산인지 시스템을 구성한다. 허친스의 사례에서 망원경을 이용해 이정표의 좌표를 기록하는 선원들 중 한 사람과 마찬가지로, 그러한 시스템은 한 사람이 혼자 소유할 수 없는 인지능력을 갖고 있다.

브뤼노 라투르는 「순환하는 지시체: 아마존 밀림에서 흙 표본을 추출하다」라는 제목으로 재발표된 논문(Latour, 1999)에서 토양학자들이 토양비교 분석기를 어떻게 사용하는지 묘사한다. 이는 작은 상자들이 가로세로로 질서 있게 정렬돼 있는 얕은 선반이다. 토양학자들은 특정한 프로토콜에 따라 작은 상자에 토양 표본을 담는다. 가로줄은 표본채취 장소, 세로줄은 깊이와 일치한다. 각각의 상자에는 격자 시스템의 좌표가 표기된다. 토양비교 분석기가 가득 차면, 과학자는 토양 표본의 배치로부터 곧바로 패턴을 읽어낼 수 있다. 토양이 진흙(숲이 좋아하는)에서 모래(초원이 좋아하는)로 변화하면 색깔이 바뀐다. 표본이 토양비교 분석기 내에서 배열될 때, 색깔 패턴이 토양 조성의 변화를 드러낸다. 이 단순한 사실은 과학 실천을 포착하는 분산인지 시스템 접근의 힘에 대한 놀라운 예시를 제공한다. 과학자들과 토양비교 분석기에 배열된 흙 표본들은 분산인지 시스템을 형성한다. 그 속에서 과학자와 특정한 방식으로 구조화된 환경 사이의 상호작용은 과학자들이 그저 패턴을 인식함으로써 문제를 해결할 수 있도록 해준다.

이러한 두 가지 사례는 모두 분산인지의 관념을 끌어옴으로써 인지적인 동시에 사회적인 과학활동들에 대한 설명을 제공할 수 있음을 보여준다. 이러한 두 가지 분석 방식 사이에 갈등이 꼭 있어야 하는 것은 아니다.(Giere & Moffatt, 2003)

행위능력의 문제

분산인지의 관념을 과학학에 도입하는 데는 불행하게도 다소의 문제들이 수반된다. 여기서 나는 다시 한 번 크노르 세미나와 라투르가 제공한 사례를 써서 주된 문제 하나만 생각해볼까 한다.

크노르 세티나의『지식문화』에서 가장 도발적인 관념 중 하나는 고에너지물리학에서 "지식주체로서 개인의 삭제"이다.(Knorr Cetina, 1999: 166-171) 그녀는 결과로 얻어진 지식을 생산해낸 어떤 개인 혹은 심지어 개인들의 소집단조차 파악해낼 수 없다고 주장한다. 유일하게 가능한 지식 행위자는 확장된 실험 그 자체이다. 실로 그녀는 일종의 "자기-지식"을 실험 그 자체에 귀속시킨다. 구성요소와 절차들의 지속적인 시험과 참가자들에 의한 정보의 지속적인 비공식 공유에 의해 창출된 지식이다. 마지막에 그녀는 뒤르켐의 "집단의식" 관념을 끌어들인다.(Knorr Cetina, 1999: 178-179) 여기서 크노르 세티나는 지식이 생산되고 있다면 지식주체, 즉 알려지게 되는 것을 알고 있는 뭔가가 있음이 분명하다고 가정하고 있는 듯 보인다. 뿐만 아니라 앎은 정신을 가진 주체를 필요로 하는데, 여기서 정신은 보통 의식이 있다. 그러나 전통적인 지식주체, 즉 고에너지물리학의 실험 조직 내에서 하나 이상의 개인들을 찾지 못하자, 그녀는 또 다른 지식주체를 찾아내야 한다는 압박을 느꼈고 결국에는 실험 그 자체를 지식주체로 간주하게 된 것이다.

크노르 세티나가 일종의 초(超)지식 행위자를 끌어들이려는 유혹을 받고 있다면, 라투르에게는 인지 행위자 같은 것이 아예 없다고 말해도 과장이 아닐 것이다. 어느 정도 단단하게 결합된 연결망 안에 연결되어 물질적 표상들을 변형시키며 다른 연결망들과 맹렬한 경쟁을 벌이는 "행위소(actant)"들이 있을 뿐이다. 행위소들은 라투르가 "대칭적"이라고 주장하는 관계 속에서 인간과 비인간을 모두 포함한다. 그래서『판도라의 희망(Pandora's Hope)』(Latour, 1999: 90)에서 라투르는 물리학자 졸리오가 최초의 핵 연쇄반응을 만들어내려 애쓰고 있을 때 그는 다른 누구보다도 중성자와 노르웨이인들로부터 호의를 구하고 있었다고 썼다. 좀 더 전통적인 관점에서 이러한 대칭성을 이해하는 방법은 적어도 두 가지가 있다. 이는 보통 인간 행위자에게 귀속되는 성질들을 비인간에게 귀속시킴을 의미할 수 있다. 호의를 보이거나 다른 사람들이 자기 대신 발언할 수 있게 권한을 주는 능력이 그것이다. 그렇지 않고 인간 행위자들을 비인간의 지위로 격하시키는 것을 의미할 수도 있다. 이 경우 노르웨이인들은 중성자보다 더하지도 덜하지도 않은 꼭 그만큼의 인지 행위자가 된다. 물론 라투르는 이러한 이해들을 둘 다 거부할 것이다. 그는 그것들이 서술되는 용어의 범주를 거부하기 때문이다.

1985년경의 라투르는『실험실 생활(Laboratory Life)』2판의 후기(Latour & Woolgar, 1986c: 280)에서 다음과 같은 제안에 아직 동의하고 있었다. "과학에 대한 인지적 설명에 10년간 활동 중단 기간"을 두어 "그 기간이 끝난 후에 설명할 것이 남아 있다면 우리도 정신에 관심을 기울일 것이다!"라고 약속한 것이다. 이 제안은 덜 자주 인용되는 다음과 같은 구절에서 이렇게 계속된다. "프랑스의 인식론자 동료들이 과학의 이해를 위해 인지적 현상이 갖는 엄청난 중요성을 충분히 확신하고 있다면 이 도전을 받아들일 것이다." 이는 거부되고 있는 인지적 설명의 종류가 가스통 바슐라르의 저작이나 과학적 심성(mentalité)에 대한 좀 더 일반적인 호소에서 볼 수 있는 것임을 의미한다. 라투르는 좀 더 단순하고 입증가능한 설명을 추구한다. 그가 말하듯이 "16세기 언젠가 어떤 '새로운 사람'이 갑자기 등장한 것이 아니다 … 좀 더 합리적인 정신이 … 어둠과 혼란에서 출현했다는 관념은 너무 복잡한 가설이다."(Latour, 1986b: 1) 허친스도 동의할 것이다. 현재 인지과학에서 연구되고 있는 인지능력에 대한 호소는 정상적인 인간의 인지능력을 갖춘 사람들이 어떻게 현대과학을 할 수 있는가를 설명하려는 의도를 담고 있다. 한 가지 방법은 그들이 실제로 갖고 있는 제한된 인지능력만을 보유한 사람들에 의해 운용될 수 있는 분산인지 시스템을 구축하는 것으로 제시되고 있다. 뿐만 아니라 라투르 자신은 이제 이러한 평가에 동의하는 듯 보인다. 허친스의 『야생의 인지』(1995)에 대한 서평에서 그는 명시적으로 이전의 활동 중단 제안을 거둬들이면서 이렇게 주장한다. "인지적 설명은 … 내 동료들과 나 자신이 고안한 과학, 기술, 형식주의에 대한 사회적 설명과 완전히 양립가능하게 … 되었다."(Latour, 1986a: 62) 이 후자의 진술이 그의 행위소 이론과 어떻게 화해될 수 있는지는 불분명하다.

여기서 나는 우리가 인간 행위자들에 대한 통상의 비대칭적 개념을 유지해야 한다는 앤디 피커링(Pickering, 1995: 9-20)의 입장에 동의한다. 그는 다른 면에서 라투르의 기획에 크게 공감하지만, 이 문제에서는 크노르 세티나의 초행위자나 라투르의 행위소를 모두 거부한다. 결국 심지어 분산인지 시스템에서도 우리는 의도나 지식 같은 속성들을 인지 시스템 전체에 부여하지 않고 시스템의 인간 구성요소에만 부여할 수 있다. 이러한 해결책은 상식에 부합하는 것 외에도 과학자를 인간 행위자로 내세우는 서사 형태에 몰두하고 있는 과학사가들을 존중하는 추가적인 미덕도 갖추고 있다.

진화하는 분산인지 시스템으로서의 실험실

최근 낸시 네르세시언과 동료들(Nersessian, 2003)은 분산인지의 관념을 적용해서 의공학(biomedical engineering) 실험실에서 문제풀이에 활용되는 추론 및 재현 실천을 탐구해왔다. 그들은 이러한 실험실들이 진화하는 분산인지 시스템으로 가장 잘 해석될 수 있다고 주장한다. 실험실은 단순한 물리적 공간이 아니라 그것의 구성요소가 시간에 따라 변화하는 문제 공간이라고 그들은 주장한다. 인지는 사람들과 인공물들 사이에 분산돼 있고, 시스템 내에 있는 기술적 인공물과 연구자들 간의 관계는 진화한다. 이처럼 진화하는 인지 시스템을 탐구하기 위해 그들은 민족지학과 역사적 분석을 모두 활용하며, 실험실의 심층관찰뿐 아니라 거기서 쓰이는 실험 장치들의 역사에 대한 연구도 이용한다. 그들은 실험실이라는 맥락에서 연구를 학습과 분리시킬 수는 없다고 주장한다. 여기서 학습은 인공물과의 관계 구축을 포함하기 때문이다. 결국 여기서 우리는 분산인지 관념을 중심으로―그리고 기술적 맥락 속에서―구축된 사회적·인지적·역사적 분석의 융합을 보여주는 아주 좋은 사례를 가진 셈이다.

모델과 시각적 표상

정신 모델이 한 세대 동안 인지과학에서 논의돼왔음에도 불구하고, 무엇이 정신 모델을 구성하는지 혹은 정신 모델이 추론에서 어떻게 기능하는지에 대해 표준적인 관점은 아직 존재하지 않는다. 인지과학자들 사이에서 다수 관점은 정신 모델을 언어적 규칙에 따라 조작된 명제 표상을 가진 표준적 계산 모델과 동화시킨다. 여기서 정신 모델의 특별한 성질은 조직된 일단의 명제들을 포함한다는 것이다. 과학에 대한 인지연구에 속하는 저작은 대체로 물리 시스템에 관한 추론에 쓰이는 정신 모델이 **도상적**이라는 소수 관점을 따른다. 도상적 정신 모델의 대표적인 예는 어떤 사람이 익숙한 방에 대해 갖고 있는 심상(mental image)이다. 여기서 "심상"은 구체적인 "마음속의 그림"이 아닌 고도로 도식적인 것으로 이해된다. 많은 실험들은 사람들이 그러한 방의 심상을 마음속에서 조사함으로써 창문의 수나 위치 같은 방의 특징들을 알아낼 수 있음을 보여준다.

정신 모델이 과학을 수행하는 활동에서 역할을 한다는 점을 부인하지는 않지만, 나는 **외부** 모델의 역할을 강조하고자 한다. 여기에는 3차원의 물리적 모델(de Chadarevian & Hopwood, 2004), 스케치, 도해, 그래프, 사진, 컴퓨터 그래픽 같은 시각적 모델뿐 아니라 단순 조화 진동자, 이상기체, 완벽한 정보하에서의 경제적 교환 같은 추상적 모델도 포함된다. 외부 모델은 분산인지 시스템의 구성요소로 간주될 수 있다는 추가적인 이점도 갖고 있다.(Giere, 2006: chapter 5)

나는 일상적 개념들이 예리한 이분법적 구조가 아닌 단계별 구조를 나타냄을 보여주는 인지심리학 연구와 과학철학에서 발전시킨 모델 기반의 과학 이론 이해를 한데 결합해, 과학 이론은 논리구조뿐 아니라 인지구조를 나타내는 것으로 볼 수 있다고 주장했다.(Giere, 1994, 1999) 이에 따라 어떤 일반적인 이론 틀 내에서 생겨난 수많은 모델들은 "수평적" 단계별 구조, 복수의 위계를 가진 "수직적" 구조를 나타내는 것으로 표현될 수 있으며, 개개의 일반 모델에서 수많은 세부 모델들이 파생되어 나간다.

1960년대 지질학에서의 혁명을 사례로 활용해, 나는 과학자들이 때로 시각적 표상—특히 계기에 의해 생산된—에 직접 근거해 모델과 세상이 서로 부합하는지 판단을 내린다고 주장했다.(Giere, 1996, 1999) 명제 추론의 형태로 된 추리를 할 필요가 없다. 마찬가지로 데이비드 구딩(Gooding,

1990)은 과학에서 시각적 표상이 광범하게 활용되는 것을 발견했다. 그는 패러데이의 전자기 유도 발견에 대한 상세한 연구를 통해, 패러데이의 노트에 있는 수많은 도해들이 패러데이가 자신의 실험결과에 대한 해석을 구축한 과정의 일부라고 주장했다. 좀 더 최근에 구딩(Gooding, 2005)은 과학에서의 시각적 표상에 관한 연구를 개관하면서 그러한 재현의 활용을 연구하는 새로운 이론 틀—PSP 개요(PSP schema)로 약칭되는—을 제시했다. 그 표준적 형태에서 이 개요는 패턴(Pattern)을 묘사하는 2차원 이미지로 시작한다. 패턴은 3차원 구조(Structure)에 대한 재현을 만들어내기 위해 "차원이 강화"되며, 이어 4차원 과정(Process)의 재현을 위해 더욱 강화된다. 일반적으로는 과정에서 다시 구조, 그리고 패턴으로 가는 "차원 축소"도 있을 수 있다. 구딩은 순(純)고생물학, 간 연구, 지구물리학, 전자기 이론의 사례를 들어 이 개요의 활용을 예시하고 있다.(아울러 Gooding, 2004도 보라.)

판단과 추론

개인들의 추론에 대한 실험연구에 집중한 문헌은 그 규모가 방대하다. 피험자가 학부생인 경우가 보통이지만, 때로 과학자나 그 외 기술훈련을 받은 사람들을 대상으로 하기도 한다.(Tweney et al., 1981; Gorman, 1992) 여기서 나는 개인들의 추론이 맥락에 의해 강하게 영향을 받고 규범적 원칙들에 의해서는 약하게만 제약을 받는다는 것을 보여주는 처음 두 가지 방향의 연구를 생각해볼 것이다. 이어 나는 연구집단 내 개인들이 활용하는 추론 전략에 대한 최근의 대규모 비교연구에 대해 서술할 것이다. 이는 미국, 캐나다, 이탈리아의 분자생물학과 면역학 분야 연구집단을 대상으로 했다.

개인적 추론에서의 편향

선택과제 개인적 추론에 대한 연구에서 가장 많이 논의됐던 문제 중 하나는 1960년대에 피터 웨이슨이 고안한 일명 선택과제(selection task)이다. 최근의 버전(Evans, 2002)에서는 피험자에게 한쪽 면이 위를 향한 네 장의 카드를 주고, 카드의 한쪽 면에는 글자 A나 다른 어떤 글자가, 반대쪽 면에는 숫자 3이나 다른 어떤 숫자가 적혀 있다고 얘기를 해준다. 피험자에게 준 네 장의 카드에는 위쪽 면에 A, D, 3, 7이 각각 적혀 있다. 피험자는 이 네 장의 카드에 적용되는 일반명제("법칙")의 진위를 결정하는 데 필요한 최소한의 카드들을 선택하도록 지시를 받는다. 그 명제는 '이러한 카드 중에 한쪽 면에 A가 있으면 반대쪽 면에는 3이 있다.'는 것이다.

정답은 위쪽 면에 A와 7이 적힌 카드를 선택하는 것이다. 위쪽 면에 A가 적힌 카드의 반대쪽 면에 3이 적혀 있지 않다면, 법칙은 틀린 것이 된다. 마찬가지로, 위쪽 면에 7이 적힌 카드의 반대쪽 면에 A가 있다면, 법칙은 틀린 것이다. D나 3이 적힌 카드들은 아무런 결정적 정보도 제공하지 않는다. 반대쪽 면에 무엇이 적혀 있든 문제의 법칙에 부합하기 때문이다. 수많은 실험을 통해 평균적으로 보면 피험자 중 10퍼센트 정도만이 정답을 맞힌다. 대다수의 피험자들은 위쪽 면에 A가 있는 카드를 뒤집는 올바른 선택을 하지만, 그 다음에는 거기서 멈추거나 위쪽 면에 3이 있는 아무런 도움이 안 되는 카드도 뒤집는 선택을 한다.

많은 사람들은 자연추론이 카를 포퍼(Popper, 1959)가 오랫동안 옹호했던 생각—과학은 일반명제의 반증 시도에 의해 앞으로 나아간다—을 따르지 않는다는 결론을 이끌어냈다. 만약 어떤 사람이 진술된 법칙을 반증하려 시도한다면, 뒷면에 A가 있는지 여부를 확인하기 위해 위쪽 면에 7이 적힌 카드를 뒤집어봐야 한다고 주장할 것이다. 다른 사람들은 좀 더 일반적인 결론을 끌어냈다. 통상적인 상황에서 사람들은 "확인편향"을 보인다는 것이다. 다시 말해 그들은 제안된 가설을 반증할 수 있는 증거보다 그것과 부합하는 증거를 찾는다는 것이다. 이 때문에 그들은 A나 3이 적힌 카드에 초점을 맞춘다. 이러한 기호들이 제안된 법칙에 나오기 때문이다.

이러한 방향의 연구에서 나온 두드러진 결과는, 제안된 "법칙"이 추상적 형태로 제시되지 않고 중요한 내용을 갖고 있다면 결과가 극적으로 달라진다는 것이다. 예를 들어 문제의 "법칙"이 주류 음용을 위한 법적 연령과 관련된 것이라고—가령 '어떤 사람이 맥주를 마시고 있다면, 그 사람은 18세가 넘었음이 틀림없다.' 같은—가정해보자. 이제 카드는 바(혹은 술집)에서 음료를 마시는 사람을 나타내고, 한쪽 면에는 그들의 연령이, 반대쪽 면에는 그들이 마시는 음료(청량음료나 맥주)가 나와 있다. 제시된 네 장의 카드의 위쪽 면에 맥주, 청량음료, 20, 16이라고 적혀 있다고 하자. 이 경우에는 평균적으로 피험자의 75퍼센트가량이 맥주라고 적힌 카드와 16이라고 적힌 카드를 모두 뒤집어봐야 한다고 올바르게 답했다. 이것이 올바른 이유는 이 카드들만이 법을 위반할 수 있는 사람들을 나타내기 때문이다.

이러한 대비가 중요한 이유는 사회적으로 공유된 관습들(혹은 다른 사례들에서는 인과적 지식)이 논리적 형태보다 추론에 더 중요하다는 것을 보여주기 때문이다. 실제로 에번스(Evans, 2002: 194)는 "기계인지에서 근본적인 계산편향은 정보를 맥락화하는 **능력 부재**이다."라고 주장하기까지 한다.

확률과 대표성 수많은 실험들(Kahneman et al., 1982)은 확률과 통계추리에 다소 훈련을 받은 사람들조차도 정규확률 이론과 부합하지 않는 확률 판단을 내린다는 것을 보여준다. 여러 차례 재연된 특히 놀라운 실험에서, 피험자들에게 어떤 사람에 대한 일반적 묘사를 주고 그 사람에 대한 확률

판단의 등급을 매기도록 요청했다. 예를 들어 가상의 젊은 여성은 똑똑하고 거침없는 말투에 차별과 사회정의 문제에 매우 관심이 많은 것으로 묘사되었다. 이어 피험자들에게 이 사람에 관한 다양한 진술들—가령 그녀는 은행원이다, 혹은 그녀는 페미니스트이며 은행원이다 같은—의 확률을 등급으로 매겨주도록 요청했다. 놀랍게도 피험자들은 평균적으로 이 둘을 결합한 페미니스트이면서 은행원일 확률을 그냥 은행원이기만 할 확률보다 훨씬 더 높게 매겼다. 확률의 법칙에 따르면 두 우연적 진술의 결합은 개별 확률들이 곱해져야 하기 때문에 각각의 명제보다 확률이 낮아야 하는데도 말이다.

이러한 효과 및 연관된 효과들에 대해 받아들여진 설명은 사람들이 확률의 법칙을 따르기보다 특정한 사례가 일반적 범주를 얼마나 대표하는가에 대한 일반적 지각에 확률판단의 근거를 둔다는 것이다. 그 결과 추가적인 세부사항은 지각된 대표성을 높일 수 있다. 이는 필연적으로 확률을 낮추는데도 말이다. 이와는 반대되는 논평에서 지저렌저(Gigerenzer, 2000)는 대표성이 일반적으로 유용한 전략이라고 주장한다. 그것이 제대로 작동하지 않는 경우는 상대적으로 부자연스럽거나 보기 드문 상황뿐이다. 솔로몬(Solomon, 2001과 이 책의 10장)은 개인들에 의한 추론에서의 편향이 집단적인 과학적 판단에 대한 도구적으로 합리적인 이해와 양립가능할 가능성을 논의한다.

추론에 대한 실험실 비교연구

10년이 넘는 기간 동안 케빈 던바(Dunbar, 2002)와 다양한 협력자들은 과학적 추론을 그것이 일어나는 곳, 살아 있는 장소에서 탐구해왔다. 미국, 캐나다, 이탈리아의 주요 분자생물학 및 면역학 실험실들에서 매주 열리는 연구실 회의(lab meeting)가 바로 그곳이었다. 던바와 동료들은 회의를 녹음하고 과학자들이 사용하는 추론 유형에 따라 대화를 부호화한 것에 더해, 인터뷰를 수행하고 실험노트, 연구비 신청서 등을 검토해왔다. 그들이 찾아낸 주요 부류의 인지활동 중에는 인과적 추론, 유추, 분산 추론이 있다.

인과적 추론 던바와 동료들은 연구실 회의에서 나오는 진술의 80퍼센트 이상이 특정 원인에서 특정 효과로 이어질 수 있는 메커니즘에 관한 것임을 알아냈다. 그러나 인과적 추론은 단일한 인지과정이 아니라고 그들은 주장한다. 여기에는 귀납적 일반화, 연역적 추론, 범주화, 유추의 활용 등 다양한 과정들의 반복이 포함된다. 인과적 추론의 연쇄는 종종 예상치 못한 결과 보고에 대한 대응에서 시작된다. 그러한 결과는 어떤 특정 회의에서 제시되는 발견의 30~70퍼센트를 차지한다. 최초의 대응은 결과를 어떤 특정한 유형의 방법론적 오류에 기인한 것으로 범주화하는 것이다. 이는 실험이 올바르게 수행됐다면 예상했던 결과를 얻었을 거라는 가정에 기대고 있다. 예상치 못한 결과가 개선된 실험에서도 계속 등장하는 경우에야 비로소 과학자들은 탐구대상이 되는 현상의 수정된 모델로 이어질 유추를 제안한다.

유추 던바 등은 유추가 연구실 회의에서의 추론에 공통된 특징임을 알아냈다. 네 곳의 실험실에서 열린 열여섯 번의 회의에 대한 일련의 관찰에서 그들은 99건의 유추를 파악해냈다. 그러나 모든 유추가 동일한 유형인 것은 아니다. 예상치 못한 결과를 설명하는 것이 과제일 때는 유추의 원천과 대상 모두를 흔히 동일한 내지 매우 유사한 연구영역에서 가져오기 때문에 유추대상이 되는 상황과 실제 상황 사이의 차이가 상대적으로 미미하다. 그럼에도 이처럼 상대적으로 평범한 유추들은 "과학적 정신의 일꾼"으로 묘사된다.(Dunbar, 2002: 159)

과제가 새로운 모델의 고안으로 바뀔 때는 유추대상이 되는 상황과 실제 상황의 차이가 좀 더 크며 원천과 대상의 구조적 내지 관계적 특징들을 가리키게 된다. 그들은 사용된 모든 유추 중 25퍼센트만이 이처럼 좀 더 구조적인 변형태에 속한다는 것을 알게 됐지만, 이 중 80퍼센트 이상은 모델 구축에 활용되었다. 흥미롭게도 어느 쪽 유추든 간에 발표된 논문에는 거의 들어가지 않는다. 유추는 주로 일단 할 일이 끝나면 버려지는 인지적 비계(飛階)의 일종으로서 역할을 한다.

분산 추론 던바와 협력자들이 논의한 세 번째 유형의 사고는 집단적인 것이며 그들이 표상 변화 사이클(Representational Change Cycle)이라고 부르는 것에 가장 흔히 나타난다. 이는 보통 예상치 못한 결과가 실험에서의 소소한 수정으로 사라지지 않아서 탐구대상 시스템에 대한 새롭거나 수정된 모델이 요구될 때 일어난다. 이러한 상황에서 그들은 서로 다른 많은 사람들이 인지적·사회적 제약을 모두 받는 복잡한 상호작용을 통해 궁극적인 해법의 일부에 기여한다는 것을 알아냈다. 여기서 인과적 추론과 유추는 중대한 인지적 역할을 한다.

문화와 과학적 인지 최근 리처드 니스벳(Nisbett, 2003)은 서구인들과 아시아인들이 다른 사람들뿐 아니라 세상과 인지적으로 상호작용하는 방식에서 깊은 차이가 있다고 주장했다. 던바는 과학자들이 실험실에서 추론하는 방식에서도 문화적 차이를 볼 수 있다고 주장한다. 그는 규모가 비슷하고 비슷한 시료를 가지고 비슷한 방법을 써서 연구하는 미국과 이탈리아 면역학 실험실의 연구실 회의에서 일어나는 추론을 비교했다. 실험실 구성원들은 동일한 국제학술지에 논문을 발표했고 동일한 국제학회에 참석했다. 많은 이탈리아 과학자들은 미국의 실험실에서 훈련을 받았다. 그런데도 던바는 그들의 인지 스타일에서 중대한 차이를 발견했다.

미국 실험실에서 연구하는 과학자들은 이탈리아 실험실에서 연구하는 과학자들보다 더 자주 유추를 활용했다. 귀납 내지 귀납적 일반화도 연역 추론 양식이 지배적인 이탈리아 실험실보다 미국 실험실에서 더 자주 쓰였다. 미국의 실험실에서는 연역추론이 잠재적 실험결과에 관한 예측을 할 때만 쓰였다. 실험실에 있는 과학자들 간의 이러한 인지 전략의 차이가 문화 전반에서의 유사한 차이를 반영한 것이라는 다소의 증거가 있다.

따라서 어떤 단일한 인지과정이 근대과학을 특징짓는 것은 아니며 주어진 분야의 연구는 서로 다른 인지과정의 혼합을 이용해 수행될 수 있는 것처럼 보인다. 주어진 실험실에서 어떤 혼합이 지배적인지는 탐구대상이 되는 주제뿐 아니라 주변 문화에도 의존할 수 있다.

개념적 변화

이 논문 첫머리에서 언급한 것처럼, 토머스 쿤의 『과학혁명의 구조』(1962) 출간 이후 개념적 변화는 과학사가, 과학철학자, 과학심리학자들 사이에서 주요한 관심 주제가 되었다. 10년 후 인지혁명이 일어나자, 인지과학에서 개발된 도구들이 과학에서의 개념적 변화에 대한 우리의 이해를 향상시키는 데 적용될 수 있게 됐다. 나는 이러한 부류의 현재 진행 중인 프로그램 중 하나만 논의할 것이다. 바로 낸시 네르세시언의 모델 기반 추론(Model-Based Reasoning)이다.

네르세시언의 목표는 과학에 대한 인지연구의 일반적 전략을 따라서 과학에서의 개념적 변화과정을 삶의 다른 영역들에서 쓰이는 일반적 인지 메커니즘과 전략의 측면에서 설명하는 것이다. 그녀의 전반적인 틀은 추론에서 정신 모델의 역할을 강조하는 전통에 의해 제공된다. 이러한 틀 내에서 그녀는 세 가지 과정에 초점을 맞춘다. 유추, 시각적 표상, 시뮬레이션 내지 "사고실험"이 그것인데, 이를 한데 모으면 개념적 변화를 일으키는 충분한 수단을 제공해준다.(Nersessian, 2002a)

정신 모델의 틀

네르세시언은 표준적인 정신 모델 관념을 확장해 과학에서 어떤 모델은 일반적이라고 주장한다. 이는 모델을 추구하는 실제 시스템의 수많은 특징들로부터 추상해낸 것이다. 한 가지 예로 거대한 물체 주위에서의 중력에 대한 뉴턴의 일반 모델을 들 수 있다. 여기서 주된 제약요인은 다른 물체에 작용하는 힘이 거대한 물체로부터의 거리의 역제곱에 따라 변한다는 것이다. 이러한 추상은 결국 대포알의 운동과 달의 운동을 동일한 일반 모델의 사례로 생각할 수 있게 해준다.

유추 모델 상당히 많은 일단의 인지과학 문헌은 은유와 유추에 초점을 맞춘다.(Lakoff, 1987; Gentner et al., 2001) 원천영역과 대상영역 사이의 관계는 인과적 관계를 포함해 근본적인 구조적 관계를 보존할 때 생산적인 것으로 간주된다. 네르세시언은 원천영역이 대상영역의 일반 모델을 구축하는 데 추가적인 제약을 가함으로써 모델 제작과정에 기여한다고 주장한다. 일상적 추론에서 유추의 활용은 과학에서의 활용과 다른 듯 보인다.

과학에서는 새로운 일반 모델을 구축할 때 생산적인 원천영역을 찾는 것이 문제의 중요한 일부분일 수 있다. 이는 좋은 유추가 어떤 것이어야 하는지를 아는 데 도움을 주지만, 그것을 찾는 데는 상당한 역사적 우연성이 남아 있는 듯 보인다.

시각적 모델 과학의 수행과정에서 도해와 그림의 중요성은 과학의 사회적 연구에서 오랫동안 관심의 초점이 되어왔다.(Lynch and Woolgar, 1990) 네르세시언에게 이는 시각적 모델이며, 그녀는 시각적 모델과 정신 모델의 관계를 강조한다. 시각적 모델은 유추를 발전시키고 새로운 일반 모델을 구축하는 과정을 쉽게 만들어준다. 네르세시언은 또한 외부의 표상으로서 시각적 모델의 중요성을 인식하고, 그것이 다른 연구자들을 포함하는 분산인지 시스템에서 요소로 기능한다는 생각을 받아들인다. 실제로 그녀는 시각적 모델이 마치 라투르의 불변의 동체처럼 한 사람에서 다른 사람으로, 심지어 하나의 분야에서 다른 분야로 모델을 이동시키는 중요한 수단을 제공한다고 적고 있다. 이 마지막 지적은 오늘날 STS 내에서 일반적으로 받아들여진 지혜처럼 보인다.

시뮬레이션 모델 우리는 모델, 특히 시각적 모델을 상대적으로 정적인 것으로 생각하는 경향이 있지만, 이는 실수이다. 수많은 모델들—가령 역학에서의 모델과 같은—은 본질적으로 역동적이다. 다른 모델들은 실험환경에서 상상해봄으로써 역동적인 것으로 만들 수 있다. 최근까지 사고실험은 가장 잘 알려진 시뮬레이션 모델의 사례였지만, 지금은 컴퓨터 시뮬레이션을 흔히 볼 수 있게 되었다. 그러나 인지적 기능은 동일하다. 역동적 시스템의 모델이 시간에 따라 어떻게 움직이는지 상상하거나 계산하는 것은 모델에 내재된 중요한 제약을 드러내고 다른 움직임에 대한 모델을 만들기 위해 그 제약을 어떻게 수정할 수 있는지 제안할 수 있다. 사고실험 역시 유추의 특징들을 드러낼 수 있다. 유명한 예로 움직이는 배의 돛대에서 추를 떨어뜨리는 사고실험에 기반한 갈릴레오의 유추를 들 수 있다. 추가 돛대 밑으로 떨어질 것임을 깨달음으로써, 자전하는 지구 표면 근처에서 떨어진 물체가 그럼에도 불구하고 왜 똑바로 떨어지는지를 이해하는 한 가지 방법을 얻을 수 있었다.

네르세시언은 그녀가 패러데이와 톰슨의 전기-자기 상호작용 연구 이후 맥스웰이 발전시킨 전기역학에 대한 "인지-역사적 분석"이라고 부른 것 속에 이 모든 요소를 한데 모았다.(Nersessian, 2002b) 이 분석은 시뮬레이션 물리 모델의 시각적 표상이 수학적 표상을 유도하는 데 쓰였음을 보여준다.(Gooding & Addis, 1999도 보라.)

기술에 대한 인지연구

역사, 철학, 사회학에서 기술연구는 과학연구보다 뒤져 있다. 기술사는 오늘날 잘 확립된 분야가 됐지만 기술철학과 기술사회학은 최근에야 주류에 진입했고, 두 가지 분야 모두 과학연구에서 먼저 확립된 접근법을 기술연구에 적용하려는 시도들이 있었다. 이는 『기술지식의 본질: 과학 변화의 모델은 적절한가?(*The Nature of Technological Knowledge: Are Models of Scientific Change Relevant?*)』(R. Laudan, 1984)와 『기술시스템의 사회적 구성: 기술사회학과 기술사의 새로운 방향(*The Social Construction of Technological Systems: New Directions in the Sociology and History of Technology*)』(Bijker et al., 1987)에 수록된 연구에서 잘 드러난다. 기술에 대한 인지연구에서 비견할 만한 책에 가장 가까운 『과학기술적 사고 (*Scientific and Technological Thinking*)』(Gorman et al., 2005b)는 아주 최근 에야 모습을 드러냈고, 심지어 여기서도 14개 장 중에 과학이 아닌 기술만 다룬 장은 5개에 불과하다. 여기에 분명히 덧붙여야 할 문헌은 고먼과 기 술사가인 버나드 칼슨 외 다른 사람들이 전화의 발명에 관해 연구한 초기 협력작업일 것이다.(Gorman & Carlson, 1990; Gorman et al., 1993)

게리 브래드쇼의 논문 「로켓 과학에서 무엇이 그렇게 어려웠는가? 로켓 소년들이 아는 비밀」(Bradshaw, 2005)은 그가 미네소타 연구 단행본에 실 은 라이트 형제의 성공적인 비행기 설계에 관한 논문(Bradshaw, 1992)의 후 속편으로 읽을 수 있다. 애초 과학적 발견을 연구하는 사이먼 그룹의 일 원이었던 브래드쇼는 사이먼의 "탐색공간(search-space)" 관념에서 시작한 다. 이어 발명은 가능한 설계들의 "설계공간"을 통한 탐색으로 이해된다. 발명에서의 성공은 설계공간의 효율적 탐색을 위한 추단법을 고안하는 문 제로 밝혀진다. 스푸트니크 이후 상을 받은 과학 프로젝트에서 작업한 십 대 "로켓 소년"들의 경우, 10여 개의 서로 다른 설계 특징들에 대해 시도 된 해법들의 모든 가능한 조합을 시험 발사해보려면 대략 200만 번의 시험 이 필요했을 터이다. 그러나 소년들은 불과 25번의 발사 만에 성공을 거뒀 다. 브래드쇼는 그들이 어떻게 이를 해냈으며, 그들의 전략이 라이트 형제 의 그것과 어떻게, 왜 달랐는지를 설명함으로써 그가 생각하는 설계 문제 에는 보편적 해법이 존재하지 않음을 보여준다. 맥락적 요인들이 중요하기 때문이다.

마이클 고먼(Gorman, 2005a)의 프로그램 제안인 「전문성의 수준과 교역 지대: 기술연구에 대한 인지적 접근과 사회적 접근의 결합」은 과학기술에 대한 다학문적 연구의 틀을 개략적으로 그려낸다. 그는 STS가 경험과 전문성 연구(study of experience and expertise, SEE)에 집중해야 한다는 콜린스와 에번스의 제안(Collins & Evans, 2002)에서 시작한다. 그는 이 제안이 초심자와 전문가의 문제풀이에 대한 인지연구와 연결된다고 본다. 콜린스와 에번스는 여러 분야들에서 온 연구자들 혹은 전문가와 일반인들이 기술 프로젝트에 참여할 때 세 가지 수준의 공유된 경험을 구분한다. (1) 공유된 경험이 아무것도 없다, (2) 참가자들 간의 상호작용이 있다, (3) 참가자들이 서로의 분야의 발전에 기여한다. 고먼은 이러한 관계들을 특징짓기 위해 "교역지대"의 개념을 끌어오면서, 교역지대 내에서 세 가지 유형의 관계들—(1) 한 사람의 엘리트에 의한 통제, (2) 참가자들 간의 대략적 동등성, (3) 정신 모델의 공유—을 구분한다. 마지막으로 그는 참가자들 간의 의사소통의 성격을 (1) 엘리트가 내린 명령, (2) 크리올어의 발전, (3) 공유된 의미의 발전으로 특징짓는다. 그는 참가자들이 의미와 정신 모델을 공유하고 서로의 분야에 기여하는 상태 3을 달성하는 것이 분명 바람직하다고 생각한다. 성찰적으로 의도된 것인지 여부와 무관하게, 이는 STS 그 자체 내의 다학문적 연구—특히 인지적 접근과 사회적 접근 모두를 포함하는—에 좋은 상태가 될 것이다.

결론

미래를 내다보면서 내가 품은 희망은, 『과학기술학 편람』의 다음 판이 나올 때는 인지적 접근과 사회적 접근이 충분히 통합되어 과학기술에 대한 인지연구를 별도로 다룬 논문이 필요 없게 되는 것이다.

참고문헌

Bijker, W., T. Pinch, & T. Hughes (eds) (1987) *The Social Construction of Technological Systems: New Directions in the Sociology and History of Technology* (Cambridge, MA: MIT Press).

Bradshaw, Gary (2005) "What's So Hard about Rocket Science? Secrets the Rocket Boys Knew," in Michael E. Gorman, Ryan Tweney, David Gooding, & Alexandra Kincannon (eds), *Scientific and Technological Thinking* (Mahwah, NJ: Lawrence Erlbaum): 259–276.

Bradshaw, Gary (1992) "The Airplane and the Logic of Invention," in R. N. Giere (ed), *Cognitive Models of Science*, Minnesota Studies in the Philosophy of Science, vol. XV (Minneapolis: University of Minnesota Press): 239–250.

Carey, Susan (1985) *Conceptual Change in Childhood* (Cambridge, MA: MIT Press).

Carruthers, Peter, Stephen Stitch, & Michael Siegal (eds) (2002) *The Cognitive Basis of Science* (Cambridge: Cambridge University Press).

Chi, Michelene T. H. (1992) "Conceptual Change Within and Across Ontological Categories: Examples from Learning and Discovery in Science," in R. N. Giere (ed), *Cognitive Models of Science*, Minnesota Studies in the Philosophy of Science, vol. XV (Minneapolis: University of Minnesota Press): 129–186.

Churchland, Paul M. (1989) *A Neurocomputational Perspective: The Nature of Mind and the Structure of Science* (Cambridge, MA: MIT Press).

Churchland, Paul M. (1996) *The Engine of Reason, The Seat of the Soul: A Philosophical Journey into the Brain* (Cambridge, MA: MIT Press).

Clark, Andy (1997) *Being There: Putting Brain, Body, and World Together Again* (Cambridge, MA: MIT Press).

Collins, H. M. & R. Evans (2002) "The Third Wave of Science Studies," *Social Studies of Science* 32: 235–296.

Darden, Lindley (1991) *Theory Change in Science: Strategies from Mendelian Genetics* (New York: Oxford University Press).

de Chadarevian, Soraya & Nick Hopwood (2004) *Models: The Third Dimension of Science* (Stanford, CA: Stanford University Press).

Dunbar, Kevin (2002) "Understanding the Role of Cognition in Science: The Science as Category Framework," in Peter Carruthers, Stephen Stitch, & Michael Siegal (eds), *The Cognitive Basis of Science* (Cambridge: Cambridge University Press): 154 – 170.

Evans, Jonathan (2002) "The Influence of Prior Belief on Scientific Thinking," in Peter Carruthers, Stephen Stitch, & Michael Siegal (eds), *The Cognitive Basis of Science* (Cambridge: Cambridge University Press): 193 – 210.

Gentner, Dedre (1983) "Structure Mapping: A Theoretical Framework for Analogy," *Cognitive Science* 7: 155 – 170.

Gentner, Dedre & Albert L. Stevens (eds) (1983) *Mental Models* (Hillsdale, NJ: Lawrence Erlbaum).

Gentner, Dedre, Keith Holyoak, & B. Kokinov (eds) (2001) *The Analogical Mind: Perspectives from Cognitive Science* (Cambridge, MA: MIT Press).

Giere, Ronald N. (1988) *Explaining Science: A Cognitive Approach* (Chicago: University of Chicago Press).

Giere, Ronald N. (1992a) "The Cognitive Construction of Scientific Knowledge," *Social Studies of Science* 22: 95 – 107.

Giere, Ronald N. (ed) (1992b) *Cognitive Models of Science*, Minnesota Studies in the Philosophy of Science, vol. XV (Minneapolis: University of Minnesota Press).

Giere, Ronald N. (1994) "The Cognitive Structure of Scientific Theories," *Philosophy of Science* 61: 276 – 296.

Giere, Ronald N. (1996) "Visual Models and Scientific Judgment," in Brian S. Baigrie (ed), *Picturing Knowledge: Historical and Philosophical Problems Concerning the Use of Art in Science* (Toronto: University of Toronto Press): 269 – 302.

Giere, Ronald N. (1999) *Science Without Laws* (Chicago: University of Chicago Press).

Giere, Ronald N. (2006) *Scientific Perspectivism* (Chicago: University of Chicago Press).

Giere, Ronald N. & Barton Moffatt (2003) "Distributed Cognition: Where the Cognitive and the Social Merge," *Social Studies of Science* 33: 301 – 310.

Gigerenzer, G. (2000) *Adaptive Thinking* (New York: Oxford University Press).

Gooding, David (1990) *Experiment and the Making of Meaning* (Dordrecht, Netherlands: Kluwer).

Gooding, David (2004) "Cognition, Construction and Culture: Visual Theories in the Sciences," *Journal of Cognition and Culture* 4: 551 – 597.

Gooding, David (2005) "Seeing the Forest for the Trees: Visualization, Cognition and

Scientific Inference," in Michael E. Gorman, Ryan Tweney, David Gooding, & Alexandra Kincannon (eds), *Scientific and Technological Thinking* (Mahwah, NJ: Lawrence Erlbaum): 173-218.

Gooding, David, T. Pinch, & S. Schaffer (1989) *The Uses of Experiment: Studies in the Natural Sciences* (Cambridge: Cambridge University Press).

Gooding, David & T. Addis (1999) "A Simulation of Model-Based Reasoning about Disparate Phenomena," in L. Magnani, N. J. Nersessian, & P. Thagard (eds), *Model-Based Reasoning in Scientific Discovery* (New York: Kluwer): 103-123.

Gorman, Michael E. (1992) *Simulating Science: Heuristics, Mental Models and Technoscientific Thinking* (Bloomington, IN: Indiana University Press).

Gorman, Michael E. (2005a) "Levels of Expertise and Trading Zones: Combining Cognitive and Social Approaches to Technology Studies," in Michael E. Gorman, Ryan Tweney, David Gooding, & Alexandra Kincannon (eds), *Scientific and Technological Thinking* (Mahwah, NJ: Lawrence Erlbaum): 287-302.

Gorman, Michael E., Ryan Tweney, David Gooding, & Alexandra Kincannon (eds) (2005b) *Scientific and Technological Thinking* (Mahwah, NJ: Lawrence Erlbaum).

Gorman, Michael E. & W. Bernard Carlson (1990) "Interpreting Invention as a Cognitive Process: The Case of Alexander Graham Bell, Thomas Edison, and the Telephone," *Science, Technology & Human Values* 15(2): 131-164.

Gorman, Michael E., M. M. Mehalik, W. B. Carlson, & M. Oblon (1993) "Alexander Graham Bell, Elisha Gray and the Speaking Telegraph: A Cognitive Comparison," *History of Technology* 15: 1-56.

Gruber, Howard E. (1981) *Darwin on Man: A Psychological Study of Scientific Creativity* (Chicago: University of Chicago Press).

Hutchins, Edwin (1995) *Cognition in the Wild* (Cambridge, MA: MIT Press).

Kahneman, D., P. Slovic, & A. Tversky (eds) (1982) *Judgment Under Uncertainty: Heuristics and Biases* (Cambridge: Cambridge University Press).

Klahr, David (2000) *Exploring Science: The Cognition and Development of Discovery Processes* (Cambridge, MA: MIT Press).

Klahr, David (2005) "A Framework for Cognitive Studies of Science and Technology," in Michael E. Gorman, Ryan Tweney, David Gooding, & Alexandra Kincannon (eds), *Scientific and Technological Thinking* (Mahwah, NJ: Lawrence Erlbaum): 81-96.

Klahr, David & Herbert A. Simon (1999) "Studies of Scientific Discovery: Complementary Approaches and Convergent Findings," *Psychological Bulletin* 125(5): 524–543.

Knorr Cetina, Karin (1999) *Epistemic Cultures: How the Sciences Make Knowledge* (Cambridge, MA: Harvard University Press).

Kuhn, Thomas S. (1962) *The Structure of Scientific Revolutions* (Chicago: University of Chicago Press).

Lakatos, I. (1970) "Falsification and the Methodology of Scientific Research Programmes," in I. Lakatos and A. Musgrave (eds), *Criticism and the Growth of Knowledge* (Cambridge: Cambridge University Press): 91–195.

Lakoff, George (1987) *Women, Fire, and Dangerous Things: What Categories Reveal About the Mind* (Chicago: University of Chicago Press).

Langley, Pat, Herbert A. Simon, Gary L. Bradshaw, & Jan M. Zytkow (1987) *Scientific Discovery: Computational Explorations of the Creative Processes* (Cambridge, MA: MIT Press).

Latour, Bruno (1986a) "Review of Ed Hutchins' *Cognition in the Wild*," *Mind, Culture and Activity* 3(1): 54–63.

Latour, Bruno (1986b) "Visualization and Cognition: Thinking with Eyes and Hands," *Knowledge and Society: Studies in the Sociology of Culture, Past and Present* 6: 1–40.

Latour, Bruno & Steve Woolgar (1986c) *Laboratory Life*, 2nd ed. (Princeton, NJ: Princeton University Press).

Latour, Bruno (1999) *Pandora's Hope: Essays on the Reality of Science Studies* (Cambridge, MA: Harvard University Press).

Laudan, L. (1977) *Progress and Its Problems* (Berkeley: University of California Press).

Laudan, R. (1984) *The Nature of Technological Knowledge: Are Models of Scientific Change Relevant?* (Dordrecht, Netherlands: Reidel).

Lynch, Michael & Steve Woolgar (eds) (1990) *Representation in Scientific Practice* (Cambridge, MA: MIT Press).

McClelland, J. L., D. E. Rumelhart, & the PDP Research Group (eds) (1986) *Parallel Distributed Processing: Explorations in the Microstructure of Cognition*, 2 vols. (Cambridge, MA: MIT Press).

Miller, Arthur (1986) *Imagery in Scientific Thinking* (Cambridge, MA: MIT Press).

Nersessian, Nancy J. (1984) *Faraday to Einstein: Constructing Meaning in Scientific Theories* (Dordrecht, Netherlands: Nijhoff).

Nersessian, Nancy J. (2002a) "The Cognitive Basis of Model-Based Reasoning in Science," in Peter Carruthers, Stephen Stitch, & Michael Siegal (eds), *The Cognitive Basis of Science* (Cambridge: Cambridge University Press): 133 – 153.

Nersessian, Nancy J. (2002b) "Maxwell and the Method of Physical Analogy: Model-Based Reasoning, Generic Abstraction, and Conceptual Change," in David Malamet (ed), *Reading Natural Philosophy* (LaSalle, IL: Open Court).

Nersessian, Nancy J. (2005) "Interpreting Scientific and Engineering Practices: Integrating the Cognitive, Social, and Cultural Dimensions," in Michael E. Gorman, Ryan Tweney, David Gooding, & Alexandra Kincannon (eds), *Scientific and Technological Thinking* (Mahwah, NJ: Lawrence Erlbaum): 17 – 56.

Nersessian, Nancy J., Elke Kurz-Milcke, Wendy C. Newstetter, & Jim Davies (2003) "Research Laboratories as Evolving Distributed Cognitive Systems," in R. Alterman & D. Kirsch (eds), *Proceedings of the Cognitive Science Society* 25 (Hillsdale, NJ: Lawrence Erlbaum): 857 – 862.

Nisbett, Richard E. (2003) *The Geography of Thought: How Asians and Westerners Think Differently—and Why* (New York: The Free Press).

Piaget, Jean (1929) *The Child's Conception of the World* (London: Routledge & Kegan Paul).

Pickering, Andy (1995) *The Mangle of Practice: Time, Agency, and Science* (Chicago: University of Chicago Press).

Popper, Karl R. (1959) *The Logic of Scientific Discovery* (London: Hutchinson).

Resnick, Lauren B., John M. Levine, & Stephanie D. Teasley (eds) (1991) *Perspectives on Socially Shared Cognition* (Washington, DC: American Psychological Association).

Shapin, Steven & Simon Schaffer (1985) *Leviathan and the Air-Pump: Hobbes, Boyle, and the Experimental Life* (Princeton, NJ: Princeton University Press).

Shrager, Jeff & Pat Langley (eds) (1990) *Computational Models of Scientific Discovery and Theory Formation* (San Mateo, CA: Morgan Kaufmann).

Simon, Herbert A. (1966) "Scientific Discovery and the Psychology of Problem Solving," in Robert Colodny (ed), *Mind and Cosmos* (Pittsburgh: University of Pittsburgh Press).

Simon, Herbert A. (1973) "Does Scientific Discovery Have a Logic?" *Philosophy of Science* 49: 471–480.

Slezak, Peter (1989) "Scientific Discovery by Computer as Empirical Refutation of the Strong Programme," *Social Studies of Science* 19: 563–600.

Solomon, Miriam (2001) *Social Empiricism* (Cambridge, MA: MIT Press).

Thagard, Paul (1988) *Computational Philosophy of Science* (Cambridge: MIT Press).

Thagard, Paul (1991) *Conceptual Revolutions* (Princeton, NJ: Princeton University Press).

Thagard, Paul (2000) *How Scientists Explain Disease* (Princeton, NJ: Princeton University Press).

Tomasello, Michael (1999) *The Cultural Origins of Human Cognition* (Cambridge, MA: Harvard University Press).

Tomasello, Michael (2003) *Constructing a Language: A Usage-Based Theory of Language Acquisition* (Cambridge, MA: Harvard University Press).

Tweney, Ryan D. (1985) "Faraday's Discovery of Induction: A Cognitive Approach," in David Gooding, Frank A. J. L. James (eds), *Faraday Rediscovered* (New York: Stockton): 189–210.

Tweney, Ryan D., Michael E. Doherty, & Clifford R. Mynatt (eds) (1981) *On Scientific Thinking* (New York: Columbia University Press).

Tweney, Ryan D., Ryan P. Mears, & Christiane Spitzmuller (2005) "Replicating the Practices of Discovery: Michael Faraday and the Interaction of Gold and Light," in Michael E. Gorman, Ryan Tweney, David Gooding, & Alexandra Kincannon (eds), *Scientific and Technological Thinking* (Mahwah, NJ: Lawrence Erlbaum): 137–158.

van Fraassen, B. C. (1980) *The Scientific Image* (Oxford: Oxford University Press).

Vera, A. & H. A. Simon (1993) "Situated Cognition: A Symbolic Interpretation," *Cognitive Science* 17: 4–48.

12.
내게 실험실을 달라,
그러면 내가 분야를 세우리라:
STS 실험실연구의 과거, 현재, 미래의 정치학

파크 두잉

브뤼노 라투르가 "내게 실험실을 달라, 그러면 내가 세상을 들어올리리라."라는 대사를 읊었을 때, 그는 실험실이라는 존재가 지닌 힘에 대해 말하고 있었다.(Latour, 1983) 루이 파스퇴르가 질병과 건강에 대한 사고를 바꿔놓는 데 활용했던 바로 그 실험실이다. 그러나 라투르는 그 자신이 속한 세계에서 활용되어온 바로 그 존재의 힘을 말하고 있었는지도 모른다. 19세기 프랑스가 아니라 과학기술학(STS)이라는 혁명적 분야—사회학, 철학, 역사학, 인류학계 사이에서 뜨거운 논쟁을 불러일으키고 있는 학문영역—말이다. 이 새로운 분야가 독립하는 데 필요한 핵심은 프랑스에서 파스퇴르에게 필요했던 것과 동일했다. 바로 실험실이다. STS라는 야심만만한 학문영역이 부상하기 전까지, 실험실은 순수한 지식이 솟아나오는 특별한 장소로 구획돼 있었다. 이는 라투르가 그려낸 파스퇴르의 성취와 흡사한 일련의 정복을 통해 이뤄낸 결과였다. 이러한 정복 기간 동안 철학자들이 확신에 차 단언했고 사회과학자와 역사가들이 충실하게 보조를 맞추었던 주장은 반증가능성과 적절한 실험적 통제의 준수라는 이중의 안전장치가 실험실에서 만들어지는 지식을 사회적·정치적 세계의 오염 요인으로부터 지켜준다는 것이었다. 실험실에서 나온 지식은 비정치적·비사회적·초시간적·초국지적인 진리였다. 그러나 만약 사회학과 인류학에서 나온 특수부대의 선발대가 (철학에서 나온 몇몇 변절자들의 도움을 얻어) 실험실 내부로 들어가서 그곳에도 협상 내지 강압에 따른 약속이 용인된 방식대로 통용되며 보아야 하는 것을 보게 되는 정치 세계가 있음을 보여줄 수 있었다면 어땠을까? 견고한 장소들 중에서 가장 견고한 곳—실험실—과이에 따라 그것이 만들어낸 견고한 생산물 중에서 가장 견고한 것—과학지식—을 다루는 사회학과 인류학은 구획주의 철학자들이 숨을 수 있는 여지를 남겨주지 않았을 것이다. 말하자면, 과학지식이 지닌 난공불락의 성질을 내세우며 과학지식에 대한 연구에서 그들이 지닌 지배권을 이론의 여지없이 주장할 수 있는 지식 구역은 존재하지 않게 되었을 것이다.

1970년대 말에 민족지연구자들은 강한 프로그램, 민족지방법론, 사회구성주의 철학, 현상학, 문학 이론과 같은 사고영역들의 체계적 주장으로부터 영감을 얻어 그것의 잠재력을 강력하게 실현시키고자 했다. 그들은 거의 같은 시기에 다소간 서로 독립적으로 그때까지 그러한 시도가 뚫고 들어갈 수 없는 것으로 판명되었던 물리적·인식론적 장벽—실험실—을 깨뜨리기 시작했다.[1] 카린 크노르 세티나가 예전에 실험실연구를 개관한 논

---

1) 과학적 사실의 구획 문제를 다루는 데 명시적으로 관심을 갖고 있었던 초기 실험실연구의 연구자들이 친숙했던 프로그램 갈래의 사례를 몇 가지 들자면 에든버러학파의 강한 프로그램(Bloor, 1976; Barnes, 1974)과 민족지방법론 프로젝트(Garfinkel, 1967)가 있었다. 이러한 갈래들 그 자체는 실재에 대한 언급이라는 측면에서 관련된 20세기 중반의 아이디

문에서 주장한 것처럼, 이러한 실험실 민족지학자들의 일차적인 임무는 국지적인 실험실 실천이 어떻게 "기술적 효과의 '만들어지고' 성취된 성격"에 연루되어 있는지를 규명하는 것이었다.(Knorr Cetina, 1995: 141) 실험실 민족지학자들은 "지식이 생산되는 장소의 근저에서 직접 관찰과 담화분석을 통해"(Knorr Cetina, 1995: 140) "지식생산의 과정이 묘사적인 것이 아니라 '구성적'인 것임을" 드러냈다.(Knorr Cetina, 1995: 141) 그러한 구성은 "과학사가나 과학철학자의 전유물이 아니라 현재 시점에 관찰되고 묘사되어야 할 문제로" 간주해야 한다고 마이클 린치는 지적하고 있다.(Lynch, 1985: xiv)

초기에 그들이 거둔 성공 소식은 빠른 속도로 퍼져나갔다. 샌디에이고에서는 저명한 조너스 소크의 연구소가 연구대상이 되었고, 사회정치적 세계가 사실생산 과정에 눈에 보이지 않게 스며드는 것이 관찰되었다.(Latour & Woolgar, 1979) 거기서 북쪽으로 올라간 (하지만 캘리포니아주를 벗어나지는 않은) 곳에서는 실험실 내의 대화와 "현장 담화(shop talk)"에 대한 세밀한 탐구를 통해 현재진행 중인 과학연구—어떤 주어진 상황에서 실제로 "보이는"—가 정교하게 안무된 사회적 강압과 언명에 의해 인도된다는 사실을 보여주었다.(Knorr Cetina, 1981; Lynch, 1985) 영국에서, 또 미국 중서부의 황무지 깊숙한 곳에서, 중력파와 태양 중성미자를 찾는 과학자들도 사실을 만들어낼 때 사회적 문화화에 의존한다는 사실이 관찰되었다.(Collins, 1985; Pinch, 1986) 새로우면서도 이 분야의 터줏대감들에게는 위협적이었던 이 모든 연구는 실험실 활동의 세부사항에 주목한 점뿐 아

어들—사회구성주의 사회학(Berger & Luckmann, 1966), 현상학(Schutz, 1972), 언어철학(Winch, 1958; Lauer, 1958), 문학 이론(Lyotard, 1954)에서 나온—과 관계를 맺고 있었다.

니라 그 인식적 대담성에서도 칭송을 받았다. 그들이 연구대상을 세심하고 애정 어린 태도로 다루었음이 분명했고 설득력도 있었다. 전체적으로 이러한 연구들은 지적 탐구의 프로젝트뿐 아니라 정치적 시민권의 요체에 대해서도 도발적이고 심원한 함의를 지닌 일군의 새로운 지적 작업을 이뤘다.

정력적인 학자들은 이러한 프로젝트를 둘러싸고 커져가는 흥분의 물결을 포착했고, 이 연구의 함의를 혁신적인 방식으로 활용해 이후 30년 동안 과학기술학 분야를 일으켜 세우는 데 크게 도움을 주었다. 이 학자들은 초기 실험실연구를 새로운 분야의 토대를 이루는 기둥으로 보았고, 실험실 외부의 다양한 사회적 토론공간에서 일어난 과학기술 전문성의 일화들을 분석하면서 실험실 내부에 대한 연구들을 지식생산을 분석하는 자신들의 접근법을 정당화하는 근거로 제시했다. 에이즈 연구자, 정부와 산업체 과학자, 역학자 등등이 내놓는 노골적인 진리 주장을 분석가들이 왜 액면 그대로 받아들여야 하는가? 견고한 것들 중에서도 가장 견고한 것—순수한 실험실 과학—이 이미 해체되었다면 말이다.[2] 이 새로운 저자들은 사회 속의 시민권, 정체성, 전문성에 대한 이전의 관념들에 의문을 제기했고, 이 과정에서 현재 사회의 접근, 발언, 통제 방식을 재구성할 잠재력을 가진 새로운 종류의 개입을 자극하고 촉진했다. 이러한 과정은 대단히 큰 성공을 거둬 내실 있는 분야를 낳았고, 그 토대를 이룬 실험실연구의 가치는 자명한 것으로, 그들의 과업은 완수된 것으로 간주되고 있다. 요즈음에는

---

2) 과학기술 전문성이 어떻게 공동체(Wynne, 1989; Epstein, 1996; Collins & Evans, 2002), 정부와 정책결정자(Jasanoff, 1990; Hilgartner, 2000; Guston, 2000), 정치운동 (Woodhouse, Hess, Breyman, & Martin, 2002; Moore & Frickel, 2006), 그리고 중요한 것으로 시민권 개념(Haraway, 1991)과 교류해야 하는지를 다루면서 과학기술 지식을 정치적인 것으로 간주하는 프로젝트의 근간을 이루는 일부로 실험실연구를 가리키는 저술들—여기서 제시한 것은 몇몇 사례에 불과하다—은 STS라는 분야의 일부를 이루고 있다.

실험실에서의 사실 생산을 민족지학적으로 탐구하는 프로젝트를 다루는 학술대회의 세션이 거의 없고 학술논문도 손꼽을 정도이며 새로운 책은 그보다도 더 드물어졌다. 이미 끝난 일을 다시 되풀이할 이유가 무엇이 있겠는가? 실제로 이 일은 너무나 잘 수행된 듯 보였기 때문에, 실험실연구는 이후 STS 분야에 지닌 중요성에도 불구하고 다 합쳐도 그 수가 그리 많지 않다. 그러나 이러한 역사적 전개에도 불구하고, STS에서 실험실연구에 던져야 하는 질문들이 존재한다. 초기의 실험실연구들은 그것이 이뤄냈다고들 했던 그 일을 진정으로 이뤄냈는가? 그것은 크노르 세티나의 말처럼 "기술적 효과의 '만들어지고' 성취된 성격"을 보여주었는가? 그리고 중요한 것으로, 현존하는 연구들은 지금 할 수 있는 모든 일들을 하고 있는가?

이러한 측면에서 실험실연구를 면밀하게 들여다보면 심각하면서도 불편한 결론에 이르게 된다. 사실 실험실연구는 어떤 **특정한** 영구적인 기술적 사실의 생산에 국지적인 실험실 실천의 우연성이 연루되었음을 보여준 적이 없다. 만약 설득력 있고 정확하며 때로는 현란했던 이론화를 지나쳐 실험실연구에서 문제가 된 실제 사실들을 들여다보면 실험실 사실이 해체 가능함이 민족지학적으로 입증되었다는 사실 그 자체가 STS 분야에서 암흑상자에 넣어져 쓰여왔음을 알 수 있다. 그러한 사실은 STS의 "암흑물질" (상자가 검은색이니까) 같은 존재이다. 민족지학적으로 해체되었음이 입증된 사실들은 STS 우주를 설명하기 위해 존재해야 하지만 실제로 들여다보면 감지되지 않으니 말이다. 이 장은 해체된 실험실 사실의 암흑상자를 열고 STS 우주의 암흑물질을 찾아 나선다. STS에서 실험실연구에 대한 토론을 이끌고 실험실에서의 민족지연구와 오늘날 확립된 STS 분야 사이의 재결합을 요청하기 위해서이다.

사실이 생산되는 현장

『실험실 과학의 기예와 인공물: 연구실험실에서 현장 작업과 현장 담화에 대한 연구(*Art and Artifact in Laboratory Science: A Study of Shop Work and Shop Talk in a Research Laboratory*)』(Lynch, 1985)에서 마이클 린치는 자신의 연구가 (포퍼[Popper, 1963], 머턴[Merton, 1973], 라이헨바흐[Reichenbach, 1951] 같은 구획주의 철학자들과 과학에 대한 대중적 묘사에 맞선) 혁명적 반구획 프로젝트라고 주장한다. 그는 "실천 속에 존재하는 과학은 우리가 교과서에서 읽는 과학과 전혀 다르"며 "올바른 실험적 절차라는 규범에 의해 선험적으로 정의되지 않은 방식으로 일을 해 나가는 결정을 … 내리지 않는다면 성공적인 실험이란 불가능할 것"이라고 하면서 "과학과 상식 사이의 원칙적 구획은 더 이상 지탱할 수 없는 것처럼 보인다."고 주장했다.(Lynch, 1985: xiv) 이어 린치는 같음과 다름의 판단, 대화를 통한 설명, 실용적 한계, 협상—과학 실천의 과정—의 유동성이 어떻게 실험실 현장에서 실재의 수용과 거부에 개입하는지를 드러내는 작업에 착수했다. 여기에는 그가 설명한 것처럼 단서조항이 붙어 있다. 실제 과학에 대한 연구는 "현장에서 사회질서가 생산되는 것에 전적으로 집중해야 하며, 주어진 환경에서 '행위자'들에게 영향을 미치는 선행변수들과의 관련성을 정의하고, 선별하고, 확립하려 해서는 안 된다."는 것이다.(Lynch, 1985: xv) 다시 말해 분석가는 방법과 관련해 특권적인 위치에 있지 않다. 지식은 그것이 어디에 있든 실천에서 나오는 것이다.(Ashmore, 1989)

그 뒤에 이어지는 린치의 실험실 생활 묘사는 상당히 설득력이 있다. 연구자들은 이후의 행동이 정당화될 수 있도록 그 순간에 "이해된" 것에 대해 실시간으로 협상하려 애쓴다. 일이 제대로 되게 하기 위해 적용되는 수

많은 미시사회적 언명과 저항들에 대한 묘사가 풍부하게 제시되며, 그러한 협상들이 매 순간의 실천에서 일부를 이룬다는 것도 명백하게 드러나고 있다. 하지만 실험실 현장의 작업 세계와 실험실이 생산하는 것으로 보이는 어떤 특정한 영구적 사실의 지위 사이의 관계는 어떤 것일까? 린치가 서문에서 자신의 프로젝트를 설명한 것을 염두에 두면, 그가 책에서 자신의 분석과 방법을 동원해 그러한 영구적 사실을 다루었을 거라고 기대해볼 수 있다. 그러나 그런 설명은 전혀 제시되지 않았다. 이 점에 관한 린치의 결론은 직설적이며, 그가 처음에 자신의 프로젝트를 틀 지은 방식을 감안하면 사실 다소 놀랍기까지 하다. 린치에 따르면, 실험실의 사실 생산물의 영구성과 실험실에서의 실천 사이의 관계에 대한 어떤 주장도 실은 자신의 프로젝트의 일부가 아니다. 그는 자신의 민족지연구의 끝부분에서 분명하게 말하고 있다. "현장 담화에서의 합의가 실험실 구성원들의 앞으로의 담화와 행동에 전제됨으로써 확장된 연관성을 획득하는지, 아니면 특정한 상황에 대한 일화적 양보로 간주되어 나중에 그러한 연관성을 갖지 못하는지는 이 연구에서 단정적으로 다룰 수 없다."(Lynch, 1985: 256) 이어 그는 좀 더 분명하게 다음과 같이 단언한다. "과학에 대한 연구가 그 대상이 된 탐구의 정수(精髓)를 파악하는 데 도달할 가능성은 본 연구에서 추측의 수준을 넘지 못한다."(Lynch, 1985: 293) 그렇다면 린치의 연구는 과학의 "원칙적 구획"에 대한 직접적 도전이 못된다. 『기예와 인공물』에서 우리는 거기 제시된 일상적 실험실 작업의 상세하고 설득력 있는 동역학이 과학을 삶의 다른 형태들로부터 구획하는 데 함의를 지닐 가능성에 대해 생각해보도록 권유받는다. 그러나 린치 자신이 명시적으로 인정했듯이, 우리는 이것이 어떻게 특정한 사실 주장에 대해 성립하는지―즉, 어떤 특정한 일화적 합의가 어떻게 실천의 문제로서 "확장된 연관성"을 지닌 사실로서 성취되는지—에 대한 설명을 제공받지 못하고 있다.

린치는 국지적 실천과 합의를 과학의 영구적 생산물에 연루시키는 방법을 제시했으면서도, 자신의 민족지연구를 특정한 영구적 사실과 기술적으로 연결시키지 못했다. 그러면 초기 실험실연구의 다른 저자들은 이 일을 직접적으로 이뤄냈는지 살펴보도록 하자.

지시적 생산

카린 크노르 세티나 역시 자신의 책 『지식의 제조: 과학의 구성주의적 · 맥락적 성격에 관한 에세이(*The Manufacture of Knowledge: An Essay on the Constructivist and Contextual Nature of Science*)』(1981)에서 인식적으로 구획된 사실의 국지적 구성을 민족지연구를 통해 입증하는 과제에 도전한다. 크노르 세티나는 자신의 프로젝트를 설명하면서 이렇게 말하고 있다.

> 근래 들어 상황이라는 관념과 맥락의존성이라는 아이디어가 몇몇 미시사회적 접근법에서 크게 두각을 나타내고 있다. 여기서 그러한 관념은 민족지방법론자들이 사회적 행동의 "지시성(indexicality)"이라고 부르는 것을 나타낸다 … 민족지방법론 내에서 지시성은 발화를 시간과 공간, 그리고 결국에는 암묵적 규칙의 맥락 속에 위치시키는 것을 가리킨다. 의미의 상응 이론과는 정반대로, 의미는 "상황적으로 결정되"며 그것이 출현하는 구체적 맥락에만 의존하는 것으로 간주된다. 의미는 참여자들의 교류 활동을 통해 "오직 실천적 행동의 끝없는 연쇄 속에서만 전개된다."는 뜻이다.(Knorr Cetina, 1981: 33)

다시 한 번 실험실이라는 생산 현장은 이러한 실천적 행동의 상황적 세계를 찾는 장소이며, 크노르 세티나는 실제로 이를 찾아낸다. 린치와 마찬가지로 그녀는 기술적인 것에 대한 사회정치적 분석을 위한 설득력 있는 구성요소들을 제시한다. 그녀는 과학자들 사이에서 자원과 저자 표시와 공로 인정에 대한 접근과 통제를 위해 권력이 "행사되는" 미묘한 방식을 날카롭게 지적하며(Knorr Cetina, 1981: 44-47), 하나의 맥락과 다른 맥락 사이에서 일어나는 일련의 "번역"들이 실험실연구의 과정에서 새로운 "아이디어"가 생겨나고 추구되는 원천이라고 설득력 있게 주장한다.(Knorr Cetina, 1981: 52-62) 더 나아가 그녀는 "과학을 넘어선(trans-scientific)" 더 큰 영역들이 실험실 연구자들의 일상적 활동과 결정 속에 항상 존재한다고 단언한다.(Knorr Cetina, 1981: 81-91) 여기에 더해 그녀는 특정한 기술적 사실이 과학논문 속에 고정되어 정점에 달하는 과정을 추적하면서 기술적 사실에 대한 정치적 설명을 추구한다는 점에서 린치보다 한 걸음 더 나아간다. 크노르 세티나는 연구자들이 실험실의 우연적이고 어지러운 생활세계를 협상하는 과정에서 수행하는 능동적·상황적인 작업—그녀가 자신의 연구를 통해 드러내 보인—을 이 에피소드가 담긴 최종 공식 논문에서는 찾아볼 수 없다고 지적한다. 최종 논문은 마치 과학적 방법(가설, 실험, 결과 등등)에 대해 고등학교 교과서에 나오는 설명같아 보인다. 다시 한 번 문제는, 이러한 작업이 일어났다가 이후에 지워졌다는 사실이 해당 주제에 관한 논문에서 과학자들이 주장하는 특정한 기술적 사실의 지위와 정확히 어떻게 연관되는가 하는 것이다. 연구자들이 제시하는 기술적 주장, 즉 "실험결과는 단백질 물에서 회수한 응고성 단백질의 양으로 볼 때 pH 2~4 사이에서 $FeCl_3$가 HCl/열 처리에 비견할 만함을 보여주었다."(Knorr Cetina, 1981: 122)는 주장은 정확히 어떻게 "상황적으로 결정된" 것에 연루되는가? 이 질문에 대해 크노르 세티나 역시 침묵을 지킨다.

문제는 구획주의 철학자들도 기술적 주장으로 이어지는 발견의 맥락이 크노르 세티나가 묘사한 것처럼 뒤죽박죽이고 우연한 실천, 음모, 불확실성, 판단으로 가득 차 있다는 데 동의할 거라는 점이다. 그러나 그들에 따르면, 이 자체만으로는 그러한 과정에서 최종적으로 도출되는 주장이 검증가능 또는 반증가능하지 않고, 따라서 구획가능한 기술적 문제가 아님을 보여주지 못한다. 크노르 세티나의 연구는 구획주의자들을 정면으로 비판하는 대신, 그들이 설정한 발견의 맥락과 증명의 맥락 사이의 구분을 슬쩍 피해간다. 모든 과학논문은 우연성을 지워버리지만, 모든 과학논문이 사실을 "생산"하는 것은 아니다. 지워버리는 것 그 자체가 사실 주장의 수용을 강제하는 것은 아니다. 크노르 세티나는 왜 **이렇게** 지우면 **이러한** 상황에서 통하지만 다르게 지우면 그렇지 않은지에 대해 답하고 있지 않다. 이는 지식생산이 "묘사적"이 아니라 "구성적"이라고 단언하고자 하는 연구에서 핵심적인 문제이다.

　그러나 크노르 세티나가 멈춘 바로 그 자리에, 브뤼노 라투르와 스티브 울가가 극적인 방식으로 일을 계속 진행해 나갔다. 여기서 다시 한 번 우리는 그들이 정말 자신들(그리고 뒤이어 다른 사람들)이 해냈다고 말한 과업을 이뤄냈는지 물어보아야 한다.

우연적 기입

　캘리포니아대학 샌디에이고 캠퍼스에 있는 조너스 소크의 연구소에 대한 연구인『실험실 생활: 과학적 사실의 사회적 구성(*Laboratory Life: The Social Construction of Scientific Facts*)』(1979)(나중에 제목에서 '사회적'이 빠졌다.)에서, 브뤼노 라투르와 스티브 울가(Latour & Woolgar, 1986)는 가장 견고한 사실이 어떻게 해체될 수 있는지 보여주는 작업에 발벗고 나선다. 라투르와 울가는 혁명가로서의 자의식을 갖고 자신들의 인류학적 연구의 목표가 실험실을 구획주의자로부터 되찾는 데 있으며 "실험실 생활에 대한 면밀한 조사는 흔히 인식론자들이 담당해온 문제들과 씨름할 때 유용한 수단을 제공한다."는 것을 보여주겠다고 다시금 선언한다.(Latour & Woolgar, 1979: 183) 그들의 접근법은 연구자들이 방법을 동어반복적으로 활용하며 분석가는 이 점에서 아무런 특권도 갖지 못한다는 민족지방법론의 중요한 교의에 의지하고 있다. 그들은 자신들의 프로젝트가 "과학 실천의 현실이 [어떻게] 과학이 수행되어온 방식에 관한 진술로 변형되는지"를 보여주는 것이라고 설명한다.(Latour & Woolgar, 1979: 29) 아울러 그들은 린치가 그랬듯 경고성 언급도 남기고 있다. "과학활동에 대한 우리의 설명은 (과학) 활동의 일부를 구성하는 바로 그 개념과 용어들을 무비판적으로 활용하는 데 어떤 중요한 방식으로 의지하지 말아야 한다."(Latour & Woolgar, 1979: 27) 물론 라투르와 울가는 기술적인 것과 사회적인 것 사이의 구분이 그들이 연구하는 참여자들에 의해 활용되는 자원임을 날카롭게 인지하고 있으며, 그러한 민족지방법이 실험실에서의 사실 생산에 성공을 거두는 과정을 규명하려 시도한다.

자신들의 논점을 예로 들어 설명하기 위해, 라투르와 울가는 사소한 사실 대신 전설적 연구소에 노벨상과 역사적 명성을 안겨준 사실에 초점을 맞춘다. 소크연구소에서 갑상선자극호르몬 방출인자(내지 호르몬)(thyrotropin-releasing factor or hormone, TRF or TRH)가 실은 (약어로 써서) Pyro-Glu-His-Pro-NH$_2$라는 화합물임을 발견한 것이다. 라투르와 울가는 TRF(H)의 성질에 대한 발견을 분석하면서 자신들의 반구획주의적 사명을 한순간도 놓치지 않고 여러 차례에 걸쳐 반복해 진술하며 우리에게 계속

일깨워주었고, 이후 STS 분야는 그들의 성취에 대한 이러한 진술을 분야의 토대를 이루는 기둥으로 간주해왔다. 그러나 다시 한 번 우리는 질문을 던져야 한다. TRF(H)가 Pyro-Glu-His-Pro-NH₂임을 "발견"한 것에 대한 라투르와 울가의 설명이 우연적인 국지적 실천을 영구적이고 수용된 사실에 연루시키는 지점은 정확히 어디인가? 그들의 설명이 구획주의적 노선에서 벗어나는 지점은 정확히 어디인가? 이와 관련해 TRF(H)가 Pyro-Glu-His-Pro-NH₂임을 발견한 이야기에서 면밀한 검토를 요하는 두 가지 결정적인 지점이 있다. 첫 번째는 라투르와 울가가 묘사한 연구에서 TRF(H)에 관한 사실의 진술로 간주되는 것의 수용가능한 기준이 연구자들 사이에서 변화를 겪은 지점이다. 이전에는 문제의 화합물을 분리해내는 것이 실행불가능한 것으로, 따라서 TRF(H)에 관한 사실의 진술과 무관한 것으로 간주되었다. 그러려면 문자 그대로 수백만 개의 시상하부를 가공 처리해야 했기 때문이다. 그러나 이후 어떤 지점에 이르자 이 분야는 그러한 거대과학 유형의 프로젝트가 TRF(H)의 실제 구조에 대한 수용가능한 증거를 얻는 유일한 방법이라고 결정을 내리게 되었다. TRF(H)에 관한 낡은 주장은 이제 "수용불가능한" 것이 되었다. "누군가 다른 사람이 이 분야로 들어와 새로운 일단의 규칙과 관련해 하위 전문 분야를 재정의했고, 어떤 대가를 치르더라도 구조를 알아내기로 결심하고 '강압적 수단'의 힘을 빌려 해법을 마련할 준비가 되어 있었기 때문이다."(Latour & Woolgar, 1979: 120) 중요한 것은 이러한 개입의 성공이 "이 하위 분야의 전문적 실천을 완전히 재형성했다."는 점이다.(Latour & Woolgar, 1979: 119)

이는 반구획주의적 설명에 적합한 에피소드로 보일 것이다. 사실 판단의 기준이 국지적·우연적·역사적 행동 때문에 변화한 것이다! 이제 해야 할 일은 왜, 그리고 어떻게 이런 일이 일어났고 유지되었는지—왜 그것이

통했는지—를 탐구하는 것일 터이다. 그러나 저자들은 여기서 침묵을 지 킨다. 변화를 끝까지 밀어붙인 연구자가 이를 달성하기 위해 왜 그토록 애 를 썼는지에 관해서는 그가 이민자로서 가진 완고한 심성 때문이라는 아 리송한 언급만 제시될 뿐이다. 그의 연구가 골렘과 같은 과도하고 불필요 한 낭비로 여겨지는 대신 TRF(H)에 관한 주장의 새로운 초석이 된 타당하 고 적절한 과학으로 성공을 거둔 이유에 대해 우리는 다음과 같은 설명을 듣게 된다.

> 하위 분야의 규칙을 과감하게 바꾼 결정은 큰돈을 벌기 전에는 땡전 한 푼 쓰 지 않는 전략과 연관된 일종의 금욕주의를 담고 있는 것처럼 보인다. 연구 문 제를 단순화하는 것에 저항하고, 새로운 기술을 축적하고, 원점으로 돌아가 생 물검정을 시작하고, 이전까지의 모든 주장을 단호하게 거부하는 결정 속에는 이러한 종류의 금욕주의가 있었다. 대체로 볼 때, 수용가능한 것에 부과된 제 약은 연구목표, 즉 **어떤 대가를 치르더라도** 구조를 알아내야 한다는 명령에 의 해 결정되었다. 이전에는 절반쯤 정제된 일부분만 가지고도 생리학 연구에 착 수하는 것이 가능했다. 연구목표가 생리적 효과를 알아내는 데 있었기 때문이 다. 그러나 구조를 알아내려는 시도를 하게 되면서 연구자들은 절대적으로 생 물검정에 의존할 필요가 있었다. 따라서 연구에 가해진 새로운 제약은 새로운 연구목표에 의해, 또 구조를 알아낼 수 있는 수단에 의해 정의되었다.(Latour & Woolgar, 1979: 124)

여기서 금욕주의는 저자들이 피하고자 하는 일종의 머턴 규범과 실제로 흡사한 역할을 해내는 강력한 존재이다.

국지적인 것이 나중에 "생산된" 사실에 결정적으로 연루되는 또 다른 지점은 TRF(H)의 출현에 대한 설명의 끝부분에 나온다. 라투르와 울가가 사실이 사실로 만들어지는 과정에서의 핵심 에피소드—TRF(H)가 Pyro-Glu-His-Pro-NH₂로 변모하는 지점—를 묘사할 때이다. 저자들은 크로마토그래프라는 장치에서 얻어진 다양한 곡선들이 같은지 다른지 결정하는 문제를 놓고 벌어진 논쟁을 지적한다. TRF(H)의 성질은 이 장치로 만들어낸 곡선들이 같은지 다른지 하는 판단에 의존하기 때문에(훌륭한 STS 학자라면 이제 누구나 아는 바와 같이), 그러한 판단은 항상 도전받을 수 있다. 그 결과 TRF(H)의 구조는 인식론적으로 이도저도 아닌 중간지대(limbo)에 있는 것처럼 보인다. 이 에피소드는 어떻게 종결되었으며, 그것의 결과물은 어떻게 과학적 사실로서 영구성을 얻을 수 있었는가? 이 지점에서 라투르와 울가는 물리학에서 나온 의심의 여지가 없는 장치인 질량분석기가 어떻게 성공을 거두었는지를 묘사한다. 그들의 설명에 따르면, 과학자들은 "오직 질량분석만이 천연 TRF(H)와 합성 TRF(H)(천연물질과 유사하게 만들어진 화합물) 사이의 차이를 평가하는 문제에 대해 완전히 만족스러운 답을 제공할 수 있다고 생각했다. 일단 질량분석기가 있으면 어느 누구도 더 이상 문제를 제기하지 않을 것이다."(Latour & Woolgar, 1979: 124) 그렇다면 여기, 즉 모든 기입을 종식시킬 이러한 기입의 중심인 질량분석기의 그래프가 바로 반구획주의 인식론자들이 활동할 결정적인 지점이다. 그러나 안타깝게도 이러한 방식으로 TRF(H)의 여정을 끝까지 따라간 후, 저자들은 "질량분석의 사회사를 연구하는 것은 이 책에서 우리의 목표가 아니다."라고 말한다. 뿐만 아니라 저자들은 "질량분석기가 갖는 힘은 그것이 체현하고 있는 물리학에 의해 주어지는 것"이라는 대단히 구획주의적인 노선을 견지한다.(Latour & Woolgar, 1979: 146) 만약 질량분석이 정말 성패를 좌우했고 TRF(H)가 Pyro-Glu-His-Pro-NH₂로 변모하는 "존재론적 변화"를 알림으로써 오늘날 그것이 논쟁가능한 언명이 아니라 사실의 문제로 존재하게 됐다면, 라투르와 울가의 **주된** 목표는 이 기법을 "사회사적" 현상으로 분석하는 것이 되어야 했다. 그들은 가장 목소리를 높이고 단정적이어야 할 바로 그 시점에서 침묵을 지킨다. TRF(H)의 새로운 정의는 "분석화학과 질량분석의 물리학이 변치 않는 한 확실한 것으로 남아 있을 것"(Latour & Woolgar, 1979: 148)이라는 진술은 분석적으로 전혀 예리한 맛이 없다.[3]

TRF(H)의 출현에 관해 설명한 후, 이제 라투르와 울가는 과학의 현실이 현장의 일상적인 작업 속에서 실시간으로 협상되는 여러 흥미롭고 설득력 있는 방식들을 제시하는 일에 착수한다. **이러한** 세계는 정치적 열정, 권력 쟁투, 계속해서 변화하는 논리와 증명의 정의 등으로 가득 차 있다. 그들은 해럴드 가핑켈을 언급하면서 매일매일의 과학 실천이 오직 동어반복적으로만 활용되는 가설, 증명, 연역 같은 표준적인 과학 용어들 대신 "국지적이고 암묵적인 협상, 계속해서 변화하는 평가, 무의식적인 제도적 제스처 등으로 이뤄져 있음"을 보여주는 수많은 설득력 있는 사례들을 제시한다.(Latour & Woolgar, 1979: 152) 유일한 문제는 이러한 논의들이 TRF(H)가 Pyro-Glu-His-Pro-NH$_2$로 출현하는 과정에 대한 분석(라투르와 울가의 책에서 앞 장에 묘사된) **속에** 있지 않고 그것과 **나란히** 제시되고 있다는 점이다. 현장의 우연적인 세계로부터 TRF(H)가 Pyro-Glu-His-Pro-NH$_2$라는 영구적 사실로 가는 분명한 경로는 보이지 않는다. 원칙적으로 그러한 노선을 따르는 철저한 해체가 수행될 수 있다는 암시만 제시될 뿐이다. 다시 한 번

---

3) 라투르와 울가 책의 2판(Latour & Woolgar, 1986)에 대한 서평에서, 해리 콜린스(Collins, 1988)는 저자들에 대해 그가 질량분석기의 기기측정에 대한 물화(reification)라고 부른 것을 비판했다. 이런 비판은 본문에 설명된 것처럼 이 장에서 제시된 비판의 일부를 이룬다.

그러한 해체는 이뤄지지 않았다.

문제는 우연적이고 국지적인 실천과 영구적이고 초국지적·초시간적인 기술적 사실의 지위 사이의 관계이다. 그리고 이러한 측면에서 린치가 특히 조심스러운 태도를 취한 지점은 주의 깊게 생각해볼 가치가 있다. 방법이 동어반복적으로 활용되는 세계에서, 돈과 시간에서 무엇이 특정 사실의 영구성을 확립하는가? 초기의 세 차례 실험실연구 중 특정 사실의 영구성을 구체적으로 다룬 것은 라투르와 울가뿐이다.(린치는 이 질문을 다루지 않겠다며 꽁무니를 뺐고, 크노르 세티나는 문제의 사실에 대해 구체적인 방식으로 이를 다루지 않았다.) 그들은 얌전하게 "이민자의 심성"과 큰돈을 벌기 전에는 땡전 한 푼 쓰지 않는 금욕주의 같은 존재들을 언급했다. 사실 주장의 근거에 대해 수용된 기준이 어떻게 변화했는지를 설명하기 위해서였다. 이어 그들은 TRF(H) 논쟁이 결국 어떻게 결정됐는지 설명하기 위해 원자 질량분석기를 제시했다. 그러나 이 모든 설명의 요소(이민자의 심성, 금욕주의, 법칙이 체현된 질량분석계 장치)는 린치의 단서조항이나 라투르와 울가 자신들의 방법론적 신중함과 부합하지 않는다. 그런 요소들은 **실험실 실천의 즉각적인 생활세계 바깥에서** 가져온 것이다. 이는 분석가가 문제의 실험실 실천의 특정한 결과물의 영구성을 설명하기 위해 가지고 들어온 강력한 서사적 존재 내지 "선행변수"들이다. 결국 저자들은 현장 내에서(in situ) 질서를 확립하는 것과 결정적으로 단절하고, 대신 기술적 주장의 우연성을 종결시킴에 있어 돈과 시간에서 성공을 거두기 위해 이러한 선행변수들을 끌어들인다. 미리 언급해두겠지만, 이러한 존재들의 지위가 "사회적"인 것인지, 아니면 "비근대의 사회/기술적"인 것인지는 중요하지 않음을 명심해야 한다. 중요한 것은 그것이 해체의 서사를 밀고가기 위해 끌어들여진 현장 바깥의(ex situ) 선행요소라는 점이다.

반증가능성은 허위이다

크노르 세티나의 책에는 그녀가 연구한 과학자들 스스로가 자신들의 논문에서 발견의 방법을 단계별로 어떻게 설명했는지를 보여주는 대목이 있다. 그녀는 다른 과학자들이 실험을 재연할 수 있도록 단계별 방법을 묘사할 때 정확히 어떤 정보를 포함시켜야 하는지에 대해 과학자들 사이에서 모호함이 있다고 지적한다. 크노르 세티나는 과학자들 사이에 불확실성과 견해차이가 있음을 보임으로써(두 명의 공동연구자 중 한 사람은 **다른 공동연구자**에게 이를 정확히 어떻게 설명해야 할지에 대해서도 확신이 없었다.), 과학에서 사실성의 토대를 이루는 설명가능한 단계별 방법의 개념에 원칙적인 문제가 있음을 암시한다.(Knorr Cetina, 1981: 128) 여기서 그녀는 해리 콜린스가 자신의 책『변화하는 질서: 과학 실천에서의 재연과 귀납(*Changing Order: Replication and Induction in Scientific Practice*)』(Collins, 1985)에서 구획주의자들에 대한 근본적인 인식론적 도전으로 개진한 것과 흡사한 논증을 제시한다. 원칙적으로 규칙을 따르는 것에 대한 규칙은 없으며, 따라서 실험의 재연에는 근본적인 회귀(regress)가 존재한다는 것이다.(이러한 아이디어는 민족지방법론과 곧장 부합한다. 이는 실천의 상황성 이외에는 아무런 방법도 없다는 말을 달리 표현한 것이다.)

실험가의 회귀(experimenter's regress) 원칙에 의해 고무된 콜린스는 과학을 하는 실제 실천과정에서 이러한 딜레마가 어떻게 다뤄지는지를 경험적으로 제시하기 위해 구체적인 과학논쟁을 들여다본다. 중력파 실험가들에 대한 콜린스의 설명을 읽다 보면, 우리는 라투르와 울가의 경우와 비슷한 상황에 놓이게 된다. 논쟁이 끝나고 사실이 탄생하는 결정적인 바로 그 지점에서, 정확히 어떻게 실천이 이러한 특정한 사실 주장의 수용을 강제했는지가 궁금해지는 것이다. 콜린스의 연구에 나오는 연구자 중 한 사람은 "고선속(high flux)"의 중력파를 탐지했다는 주장을 하고 있었다. 이 주장은 중력파에 대한 지배적 이론을 거스르는 것이었고, 다른 탐지기에서 나온 결과와도 충돌했다. 정전 기기조정기(electrostatic calibrator)를 가지고 중력파 입사에 대한 시뮬레이션을 해보니 이 연구자의 탐지기는 다른 탐지기들보다 20배나 **덜** 민감한 것으로 밝혀졌고 고선속 중력파 주장은 기각되었다. 콜린스는 실험가의 회귀에 따르면 이 연구자는 정전 기기조정기가 중력파에 대한 시뮬레이션을 제공하지 **못한다**고 반박할 수 있으며, 오직 이런 특정한 유형의 탐지기에만 고선속이 탐지되었다는 사실—설사 그 탐지기가 기기조정기에는 덜 민감하다 하더라도—이 **중력파의 본질에 관해** 중요한 정보를 제공한다고 주장할 수 있다고 지적한다. 실제로 이 연구자는 이렇게 항변했지만, 사람들이 이를 받아들이지 않았다. 이러한 측면에서 이 연구자의 주장은 "병리적이고 흥미롭지 못한" 것으로 보였다. 콜린스가 설명하는 것처럼

> 정전 기기조정이라는 행위가 있은 후부터 중력을 이색적인 방식으로 다루는 것은 타당하지 않은 것이 되었다. 중력은 잘 이해되어 있는 정전기력과 대체로 동일한 방식으로 행동하는 현상의 부류에 속하는 것으로 이해될 터였다. 기기조정을 마친 후부터 해석의 자유는 신호의 성질 내지 본질이 아닌 펄스의 형태에 대한 것으로 제한되었다.(Collins, 1985: 105)

콜린스는 이 모든 것이 자연에 의해 결정되는 것은 아님을 우리에게 납득시킨다. 행위능력을 가진 것은 **연구자**였다. 그는 정전 방식으로 기기조정을 해야 한다는 "압력에 굴복"해 결과적으로 특정 가정들을 의문의 여지

가 없는 것으로 "설정"함으로써 "자신의 자유에 가해진 제약을 받아들였"다. 콜린스는 이 연구자가 제약이 매우 큰 정전 기기조정을 거부했다면 더 좋았을 거라고 단언한다. 하지만 기기조정을 하도록 연구자에게 가해진 압력은 어떨까? 이 연구자가 **정말로** 굴복하게끔 그러한 힘을 부여한 것은 무엇이었는가? 그 힘은 어디서 왔는가? 누가 그것을 통제했는가? 그것은 왜 작동했는가? 여기서 콜린스는 침묵을 지킨다. 사실에 관한 논쟁이 종결되어 사실이 영구성을 갖게 된 수단에 관한 탐구는 이뤄지지 않고 있다. 다시 한 번 이 설명은 통상적으로 과학을 다루는 방식과 흡사하게 보인다. 기기조정이 논쟁을 해결했다는 식으로 말이다. 콜린스는 원칙적으로 이 에피소드가 다른 식으로 흘러갈 수도 있었고 그러면서도 과학적인 것으로 받아들여질 수 있었다고 말할 뿐이다.

콜린스는 고선속 중력파가 어떻게 기각되었는지를 설명하기 위해 탐구되지 않은 선행하는 힘에 의존한다. 이 힘 때문에 문제의 연구자는 정전 기기조정에 따를 수밖에 없었다는 것이다. 여기서 그가 국지적인 과학 실천과 그러한 실천의 결과물에 연루시키는 프로젝트의 측면에서 라투르, 울가와 비슷하다는 점을 강조할 필요가 있다. 그들은 모두 특정한 기술적 사실의 영구성을 설명하기 위해 실험실 실천의 생활세계 바깥에 있는 무언가를 특권화한다. 그들은 제각기 상대방의 문제가 그들의 설명에서 (각각) 자연적인 것 혹은 사회적인 것을 부당하게 특권화하는 데 있다고 말할지 모른다. 그러나 콜린스나 라투르, 울가 **모두**가 (그들 각각의 추종자들과 함께) 수년 동안 린치의 경고—"주어진 환경에서 '행위자'들에게 영향을 미치는 선행변수들과의 관련성을 정의하고, 선별하고, 확립하는"(Lynch, 1985: xv) 데 몰두하지 말아야 한다는—에 역행해왔음을 이해하는 것이 중요하다. 사회적 구성을 입증했다고 주장하든, 아니면 라투르와 울가(Latour &

Woolgar, 1986)처럼 사회적인 것이 없는 비근대적 "구성"을 이론이 증명했다고 주장하든, 그것은 중요하지 않다. 두 진영은 모두 방법이 동어반복적으로 활용되는 실천의 지평과 단절하고 문제의 사실이 갖는 영구성을 설명하기 위해 바깥에서 요소(들)를 끌어들인 후, 어느 쪽이 더 나은 방법이냐를 놓고 다투고 있는 것이다. 이후 벌어진 이러한 논쟁은 현재까지도 국지적 실천을 어떤 특정한 과학적 사실의 존재론적 지위에 연루시키는 프로젝트를 진전시키지 못하고 있다.

사회학에 맞서다

트레버 핀치는 자신의 책 『자연에 맞서다: 태양 중성미자 탐지의 사회학 (*Confronting Nature: The Sociology of Solar Neutrino Detection*)』(Pinch, 1986)에서 태양 중성미자로 알려진 존재를 탐지하려는 최초의 실험적 시도를 현장 내에서 묘사한다. 연구자들 사이에 진행 중인 상황에 대한 견해차이가 나타나지만, 다시 한 번 특정한 지점에 이르면 상이한 해석들은 종결되고 경쟁하는 설명들은 제거된다. 다시 한 번 종결의 핵심 열쇠는 기기조정이지만, 이 사례에서 핀치는 콜린스보다 한 걸음 더 나아가 기기조정의 핵심 열쇠는 신뢰성이라고 단언한다. 이어 그는 주인공 실험가가 자신의 탐지기를 비판하는 사람들을 물리치는 데 필요한 관계를 어떻게 협상할 수 있었는지를 탐구함으로써 이러한 "신뢰성"을 탐색하기 위한 노력을 기울인다. 핀치는 데이비스라는 문제의 실험가가 어떻게 자신이 한 실험의 세부 사항을 일군의 핵 천체물리학자들에게 직접 제공했는지 설명한다. 그들은 태양 중성미자에 관한 모든 주장의 수용에서 기준이 되는 집단이었다. 이는 천체물리학자들이 논문이라는 매개를 통하는 대신 "직접 그[데이비스]에게 비판을 가할" 수 있게 해주었다. 핀치는 비판이 실제로 논문으로 나왔을 무렵에는 "전투가 대체로 데이비스의 승리로 돌아간 다음"이었다고 썼다.(Pinch, 1986: 173) 핀치는 또한 데이비스가 천체물리학자들이 제기하는 온갖 종류의 "있을 법하지 않은" 가설들을 시험하는 "의례"를 기꺼이 통과하려 했다고 지적한다. 데이비스는 자신에게 도전하는 모든 사람과 맞상대를 함으로써 "핵 천체물리학자들을 만족시키고, 결과적으로 자기 실험의 신뢰성을 높이는 중요한 의례적 기능"을 수행했다. 포퍼식의 개방성이 동어반복적으로 **활용된** 것이다.(Pinch, 1986: 174) 아울러 중요한 점으로, 데이비스는 자신의 "인정받은 전문성"의 경계 내에 머물렀고, 자신이 천체물리학자들과 맺은 비공식 관계를 통해 신뢰성의 효과를 얻을 수 있었다. 데이비스 자신의 표현을 빌리면, "이 모든 것은 일종의 공동노력으로 시작됐어요 … 그런 식으로 일을 시작하면 이처럼 대수롭지 않은 경계들은 중간에 남겨두는 경향이 있죠. 그래서 나는 태양 모델에 관해 어떤 강력한 견해를 강요하는 것을 피했고, 그들은 실험에 관해 많은 논평을 하지 않았어요."(Pinch, 1986: 173) 물론 이는 [기능의] 수행이지만(핀치는 "그들"이 **실제로** 논평을 했고, 다만 서면으로 하지 않았을 뿐이라고 말할 것이다.) 효과─종결의 효과─를 낳는 수행인 것이다.

여기서 핀치는 콜린스와 같은 방식으로 설명에서 인식론적 짐을 지우기 위해 외부의 요소에 의존하지 않고 있다. 핵 천체물리학 집단은 무엇을 적절한 실험으로 간주할 것인가에 대한 강력한 시금석이었고, 핀치는 "대수롭지 않은 경계"와 함께 작업하는 것과 같은 권위관계 협상의 실천적 문제를 탐구했다. 이는 다시 되돌아와 기술적 사실의 우연성을 종결시키는 데 쓰이는 "신뢰성"을 강화시켰다. 그럼에도 불구하고 이 지점에서 우리는 크노르 세티나와 흡사한 상황에 마주치게 된다. 대수롭지 않은 경계와 관련해 **이러한 배치**가 왜 **이러한 상황**에서 사실을 구획하는 수단으로 작동했는가? 비공식적 대화와 솜씨 좋은 전문직 경계 관리, 그리고 검증가능성이라는 수행적 의례가 실천의 일부를 이룬다. 왜 이 사례에서는 그러한 활동들이 영구적인 사실을 만들어냈는가? 다른 이들과 마찬가지로 이 질문은 핀치의 연구에서 다뤄지고 있지 않다.

실험실연구의 현재-미래

실험실연구가 나쁜 의미에서 과학주의적이거나 반어적이지 않은 방식으로 기술적 사실에 대해 "묘사적"이 아니라 "구성적"인 설명을 제시하려 한다면, 연구자들의 담화와 실천 내에서부터—다시 말해 분석가의 방법을 특권화하지 않는 방식으로—특정한 사실의 영구성을 설명해야만 한다. 이러한 측면에서 초기의 실험실연구들은 말로는 어떨지 모르지만 행동에서는 거의 침묵을 지켜왔다. 실천의 영구적 유산을 설명하는 과제와 씨름하는 프로젝트는 거의 실험실연구가 시작된 바로 그 시점에서 중단되었다. 이후 이 분야의 전문직은 계속 이어지고 있는데도 말이다.[4] 이 분야가 성장함에 따라, 우리는 대표적인 실험실연구들에 압력을 가했어야 했다.(현재의 실험실연구에도 압력을 가하고 있어야 한다.) 그러한 연구들에서 사실 출현에 대한 설명이 구획주의 프로그램으로부터 성공적으로 벗어날 수도 있었던 바로 그 지점에 대해서 말이다. 대신 이 분야에는 이후에 나온 중요

---

4) 여기서 초자연 현상 실험에 대한 콜린스와 핀치의 설명(Collins & Pinch, 1982)을 반구획주의 실험실연구에 쉽게 포함시킬 수 있다는 점을 언급해둘 필요가 있다. 원칙적으로 이는 동일한 프로젝트이나 단지 전도되어 있을 뿐이므로 이 장에서 제기한 것과 동일한 비판에 노출돼 있다.

한 실험실 인류학 연구들이 과학연구의 중요한 양태들을 제시하고 있지만 사실 생산의 특정한 에피소드는 다루지 않으면서 틈이 쩍 벌어져 있다. 이러한 인류학 연구와 반구획주의 실험실연구 사이의 간극은 데이비드 헤스 (Hess, 1997)가 실험실연구를 개관하면서 언급한 바 있다. 스탠퍼드 선형가속기(Stanford Linear Accelerator, SLAC)를 연구한 새런 트래윅의 『빔 시간과 인생의 시간: 고에너지물리학자의 세계(*Beamtimes and Lifetimes: The World of High Energy Physicists*)』(Traweek, 1988), 그리고 휴 거스터슨의 『핵의 의례: 냉전 말기의 무기연구소(*Nuclear Rites: A Weapons Laboratory at the End of the Cold War*)』(Gusterson, 1996)는 이 점에서 두드러진 사례들이다. 두 책은 모두 권력, 정체성, 실험실 조직의 작동에 대해 통찰력 있는 관찰과 반성—특히 연구자들이 이러한 양식 속에서 바라보고 활동하는 방식에 관해—을 제공하지만, 특정한 과학적 사실의 생산을 다루고 있지는 않다.[5]

---

5) 아울러 오늘날의 실험실 실천에 대한 역사적 연구 중에서 그러한 실천을 과학적 사실의 존재론적 지위에 연루시키는 프로젝트를 명시적으로 추구하는 몇몇 연구들을 언급해둘 필요가 있겠다. 피커링(Pickering, 1984)은 자신의 연구 중 특히 하나의 에피소드—중성 전류의 존재에 대한 주장—와 관련해서만 반구획 프로젝트를 제기할 수 있다고 쓰고 있다. 그는 이러한 주장의 수용 기준이 시간이 지나면서 변화했다고 썼는데, 이 점에 있어서는 라투르, 울가와 비슷하다. 피커링은 이러한 변화를 설명하면서 이론 공동체와 실험 공동체 사이의 상호작용(interplay)과 등록(registration) 개념을 제시한다. 그러나 콜린스와 마찬가지로 피커링은 각각의 공동체에게 선택은 증거에 의해 정해진 것이 아니라 기회에 따른 것이었다고 주장한다. 하지만 피커링의 설명에서 그러한 기회들은 증거에 입각한 기회만큼 손쉽게 읽어낼 수 있었다. 그는 단지 원칙적으로는 그렇지 않았다고 주장할 뿐이다. 갤리슨(Galison, 1987)은 오늘날의 입자물리학자들의 편에서 의사결정의 행위능력 문제를 제기한다. 갤리슨은 이러한 의사결정의 기준에서 나타나는 변화를 추적하지는 않았지만, 그런 연구의 필요성을 주장했다. 켈러(Keller, 1983)는 바버라 매클린톡—켈러는 그녀를 다른 종류의 과학적 방법을 활용하는 인물로 그려냈다—이 처음에 과학자 공동체에서 따돌림을 당했다가 나중에 다시 인정받는 과정을 서술했다. 그러나 과학자 공동체에 따르면, 이러한 인정은 새로운 방법을 수용해서가 아니라 매클린톡의 사실 주장이 검증가능한 타당성을 갖는다고 합의한

실험실연구의 조직에 관한 다른 연구들 역시 이와 궤를 같이한다. 영국의 싱크로트론 엑스레이 연구소에 대한 존 로의 연구『근대성을 조직하다: 사회질서와 사회 이론(*Organizing Modernity: Social Order and Social Theory*)』(Law, 1994)도 마찬가지로 과학연구소의 운영에서 특정한 종류의 (연구자들에게) 성찰적인 정체성("카우보이"나 "관료"처럼)—이는 사실 결정에서 역할을 할 수 있다—에 의해 수행되는 작업을 설득력 있게 탐구하고 있지만, 기술적 사실의 생산은 이 연구에서 관심의 대상이 아니다. 비슷한 방식으로, 과학적 실천의 조직에 대한 다른 정치적 분석들, 가령 크노르 세티나 (Knorr Cetina, 1999)의 "지식문화"나 피터 갤리슨(Galison, 1995)의 "교역지대"도 역시 어떤 특정한 과학적 사실의 생산을 설명하는 것과 거리를 둔다. 초기의 반구획주의 연구들은 명시적으로 내세웠던 프로젝트를 애초부터 중단했고, STS 분야는 이 작업이 완수되었다고 생각해 이를 중단했는데, 이 때문에 오늘날 실험실연구에서 별개의 두 가지 갈래로 볼 수 있는 것들이 서로 관계를 맺지 못하게 되었다고 할 수 있다.[6]

최근 연구자들이 실험실로 들어간 몇몇 연구들이 있었지만, 특정한 사실을 상황적으로 결정된 것으로 연루시키는 프로젝트는 진전을 보지 못했다. 근래 들어 여러 연구자들이 실험실에서 시간을 보내며 원칙적으로 특정한 사실 생산과 연결될 수 있는—하지만 그렇게 하지 않은—실험실 생활의 주목할 만한 측면들을 다루었다. 심스(Sims, 2005)는 "안전성"이라는

데 근거한 것이었다. 이것이 과학에서의 새로운 방법이 정당함을 인정한 것이었다는 주장은 켈러의 것이다. 크노르 세티나와 마찬가지로 이러한 해석은 구획주의 철학자들을 직접 반박하지 못한다.

6) 인류학에서 여러 장소에서의 민족지연구를 추구하는 경향이 나타나면서, 초기 실험실연구의 경우처럼 하나의 특정한 연구장소를 장기간에 걸쳐 현장에서 탐구하는 것이 억제되는 결과가 나타났다.(Marcus, 1995)

틀짓기 양태(framing modality)가 로스앨러모스에서 과학자들이 기구와 장비를 판단하고 해석하는 데서 어떻게 작동했는지를 탐구한다. 로스(Roth, 2005)는 "분류행위"의 실천을 민족지학적으로 탐구한다. 나는 싱크로트론 방사연구소에서 과학자들과 테크니션들이 기구와 장비에 대한 이해를 내세울 때 "경험"을 들먹이고 실행에 옮기는 방식들을 탐구했다.(Doing, 2004) 모디(Mody, 2001)는 재료과학 연구자들이 자신들의 연구 실천에 대해 가진 생각에서 순수성이라는 개념이 어떤 역할을 하는가 하는 질문을 던졌고, 머츠와 크노르 세티나(Merz & Knorr Cetina, 1997)는 이론물리학자들의 연구에서 "실천"이 갖는 의미를 따져 물었다. 이 모든 연구는 실험실 실천에서 주목할 만한 장소와 우연성의 양태들을 탐구하고 있지만, 자신들의 분석을 구체적이고 영구적인 과학적 지식 주장과 결부시키려는 시도는 하지 않고 있다. 다른 연구자들은 명시적으로 특정한 사실 주장들에 대한 추적에 나섰지만, 실천의 우연성을 영구적인 지식 주장에 연루시키는 데 있어서는 초기 연구들을 넘어서지 못하고 있다. 케네픽(Kennefick, 2000)은 천문학에서 항성 내파에 대한 설명이 왜 받아들여지지 않았는지를 설명하려 시도했고, 콜(Cole, 1996)은 석유가 실은 화석화된 식물에서 유래한 것이 아니라는 토머스 골드의 주장이 기각된 것을 설명하려 애썼다. 이러한 연구들은 콜린스나 핀치의 연구와 마찬가지로 우연성이 원칙적으로 존재한다는 관념을 추구하면서 참여자들의 논쟁에 대한 설명을 제공한다. 그러나 다시 한 번 이 연구들은 왜 **이러한** 특성 에피소드의 논쟁 동역학이 다른 상황에서는 그러한 움직임이 실패했던(혹은 성공했던) 곳에서 영구적 사실로 귀결되었는가(혹은 그러지 못했는가) 하는 문제와 씨름하지 않는다.

실험실연구에서는 사실에 대한 설명이 제시된 적이 없다. 실험실 생활의 그토록 많은 측면들—전문직 위계, 조직 정체성, 비공식 정체성, 젠더 정체성, 국적 정체성, "안전성"과 "순수성", 위험과 위협의 양태, 실험현장에서의 협상에 내재된 복잡한 미시작용, 산업 및 상업과의 관계, 의례적 수행, 실험 보고에서 우연성의 삭제―이 민족지학적으로 연구되었지만, 특정한 구체적·영구적 사실의 생산과 결부된 것은 하나도 없었다. 실험실연구가 STS 분야에 대한 약속을 실현하고 현재 진행 중인 연구들과 다시 관계를 맺으려면, 실험실연구가 해내지 **못한** 일을 인정해야 하고 실험실연구와 STS 분야가 책임을 지게 만들어야 한다. 라투르와 울가의 설명에서 어떤 사실이 존재론적으로 선차적인 것으로 보이기 위해 필요한 기준은 **실제로** 변화를 겪었다.(반면 이전에는 절반쯤 정제된 일부분만으로도 효과에 기반한 결정을 하기에 충분했다. 이에 따라 시상하부에 대한 집약적 분리는 불가능한 것이 아니라 필수적인 것으로 여겨졌다.) 만약 기준이 변화했다면, 이는 실천이 사실의 지위에 연루되었음을 의미한다. 여기서 필요한 것은 이러한 변화에 대해 이민자의 심성이나 금욕주의를 들먹이는 것보다 좀 더 설득력을 갖는 탐구이다. 왜 기계와 노동집약적 방법론이 실험을 하고 사실 주장을 정당화하는 적절한 방법으로 간주되게 되었는가? 크노르 세티나에 대해서는, 왜 어떤 경우에는 우연성을 지워버리는 것이 영구적 사실을 생산하는데 기여하고 왜 다른 경우에는 기여하지 않는가?(왜 어떤 상황에서는 그러한 우연성을 강조하는 것이 사실을 생산하는 데 정확하게 기여하지 않는가?) 핀치에 대해서는, 왜 전문성의 경계에 대한 협상과 집단 간 교류의 의례가 비슷하게 이뤄졌는데도 어떤 경우에는 세상의 본질에 대한 합의로 귀결되고 다른 경우에는 그렇지 않은가? 어떤 기준의 시금석이나 사실 정당화의 기법이 변화하는 경우, 그러한 변화가 경험적 프로젝트의 변질이 아니라 과학적으로 타당한 것으로 강제되는 연유는 무엇인가? 현재 제시되고 있는 이러한 종류의 질문들은 초기의 반구획주의 실험실연구들에 강제되지도 않았고, 이후의 민족지연구들에서 어떤 특정한 사실과 관련해 추구되지도 않았다. 지금 필요한 것은 실험실연구가 이러한 방향으로 강력하게 밀고 나가는 것이다.

라투르와 울가(Latour & Woolgar, 1979: 257)는 그들의 작업과 그들의 연구대상이 된 작업의 차이가 후자는 실험실을 갖고 있다는 점이라고 했다. 그러나 물론 라투르와 울가는 실험실을 **실제로** 갖고 있었고, 이를 요긴하게 활용했다. 뿐만 아니라 STS **분야**는 그러한 실험실들을 지난 30여 년 동안 요긴하게 활용해왔다. 다양한 일군의 학자들은 견고한 장소들 중에서 가장 견고한 곳과 이에 따라 견고한 생산물 중에서 가장 견고한 것—기술적 지식—을 정치화시킨 여러 선구적 연구들을 인용하면서, 정책 환경, 공공 포럼, 기술 논쟁, 의료, 그 외 일단의 양식들에서 사실 생산의 문제를 생각해보는 방향으로 나아갔다. 초기 실험실연구의 성공을 사회 속에서 과학기술을 고려하는 새로운 접근법에 대한 정당화 근거로 활용하면서 말이다. 그러나 STS는 계산 착오를 범했다. 민족지학적으로 입증된, 해체된 실험실 사실이라는 탐지불가능한 암흑물질을 들먹여 STS 우주의 균형을 잡고 정당화하려 했지만, 실험실연구에서 어떤 특정한 기술적 사실에 대한 설명을 면밀하게 들여다보니 실은 국지적 실천의 우연적·수행적 세계를 어떤 특정한 사실 주장의 영구성에 연루시키는 데 있어서는 겨우 몇 걸음 내디딘 것에 불과함을 깨닫게 된 것이다. 새로운 실험실연구가 가장 먼저 해야 하는 일은 그간 실험실연구가 놓쳐온 것—특정한 사실—을 곧장 찾아 나서 그것의 영구성이 어떻게 실천 세계의 "현장 내에서" 획득되는지와 씨름하는 것이다. STS 실험실연구의 암흑물질을 탐지가능하게 만들어 기록을 바로잡도록 하자. 나는 그러한 설명이 어떠한 형태를 띨지 알지 못하지만, 그것이 "실험실연구는 … 를 보여왔다."는 역설적인 문구로 시작해서는 안 된다는 것은 알고 있다. 브뤼노 라투르는 STS에서 나온 해체주의적 주장들의 정치적으로 억압적인 활용을 다룬 최근 논문에서 "우리가 말했던 바를 진정으로 의미했던 것은 아니라고 말하면 충분할까?"라는 질문을 던졌다.(Latour, 2004) 글쎄, 아마도 우리는 적어도 당분간은 우리가 말했던 바를 실은 해내지 못했다고 말해야 할 것 같다.

참고문헌

Ashmore, Malcolm (1989) *The Reflexive Thesis: Wrighting the Sociology of Scientific Knowledge* (Chicago: University of Chicago Press).

Barnes, Barry (1974) *Scientific Knowledge and Sociological Theory* (London: Routledge & Kegan Paul).

Berger, Peter & Thomas Luckmann (1966) *The Social Construction of Reality: A Treatise in the Sociology of Knowledge* (Garden City, NY: Doubleday).

Bloor, David (1976) *Knowledge and Social Imagery* (London: Routledge & Kegan Paul).

Cole, Simon (1996) "Which Came First: The Fossil or the Fuel?" *Social Studies of Science* 26(4): 733–766.

Collins, H. M. (1975) "The Seven Sexes: A Study in the Sociology of a Phenomenon, or the Replication of Experiments in Physics," *Sociology* 9: 205–224.

Collins, H. M. (1985) *Changing Order: Replication and Induction in Scientific Practice* (London: Sage).

Collins, H. M. (1988) "Review of B. Latour and S. Woolgar, *Laboratory Life: The Construction of Scientific Facts*" *Isis* 79(1): 148–149.

Collins, H. M. & Trevor Pinch (1982) *Frames of Meaning: The Social Construction of Extraordinary Science* (London: Routledge & Kegan Paul).

Collins, H. M. & Robert Evans (2002) "The Third Wave of Science Studies: Studies of Expertise and Experience," *Social Studies of Science* 32(2): 235–296.

Doing, Park (2004) "Lab Hands and the Scarlet 'O': Epistemic Politics and (Scientific) Labor," *Social Studies of Science* 34(3): 299–323.

Epstein, Steven (1996) *Impure Science: AIDS Activism and the Politics of Knowledge* (Berkeley: University of California Press).

Fox Keller, Evelyn (1983) *A Feeling for the Organism: The Life and Work of Barbara McClintock* (San Francisco: W. H. Freeman).

Galison, Peter (1987) *How Experiments End* (Chicago: University of Chicago Press).

Galison, Peter (1995) *Image and Logic: A Material Culture of Microphysics* (Chicago: University of Chicago Press).

Garfinkel, Harold (1967) *Studies in Ethnomethodology* (Englewood Cliffs, NJ:

Prentice-Hall).

Gusterson, Hugh (1996) *Nuclear Rites: A Weapons Laboratory at the End of the Cold War* (Berkeley: University of California Press).

Guston, David (2000) *Between Politics and Science: Assuring the Integrity and Productivity of Science* (Cambridge: Cambridge University Press).

Haraway, Donna (1991) "A Cyborg Manifesto: Science, Technology, and Socialist-Feminism in the Late Twentieth Century," *Simians, Cyborgs and Women: The Reinvention of Nature* (New York: Routledge): 149 – 181.

Hess, David (1997) "If You're Thinking of Living in STS: A Guide for the Perplexed," in Gary Lee Downey & Joseph Dumit (eds), *Cyborgs and Citadels: Anthropological Interventions in Emerging Sciences and Technologies* (Santa Fe, NM: School of American Research Press).

Hilgartner, Stephen (2000) *Science on Stage: Expert Advice as Public Drama* (Stanford, CA: Stanford University Press).

Jasanoff, Sheila (1990) *The Fifth Branch* (Cambridge, MA: Harvard University Press).

Kennefick, Daniel (2000) "Star Crushing: Theoretical Practice and the Theoreticians Regress," *Social Studies of Science* 30(1): 5 – 40.

Knorr Cetina, Karin (1981) *The Manufacture of Knowledge: An Essay on the Constructivist and Contextual Nature of Science* (Oxford: Pergamon Press).

Knorr Cetina, Karin (1995) "Laboratory Studies: The Cultural Approach to the Study of Science," in Sheila Jasanoff, Gerald Merkle, James Petersen, & Trevor Pinch, *Handbook of Science and Technology Studies* (Thousand Oaks, CA: Sage): 140 – 166.

Knorr Cetina, Karin (1999) *Epistemic Cultures: How the Sciences Make Knowledge* (Cambridge, MA: Harvard University Press).

Latour, Bruno (1983) "Give Me a Laboratory and I Will Raise the World," in K. Knorr Cetina & M. Mulkay (eds), *Science Observed: Perspectives on the Social Study of Science* (London: Sage): 141 – 170.

Latour, Bruno (2004) "Why Has Critique Run out of Steam? From Matters of Fact to Matters of Concern," *Critical Inquiry* 30(2): 225 – 248.

Latour, Bruno & Steve Woolgar (1979) *Laboratory Life: The Social Construction of Scientific Facts* (London: Sage).

Latour, Bruno & Steve Woolgar (1986) *Laboratory Life: The Construction of Scientific*

Facts (Princeton, NJ: Princeton University Press).

Lauer, Quentin (1958) *Triumph of Subjectivity: An Introduction to Transcendental Phenomenology* (New York: Fordham University Press).

Law, John (1994) *Organizing Modernity: Social Order and Social Theory* (Cambridge: Blackwell).

Lynch, Michael (1985) *Art and Artifact in Laboratory Science: A Study of Shop Work and Shop Talk in a Research Laboratory* (London: Routledge & Kegan Paul).

Lyotard, Jean-François (1954) *La Phénoménologie* (Paris: Presses Universitaires de France).

Marcus, George (1995) "Ethnography in/of the World System: The Emergence of Multi-Sited Ethnography," *Annual Review of Anthropology* 24: 95–111.

Merton, Robert K. (1973) "The Normative Structure of Science," in *The Sociology of Science* (Chicago: University of Chicago Press): 267–278.

Merz, Martina & Karin Knorr Cetina (1997) "Deconstruction in a Thinking Science: Theoretical Physicists at Work," *Social Studies of Science* 27(1): 73–111.

Mody, Cyrus (2001) "A Little Dirt Never Hurt Anyone: Knowledge-Making and Contamination in Materials Science," *Social Studies of Science* 31(1): 7–36.

Moore, Kelly & Scott Frickel (eds) (2006) *The New Political Sociology of Science: Institutions, Networks, and Power* (Madison: University of Wisconsin Press).

Pickering, Andrew, (1984) *Constructing Quarks: A Sociological History of Particle Physics* (Chicago: University of Chicago Press).

Pinch, Trevor (1986) *Confronting Nature: The Sociology of Solar Neutrino Detection* (Dordrecht, the Netherlands: D. Reidel).

Popper, Karl (1963) *Conjectures and Refutations: The Growth of Scientific Knowledge* (London: Routledge & Kegan Paul).

Reichenbach, Hans (1951) *The Rise of Scientific Philosophy* (Berkeley: University of California Press).

Roth, Wolf Michael (2005) "Making Classifications (at) Work: Ordering Practices in Science," *Social Studies of Science* 35(4): 581–621.

Schutz, Alfred (1972) *The Phenomenology of the Social World* (London: Heinemann).

Sims, Ben (2005) "Safe Science: Material and Social Order in Laboratory Work," *Social Studies of Science* 35(3): 333–366.

Traweek, Sharon (1988) *Beamtimes and Lifetimes: The World of High Energy*

Physicists (Cambridge, MA: Harvard University Press).

Winch, Peter (1958) *The Idea of a Social Science and Its Relation to Philosophy* (London: Routledge & Kegan Paul).

Woodhouse, Edward, David Hess, Steve Breyman, & Brian Martin (2002) "Science Studies and Activism: Possibilities and Problems for Reconstructivist Agendas," *Social Studies of Science* 32(2): 297–319.

Wynne, Brian (1989) "Sheepfarming after Chernobyl: A Case Study in Communicating Scientific Information," *Environment* 31(2): 33–39.

13.
과학의 이미지화와 시각화에 대한 사회적 연구

레걸라 발레리 버리, 조지프 더밋

이미지는 과학의 일상적 실천과 지식의 재현 및 확산에서 떼려야 뗄 수 없는 존재이다. 도해, 지도, 그래프, 표, 스케치, 삽화, 사진, 시뮬레이션, 컴퓨터 시각화, 신체 스캔은 매일매일의 과학연구와 논문에서 사용된다. 뿐만 아니라 과학의 이미지는 점차 실험실 바깥으로 빠져나가 시사 잡지, 법정, 언론 등으로 진입하고 있다. 오늘날 우리는 시각적 문화 속에서 살고 있고(가령 Stafford, 1996), 이 문화는 숫자(Porter, 1995; Rose, 1999)와 과학(Hubbard, 1988; Nelkin & Tancredi, 1989)에도 높은 가치를 부여한다. 과학의 이미지는 설득력 있는 재현을 만들어내려는 이러한 문화적 선호에 의존하고 있다. 이처럼 과학의 이미지를 어디서나 찾아볼 수 있게 되면서 시각적 재현을 연구하고 그것이 발생시키는 시각적 지식을 탐구하는 데 대한 STS 학자들의 관심이 커졌다.

과학에서의 시각적 재현은 서로 다른 다양한 이론적 · 분과적 시각에서 연구되어왔다. 과학철학자들은 과학에서 시각적 재현의 본질과 특성에 관한 존재론적 질문들을 제기해왔고, 해석학과 과학의 교차점에 관한 이론화 작업을 해왔다.(대표적으로 Griesemer & Wimsatt, 1989; Ruse & Taylor, 1991; Griesemer, 1991, 1992; Ihde, 1999) 과학사가들은 19세기에 새로운 객관성 개념이 등장하는 데 있어 자연에 대한 과학적 묘사가 지녔던 중요성을 지적해왔다.(Daston & Galison, 1992, 2007) 그들은 근대 초기부터 오늘날에 이르기까지 실험 시스템에서 사용된 시각화 기기와 시각적 재현에 주목했다.(대표적으로 Cambrosio et al., 1993; Galison, 1997; Rheinberger, 1998; Kaiser, 2000; Métraux, 2000; Breidbach, 2002; Francoeur, 2002; Lefèvre et al., 2003; Hopwood, 2005; Lane, 2005) 또 다른 연구들은 (의료) 시각화 기술과 그것이 의료 분야에 도입된 역사를 재구성했다.(가령 Yoxen, 1987; Pasveer, 1989, 1993; Blume, 1992; Lenoir & Lécuyer, 1995; Holtzmann Kevles, 1997; Warwick, 2005; Joyce, 2006) 실험실연구는 과학지식의 생산에서 이미지의 사용을 사회학적·인류학적 시각에서 탐구해왔다.(Latour & Woolgar, 1979; Knorr Cetina, 1981; Latour, 1986, 1987, [1986]1990; Lynch, 1985a, b, 1990, 1998; Lynch & Edgerton, 1988; Lynch & Woolgar, 1990; Knorr Cetina & Amann, 1990; Amann & Knorr Cetina, [1988]1990; Traweek, 1997; Henderson, 1999; Prasad, 2005a)

STS와 다른 분야들의 교차점에서도 시각적 이미지에 대한 연구가 번성하고 있다. 미술연구 분야의 학자들은 문화에서 "회화적 전환(pictorial turn)"을 선언했고(Mitchell, 1994), 미술과 과학의 이미지 사이의 관계와 그것이 보여지는 재현 체제에 관해 숙고했다.(가령 Stafford, 1994, 1996; Jones & Galison, 1998; Elkins, forthcoming) 캐롤라인 존스와 피터 갤리슨은 『과학의 회화, 미술의 생산(Picturing Science, Producing Art)』에서 해석양식에 대한 미술 이론가들의 분석과 과학지식과 생산기술의 사회적 구성에 관한 STS의 아이디어가 만날 수 있는 자리를 만들었다.(Jones & Galison, 1998) 여기서 미술사가가 이해한 양식과 장르는 실험실의 실천과 문화적 실천이 특정한 미학적 형태를 공유한다고 볼 수 있는 맥락을 만들어냈다. 마지막으로 문화연구는 과학의 이미지와 대중적 서사 및 문화의 교차점을 탐구했고(가령 Holtzmann Kevles, 1997; Lammer, 2002; van Dijk, 2005; Locke, 2005), 페미니스트 시각에서 신체의 이미지에 관해 숙고했다.(가령 Duden, 1993; Cartwright, 1995; Casper, 1998; Treichler et al., 1998; Marchessault & Sawchuk, 2000) 이러한 작업 중 일부는 시각적인 것과 시각언어의 존재(가령 Goodman, 1968; Arnheim, 1969; Metz, 1974, 1982; Rudwick, 1976; Barthes, 1977; Mitchell, 1980, 1987; Myers, 1990; Elkins, 1998; Davidson, [1996]1999), 그리고 특정한 "관찰자의 기법"(Crary, 1990; Elkins, 1994)에 관해 사고하는 기호학적 · 언어학적 · 정신분석학적 · 철학적 전통에 의존하였다.

　따라서 과학의 시각화와 관련된 연구들은 극히 다양하며, 다양한 갈래들을 종합하려는 어떤 시도도 필연적으로 환원적이고 선별적일 수밖에 없을 것이다. 이는 또한 대단히 활발한 관심영역이기 때문에, 그것의 경계를 획정하기가 쉽지 않다. 이에 따라 이 장에서는 지금까지 이뤄진 연구들을 남김없이 개설하는 대신, 과학의 이미지화와 시각화(scientific imaging and visualization, SIV)에 대한 사회적 연구의 접근법들을 개관해보고, 앞으로 과학에서의 시각적 재현에 대한 연구와 관련해 던져야 할 질문과 방향들을 제기하도록 하겠다.

이미지화 실천과 이미지의 수행성

SIV는 여러 질문들을 던진다. 가령 (과학)지식의 한 형태로서 시각적인 것이 갖는 특이성은 무엇인가? 시각적인 것이 지식, 이해, 표현의 특수한 형태 중 하나라면, 그것은 다른 지식 형태와 어떻게, 왜 다른가? 과학에서의 시각적 재현에 관한 대다수의 철학적·미술사적·언어학적 연구들과는 대조적으로, SIV는 이러한 질문들에 답하면서 과학의 이미지와 시각적 지식의 본질을 탐구하는 대신 그것의 사회적 차원과 함의에 초점을 맞춘다.[1] 고든 파이프와 존 로의『권력을 그려내다: 시각적 묘사와 사회관계(*Picturing Power: Visual Depiction and Social Relations*)』는 이 점을 훌륭하게 보여주었다.(Fyfe & Law, 1988) SIV는 과학 이미지의 생산, 해석, 사용이라는 지식 실천에 관심을 갖는다는 점에서 사회 이론의 실천적 전환(practice turn)을 따르고 있다.(Schatzki et al., 2001)

과학지식의 생산을 탐구하면서 과학활동에서 시각적 재현이 하는 역할을 파고드는 이러한 방식은 실험실연구의 두드러진 특징 가운데 하나였다. 예를 들어 마이클 린치는 과학연구에 대한 민족지방법론 연구에서 이미지의 구성을 분석했고 실험실에서 표본들이 어떻게 변형되어 탐구 목적을 위한 시각적 표현으로 전환되는가를 보여주었다.(Lynch, 1985a, b, 1990, 1998; Lynch & Edgerton, 1988) 카린 크노르 세티나는 시각적 재현이 일상적 실천 속에서 과학자들의 다목적 담화와 어떻게 상호작용을 하는지, 또 그것이 실험에서는 어떻게 작동하는지를 탐구했다.(Knorr Cetina, 1981; Knorr

---

1) 우리는 SIV를 과학 이미지 연구의 수많은 접근법들 중 하나로 구별한다. 우리는 과학 이미지 연구를 모두 합치면 시각적 STS라는 가상의 분야를 이루는 것으로 보고 있다.

Cetina & Amann, 1990; Amann & Knorr Cetina, [1988]1990) 반면 브뤼노 라투르는 이미지가 과학자 공동체 내에서 동맹군을 찾고 자신들의 연구 발견을 안정화하는 연결망을 창출하려는 연구자들에 의해 활용된다고 주장했다.(Latour & Woolgar, 1979; Latour, 1986, [1986]1990, 1987)

SIV는 실험실연구와 이러한 관심사들을 공유하지만, 과학 실험실과 과학자 공동체를 넘어 초점을 더욱 확장한다. SIV는 이렇게 질문을 던진다. 이미지가 학계의 환경 바깥으로 나아가 다른 맥락 속으로 확산되면 어떤 일이 생기는가? SIV는 과학의 이미지가 그 생산과 판독에서부터 상이한 사회세계로의 확산, 전개, 채택을 거쳐 개인, 집단, 기관의 삶과 정체성 속으로 통합되는 궤적을 탐구한다. SIV는 "이미지의 사회적 삶"을 따라가면서 이미지화 실천과 과학 이미지의 수행성 모두에 대해 특히 그것이 갖는 시각적 힘과 설득력에 주목하면서 탐구하는 것을 포함한다.

과학의 이미지와 시각화가 예외적인 설득력을 갖는 이유는 그것이 과학기술의 객관적 권위를 같이 나눌 뿐 아니라, 즉각적인 것으로 간주되는 시각적 이해와 관여의 형태에 의지하기 때문이다. 도너 해러웨이는 이렇게 지적했다. "매개되지 않은 사진이란 존재하지 않는다 … 존재하는 것은 오직 대단히 구체적인 시각적 가능성들뿐이며, 이들 각각은 훌륭할 정도로 상세하고 능동적이지만 부분적인 세상의 조직 방식과 결부돼 있다." (Haraway, 1997: 177) 해러웨이의 페미니스트 접근은 과학의 이미지를 시선의 객관화로 간주한다. 이는 보편적이고 중립적인 외양을 띠지만 실제로는 특정한 관점에 선별적으로 특권을 부여하고 다른 관점들을 무시한다. 예를 들어 일상적인 뉴스 속에서, 우주에서 바라본 지구의 이미지—원래 우주 프로그램의 산물인—는 종종 모든 사람이 공유하는 소중한 장소인 하나의 지구라는 관념에 호소함으로써 환경에 대한 관심을 불러일으킬 때 사용된다.(Haraway, 1991; Jasanoff, 2004) 이러한 지구 이미지는 고도로 가공된 것임에도 불구하고 사진의 **사실성**, 즉 관찰자와 대상 간의 매개되지 않은(불변이고 즉각적이고 직접적이며 진실한) 관계를 암시한다. 기호학의 용어를 빌리자면 우주에서 본 구름 한 점 없는 지구의 이미지는 **초사실적**(hyper-real)인 것이다. 이러한 이미지는 양식화되어 있고, 여러 겹으로 환원되어 있으며, 우주비행사가 보는 광경이 아닌 이상화된 대문자 자연의 **개념**에 부합하도록 만들어진다. 그러한 존재로서 이는 "진짜" 사진보다 더욱 큰 설득력을 갖는다.

지구 전체, 뇌의 활동, DNA 도해, 지구온난화 등과 같은 현상들의 시각화에는 진실을 **보려는 욕망**이 들어 있다. 그러나 과학과 미술에서 이미지의 역사는 시각과 인지가 역사적·문화적으로 형성된 것임을 보여주었다.(가령 Alpers, 1983; Daston & Galison, 1992; Hacking, 1999) 의료, 광기, 감옥 시스템에 대한 푸코의 분석(Foucault, [1963]1973)은 과학기술, 관료제, 분류체계에 대한 면밀한 주목을 통해 **눈으로 볼 수 있는 것**의 역사화가 갖는 가치를 보여주었다.(cf. Rajchman, 1991; Davidson, [1996]1999; Hacking, 1999; Rose, 1999)

STS에서 실천적 전환은 우리에게 생산과정과 거기서 나온 결과물이라는 두 가지 측면 모두에서 과학기술의 **작업**에 주목하도록 가르쳐준다. 오늘날 SIV의 도전은 특정한 시각적 대상을 만들어내는 과학기술의 작업과 과학자나 일반인이 볼 수 있도록 주어지는 것의 역사성을 통합시키는 데 있다.

마이클 린치와 스티브 울가가 편집한 『과학적 실천에서의 재현(Representation in Scientific Practice)』(1990)은 이 영역에서 이후의 연구에 시금석 구실을 했다.(Lynch & Woolgar, 1990) 이 논문집은 실험실연구에 기반해,

민족지학과 민족지방법론을 써서 과학자들이 이미지를 다룰 때 단어, 연필, 종이, 컴퓨터, 기술, 색깔을 가지고 무슨 일을 하는지 연구했다. 뿐만 아니라 이 책은 "기입"이니 "증거"니 하는 용어들을 사용할 때 언어분석의 기호학적·수사학적 도구 활용을 시각적 대상과 과학자들의 재현 실천에 대한 사회적 연구로 확장했다.(Latour & Woolgar, 1979; Rheinberger, 1997) 또한 시각적 재현은 그것이 사용되는 실용적 상황으로부터 분리해서는 이해될 수 없음을 보여주었다. 과학자들은 "텍스트, 데이터 집합, 파일, 대화 속에서 재현을 구성하고 위치시키며 … 수없이 많은 활동의 과정에서 이를 사용하기" 때문에(Lynch & Woolgar, 1990: viii), 이미지가 그려내는 사물이나 그것이 반영하는 의미를 묘사하는 것만으로는 충분치 않다. 우리는 이러한 재현들이 그 속에 배태돼 있는 텍스트의 배열과 담화 실천에도 초점을 맞춰야 한다.

린치와 울가가 편집한 논문집은 시각적 재현을 만들어내고 다루는 실천, 그리고 과학에서 시각적 지식을 형성하고 확산시키고 적용하고 체현하는 실천의 문화적 배태성을 연구하는 하나의 출발점이 되고 있다. 만약 보는 것이 종종 믿는 것이라면, SIV는 이미지를 만들어내고 사용하는 것이 어떻게 과학적 진리 생산과 인지적 관습의 실천에서 보고 믿는 것과 한데 합쳐지는지를 보여주어야 한다.

이 논문의 이어지는 내용에서 우리는 인위적으로 분리한 세 가지 주제들을 중심으로 논의를 전개할 것이다. 시각화의 생산, 관여, 활용이 그것이다. **생산**을 연구할 때 STS 학자들은 이미지가 만들어지는 것과 관련된 실천, 방법, 기술, 행위자, 연결망을 분석함으로써 이미지가 어떻게, 누구에 의해 구성되는지를 탐구한다. **관여**에 대한 분석은 과학지식의 생산에서 이미지가 하는 도구적 역할에 초점을 맞춘다. 마지막으로 **활용**에 대한 연구는 상이한 사회적 환경에서 과학적 시각화의 사용에 주목한다. 이는 이미지들이 어떻게 학계가 아닌 환경 속으로 확산되는지를 연구하고 서로 다른 형태의 (시각적) 지식의 교차점을 분석한다. 활용은 또한 과학의 이미지가 개인들의 신체 이미지의 일부가 되는 것과 일상에서 주어진 사회세계에 "객관적으로" 근거를 두는 것을 포함한다. 다시 말해 생산을 탐구하는 것은 인공물로서의 이미지를 연구하는 것을 의미하고, 관여를 탐구하는 것은 이미지가 과학의 도구로서 하는 역할을 분석하는 것을 의미하며, 활용을 탐구하는 것은 이미지가 실험실 바깥에서 어떻게 쓰이고 우리 자신과 우리 세상에 관한 상이한 형태의 지식과 어떻게 만나는지에 초점을 맞추는 것을 나타낸다. 이러한 분석틀은 과학 이미지의 해석적 개방성과 그것이 갖는 설득력에 특히 주목한다.

생산

모든 인공물과 마찬가지로 과학의 이미지와 시각화는 개념, 기기, 표준, 실천양식 등을 활용하는 기계와 사람들의 결합에 의해 만들어진다. STS는 과학 학술지에 실린 사진이나 프로그램의 시각적 결과를 보여주는 컴퓨터 스크린 같은 특정 이미지가 **어떻게** 만들어졌는가 하는 역사를 얘기하는 방법론적 도구를 제공한다. 이러한 회고적 접근은 이미지가 기나긴 일련의 기술적 기회, 제약, 협상, 결정에서 나온 것임을 보여준다.

이미지 생산을 보여주는 예시로 자기공명영상(MRI)의 사례를 들어보자. MRI 이미지는 MRI 기계와 생성될 데이터의 설정에 관한 일련의 결정에 좌우된다. 과학자와 기술자들은 단면으로 자른 조각의 수와 두께, 그것을 잘라낸 각도, 이미지 데이터의 눈금 내지 해상도 등의 변수들에 관한 결정을 내린다. 아울러 스크린상에서 사후적으로 이미지를 가공할 때도 결정을 내려야 한다. 과학논문 출간을 위해 대상을 보는 각도를 회전시키고, 콘트라스트를 고치고, 색상을 선택할 수 있다. 이러한 구체적인 결정들은 기술적·전문직업적 표준들뿐 아니라 문화적·미학적 관습이나 개인적 선호에도 의존한다.(cf. Burri, 2001, and forthcoming) 따라서 MRI 스캔은 "중립적" 산물이 아니라 문화적으로 형성된 일련의 구체적인 사회기술적 협상의 결과물이며, 다른 모든 기술적 조작과 마찬가지로 형식화와 변형의 과정을 담고 있다.(Lynch, 1985a,b, 1990)

과학논문에 사용된 시각적 표현들을 조사한 린치(Lynch, 1990)는 논문의 그림 공간을 도식적 좌표 공간으로 묘사했다. 이는 과학의 대상—생쥐건, 세포건, 뇌건, 전자건 간에—이 공간을 점유하고 측정가능하며 "수학화된" 것으로 만들어진 이전 단계를 수반했다. 이러한 요구조건이 공식화됨에 따라 "수학화"는 과학과 그것에 의존하는 이미지의 **필수 가정**이 되었다. 따라서 우리는 이러한 가정에 수반되는 비용과 그것이 갖는 힘에 주목할 수 있다. 이 경우 세포에서 측정될 수 없는 부분은 실험에서 행해지는 작업에 중요하지 않은 것이 되었다. 수학화가 컴퓨터화된 기기와 소프트웨어 속에 내재될 때, 측정되지 않은 것은 완전히 눈에 보이지 않게 지워질 수 있다.

이미지 생산 단계에서 **누가** 관여하는가는 이미지가 **어떻게** 생산되는가 만큼이나 추구해볼 만한 중요한 문제이다. 어떤 이미지들은 처음부터 끝까지 한 사람에 의해 만들어지는 반면(다른 사람들이 만든 소프트웨어와 기기들에 의존하긴 하지만), 다른 이미지들은 개인들 간의 일련의 전달에서 나온 결과물이며, 또 다른 이미지들은 조율된 팀 작업의 산물이다. 섀퍼와 갤리슨은 제각기 이미지 생산에서 이러한 노동의 차원을 면밀하게 주목했다.

섀퍼의 논문 「천문학자들은 어떻게 시간을 맞추는가」(Schaffer, 1988)는 동일한 시간에 동일한 과학자 공동체 내에서 나타날 수 있는 서로 다른 노동질서의 다양성을 그려내었다. 한 사례에서는 수많은 개인들이 자동 패턴인식 기계의 작동을 거의 모방할 수 있도록 조직되었다. 그들 위에 있는 전문가이자 관리자인 과학자는 그들이 선별한 이미지의 저자이자 그 의미의 진정한 해석자로서 그들의 작업을 통합했다. 갤리슨(Galison, 1997)은 물리학에서 비슷한 과정을 보여주었고, 여기에는 젠더와 계급분할이 당시 산업체의 다른 곳에서 찾아볼 수 있었던 차별관행을 반영한 수많은 사례들도 포함되었다. 오늘날에도 이러한 형태의 노동조직은 계속되고 있다. 우리는 뇌 영상 실험실에서 학부생을 고용해, 현재로서는 자동화가 불가능하거나 전문 하드웨어와 소프트웨어를 사용하는 것보다 학부생에게 일을 시키는 것이 비용이 적게 드는 인식 업무를 수행하게 하는 수많은 사례들을 목격했다.

누가 어떤 것을 알고 있고, 누가 알 수 있도록 허용되며, 누가 자신이 아는 것을 실제로 말할 수 있는지를 이해하는 것은 중요한 일이다. 예를 들어 초기의 X선 기술자들은 방사선학자들과의 협력하에 전문직업화의 길을 걸었는데, 그들 사이에는 기술자들이 X선 기계를 정확한 위치에 갖다 댈 수 있도록 해부학은 공부할 수 있지만, 방사선학자-의사가 독점하고 있던 진단 능력을 지켜주기 위해 병리학은 공부하지 않는다는 합의가 존재했다.(Larkin, 1978) CT 스캐닝은 이러한 지식노동의 분업에 문제를 야기했다. CT 스캐너가 진단에 유용한 이미지를 만들어낼 수 있도록 조정하려면 종양과 같은 병리학적 대상이 **어떻게 생겼는지를 아는 것이 요구되었기** 때문이다. 그래서 CT 기술자들은 병리학을 공부해야 했다. 발리(Barley, 1984)는 기술자들이 기기에 대한 깊은 숙달을 통해 명백한 시각적 진단의 전문성을 발전시켜온 사례들을 기록했다. 그러나 이 사례들에서 기술자들은 (법적으로 또 관습적으로) 그러한 전문성을 표현하도록 허용되지 않았고, 대신 숙달이 덜된 일부 방사선학자들이 올바른 결론에 도달하도록 간접적으로 인도해야 했다. 발리는 이러한 유형의 해석적 위계 역전이 그가 연구한 두 개 병원 중 하나에서만 일어난 우연적인 국지적 현상이었음을 지적했다. 누가 이미지를 읽을 **수 있고** 누가 그것을 읽도록 **허용되는가**에서 나타나는 국지적 편차에 주목하는 것은 STS 통찰의 두드러진 특징이다.(가령 Mol & Law, 1994; Jasanoff, 1998)

시각적 전문성은 그 나름의 형태를 갖는 판별능력(literacy)과 전문화를 만들어낸다. 과학과 의학의 삽화가는 종종 실험 팀의 귀중한 구성원으로 줄곧 대접을 받았다. 그러나 컴퓨터를 이용한 시각화가 가능해지면서 수많은 새로운 전문 분야들이 등장했다. 컴퓨터 기반 전자현미경과 형광현미경 제작자뿐 아니라 시뮬레이션 모델 제작자, 프로그래머, 인터페이스 디자이너, 그래픽 디자이너 등은 모두 대부분의 첨단 실험실에 필요한 시각적 과학기술에서 두드러진 하위 분야를 확립했고, 자체 학술지와 함께 전문직 경력을 쌓는 것도 가능해졌다. 그들은 또한 수많은 다른 분야들—가령 생물학, 화학, 물리학, 공학, 수학—사이에서 이동할 수 있어, 분과의 경계를 뛰어넘은 시각적 표준과 디지털 표준을 만들어낼 뿐 아니라 시각적·상호작용적인 기기, 알고리즘, 개념들에서 새로운 교역지대를 만들어낼 수도 있다.

관여

생산에 대한 연구는 이미지가 어떻게 누구에 의해 **만들어지는지**를 탐구하는 것이다. 반면 관여에 대한 연구는 이미지가 과학연구의 과정에서 어떻게 **사용되며** 과학지식의 생산에서 어떻게 도구적인 역할을 하는가를 탐구하는 것을 의미한다. 이미지에 대해서는 어떤 얘기가 오가는가? 이미지는 이런 대화에서 어떤 역할을 하는가? 이미지는 어떤 개념을 재현하며, 어떤 형태의 창의성을 낳는가? 관여 분석은 각각의 시각적 형태를 그 자체로 과학의 수행에 능동적으로 관계하는 행위자로 간주한다.

컴퓨터 시각화를 이용하는 분야들에서는 한 번의 실험과정에서 수백 개의 이미지가 생산되는 경우가 종종 일어난다. 이러한 이미지들 중 어떤 것은 해석되지 않은 원 데이터로 취급되고, 다른 이미지들은 데이터를 의미 있는 것으로 만들기 위해 시각적 조작과정을 거치며, 또 다른 이미지들은 알려져 있는 의미의 해석적 요약으로 간주된다. 예를 들어 생물학 실험에서 디지털 공초점 현미경은 10분에 걸쳐 움직이는 세포 내에서 단백질의 변화에 관한 데이터를 총천연색으로 수집하면서 동시에 (각각 서로 다른 유전자에 맞춰진) 세 개의 형광 채널로도 데이터를 모을 수 있다. 여기서 얻어지는 데이터 파일에는 과학자들이 7차원 데이터(세 가지 물리적 차원, 시간, 그리고 모두 공간적으로 위치한 세 가지 서로 다른 유전자 활동)라고 부르는 것이 들어 있다. 이러한 데이터 집합 하나의 전체 크기는 3테라바이트(3000기가바이트)를 넘는다. 무엇을 수집할 것인가를 놓고 수많은 선택이 이뤄지는데도 불구하고, 이러한 시각적 데이터 집합은 연구자들에게 **원 데이터**로 간주된다. 어떤 의미를 갖기 위해서는 크기도 엄청나게 줄여야 할뿐더러 광범한 가공, 분석, 해석이 요구된다.

이어서 다양한 데이터 추출 기법, 정성적인 시각적 선별, 정량적인 알고리즘이 적용되어 일련의 서로 다른 스크린 이미지들을 만들어낸다. 이러한 시각화들—모델, 가설, 지도, 시뮬레이션 등으로 불리기도 하는—은 잠정적이고 상호작용적이다. 연구자들은 계속해서 이러한 시각화를 비틀고, 변수들을 변경하고, 색깔 등급을 바꾸고, 다른 알고리즘이나 통계적 분석으로 대체한다. 이러한 시각화들은 **데이터를 의미 있는 것으로 만드는** 일부분을 이룬다. 이는 기기의 도움을 받아 간극을 메우는 관찰과 개입의 양식이다. 이러한 과정을 분석하는 한 가지 방법은 이미지들이 어떻게 관찰의 불확실성을 줄이고 연구 발견의 해석적 유연성을 좁힘으로써 "객관화된" 지식의 창출에 기여하는지를 연구하는 것이다.(Latour, 1986, [1986]1990, 1987; Amann & Knorr Cetina, [1988]1990; Lynch & Woolgar, 1990; Beaulieu, 2001) 일부 사례들에서는 데이터의 재설정을 가능하게 하는 바로 그 컴퓨터 인터페이스가 실험기기 그 자체도 돌림으로써 미래의 데이터 집합을 형성한다.

마지막으로 연구 팀이 잠정적 결론에 도달하면 동일한 소프트웨어가 **지식으로서의 데이터**를 보여주는 의미 있는 시각화로서 이러한 결론의 선명한 요약본을 작성하는 데 쓰일 수 있다. 요약본을 작성할 때 미학적·과학적 관습을 염두에 두고 있는 연구자들은 수용의 일관성을 위해 이미지를 비튼다.(Lynch & Edgerton, 1988) 여기서 에드워드 터프트의 연구(Tufte, 1997)를 STS 시각에서 생각해보는 것은 중요한 일이다. 그는 과학의 그래프나 시각화를 통해 복잡한 알려진 의미를 어떻게 가장 효과적으로 청중들에게 전달할 수 있는지를 연구하는 데 평생을 바쳤기 때문이다. 그는 공유된 의미를 만들어내기 위해서는 고된 작업과 많은 형태의 시각적 판별능력이 요구됨을 보여주었다.

어떤 이미지가 일단의 지식의 일부가 되면, 이는 그것이 재현하는 지식과 이론적 개념들을 확산시키고 안정화하는 데 사용될 수 있다. 라투르를 비롯한 학자들이 보여준 것처럼, 시각화는 다른 과학자들을 설득하는 데 쓰이는 논증을 뒷받침하고 실어 나르는 도구이다.(Keith & Rehg, 이 책의 9장을 보라.) 다시 말해 이미지는 "수사적이거나 논쟁적인" 상황에서 이점을 가지며, 연구자들이 과학자 공동체 내에서 동맹군을 찾는 일을 도와준다.(cf. Latour, 1986, [1986]1990; Traweek, 1997; Henderson, 1999)

모든 과학 이미지나 시각화가 빚어내는 한 가지 결과는 재현의 실천에 새로운 개념적 공간이 수반된다는 것이다. 이것이 2차원의 종이 위에 그려진 가지를 뻗은 나무건(Griesemer & Wimsatt, 1989), 아니면 복잡한 시뮬레이션에 의한 인공생명 "세상"이건(Helmreich, 1998), 재현의 물질적 기초는 그 나름의 규칙을 만들어내며 이는 다시 창조적이고 도전적인 방식으로 과학적 대상에 영향을 미친다. 예를 들어 속을 들여다보는 인간 프로젝트(Visible Human Project)에서는 냉동한 시신을 얇게 썰어서 단면의 사진을 찍고 이미지를 디지털화해 "뚫고 지나갈" 수 있는 깊이, 부피, 색깔을 갖춘 새로운 신체공간을 생성함으로써 데이터 집합이 만들어졌다.(Waldby, 2000) 한 명의 개인에 근거한 이러한 신체공간을 일반화할 수 있는가 하는 의문이 제기되면서 속을 들여다보는 여성 프로젝트(Visible Woman Project)와 속을 들여다보는 한국인 프로젝트(Visible Korean Project)도 생겨났는데, 이는 보편성을 지향하는 프로젝트가 갖는 골치 아프지만 새로움을 낳을 수 있는 문제를 잘 보여준다.(Cartwright, 1998) 속을 들여다보는 인간 프로젝트는 다시 미래 세대의 외과의사들을 훈련시키는 데 쓰일 것으로 기대되는 가상 시뮬레이션의 기초로 쓰이고 있는데, 이는 그들이 "진짜" 환자들과 마주칠 때 경험하게 될 인간의 다양성에 어떻게 대비하게 할 것인가 하는 추가적인 질문들을 낳고 있다.(Prentice, 2005) 결국 시각화를 이용하는 것은 그것의 공간적·지식적 표준에 의해 규율을 받는 것이다.(Cussins, 1998을 보라.)

실험과 과학 이미지의 관계로 다시 돌아가면, 창조성과 발명의 측면에서 그것이 갖는 엄청난 풍부함을 지적할 수 있다. 모델, 종이로 만든 도구, 사고실험, 도해의 경우에서 볼 수 있듯이, 과학에서 시각화가 갖는 정당성의 핵심 원천은 그것의 유용성에 있다.(Morgan & Morrison, 1999) 가설을 만들어내는 데 필수불가결한 첫 번째 단계로서 시각화를 정당화하는 데는 종종 데이터의 엄청난 양만 가지고도 충분하다. 도해와 모델의 도움을 얻어 보는 법을 배우는 것은 과학과 의학 전반에 걸쳐 기록이 남아 있다.(Dumit, 2004; Myers, forthcoming; Saunders, forthcoming) 캠브로시오, 자코비, 키팅이 쓴 논문 「에를리히의 '아름다운 그림'」(Cambrosio et al., 1993)은 손으로 그린 일련의 항체 연속그림이 그러한 대상을 현미경에서 "보이게" 만드는 데 어떻게 결정적인 역할을 했는지를 보여준다. 이처럼 손으로 그린 이미지들은 그 자체로 **지식과정의 산물**이었고, 사고, 이론화, 창조의 핵심 도구였다.(아울러 Hopwood, 1999; Francoeur, 2000도 보라.)

시각화의 **상호작용성**에 주목하는 것은 아울러 연구자들이 컴퓨터나 다른 기기들과 몸을 써서 관계 맺는 것에 주목해야 함을 의미한다. 컴퓨터 스크린을 통한 상호작용을 일종의 탈체현으로, 사람과 대상의 가상적 분리의 한 형태로 보는 단순화된 분석과는 정반대로, 마이어스(Myers, forthcoming)는 단백질 결정학자들이 눈앞의 스크린에 떠 있는 복잡한 3차원(3D) 대상—그들이 구조를 "풀어"내고자 하는—과 강렬한 형태의 체현된 관계를 발전시켜야 함을 알아냈다. 지난 수십 년 동안 동일한 단백질의 3D 모델은 철사, 나무, 유리, 플라스틱 등을 가지고 힘들여서 만들어야 했다. 그러나 이는 너무 무겁고 부피가 큰 물리적 단점이 있었고 고치기도 어려웠다.(Francoeur, 2002; de Chadarevian & Hopwood, 2004) 마이어스에 따르면 시각적 상호작용의 전문성을 얻으려면 여전히 지도를 받아야 하지만, 이제는 새로운 형태의 암묵적 지식이 필요하게 되었다. 여기에는 훌륭한 소프트웨어 인력을 채용하는 것과 결정학자들이 종종 스크린 앞에서 몸과 마음을 비틀어서 표현하는 3D 감각을 갖추는 것이 포함된다.

활용

활용을 탐구하려면 이미지가 생산된 장소를 떠나 상이한 사회적 환경 속으로 들어가서 다른 형태의 지식과 상호작용하는 궤적을 봐야 한다. 한편으로 과학의 이미지가 갖는 설득력은 그것이 테크노사이언스의 권위와 자연의 표현을 동시에 나타내는 것으로 간주되는 데 의존한다. 그러나 다른 한편으로 이미지의 기호학적 개방성은 그것의 의미에 이의를 제기하고 그것이 갖는 객관적 권위를 의문시할 수 있는 수많은 여지를 남겨두고 있기도 하다.

실험실 바깥에서 과학의 이미지들은 어떤 주어진 시간에 여러 다른 물건이나 이미지들과 교차한다.(Jordanova, 2004) 과학, 미술, 대중문화, 디지털 매체에서 나온 이러한 이미지와 물건들은 서로 대화하고 이전의 시기들과 대화해 관찰자들을 위해 의미를 불러내고 중요성을 만들어낸다. 『눈에 보이는 여성: 이미지화 기술, 젠더, 과학(The Visible Woman: Imaging Technologies, Gender, and Science)』(Treichler et al., 1998)에서 편집자인 폴라 트라이클러, 리사 카트라이트, 콘스턴스 펜리는 의료를 전면에 내세워 페미니스트 연구와 문화연구를 STS와 결합시켰다. 진단 담론과 대중 담론이 어떻게 상호작용하는지를 이해하기 위해 이 책에 실린 논문들은 디지털 의료 이미지, 공중보건 포스터와 영화, 광고, 사진의 연속체를 탐구함으로써 사회적 불평등, 개인적·정치적 정체성, 분과의 형성과 경제적 형성을 드러냈다.

이미지는 과학영역과 비과학영역을 가로지르면서 지배적인 은유와 이야기들에 힘을 실어준다.(Martin, 1987) 사진, 초음파, 비디오, 그 외 다른 시각화들은 특정 서사를 강화하고 그렇지 않은 서사는 약화시킨다. 에밀리 마틴을 따라가 보면 우리는 이른바 추상적인 그래프와 이미지들이 어떻게 "특정한 사회적 위계와 통제 형태에 뿌리를 둔 매우 구체적인 이야기를" 들려주는 약호들 속에서 작동하는지를 이해할 수 있다. "대체로 우리는 이야기를 듣지 않고 '사실'을 듣는데, 이는 과학을 그토록 강력한 것으로 만들어주는 요인의 일부이다."(Martin, 1987: 197)

예를 들어 세포의 삶은 초기의 삽화를 이용한 재현 시도(cf. Ratcliff, 1999)와 필름의 시각적 서사를 통해 우리에게 알려졌다. 초기의 세포 미세촬영과 영화는 개념, 장비, 양식을 서로 주고받으면서 나란히 발전했다.(Landecker, 2005) 프레이밍, 장시간노출, 저속도촬영, 슬로모션, 클로즈업은 사건에 대한 우리의 지각과 이해를 익숙하게 하거나 그렇지 않게 한다. 과학자들은 이러한 기법들을 조작해 먼저 해당 과정을 이해하고 다른 사람들에게 그것의 실재성을 설득한다. 유사한 시각적 전술들이 공공영역에서의 기술적·과학적 쟁점들을 그려내는 데 사용되어왔다.(Treichler, 1991; Hartouni, 1997; Sturken & Cartwright, 2001)

예를 들어 학술지《네이처》는 이미지 조작의 유혹에 대한 논의를 계속 진행 중이다.(Pearson, 2005; Greene, 2005; Peterson, 2005; 아울러 Dumit, 2004도 보라.) 현재 《네이처》는 논문에 발표된 이미지에 어떤 포토샵 필터와 과정이 적용되었는지 정확히 설명할 것을 연구자들에게 요구하고 있다. 많은 과학자들은 "멋지게 보이는 프로젝트"에 맞서 연구비 신청이나 공공지원을 놓고 경쟁하는 것은 부당한 일이라고 불평한다.(Turkle et al.,

2005) 가령 최상급의 시각화 소프트웨어 프로그램이 있으면 대단치 않은 시범연구의 데이터조차 견고하고 완벽하게 보일 수 있다.(Dumit, 2000) 그러나 훌륭한 시뮬레이션과 시각화에는 많은 비용이 들고, 컴퓨터의 성능과 소프트웨어의 복잡성이 지속적으로 증가하고 있음을 감안하면 좀 더 오래된 컴퓨터 프로그램을 써서 얻은 결과물은 설사 그것이 표현하고 있는 과학이 최첨단의 것이더라도 시대에 뒤떨어진 것처럼 보인다.

해석의 개방성과 설득의 권위 사이의 반목은 과학논쟁, 법정에서의 재판, 신체에 대한 과학적 시각화와 경험적 지식의 교차점에서 충분히 관찰할 수 있다. 전 지구적 기온 변화의 시각화는 데이터 원천, 데이터의 선별, 사용된 알고리즘, 분석이 조직된 방식, 발표 형태, 과장된 결론, 사진 설명 등을 이유로 공격을 받아왔다. 오레스케스(Oreskes, 2003), 보커(Bowker, 2005), 라센(Lahsen, 2005), 에드워즈(Edwards, forthcoming) 등은 전 지구적 기후변화와 생물다양성 데이터가 어떻게 일련의 사회적·기술적 협상과 조정을 거쳐 힘들게 만들어지는지에 대해 훌륭한 STS 분석을 제공했다. 그러나 기후변화의 실재성과 원인에 관한 의문이 제기되는 정치적 지형 속에서는 이미지를 만들어내는 데 필요한 많은 양의 작업이 그러한 이미지의 권위를 공격하는 데 이용될 수 있다. 적이 제시한 이미지는 증명이 아니라 "단지" 증명처럼 보이도록 구성되었을 뿐임을 보임으로써 말이다. 따라서 STS 연구는 대규모의 자본과 전문가 노동이 집약된 시각화에 대한 엄격한 분석으로도 읽을 수 있고, 충분할 정도로 "순수한 과학"이 아니라는 근거를 들어 복잡한 데이터 주장을 공격하는 전략 안내서로도 읽을 수 있다.

법정은 시각적 권위에 대한 공식적 도전이 흔히 일어나는 또 다른 핵심 장소이다. 최근 미국에서 있었던 유명한 형사 재판 사례를 탐구한 실라 재서노프(Jasanoff, 1998)는 재판을 시각적 권위가 창출되고 방어되는 장으로 분석했다. 그녀는 어느 쪽의 관점이 시각적 전문성으로 간주될지에 대해 판사의 비평과 판결이 어떻게 영향을 미쳤는지, 그리고 어떤 상황하에서 일반인의 관점이 전문가의 시각보다 우위를 점할 수 있는지를 보여주었다. 제니퍼 누킨(Mnookin, 1998)과 탤 골런(Golan, 1998, 2004)은 미국에서 사진과 뒤이어 X선이 어떻게 법정으로 들어오게 되었는지를 추적했다. 처음에 이에 대해서는 의심의 분위기가 존재했고, 사진을 찍은 사람이 출석해 그것의 진실성에 관해 증언을 해야만 했다. 이 경우 사진사가 말한 이야기가 법정에서 고려되어야 할 증거였다. X선은 맨눈으로는 볼 수 없는 대상의 이미지를 만들었기 때문에, X선 이미지는 배심원이 사진을 보는 동안 이를 해석해줄 전문가를 필요로 했다. 이러한 실물 증거(배심원에게 보여주거나 실증해주는 증거)의 범주는 모든 이미지가 갖는 해석적 긴장을 다시금 강조한다. 재현은 결코 완벽한 자명성을 띠지 않으며, 다의적이고 수많은 의미들에 열려 있다. 사진, X선, 그 외 다른 의료 이미지들과 온갖 종류의 컴퓨터 시각화들은 사진 설명과 전문가의 해석을 필요로 한다. 이러한 요구조건과 갈등을 빚으면서도, 정형화되고 기대되는 통상의 의미를 전달하는 경우 이미지는 상대적으로 매우 강한 힘을 갖는다. 우리는 모두 X선 사진에서 부러진 뼈가 어떻게 보이는지를 알고 있다고 생각한다. 이는 전문가의 항변에도 불구하고 이미지가 의미를 전달할 수 있는 시각적·촉각적 수사 공간을 창출하며, 법정은 이미지가 갖는 이러한 설득력을 계속해서 관리해 나가야 한다.

과학 이미지와 설득력의 활용은 그 이미지가 우리 자신의 몸이나 생명에 관한 것일 때 아마도 가장 두드러지게 나타날 것이다. 지식과 지각의 대상으로서 우리의 몸은 묘사, 도면, 시각화에 의해 형성된 **교육받은** 몸이다.(Duden, 1991) 우리는 어릴 때, 그리고 평생 동안에 걸쳐 우리의 몸에 대해 배운다. 에밀리 마틴은 이러한 형태의 메타 학습을 "실습(practicum)"이라고 불렀다. 이러한 학습 방식은 "이상적이고 적합한 사람"에 대해 우리가 생각하고 행동하는 방식을 바꿔놓는다.(Martin, 1994: 15) 개성을 부여받는 세포, 도해와 함께 전달되는 정자와 난자 이야기, 이야기되고 틀지어지고 절단되는 미세사진들 등을 예로 들어 마틴은 데이터 안에 필연적으로 존재하는 것과 데이터로 할 수 있는 것 사이의 괴리를 강조한다.

생의학적 시각은 설득력을 가질 뿐 아니라 우리를 **관여시키기도** 한다. 인간에 대한 과학 이미지는 우리의 이미지이고, 지시적으로 우리를 가리키며(Duden, 1993), 우리 자신에 관한 진실을 얘기해준다. 질병의 이미지—바이러스, 나쁜 유전자, 비정상 뇌 스캔—는 개성이나 정상과 비정상 같은 기본 범주들을 만들어내고 강화시킨다. 이러한 과학 이미지와의 일상적 동일화는 "객관적 자기양식화"라고 부를 수 있다.(Dumit, 2004) 우리 자신에 대한 의료 이미지는 대단히 개인적인 것이다. 그런 이미지는 우리가 걸린 질병의 진단에 관여하고 우리의 운명을 예언한다. 동시에 의료 이미지는 매혹적이고 흥분을 불러일으키며, 들려줄 얘기를 갖고 있다. 생의학 기술은 또한 시각화 가능한 내부를 가진 새로운 유형의 신체를 물질화한다.(Stacey, 1997) 그러한 시각화는 보는 것이 곧 치유하는 것임을 암시하는 듯하다.(van Dijck, 2005) 보는 눈을 가진 기계에 대한 대중 담론은 유토피아적 미래를 약속하지만, 이러한 기계들이 실제로 임상적 결과를 바꿔놓는 일이 얼마나 드문지를 인정하는 일은 거의 없다. 이런 점에서 의료의 서사는 다분히 일상화되었다고 할 수 있다.(Joyce, 2005)

예를 들어 초음파 이미지는 임신의 경험과 궤적 속에 들어와 있다. 페미니스트 인류학자와 사회학자들은 초음파 이미지화가 희망과 우려를 동시에 자극한다는 사실을 발견했다. 이미지는 임신을 "앞으로 빨리 감기"해서 종종 어머니가 임신을 몸으로 느끼기도 전에 태아의 특별한 실재를 전달한다.(Rapp, 1998) 그러나 이처럼 통찰력을 갖춘 사회기술적 관찰은 역사적·문화적으로 조심스럽게 위치시킬 필요가 있다. 미첼과 조지스(Mitchell & Georges, 1998)가 비교 민족지연구를 통해 기록한 것처럼, 그리스와 북미에서 초음파는 대단히 다른 방식으로 기능했다. 예컨대 그리스의 의사들은 이미지를 어머니들에게 보여주지 않지만, 미국에서는 종종 초음파 이미지를 요구해 이를 지갑에 가지고 다니거나 냉장고에 붙여놓거나 한다. 이러한 이미지들은 또한 광고나 낙태반대 홍보 캠페인에 이용된다. 후자의 이미지들은 특히 탈맥락화되어 태아의 자율성, 그러니까 태아의 개성이라는 틀 속에서 제시되며(Hartouni, 1997), 태아는 일종의 환자로, 따라서 어머니는 자궁이자 보육기로 보는 이미지를 만들어낸다.(Casper, 1998) 이러한 간략한 사례들은 각각의 경우에 테크노사이언스를 민족과학(ethnoscience)으로 간주하는 것이 갖는 중요성을 보여준다.(Morgan, 2000)

우리는 여전히 사람들이 시각적으로 설득되는 과정, 그리고 과학의 시각적 지식이 다른 사회적 환경에서 다른 형태의 지식들과 함께 활용되는 경우를 다룬 STS 연구를 갖고 있지 못하다.(하지만 Kress & van Leeuwen, 1996; Elkins, 1998; Sturken & Cartwright, 2001을 보라.) 그러나 앞으로 탐구되어야 할 더 많은 질문들이 남아 있다. 이 장의 마지막 절에서는 앞으로 과학의 이미지화와 시각화에 대한 사회적 연구를 어떻게 해 나가야 할지에 대한 연구의제를 개관해볼 것이다.

과학의 이미지화와 시각화에 대한 사회적 연구:
연구의제의 개관

SIV 분야를 정식화하고 구획하는 핵심 문제 가운데 하나는 시각적인 것의 특이성을 위치시키고 정의하는 것이다. 과학에서 시각적 이미지가 갖는 설득력은 텍스트 논증, 숫자, 모델 등등의 설득력과 어떻게 구별되는가? 특히 소프트웨어의 발달로 이러한 상이한 형태들 간의 즉각적 변형과 병치가 가능해진 지금의 시점에서 말이다. 따라서 우리는 지식생성과정에서 "지식사물"(Rheinberger, 1997)로서 이미지의 지위를 연구할 필요가 있다. 이미지는 어떻게 "경계물"(Star & Griesemer, 1989)로 기능하며 어떻게 분과의 경계를 넘나드는가? 시각적 재현에는 어떻게 상징적 의미가 부여되는가? 이미지는 연구자들이 생각하고 사물을 바라보는 방식에 어떻게 영향을 주는가? 이미지는 일상적 실천에 어떻게 변화를 유발하는가?

모델은 **불완전한 개념**이라는 조르다노바(Jordanova, 2004)의 통찰을 분석의 출발점으로 활용할 수 있을 것이다. 조르다노바가 지적하고 있는 것은 모델의 창조적 개방성이다. 모델은 제약을 가하고 시사점을 제공하는 일을 동시에 하면서, "그것이 있을 때 모델이 뜻이 통하는 다른 무언가의 존재를 암시한다. 그 결과 관찰자들이 채워 넣어야 하는 해석적 간극, 곰브리치의 말을 빌리면 '보는 이의 몫'이 남게 된다."(Jordanova, 2004: 446) 만약 모델이 불완전한 개념이라면, 시각화는 아마도 **불완전한 모델**로 생각해 볼 수 있을 것이다. 상호작용적 시각화는 실천적으로 즉각 조작가능하다. 따라서 보는 이의 몫에 더해 "프로그래머의 몫"이 생겨나 이를 암흑상자로 남겨두기는 대단히 어렵게 된다. 시각화 분야에 익숙한 연구자들은 사용된 프로그램을 알아볼 수 있을 뿐 아니라 그것이 만들어질 때 활용된 수많은 가정과 알고리즘을 골라낼 수 있다. 기후과학에서의 시각화 논쟁은 이런 측면에서 전형적인 예이다. 나오미 오레스케스(Oreskes, 2003)와 폴 에드워즈(Edwards, forthcoming)가 각각 보여주었듯이, 비판자들은 상당히 손쉽고 교묘하게 **대항시각화**(countervisualization)를 만들어냄으로써 애초의 시각화에서 암시된 모델의 타당성에 의문을 제기할 수 있다. 시각화가 조작에 열려 있는 것에 대한 또 다른 대응은 과학자들 사이에 자신들의 데이터를 "소스 공개"하는 움직임이 나타나고 있는 것이다. 원 데이터를 온라인에 공개해서 다른 실험집단들이 내려 받아 직접 분석해볼 수 있게 하는 식이다.[2]

결국 이미지와 이미지화 기술은 사회조직, 제도적·분과적 질서, 작업문화(cf. Henderson, 1999), 연구자 공동체 구성원들 간의 상호작용에 영향을 미친다. 우리는 이러한 분과의 변형을 보여주는 사례연구와 시각적인 것의 특이성을 파악할 수 있게 해줄 비교연구를 필요로 한다. MIT에서 수행된 일련의 예비 워크숍들은 다양한 분야의 과학자들이 이러한 주제를 중요하고 추구할 만한 가치가 있는 것으로 생각하고 있음을 보여주었다.(Turkle et al., 2005) 아울러 우리에겐 지역적·역사적 연구를 보완할 국제적 비교도 필요하다.(가령 Pasveer, 1989; Anderson, 2003; Cohn, 2004; Acland, forthcoming) 시각적 실천에 관한 민족지연구는 보고, 그리고, 틀짓고, 이미지로 만들고, 상상하는 데 있어 여러 문화들 간에 동일하다고 가정할 수 있는 부분은 매우 적음을 말해주고 있다.(가령 Eglash, 1999; Riles, 2001; Strathern, 2002; Prasad, 2005b)

---

2) OME, 2005 (Open Microscopy Environment) http://www.openmicroscopy.org/에서 볼 수 있다.

이미지화와 시각화의 노동집약적이고 자본집약적인 성격에도 더 많은 주의가 요구된다. 과학과 미술시장에 관한 부르디외의 연구는 과학 이미지가 갖는 상징적 자본을 탐구하기 위해 한데 합쳐질 수 있다.(Burri, forthcoming) 이러한 방향의 연구가 생물정보학, 지리정보시스템(GIS), 컴퓨터 생성 이미지화, 나노기술 분야에서 시작되고 있다.(가령 Schienke, 2003; Fortun & Fortun, 2005) 이러한 작업 중 일부는 시각적 설득력에 부분적으로 의지하는 "과장광고"가 오늘날 과학의 권위에서 결정적인 일부분을 이루고 있음을 알아냈다.(가령 Milburn, 2002; Kelty & Landecker, 2004; Sunder Rajan, 2006) 과학기술이 시장지향, 마케팅지향과 떼려야 뗄 수 없이 뒤얽히면서 우리는 광고와 홍보에 대한 STS 연구를 더 많이 필요로 하게 되었다.(가령 Hartouni, 1997; Fortun, 2001; Hogle, 2001; Fischman, 2004; Greenslit, 2005)

마지막으로 STS와 미술 사이에 점증하는 대화와 잡종화는 **대항이미지**(counterimage)가 생산되고 있는 장소로서 SIV의 관점에서 탐구될 필요가 있다. 우리는 대항이미지가 일부 사례들에서 이미지가 갖는 수사적 힘에 대한 최선의 탐구이자 대응은 시각적인 것일 수 있다는 가정에 대한 시민들의 대응이라고 생각한다. 브뤼노 라투르, 페터 바이벨, 피터 갤리슨 등이 전시 책임을 맡은 일련의 STS-미술 전시회들—ZKM 카를스루에에서 열린 "아이코노클래시(Iconoclash)"와 "사물의 공공화(Making Things Public)"(Latour & Weibel, 2002, 2005), 그리고 앤트워프에서 열린 "실험실(Laboratorium)"(Obrist & Vanderlinden, 2001)을 포함해서—은 이런 측면에서 좋은 예가 된다. 다른 사례들로는 과학과 미술의 교차점에서 작업하는 STS 학자들의 프로젝트들이 있다.[3] 이 모든 작업에 대한 비판적 평가는 SIV와 STS 일반을 위해 중요한 임무가 될 것이다.

3) 예를 들어 나딜리 제레마이엔코(http://visarts.ucsd.edu/node/view/491/31), 크리스 칙
센트미하이(http://web.media.mit.edu/~csik/), 피비 센저스(http://cemcom.infosci.
cornell.edu/), 크리스 켈티(http://www.kelty.org/)의 작업을 보라. 아울러 미국학술
원의 "정보기술과 창조성" 프로젝트(http://www.nationalacademies.org/cstb/project_
creativity.html)와 기관 차원의 다양한 기획들도 보라. 가령 암스테르담대학의 미술과 유전
체학 센터(http://www.artsgenomics.org), 바이오스 센터의 미술가 주재 프로젝트(http://
www.lse.ac.uk/collections/BIOS/), 웰컴재단 등이 자금을 후원한 사이아트 프로젝트
(http://www.sciart.org), 그리고 칼텍과 패서디나 아트센터대학의 협력관계 등이 포함된다.

참고문헌

Acland, Charles R. (forthcoming) "The Swift View: Tachistoscopes and the Residual Modern," in C. R. Acland (ed), *Residual Media: Residual Technologies and Culture* (Minneapolis: University of Minnesota Press).

Alpers, Svetlana (1983) *The Art of Describing: Dutch Art in the Seventeenth Century* (Chicago: University of Chicago Press).

Amann, Klaus & Karin Knorr Cetina ([1988]1990) "The Fixation of (Visual) Evidence," in M. Lynch & S. Woolgar (eds), *Representation in Scientific Practice* (Cambridge, MA: MIT Press): 85–121.

Anderson, Katharine (2003) "Looking at the Sky: The Visual Context of Victorian Meteorology," *British Journal for the History of Science* 36(130): 301–332.

Arnheim, Rudolf (1969) *Visual Thinking* (Berkeley: University of California Press).

Barley, Stephen R. (1984) *The Professional, The Semi-Professional, and the Machine: The Social Ramifications of Computer Based Imaging in Radiology*, Ph.D. diss., Massachusetts Institute of Technology.

Barthes, Roland (1977) *Image-Music-Text* (London: Fontana Press).

Beaulieu, Anne (2001) "Voxels in the Brain: Neuroscience, Informatics and Changing Notions of Objectivity," *Social Studies of Science* 31(5): 635–680.

Blume, Stuart S. (1992) *Insight and Industry: On the Dynamics of Technological Change in Medicine* (Cambridge, MA: MIT Press).

Bowker, Geoffrey C. (2005) *Memory Practices in the Sciences* (Cambridge, MA: MIT Press).

Breidbach, Olaf (2002) "Representation of the Microcosm: The Claim for Objectivity in 19th Century Scientific Microphotography," *Journal of the History of Biology* 35(2): 221–250.

Burri, Regula Valérie (2001) "Doing Images: Zur soziotechnischen Fabrikation visueller Erkenntnis in der Medizin," in B. Heintz & J. Huber (eds), *Mit dem Auge denken: Strategien der Sichtbarmachung in wissenschaftlichen und virtuellen Welten* (Wien, New York, and Zürich: Springer, Edition Voldemeer): 277–303.

Burri, Regula Valérie (forthcoming) "Doing Distinctions: Boundary Work and Symbolic Capital in Radiology," *Social Studies of Science*.

Burri, Regula Valérie (forthcoming) *Doing Images: Zur Praxis medizinischer Bilder*.

Cambrosio, Alberto, Daniel Jacobi, & Peter Keating (1993) "Ehrlich's 'Beautiful Pictures' and the Controversial Beginnings of Immunological Imagery," *Isis* 84(4): 662–699.

Cartwright, Lisa (1995) *Screening the Body: Tracing Medicine's Visual Culture* (Minneapolis: University of Minnesota Press).

Cartwright, Lisa (1998) "A Cultural Anatomy of the Visible Human Project," in P. A. Treichler, L. Cartwright, & C. Penley (eds), *The Visible Woman: Imaging Technologies, Gender and Science* (New York: New York University Press).

Casper, Monica J. (1998) *The Making of the Unborn Patient: A Social Anatomy of Fetal Surgery* (New Brunswick, NJ: Rutgers University Press).

Cohn, Simon (2004) "Increasing Resolution, Intensifying Ambiguity: An Ethnographic Account of Seeing Life in Brain Scans," *Economy and Society* 33(1): 52–76.

Crary, Jonathan (1990) *Techniques of the Observer: On Vision and Modernity in the Nineteenth Century* (Cambridge, MA: MIT Press).

Cussins, Charis M. (1998) "Ontological Choreography: Agency for Women Patients in an Infertility Clinic," in M. Berg & A. Mol (eds), *Differences in Medicine: Unraveling Practices, Techniques, and Bodies* (Durham, NC: Duke University Press): 166–201.

Daston, Lorraine & Peter Galison (1992) "The Image of Objectivity," in *Representations* 40: 81–128.

Daston, Lorraine & Peter Galison (2007) *Images of Objectivity* (New York: Zone Books).

Davidson, Arnold ([1996]1999) "Styles of Reasoning, Conceptual History, and the Emergence of Psychiatry," in M. Biagioli (ed), *Science Studies Reader* (New York: Routledge): 124–136.

de Chadarevian, Soraya & Nick Hopwood (2004) *Models: The Third Dimension of Science* (Writing Science) (Stanford, CA: Stanford University Press).

Duden, Barbara (1991) *The Woman Beneath the Skin: A Doctor's Patients in Eighteenth-century Germany* (Cambridge, MA: Harvard University Press).

Duden, Barbara (1993) *Disembodying Women: Perspectives on Pregnancy and the Unborn* (Cambridge, MA: Harvard University Press).

Dumit, Joseph (2000) "When Explanations Rest: 'Good-enough' Brain Science and the New Sociomedical Disorders," in M. Lock, A. Young, & A. Cambrosio (eds), *Living and Working with the New Biomedical Technologies: Intersections of Inquiry* (Cambridge: Cambridge University Press): 209 – 232.

Dumit, Joseph (2004) *Picturing Personhood: Brain Scans and Biomedical Identity* (Princeton, NJ: Princeton University Press).

Edwards, Paul (forthcoming) *The World in a Machine: Computer Models, Data Networks, and Global Atmospheric Politics* (Cambridge, MA: MIT Press).

Eglash, Ron (1999) *African Fractals: Modern Computing and Indigenous Design* (New Brunswick, NJ: Rutgers University Press).

Elkins, James (1994) *The Poetics of Perspective* (Ithaca, NY: Cornell University Press).

Elkins, James (1998) *On Pictures and the Words That Fail Them* (Cambridge: Cambridge University Press).

Elkins, James (forthcoming) *Six Stories from the End of Representation* (Stanford, CA: Stanford University Press).

Fishman, Jennifer R. (2004) "Manufacturing Desire: The Commodification of Female Sexual Dysfunction," *Social Studies of Science* 34(2): 187 – 218.

Fortun, Kim (2001) *Advocacy After Bhopal: Environmentalism, Disaster, New Global Orders* (Chicago: University of Chicago Press).

Fortun, Kim & Mike Fortun (2005) "Scientific Imaginaries and Ethical Plateaus in Contemporary U.S. Toxicology," *American Anthropologist* 107(1): 43 – 54.

Foucault, Michel ([1963]1973) *The Birth of the Clinic: An Archaeology of Medical Perception* (New York: Pantheon Books).

Francoeur, Eric (2000) "Beyond Dematerialization and Inscription: Does the Materiality of Molecular Models Really Matter?" *HYLE—International Journal for Philosophy of Chemistry* 6(1): 63 – 84.

Francoeur, Eric (2002) "Cyrus Levinthal, the Kluge and the Origins of Interactive Molecular Graphics," *Endeavour* 26(4): 127 – 131.

Fyfe, Gordon & John Law (eds) (1988) "Picturing Power: Visual Depiction and Social Relations," *Sociological Review Monograph* 35 (London and New York: Routledge).

Galison, Peter (1997) *Image and Logic: A Material Culture of Microphysics* (Chicago: University of Chicago Press).

Golan, Tal (1998) "The Authority of Shadows: The Legal Embrace of the X-Ray," *Historical Reflections* 24(3): 437 – 458.

Golan, Tal (2004) "The Emergence of the Silent Witness: The Legal and Medical Reception of X-rays in the USA," *Social Studies of Science* 34(4): 469 – 499.

Goodman, Nelson (1968) *Languages of Art: An Approach to a Theory of Symbols* (Indianapolis, IN: Bobbs-Merrill).

Greene, Mott T. (2005) "Seeing Clearly Is Not Necessarily Believing," *Nature* 435 (12 May): 143.

Greenslit, Nathan (2005) "Depression and Consumption: Psychopharmaceuticals, Branding, and New Identity Politics," *Culture, Medicine, and Psychiatry* 29(4).

Griesemer, James R. (1991) "Must Scientific Diagrams Be Eliminable? The Case of Path Analysis," *Biology and Philosophy* 6: 155 – 180.

Griesemer, James R. (1992) "The Role of Instruments in the Generative Analysis of Science," in A. Clarke & J. Fujimura (eds), *The Right Tools for the Job: At Work in Twentieth Century Life Sciences* (Princeton, NJ: Princeton University Press): 47 – 76.

Griesemer, James R. & William C. Wimsatt (1989) "Picturing Weismannism: A Case Study of Conceptual Evolution," in M. Ruse (ed), *What the Philosophy of Biology Is: Essays Dedicated to David Hull* (Dordrecht, Netherlands: Kluwer Academic Publishers): 75 – 137.

Hacking, Ian (1999) *The Social Construction of What?* (Cambridge, MA: Harvard University Press).

Haraway, Donna J. (1991) *Simians, Cyborgs, and Women: The Reinvention of Nature* (London: Free Association Books).

Haraway, Donna J. (1997) *Modest-Witness@SecondMillennium.FemaleMan-Meets-OncoMouse: Feminism and Technoscience* (New York: Routledge).

Hartouni, Valerie (1997) *Cultural Conceptions: On Reproductive Technologies and the Remaking of Life* (Minneapolis: University of Minnesota Press).

Henderson, Kathryn (1999) *On Line and on Paper: Visual Representations, Visual Culture, and Computer Graphics in Design Engineering* (Cambridge, MA: MIT Press).

Helmreich, Stefan (1998) *Silicon Second Nature: Culturing Artificial Life in a Digital World* (Berkeley: University of California Press).

Hogle, Linda F. (2001) "Chemoprevention for Healthy Women: Harbinger of Things to Come?" *Health* 5(3): 311 – 333.

Holtzmann Kevles, Bettyann (1997) *Naked to the Bone: Medical Imaging in the*

Twentieth Century (New Brunswick, NJ: Rutgers University Press).

Hopwood, Nick (1999) "Giving Body to Embryos: Modeling, Mechanism, and the Microtome in Late Nineteenth-Century Anatomy," *Isis* 90: 462–496.

Hopwood, Nick (2005) "Visual Standards and Disciplinary Change: Normal Plates, Tables and Stages in Embryology," *History of Science* 43(141): 239–303.

Hubbard, Ruth (1988) "Science, Facts, and Feminism," *Hypatia* 3(1): 5–17.

Ihde, Don (1999) *Expanding Hermeneutics: Visualism in Science* (Chicago: Northwestern University Press).

Jasanoff, Sheila (1998) "The Eye of Everyman: Witnessing DNA in the Simpson Trial," *Social Studies of Science* 28(5–6): 713–740.

Jasanoff, Sheila (2004) "Heaven and Earth: The Politics of Environmental Images," in M. L. Martello & S. Jasanoff (eds) *Earthly Politics: Local and Global in Environmental Governance* (Cambridge, MA: MIT Press).

Jones, Caroline A., & Peter Galison (eds) (1998) *Picturing Science, Producing Art* (New York: Routledge).

Jordanova, Ludmilla (2004) "Material Models as Visual Culture," in S. D. Chadarevian & N. Hopwood (eds), *Models: The Third Dimension of Science* (Stanford, CA: Stanford University Press): 443–451.

Joyce, Kelly (2005) "Appealing Images: Magnetic Resonance Imaging and the Production of Authoritative Knowledge," *Social Studies of Science* 35(3): 437–462.

Joyce, Kelly (2006) "From Numbers to Pictures: The Development of Magnetic Resonance Imaging and the Visual Turn in Medicine," *Science as Culture* 15(1): 1–22.

Kaiser, David (2000) "Stick-figure Realism: Conventions, Reification, and the Persistence of Feynman Diagrams, 1948–1964," *Representations* 70: 49–86.

Kelty, Chris & Hannah Landecker (2004) "A Theory of Animation: Cells, Film and L-Systems," *Grey Room* 17 (Fall 2004): 30–63.

Knorr Cetina, Karin (1981) *The Manufacture of Knowledge: An Essay on the Constructivist and Contextual Nature of Science* (Oxford: Pergamon Press).

Knorr Cetina, Karin & Klaus Amann (1990) "Image Dissection in Natural Scientific Inquiry," *Science, Technology & Human Values* 15(3): 259–283.

Kress, Gunther R. & Theo Van Leeuwen (1996) *Reading Images: The Grammar of Visual Design* (London and New York: Routledge).

Lahsen, Myanna (2005) "Technocracy, Democracy and U.S. Climate Science Politics: The Need for Demarcations," *Science, Technology & Human Values* 30(1): 137 – 169.

Lammer, Christina (2002) "Horizontal Cuts & Vertical Penetration: The 'Flesh and Blood' of Image Fabrication in the Operating Theatres of Interventional Radiology," *Cultural Studies* 16(6): 833 – 847.

Landecker, Hannah (2005) "Cellular Features: Microcinematography and Early Film Theory," *Critical Inquiry* 31(4): 903 – 997.

Lane, K. Maria D. (2005) "Geographers of Mars: Cartographic Inscription and Exploration Narrative in Late Victorian Representations of the Red Planet," *Isis* 96(4): 477 – 506.

Larkin, Gerald V. (1978) "Medical Dominance and Control: Radiographers in the Division of Labour," *Sociological Review* 26(4): 843 – 858.

Latour, Bruno (1986) "Visualization and Cognition: Thinking with Eyes and Hands," *Knowledge and Society: Studies in the Sociology of Culture Past and Present* 6: 1 – 40.

Latour, Bruno ([1986]1990) "Drawing Things Together," in M. Lynch & S. Woolgar (eds), *Representation in Scientific Practice* (Cambridge, MA: MIT Press): 19 – 68.

Latour, Bruno (1987) *Science in Action. How to Follow Scientists and Engineers Through Society* (Cambridge, MA: Harvard University Press).

Latour, Bruno & Peter Weibel (eds) (2002) *ICONOCLASH: Beyond the Image Wars in Science, Religion and Art* (Cambridge, MA: MIT Press).

Latour, Bruno & Peter Weibel (eds) (2005) *Making Things Public: Atmospheres of Democracy* (Cambridge, MA: MIT Press).

Latour, Bruno & Steve Woolgar (1979) *Laboratory Life: The Construction of Scientific Facts* (Princeton, NJ: Princeton University Press).

Lefèvre, Wolfgang, Jürgen Renn, & Urs Schoepflin (eds) (2003) *The Power of Images in Early Modern Science* (Basel, Boston, and Berlin: Birkhäuser).

Lenoir, Timothy & Christophe Lécuyer (1995) "Instrument Makers and Discipline Builders: The Case of Nuclear Magnetic Resonance," *Perspectives on Science* 3(3): 276 – 345.

Locke, Simon (2005) "Fantastically Reasonable: Ambivalence in the Representation of Science and Technology in Super-Hero Comics," *Public Understanding of Science*

14(1): 25 – 46.

Lynch, Michael (1985a) *Art and Artifact in Laboratory Science: A Study of Shop Work and Shop Talk in a Research Laboratory* (London and New York: Routledge & Kegan Paul).

Lynch, Michael (1985b) "Discipline and the Material Form of Images: An Analysis of Scientific Visibility," *Social Studies of Science* 15(1): 37 – 66.

Lynch, Michael (1990) "The Externalized Retina: Selection and Mathematization in the Visual Documentation of Objects in the Life Sciences," in M. Lynch & S. Woolgar (eds), *Representation in Scientific Practice* (Cambridge, MA: MIT Press): 153 – 186.

Lynch, Michael (1998) "The Production of Scientific Images: Vision and Re-vision in the History, Philosophy, and Sociology of Science," *Communication & Cognition* 31: 213 – 228.

Lynch, Michael & Samuel Y. Edgerton Jr. (1988) "Aesthetics and Digital Image Processing: Representational Craft in Contemporary Astronomy," in G. Fyfe & J. Law (eds), *Picturing Power: Visual Depiction and Social Relations* (London and New York: Routledge): 184 – 220.

Lynch, Michael & Steve Woolgar (eds) (1990) *Representation in Scientific Practice* (Cambridge, MA: MIT Press).

Marchessault, Janine & Kim Sawchuk (eds) (2000) *Wild Science: Reading Feminism, Medicine, and the Media* (London and New York: Routledge).

Martin, Emily (1987) *The Woman in the Body: A Cultural Analysis of Reproduction* (Boston: Beacon Press).

Martin, Emily (1994) *Flexible Bodies: Tracking Immunity in American Culture from the Days of Polio to the Age of AIDS* (Boston: Beacon Press).

Métraux, Alexandre (ed) (2000) "Managing Small-Scale Entities in the Life Sciences," *Science in Context* 13(1).

Metz, Christian (1974) *Film Language: A Semiotics of the Cinema* (Oxford: Oxford University Press).

Metz, Christian (1982) *The Imaginary Signifier: Psychoanalysis and the Cinema* (Bloomington: Indiana University Press).

Milburn, Colin Nazhone (2002) "Nanotechnology in the Age of Posthuman Engineering: Science Fiction as Science," *Configurations* 10(2): 261 – 295.

Mitchell, W. J. T. (ed) (1980) *The Language of Images* (Chicago: University of

Chicago Press).

Mitchell, W. J. T. (1987) *Iconology: Image, Text, Ideology* (Chicago: University of Chicago Press).

Mitchell, W. J. T. (1994) *Picture Theory: Essays on Verbal and Visual Representation* (Chicago: University of Chicago Press).

Mitchell, Lisa M. & Eugenia Georges (1998) "Baby's First Picture: The Cyborg Fetus of Ultrasound Imaging," in R. Davis-Floyd & J. Dumit (eds), *Cyborg Babies: From Techno-sex to Techno-tots* (New York: Routledge): 105－124.

Mnookin, Jennifer (1998) "The Image of Truth: Photographic Evidence and the Power of Analogy," *Yale Journal of Law and the Humanities* 10: 1－74.

Mol, Annemarie & John Law (1994) "Regions, Networks and Fluids—Anemia and Social Topology," *Social Studies of Science* 24: 641－671.

Morgan, Lynn M. (2000) "Magic and a Little Bit of Science: Technoscience, Ethnoscience, and the Social Construction of the Fetus," in A. R. Saetnan, N. Oudshoorn, & M. Kirejczyk (eds), *Bodies of Technology: Women's Involvement with Reproductive Medicine* (Columbus: Ohio State University Press): 355－367.

Morgan, Mary S. & Margaret Morrison (eds) (1999) *Models as Mediators: Perspectives on Natural and Social Science* (Ideas in Context) (Cambridge: Cambridge University Press).

Myers, Greg (1990) *Writing Biology: Texts in the Social Construction of Scientific Knowledge* (Science and Literature Series) (Madison: University of Wisconsin Press).

Myers, Natasha (forthcoming) "Molecular Embodiments and the Body-work of Modeling in Protein Crystallography," *Social Studies of Science*.

Nelkin, Dorothy & Laurence Tancredi (1989) *Dangerous Diagnostics: The Social Power of Biological Information* (New York: Basic Books).

Obrist, Hans-Ulrich & Barbara Vanderlinden (eds) (2001) *Laboratorium* (Antwerp, Belgium: DuMont).

Oreskes, Naomi (2003) "The Role of Quantitative Models in Science," in C. D. Canham, J. J. Cole, & W. K. Lauenroth (eds), *The Role of Models in Ecosystem Science* (Princeton, NJ: Princeton University Press): 13－31.

Pasveer, Bernike (1989) "Knowledge of Shadows: The Introduction of X-ray Images in Medicine," *Sociology of Health and Illness* 11(4): 360－381.

Pasveer, Bernike (1993) "Depiction in Medicine as a Two-Way Affair: X-Ray Pictures and Pulmonary Tuberculosis in the Early Twentieth Century," in I. Löwy (ed), *Medical Change: Historical and Sociological Studies of Medical Innovation* (Paris: Colloques INSERM 220): 85‒104.

Pearson, Helen (2005) "Image Manipulation CSI: Cell Biology," *Nature* 434 (21 April): 952‒953.

Peterson, Daniel A. (2005) "Images: Keep a Distinction Between Beauty and Truth," *Nature* 435 (16 June): 881.

Porter, Theodore (1995) *Trust in Numbers: The Pursuit of Objectivity in Science and Public Life* (Princeton, NJ: Princeton University Press).

Prasad, Amit (2005a) "Making Images/Making Bodies: Visibilizing and Disciplining Through Magnetic Resonance Imaging (MRI)," *Science, Technology & Human Values* 30(2): 291‒316.

Prasad, Amit (2005b) "Scientific Culture in the 'Other' Theater of 'Modern Science': An Analysis of the Culture of Magnetic Resonance Imaging Research in India," *Social Studies of Science* 35(3): 463‒489.

Prentice, Rachel (2005) "The Anatomy of a Surgical Simulation," *Social Studies of Science* 35(6): 837‒866.

Rajchman, John (1991) "Foucault's Art of Seeing," in *Philosophical Events: Essays of the '80s* (New York: Columbia University Press): 68‒102.

Rapp, Rayna (1998) "Real-Time Fetus: The Role of the Sonogram in the Age of Monitored Reproduction," in G. L. Downey & J. Dumit (eds), *Cyborgs and Citadels: Anthropological Interventions in Emerging Sciences and Technologies* (Santa Fe, NM: School of American Research Press): 31‒48.

Ratcliff, M. J. (1999) "Temporality, Sequential Iconography and Linearity in Figures: The Impact of the Discovery of Division in Infusoria," *History and Philosophy of the Life Sciences*, 21(3): 255‒292.

Rheinberger, Hans-Jörg (1997) *Toward a History of Epistemic Things: Synthesizing Proteins in the Test Tube* (Stanford, CA: Stanford University Press).

Rheinberger, Hans-Jörg (1998) "Experimental Systems, Graphematic Spaces," in T. Lenoir (ed), *Inscribing Science: Scientific Texts and the Materiality of Communication* (Stanford, CA: Stanford University Press): 298‒303.

Riles, Annelise (2001) *The Network Inside Out* (Ann Arbor: University of Michigan

Press).

Rose, Nikolas S. (1999) *Powers of Freedom: Reframing Political Thought* (Cambridge: Cambridge University Press).

Rudwick, Martin J. S. (1976) "The Emergence of a Visual Language for Geological Science, 1760 – 1840," *History of Science*, 14: 149 – 195.

Ruse, Michael & Peter Taylor (eds) (1991) "Pictorial Representation in Biology," *Biology and Philosophy* 6(2): 125 – 294.

Saunders, Barry F. (forthcoming) *CT Suite: The Work of Diagnosis in the Age of Noninvasive Cutting* (Durham, NC: Duke University Press).

Schaffer, Simon (1998) "How Astronomers Mark Time," *Science in Context* 2(1): 115 – 145.

Schatzki, Theodore R., Karin Knorr Cetina, & Eike von Savigny (eds) (2001) *The Practice Turn in Contemporary Theory* (London and New York: Routledge).

Schienke, Erich W. (2003) "Who's Mapping the Mappers? Ethnographic Research in the Production of Digital Cartography," in M. Hård, A. Lösch, & D. Verdicchio (eds), *Transforming Spaces: The Topological Turn in Technology Studies* (Darmstadt, Germany: Online Conference Proceedings).

Stacey, Jackie (1997) *Teratologies: A Cultural Study of Cancer* (London and New York: Routledge).

Stafford, Barbara (1994) *Artful Science: Enlightenment, Entertainment, and the Eclipse of Visual Education* (Cambridge, MA: MIT Press).

Stafford, Barbara Maria (1996) *Good Looking: Essays on the Virtue of Images* (Cambridge, MA: MIT Press).

Star, Susan Leigh & James R. Griesemer (1989) "Institutional Ecology, 'Translations' and Boundary Objects: Amateurs and Professionals in Berkeley's Museum of Vertebrate Zoology, 1907 – 1939," *Social Studies of Science* 19(3): 387 – 420.

Strathern, Marilyn (2002) "On Space and Depth," in J. Law & A. Mol (eds), *Complexities: Social Studies of Knowledge Practices* (Durham, NC: Duke University Press).

Sturken, Marita & Lisa Cartwright (2001) *Practices of Looking: An Introduction to Visual Culture* (Oxford: Oxford University Press).

Sunder Rajan, Kaushik (2006) *Biocapital: The Constitution of Postgenomic Life* (Durham, NC: Duke University Press).

Traweek, Sharon (1997) "Iconic Devices: Toward an Ethnography of Physics Images," in G. L. Downey & J. Dumit (eds), *Cyborgs and Citadels: Anthropological Interventions in Emerging Sciences and Technologies* (Santa Fe, NM: School of American Research Press): 103 – 115.

Treichler, Paula A. (1991) "How to Have Theory in an Epidemic: The Evolution of AIDS Treatment Activism," in C. Penley & A. Ross (eds), *Technoculture* (Minneapolis: University of Minnesota Press): 57 – 106.

Treichler, Paula A., Lisa Cartwright, & Constance Penley (eds) (1998) *The Visible Woman: Imaging Technologies, Gender, and Science* (New York: New York University Press).

Tufte, Edward R. (1997) *Visual Explanations: Images and Quantities, Evidence and Narrative* (Cheshire, CT: Graphics Press).

Turkle, Sherry, Joseph Dumit, David Mindell, Hugh Gusterson, Susan Silbey, Yanni Loukissas, & Natasha Myers (2005) *Information Technologies and Professional Identity: A Comparative Study of the Effects of Virtuality.* Report to the National Science Foundation, Grant No. 0220347.

van Dijck, José (2005) *The Transparent Body: A Cultural Analysis of Medical Imaging* (Seattle: University of Washington Press).

Waldby, Catherine (2000) *The Visible Human Project: Informatic Bodies and Posthuman Medicine* (New York: Routledge).

Warwick, Andrew (2005) "X-rays as Evidence in German Orthopedic Surgery, 1895 – 1900," *Isis* 96: 1 – 24.

Yoxen, Edward (1987) "Seeing with Sound: A Study of the Development of Medical Images," in W. Bijker, T. Hughes, & T. Pinch (eds), *The Social Construction of Technological Systems: New Directions in the Sociology and History of Technology* (Cambridge, MA: MIT Press): 281 – 303.

14.
지식의 어지러운 형태
—STS가 정보화, 뉴미디어, 학문연구를 탐구하다

가상지식 스튜디오[1]

인터넷은 수백만에 달하는 사람들의 일상생활 속에 굳건히 자리를 잡았고, 전 지구적으로 기존의 권력 불평등 패턴을—인터넷 그 자체에 대한 접근성에서의 결정적 차이를 포함해서—충실하게 재현하고 있다.(Castells, 2001; Wellman & Haythornthwaite, 2002; Woolgar, 2002b) 사람들이 인터넷을 일상 속에 통합하는 방식이나 그들이 "인터넷"이 실제로 갖는 의미와 그것의 내용을 어떻게 구성하는지를 이해하는 문제는 인터넷 초창기부터 학자들의 관심을 끌어왔다.(Dutton, 1996; Ito, 1996; Walsh, 1996; Lazinger et

---

1) 가상지식 스튜디오(Virtual Knowledge Studio)는 암스테르담에 기반을 둔 왕립네덜란드예술과학아카데미의 연구센터이다. 이 장은 파울 바우터스, 카티 반, 안드레아 샨호스트, 매트 라토, 아이나 헬스텐, 제니 프라이, 안느 볼리우가 집필했다. 이메일: paul.wouters@vks.knaw.nl. 2005년 11월 이후 프라이는 영국 옥스퍼드에 있는 옥스퍼드인터넷연구소로 옮겼다.

al., 1997; Porter, 1997; OECD, 1998; Molyneux & Williams, 1999) 이러한 학술연구가 기술과 그것의 구성, 그것이 세상에 미치는 영향에 대해 온갖 상상할 수 있는 입장들을 그 속에 재현해왔다는 점은 그리 놀라운 일이 아닐 것이다. 네트상에서의 새로운 삶에 관한 열정적인 이야기(Rheingold, 1994; Turkle, 1995; Hauben & Hauben, 1997)부터 노출증이나 프라이버시 침해의 무차별 확산으로 인한 시민사회와 시민성의 약화에 관한 어둡고 음울한 이야기, 그리고 그 사이에 위치한 경험적 태도의 사회학자, 인류학자, 심리학자들까지 말이다.(Webster, 1995) 이러한 입장들은 인터넷 사용자들에게 자기이해를 위한 동등한 자원을 제공하지 않는다. 기술 낙관주의가 지배적이다. 기술비판은 훨씬 드물게, 종종 특정한 맥락(전 지구적 인터넷 테러에 대한 우려처럼)에서만 동원된다. 물론 사용자들은 웹서핑의 경험에서 자주 실망하고 흥미를 잃곤 한다.(Henwood et al., 2002; Wyatt et al., 2002) 그러나 이는 인터넷에 관한 대중 담론에―인터넷 접속을 위해 필요한 하드웨어 판매량에도―별다른 영향을 미치지 않는다. 그 이유는 부분적으로 항상 다음번 약속이 있기 때문이고(Lewis, 2000), 부분적으로 이러한 실망이 뉴스 매체에서 배경으로 깔려 있기 때문이다.(Vasterman & Aerden, 1995) 그러는 동안 "새로운·새로운 것"(Lewis, 2000)을 향한 추적은 삶의 기술적·정치적·경제적 질서부여에 영향을 주는 물질적 효과를 갖는다.

이러한 효과들 중 하나는 다양한 형태의 "영향담화(impact talk)"가 반복해서 생겨난다는 것이다. 이 장르는 특정한 형태의 기술결정론과 강하게 연관돼 있지만 그것과 동일하지는 않다.(Bijker et al., 1989; Smith & Marx, 1994; Wyatt, 1998; Wyatt et al., 2000; 아울러 Wyatt, 이 책의 7장도 보라.) 특정한 인터넷 기반 도구를 처음 써보는 사용자들은―좀 더 고급 사용자들도― 자신들의 경험을 "인터넷의 영향"에 관한 일관된 이야기 속에 위치시킬 수 있다. 이런 식으로 인터넷을 이해하는 사례는 대단히 흔하다. 할아버지, 할머니들은 해외에 있는 손자, 손녀들에게 이메일을 보낼 수 있다는데 흥분한다. 디지털 도서관 기술에 익숙해진 도서관 사서들은 구글 스칼라(Google Scholar)가 학술정보 접속에서 (마침내?) 전달해줄 것으로 약속한 혁명에 대해 얘기하고 있다. 음악산업은 인터넷 도래 이전에는 불가능했던 대규모의 피어투피어(P2P) 파일 공유에 대응해 스스로를 재발명해야 했다. 부모들은 채팅방을 어떻게 사용할지, 또 사용하지 않을지에서 어린 자녀들을 교육하는 새로운 도전에 직면해 있다. 선생들은 학생들의 인터넷 문서 잘라 붙여 글쓰기(cut-and-paste writing)가 미친 영향을 경험하며 모니터링 소프트웨어로 대응한다. 요컨대 "영향담화"는 단지 철학적 시각의 한 형태―다른 것들보다 좀 더 결정론적인―가 아니다. 이는 체현된 경험의 실천적 담론 처리이기도 하다.[2]

인터넷에 관한 "영향담화"는 또한 지식생산 그 자체의 미래와 관련해 학계에도 엄청난 중요성을 갖고 있다. 전통적인 과학 학회의 이사들은 인터넷이 과학의 수행에 미친 혁명적 영향에 대해 말하기를 주저하지 않는다. 오픈 액세스 운동은 인터넷을 과학정보의 제공에서 출판사들이 갖고 있던 과도한 독점력을 약화시키고 세계 두뇌라는 오랜 꿈을 실현시켜줄 이상적인 기술로 끌어안았다.(최근의 개관으로는 Drott, 2006을 보라.) 《네이처》와 《사이언스》처럼 과학 전반을 다루는 학술지들에는 물리과학과 생명과학에서 연구기기와 인터넷 기반 커뮤니케이션 도구의 결합으로 가능해진 구체적 변화들에 대한 기사들이 종종 실린다.(Blumstein, 2000; Schilling, 2000;

2) 영향담화에 대한 비판적 논의와 그보다는 함의에 초점을 맞춰야 한다는 호소는 Woolgar(2002a)를 보라.

Sugden, 2002; Cech, 2003; Anon., 2004a,b, 2005a; Shoichet, 2004; Wheeler et al., 2004; Cohen, 2005; Giles, 2005; Marris, 2005; Merali & Giles, 2005; Santos et al., 2005; Walsh et al., 2005) 여기서는 새로운 데이터와 낡은 데이터의 결합을 통해 연구대상을 구성하는 새로운 방법이 핵심 주제이다. 데이터 공유 역시 역학(疫學), 시스템 생물학, 세계사, 고고학, 인지과학, 언어 진화 같은 다양한 분야들에서 오래된 질문들을 새로운 방식으로 공략하는 것을 가능하게 해줄 거라고 약속한다.(NRC, 1997, 1999; Arzberger et al., 2004; Colwell, 2002; Koslow, 2002; Marshall, 2002; Van House, 2002; Esanu & Uhlir, 2003; Kaiser, 2003; Wouters & Schröder, 2000) 이와 동시에 데이터 공유는 데이터 집합과 데이터 생산을 관리하는 다른 체제를 나타내며, 대다수 연구자들이 할 수 있는 것보다 더 전문화된 데이터 전문성의 동원을 요구한다.(Wouters & Schröder, 2003) 이는 또한 저작권법, 프라이버시 보호, 과학 데이터의 질적 관리, 민간-공공 협력관계에서 새로운 쟁점들을 제기한다. 연구결과, 데이터, 통찰들을 전달하는 새로운 방식을 활용한 새로운 웹사이트들이 매달 생겨나고 있다.(《사이언스》와 《네이처》는 매주 단위로 이를 추적한다.) 사실 디지털 연구장치들과 인터넷의 결합에 의해 중단기적으로 어떤 식으로든 영향을 받지 않은 듯 보이는 연구 내지 연구조직의 측면은 존재하지 않는다.(Walsh, 1996; OECD, 1998; Walsh, 1999) 요컨대 이러한 발전들을 모두 합치면 연구 실천의 정보화가 중심이 되는 질적으로 새로운 과학의 상태, 즉 e-과학(e-science)이나 사이버과학(cyberscience)을 주장하는 것이 그럴법해 보인다.(Wouters, 2000; Beaulieu, 2001; Hey & Trefethen, 2002; Hine, 2002; Berman, 2003; Nentwich, 2003)

그러나 노련한 STS 학자에게 이러한 보고들은 그리 설득력이 없을 수도 있다. 결국 경험적 자료와 사실이 결합해 그럴법한 이야기나 미래의 전망을 만들어내는 방식은 결코 순진하지도 않고 해체불가능한 것도 아니지 않은가. 그리고 과학기술학도들은 종종 기술결정론이나 다른 형태의 물화를 **싫어한다**고 공언한다. 종종 "영향담화"는 이러한 시각들에 너무 가까워서 STS 연구 안에 편안하게 포함시킬 수 없는 것처럼 느껴진다. 역사적 태도를 가진 학자가 흔히 보이는 반응은 새롭고 새로운 것의 역사적 선례들을 보여주는 것이었다. 예를 들어 전신은 흔히 주장되는 인터넷의 새로움에 대한 훌륭한 대항 사례이다.(Woolgar, 2002b) 이러한 접근은 주장되는 혁명의 새로움을 해체하는 것에 해당하며, 가정되는 효과에 대한 비판적 분석과 종종 결합된다. "영향담화"에 대한 또 다른 반응은 인터넷의 새로움에 관한 주장을 경험적 질문으로 전환시키는 것이다. 이는 인터넷에 관한 논의의 초창기부터 이뤄져 왔다.(초기 연구에 대한 개관은 Dutton, 1996을 보라.) 이러한 사고 방향은 다수의 경험연구로 이어졌다. 이러한 연구는 삶의 어떤 측면들이 인터넷의 등장과 활용에 의해 변화하지 않은 반면, 다른 측면들은 실제로 바뀌었으나 주장되거나 예상되던 것과는 다른 방식으로 변화했음을 설득력 있게 보여주었다.(Wellman & Haythornthwaite, 2002) 이러한 시각은 또한 정보통신기술(ICT)이 학술연구에 미친 영향에 관한 논의에서도 생산적이었다.(최근의 사례로는 Gunnarsdottír, 2005를 보라.) 이러한 일군의 경험연구 덕분에 우리는 인터넷의 등장과 ICT의 활용이 지식생산 및 순환의 어떤 측면들에 영향을 미쳤지만 다른 측면들에는 그러지 않았던 방식에 대해 많은 것을 알고 있다.

몇몇 예외를 빼면(이는 나중에 다시 다룰 것이다.) 인터넷과 학술연구의 정보화에 관한 대다수의 학술연구는 영향담화, 영향담화의 해체, 상세한 경험적 묘사라는 세 가지 유형의 문헌으로 분류할 수 있다. 셋 모두는 다수의 다양한 청중에게 관련이 있을 수 있는 흥미로운 연구를 만들어냈다. 셋

모두는 또한 특유의 지적 문제 내지 "심대한 난국"을 보여주었다.(Collins, 2001)

과학에서의 정보화에 대한 아마도 가장 인상적인 "영향담화" 분석은 넨트위치가 발표한 것일 터이다.(Nentwich, 2003) 그의 책은 현장연구자들과의 다수의 인터뷰에 기반해 이를 사이버 공간에서 학술연구의 미래에 관한 문헌의 검토와 결합시켰다. 분석은 기본적으로 행위자의 영향담화를 재현했으며, 이를 과학에 대한 인터넷의 잠재력을 평가하려 애쓰는 맥락 속에 위치시켰다. 인정해주어야 할 대목은, 저자가 잠재성과 현실성이 동일한 것이라 주장하지 않고 이 질문을 후속 경험연구에 열어놓았다는 것이다. 이러한 연구를 뒷받침하기 위해 이 책은 3단계 영향 모델을 제안한다. 1단계에서 ICT는 학술 커뮤니케이션 시스템에 영향을 준다. "나는 ICT가 어떻게 실제로 전통적 과학 및 연구로부터 멀어지는 움직임을 형성하면서 동시에 그것이 애초에 촉발시킨 발전에 의해 특히 영향을 받으면서 더욱 발전하는지를 설명한다."(Nentwich, 2003: 63-64) 2단계에서 이처럼 "ICT가 유발한 변화"들은 한데 합쳐져 "전통적 과학"과 질적으로 구분되는 "사이버과학(cyberscience)"으로 이어지면서 학계 전반에 영향을 미친다. 이는 행위자, 구조, 과정, 결과물에서의 변화로 이어진다. 3단계는 세 가지 경로—방법론, 연구방식, 재현—를 통해 연구의 내용에 나타나는 "간접적 영향"으로 이뤄진다.(Nentwich, 2003: 64) 이러한 모델은 질적인 "경향 외삽"(Nentwich, 2003: 480)으로 이어지는데, 여기서는 대체, 즉 일을 하는 낡은 방법들이 새로운 사이버 도구로 다소간 완전히 교체되는 현상이 전반적으로 일어날 것으로 예상된다. 요컨대 사이버과학은 이미 하나의 사실이며, 그것도 깊숙이 파고든 사실이다. "나는 학계에서 ICT의 활용 증가가 과학 및 연구가 만들어내는 것의 바로 그 내용에 영향을 미친다고 주장한다."(Nentwich, 2003: 486) 결국 우리는 "사이버과학–성(cyberscience-ness)"이 증가하는 단선적인 줄거리를 갖게 된다.[3]

반면 영향담화를 해체할 때의 문제는 아마도 "비세속성(unworldliness)"으로 특징지을 수 있을 것이다. 만약 길거리의 여성과 저명한 과학자들이 모두 인터넷은 자신들에게 엄청난 차이를 만들어냈다는 데 동의한다면, 순수하게 철학적인 기반 위에서 그 반대를 주장하는 것은 속물근성이자 엘리트주의로 이해될 수 있다.[4] 아마도 더 중요한 것은, 이러한 접근이 연구 실천에서 기술이 하는 역할로부터 주의를 딴 데로 돌려 매개기술이 수많은 STS 분석에서 보이지 않게 되는 경향이 있다는 점이다. 매개가 STS 이론화에서 중심적인 역할을 해왔는데도 말이다. 이러한 비가시성은 STS 교과서들에서도 재현되는 경향이 있다.(Jasanoff et al., 1995; Fuller, 1997; Sismondo, 2004)

그러나 과학 실천에서 매개기술의 역할에 특히 주목하는, 그 수가 늘어나고 있는 일단의 연구가 있다. 예를 들어 커밍스와 키슬러는 커뮤니케이션 기술의 활용이 복수의 조직이 관여하는 연구 프로젝트의 조정에는 그리 유용하지 못했음—이메일이 많이 쓰이고 웹사이트를 흔히 볼 수 있음에도[5]—을 밝혀냈다.(Cummings & Kiesler, 2005)[6] 그들은 새로운 유형의

---

3) 영향담화 일반이 갖는 추가적인 문제는 Hakken(2003: 187)에서 지적되고 있다. "사실 세분화가 너무나 광범위하게 진행돼서 일반적 지식생성에 관해 어떤 의미 있는 담론을 만들어내기가 대단히 어렵다."

4) 존 자미토는 STS 구성주의에 대한 비판적 분석에서 윌러드 콰인을 인용해 이를 STS 내에서 경험연구의 가치에 대한 문제로 규정했다. "상식의 바로 그 핵심을 부인하고 물리학자와 길거리의 남성 모두가 진부하게 받아들이는 것에 증거를 요구하는 것은 칭찬받을 만한 완벽주의가 아니다. 그것은 젠체하는 혼동이다."(Zammito, 2004: 275)

5) 기술이 지식생성을 자극하기도 하지만 그에 못지않게 기술과 관련된 장애물도 많다는 경험 또한 Hakken(2003: 203)에서 언급되었다.

도구들이 필요하다고 결론 내린다. 슈럼(Shrum, 2005)은 "외딴 지역"에서 의 과학에 관한 일련의 프로젝트를 발전시켰고, 최근에는 이에 관해 더 많은 연구를 요청하고 있다. 볼린(Bohlin, 2005)은 기술사회학의 렌즈를 통해 과학 커뮤니케이션을 분석하면서 해석적 유연성과 분야 간 차이를 강조하고 있다.(아울러 Lazinger et al., 1997도 보라.) 분야 간 차이는 작고한 롭 클링의 연구에서도 핵심 주제였다.(Kling & Lamb, 1996; Kling & McKim, 2000; Kling et al., 2003; Kling et al., 2002) 정보 하부구조와 데이터베이스는 그것이 과학 실천 속에서 구성되고 다시 과학 실천에 영향을 미치는 데 초점을 맞춰 연구돼왔다.(Fujimura & Fortun, 1996; Bowker & Star, 1999; Star, 1999; Van Horn et al., 2001; Bowker, 2005) 매개기술의 역할은 또한 역사적 연구의 주제가 되기도 했다.(가령 Shapin & Schaffer, 1985)

그럼에도 불구하고 과학자 공동체에서 이러한 기술의 활용에 관한 많은 연구는 여전히 STS 바깥에서 행해지고 있으며, 특히 사회연결망 분석(Wasserman & Faust, 1994; Haythornthwaite, 1998; Matzat, 2004; Wellman, 2001), 인터넷 연구(Jones, 1995; Howard, 2002), 정보과학[7](Barabási, 2001, 2002; Börner et al., 2005; Huberman, 2001; Thelwall, 2002a,b, 2003, 2005; Scharnhorst, 2003), 컴퓨터조력 협동연구(Galegher & Kraut, 1992; Sharples,

---

6) 과학 커뮤니케이션에서 ICT의 역할은 STS와 정보연구 모두에서 초점이 되었다. 예를 들어 Voorbij(1999), Cronin and Atkins(2000), Kling and McKim(2000), Borgman and Furner(2002), Fry(2004), Bohlin(2004), Heimeriks(2005), 그리고 정보과학기술 연례검토(Annual Review of Information Science and Technology, ARIST) 시리즈를 보라.

7) 정보과학에서 우리는 ICT가 전통적인 학술 실천(협동, 논문발표 행위)에 미치는 "영향"(Lawrence 2001, Wouters & de Vries 2004), 새로운 학술 실천의 출현(이메일, 채팅, 온라인 동료심사), 학술 실천을 연구하는 새로운 방식(웹데이터[하이퍼링크]와 디지털화된 계량서지학 데이터를 모두 활용하는[Chen & Lobo, 2006])에 대한 분석을 구분할 수 있다.

1993), 사회정보학(Suchman, 1987; Hakken, 1999, 2003; Kling, 1999), 커뮤니케이션과학(Jankowski, 2002; Jankowski et al., 2004; Lievrouw & Livingstone, 2002) 등의 분야들이 두드러진다.

이러한 연구들은 그것이 얼마나 유익한 정보를 주는가와 별개로, 종종 STS와는 다른 이론적 야심을 갖고 있다. 이러한 연구들은 가령 과학 출판이나 네트워크화된 온라인 현미경 활용의 과거와 현재에 관해 많은 것을 가르쳐주지만, 그것이 지식생산이나 연구의 정치에 관한 이해에 무엇을 의미하는지에 대해 반드시 많은 통찰을 제공해주는 것은 아니다. 그래서 우리는 이 장에서 뉴미디어와 인터넷이 과학 및 학술 실천에서 동원되고 있는 방식에 대해 우리가 현재 아는 것을 개관하는 일은 피하려 한다. 대신 우리는 뉴미디어와 학술연구의 상호작용, 그리고 그 속에서 정보와 인터넷의 역할에 관한 서로 다른 일단의 연구들 사이에 연결고리를 만들고자 한다. 특정한 이론적·방법론적 관심사들로 제한해 다루기 위해서이다. 아울러 이는 우리가 앞서 언급한 영향/해체/묘사의 삼각형을 넘어선 학술연구를 논의할 수 있게 해줄 것이다.

이론과 인터넷

이론적으로 인터넷과 웹은 STS의 구성주의 전통에서 핵심 개념들을 거의 완벽하게 물질화한 것처럼 보인다. "이음새 없는 연결망", "번역", "잡종적 사회기술 연결망" 같은 개념들 말이다. 따라서 STS 학자들은 이러한 개념들을 계속 사용하도록 고무될지 모른다. 그들의 경험적 준거가 더 눈에 잘 띄고 그럴법한 것이 되었기 때문이다. 이는 실로 유망한 길이지만, 동시에 아마도 너무 쉬운 길이기도 하다. 사실 인터넷과 다양한 분석적 개념들[8] 사이의 거의 완벽한 부합은 우리가 이러한 개념들에 의문을 제기하도록 고무해야 한다. 그것이 새로운 사회기술 하부구조의 건설에 동원되고 있기 때문에 더욱 그렇다.(Beaulieu & Park, 2003) 새로운 하부구조와 실천의 설계에서 STS 개념들의 활용이 STS의 정치, 더 나아가 STS 그 자체의 역할에 던지는 함의는 어떤 것일까?

이는 STS에서 방법과 이론의 교차점에 관한 질문들이다. 여기서 카리스 톰슨(Thompson, 2005)이 파악한 STS의 특징을 생각해봄직하다. 톰슨에 따르면 자연과 사회의 깊은 상호의존성에 대한 관심은 이 분야를 하나로 묶어주는 가장 중요한 요소이다. 여기에 공통의 방법론적 지향이 수반된다.

> 데이터의 성격과 그것의 해석에 관한 성찰성이 크게 강조됨에도 불구하고, 민족지학과 참여관찰에 의해, 혹은 독창적인 동시대 내지 역사적 기록 및 문서연구에 의해 얻어진 경험적 데이터 집합은 가치 있는 것으로 여겨진다 … 예를 들어 종합적, 선험적, 순수한 해석적 방법은 경험연구에 의해 강화되지 않는 한 모두 의심스럽게 받아들여진다. 어떤 해석도 요구하지 않은 것으로 생각되는 경험주의와 실증주의의 버전들(일부 자연과학 및 사회과학 방법론에서 옹호되는)도 마찬가지로 의심의 대상이 된다 … 결국 STS는 경험적 방법론을 택하지만, 그럼에도 불구하고 이는 해석적인 것으로 가정된다. 방법론적 관심사와 이론적 관심사의 긴밀한 연관 때문에 STS는 종종 이론적 논점을 지적하기 위해 내놓는 경험적 철학이나 경험적 사례연구처럼 읽힌다.(Thompson, 2005: 32)

8) 마찬가지 방식으로 탈근대주의 문학 연구자들은 하이퍼텍스트의 발명에 의해 고무되었다.(Landow, 1992) 사회연결망 분석가들은 인터넷을 사회연결망 데이터의 새로운 원천으로 보는 경향이 있고(Park, 2003), 사회학자들은 인터넷이 네트워크 사회 명제의 구현물이자 증명이라고 주장한다.(Castells, 2001)

이러한 관점은 학술 및 과학 실천에서의 매개기술 연구에 중요한 함의를 갖고 있다. 만약 행위자와 분석가가 모두 자신의 연구를 새로운 디지털 매체 속에서 그것을 통해 수행한다면, 이는 행위자의 실천에 영향을 줄 뿐 아니라(영향담화의 주제), 아마도 그보다 덜 눈에 띄겠지만, 분석가의 이론-방법 교차점을 형성할 수도 있다. 티모시 르누아르에 따르면 이는 새로운 지식체제(epistemic regime)에 해당한다.

매체는 우리의 상황을 기입한다. 우리는 디지털화된 버전의 세상을 만들어내고, 퍼뜨리고, 이것과 상호작용하는 컴퓨터 기반 매체의 목록이 점점 늘어나는 속에 파묻히고 있다. 바로 새로운 지식체제의 전문적 도구들을 구성하는 매체들이다. 일상활동의 수많은 영역들에서 우리는 디지털 현실과 물리적 현실의 융합으로 향하는 동력을 목도하고 있다. 보드리야르가 예견했던 것처럼 근원이나 실재 없는 모델로 대체되는 것이 아니라, 웨어러블 컴퓨터, 독립적인 계산 에이전트-인공물, 물질적 대상들이 모두 풍경의 일부가 된 유비쿼터스 컴퓨팅이라는 새로운 경기장이 생겨난 것이다.(Lenoir, 2002: 28)

이러한 논평은 방법론적 결과를 가져온다. 뉴미디어는 투명하지 않기 때문이다. "매체는 욕망의 대상을 창출하는 데 참여할 뿐 아니라 우리를 형성하는 기계들을 욕망하고 있다 … 매체는 우리의 상황을 기입한다. 우리가 모종의 도덕적으로 중립적인 기반으로 순간이동할 수 있는 방법은 좀처럼 보이지 않는다."(Lenoir, 2002: 46) 분석가에 대해서도 마찬가지이다. 우리는 매개되지 않은 기반으로 순간이동할 수 없기 때문에, 뉴미디어의 지식 창출에 관한 지식을 생산하는 데 뉴미디어가 갖는 함의를 성찰적으로 분석하는 것이 아마도 학술 실천에서 새로운 형태의 매개에 정당한 관심을 기울이는 유일한 방법일 것이다.

이처럼 매개에 민감한 태도는 두 가지 질문에 대한 탐색에 영향을 미친다. 첫째, 새롭게 출현한 e-과학 실천으로부터 과학 및 학술 실천 연구에 대해, 또 STS의 이론과 방법에 대해 무엇을 배울 수 있는가? 둘째, 이러한 통찰들은 e-과학에 대한 비판적 검토 속에 어떻게 포함될 수 있는가? 따라서 우리는 e-과학과 정보화에 관해 발언할 가능성을 다루려 애쓰면서, 다른 한편으로 이러한 발언의 지속적 결과물인 물화를 체계적으로 해체하려 노력해야 한다.

이어지는 두 번째 절에서 우리는 과학 실천에 대한 분석의 유용한 출발점으로 과학노동의 관념을 논의할 것이다. 우리는 두 가지 차원을 구분한다. 사용가치의 원천으로서 노동과 교환가치의 원천으로서 노동이 그것이다. 우리는 e-과학과 인터넷이라는 맥락 속에서의 연구와 관련해 이러한 차원들을 설명할 것이다. 이는 세 번째 절에서 지식문화에 대한 논의로 이어질 것이다.

우리는 이 개념이 새롭게 출현한 지식 실천을 연구하는 생산적인 틀을 제공한다고 생각한다. 우리는 e-연구가 지식문화에 대한 우리의 이해를 어느 정도까지 재정의할지 논의할 것이다. 아울러 우리는 지식문화 개념 그 자체에 미치는 함의도 탐구할 것이다. 네 번째 절은 노동에서 분야 형성기의 과학노동 제도화와 그 속에서 정보 하부구조의 역할로 넘어갈 것이다. 이는 커뮤니케이션 및 정보기술의 수용에서 나타나는 분야 간 차이 문제를 제기한다. 분야 간 차이는 다분히 상식적이고 구식 발상으로 보일 수 있지만, 이를 다시 논의하는 것은 중요한 일이다. e-과학의 보편화의 측면들이 하나의 이데올로기로 작용하기 때문이다. 분야, 하부구조, 제도는 또한 과학노동의 재생산과 연구자 및 학자들의 정체성 생성을 위한 기반이기도 하다. 마지막 절에서는 정보화와 e-과학의 비판적 검토를 위한 결론을 이끌어낼 것이다.

노동으로서의 연구

업계 처음으로 화학물질초록 서비스(Chemical Abstracts Service, CAS)는 이번 주 비엔나에서 열린 CAS 유럽 학술대회에서 블랙베리와 다양한 휴대장치들을 이용한 실시간 상호작용을 통해 구조를 포함한 화학물질 정보의 전달을 시연했다. 학술대회 참가자들은 20가지 이상의 휴대장치들을 동시에 이용해 수백 종의 참고문헌뿐 아니라 특정 물질의 분자구조 및 관련 데이터를 실시간으로 검색했다. CAS는 조만간 과학 데이터베이스에 접근하는 이 새로운 모바일 경로—CAS 모바일(CAS Mobile)이라는 이름이 붙여진—를 STN과 사이파인더(SciFinder) 서비스를 통해 제공할 것이다.

이는 분명 주목할 만한 가치가 있다. 하지만 나는 이것이 휴대장치용 클라이언트 소프트웨어를 고객들에게 배포하고 지원까지 해야 한다는 의미는 아닐 거라고 하늘에 빌어마지 않는다! 다른 한편으로, 이는 아마도 이것 모두가 웹 호환이 될 것임을 의미할 수도 있다!(이메일 대화, STS-L 리스트, 2006년 1월 20일)

이 이메일 대화는 과학기술 노동의 조직과 관련해 e-과학의 핵심 문제 몇 가지를 요약해 담고 있다. 노동을 분석의 출발점으로 삼을 때의 잠재력에 대해 개략적으로 살펴보기 전에, 우리는 e-과학이 정의되고 있는 방식에 좀 더 친숙해질 필요가 있다. 다시 말해, e-과학은 무엇이며, 어디에 있는가? 이는 노동으로서의 과학에 접근하는 서로 다르면서도 아마도 상보적인 두 가지 방식을 논의할 수 있는 기반을 마련해줄 것이다.

e-과학이라는 용어는 영국, 유럽 대륙, 오스트레일리아, 아시아의 일부 지역들에서 가장 인기가 있다. 미국, 아시아의 다른 지역들, 아메리카 대륙의 다른 지역들에서는 연구를 위한 사이버하부구조(cyberinfrastructure)라는 개념이 좀 더 흔히 쓰인다. 이러한 용어들 간의 차이는 흥미롭다. 하나는 연구의 실천을 강조하고 다른 하나는 그러한 실천의 하부구조 조건을 강조하지만, 두 개념은 모두 계산집약적 연구를 질적으로 새로운 연구수행 방법으로서 보는 공유된 관점을 지칭하는 것으로 이해된다. 2003~2004년 이후로는 연구의 조직과 성격에서 ICT가 추동한 변화를 좀 더 일반적으로 포착한 e-연구의 개념이 대다수의 관련 행위자들에게 인기를 얻게 됐고 때로는 사이버하부구조 개념과 짝을 이뤄 쓰이고 있다.(예를 들어 Goldenberg-Hart, 2004를 보라.)

영국의 e-사이언스 프로그램(E-Science Programme)은 이 주제를 다음과 같이 정의한다.

e-과학은 무엇을 의미하는가? 미래에 e-과학은 인터넷에 의해 가능해진 분산된 전 지구적 협력을 통해 점점 더 많이 수행될 대규모 과학을 지칭할 것이다. 보통 그러한 협력적 과학활동의 특징은 개별 사용자 과학자들에게 대단히 큰 데이터 집합, 대단히 큰 규모의 컴퓨팅 자원, 그리고 고성능 시각화에 대한 접속을 제공해야 한다는 데 있다. 그리드(Grid)는 이 모든 문제를 한데 모아 그러한 e-과학의 전망을 실현시키기 위해 제안된 구조이다.(U.K. Research Councils, 2001)

이러한 e-과학의 개념은 계산 연구, 거대한 데이터 집합의 처리, 화상회의, 디지털 커뮤니케이션 통로에 의지하는 협력연구를 강조한다. 분야 측면에서 보면, 물리학자, 컴퓨터과학자, 생명과학자, 일부 계산 사회과학자들이 e-과학을 지배하고 있다.(Wouters & Beaulieu, 2006) 그러나 e-연구의 전망은 해석적 사회과학과 인문학을 포함한 학술공동체 전체로 확산되었다. 2004년 10월 15일에 고등교육, 도서관, 정보기술 분야에서 100명이 넘는 지도자들이 워싱턴 D.C.에서 열린 포럼에 모였다. 네트워크정보연대(Coalition for Networked Information, CNI)와 연구도서관연합(Association of Research Libraries, ARL)이 공동으로 후원한 "e-연구와 지원 사이버하부구조: 연구도서관과 연구기관에 던지는 함의를 생각하는 포럼"이었다. 포럼에서는 결정적인 역할을 한 2003년 NSF의 블루리본 보고서(Atkins et al., 2003)의 저자 앳킨스가 연설을 했다. 이 보고서에 따르면,

과학과 공학연구에 컴퓨팅, 정보, 커뮤니케이션 기술의 계속적인 진보에 의해 추동된 새로운 시대가 도래했다 … 이 새로운 기술의 능력은 오늘날 포괄적인 "사이버하부구조"—그 위에서 새로운 유형의 과학 및 공학 지식 환경과 조직을 건설하고, 연구를 새롭고 좀 더 효과적인 방식으로 추구하게 될—를 가능케 한 시작을 알렸다.

2004년 12월 ARL 포럼에서는 네트워크정보연대의 의장 클리퍼드 린치가 학술 실천에서의 대대적 변화가 모든 분야에 걸쳐 일어나고 있다고 선언했다. 그는 새로운 실천, 새로운 결과물, 연구를 기록하고 전달하는 새로운 양식이 학술 기록의 관리와 현재진행 중인 학술연구활동의 지원에 관여하는 모든 조직에 심대한 함의를 갖게 될 것이며, 특히 도서관들은 시

간과 분야를 가로질러 기록을 관리하기 때문에 중심적인 역할을 한다고 주장했다. 학술 실천에서의 이러한 변화들은 학술 커뮤니케이션의 전체 시스템을 통틀어 심오한 변화를 가져올 것이며, 이러한 변화에 대응해 새로운 지원구조를 마련하는 데 실패하게 되면 연구 및 학술연구활동에 엄청난 위험을 야기할 터였다. "이는 우리가 이러한 새로운 필요에 대처함에 있어 우리의 제도를 어떻게 이끌어야 하는지 생각할 때 중요한 것들입니다."라고 린치는 포럼에서 말했다.(Goldenberg-Hart, 2004)

이러한 미래 전망이 넨트위치(Nentwich, 2003)에 나오는 사이버과학의 예상 궤적과 얼마나 흡사한지 눈 여겨 보라. e-과학이 전도유망한 기술로서 갖는 함의는 반과 보커(Vann & Bowker, 2006)가 과학기술 정책에서 약속의 역할에 대한 브라운의 분석(Brown & Michael, 2003)에 근거해 분석했다. 같은 책(Hine, 2006)에는 계산 연구로서의 e-과학을 여성학의 ICT 활용과 대비시켜 미래 전망을 탐구한 바우터스와 볼리유의 논문(Wouters & Beaulieu, 2006)도 실렸다. 우리는 e-과학에 대한 비판의 개요를 제시하는 마지막 절에서 이러한 쟁점들로 다시 돌아올 것이다. 여기서 우리의 관심사는 새롭게 출현한 e-연구 투자, 실천, 하부구조가 노동의 조직에 미치는 영향이다. 도서관 사서, 연구자, 정보기술 전문가, 그리고 생물정보학자, 신경정보학자, 시각화 전문가 같은 새로운 잡종들이 모두 깊이 연관돼 있다는 사실은 중요하지만 아직 제대로 연구되지 못한 현상을 가리킨다. 이러한 과학 및 학술 실천을 유지하기 위해 필요한 유형의 노동에 대한 재정의가 그것이다.(그러나 Doing, 2004를 보라.)

과학학자들이 과학을 노동으로 지칭하며 지식 창출과정에서 주체가 수행하는 구체적인 행동을 부각시키기 위해 "연구"와 "노동"이라는 용어를 서로 바꿔 쓰는 것은 흔한 일이다. 이야말로 지식 창출과정 그 자체이다.

이러한 구체적 의미에서 노동으로서의 과학은 분명 중요한 사회학적·역사적 범주이지만, 과학의 매개된 성격을 이론화하는 과제에는 불충분할 수 있다. 대신 두 가지 서로 다른 입장들 간의 구분은 유익한 것으로 드러날 수 있다. STS 내에서 과학에 관한 많은 연구들은 과학지식, 그리고 자연 그 자체의 역사적·사회적 우연성을 강조하면서, 지난 30여 년 동안 과학을 "실천"으로 보는 데 관심이 있었다.(cf. Pickering, 1992; Star, 1992; Clark & Fujimura, 1992) 종종 "과학연구의 요체"로 지칭되는 실천에 관한 STS 연구는 지식생산 과정에서 도구의 중심성을 부각시켰다. 여기서 목표는 과학지식의 내용뿐 아니라 그것의 생산 조건의 생태학을 만드는 것이었다.(Clark & Fujimura, 1992) 구체적이고 상황적인 활동으로서 과학연구는 과학자들의 당면 과제로의 구체적인 지향을 가능케 하는 대상들에 의해 고도로 매개되는 것으로 간주되었다. 노동으로서의 과학에 대한 이러한 강조는 또한 STS의 방법론과 연구 접근법들에 대해서도 중요한 함의를 가졌다. 민족지 접근법과 특정 장소에서 이뤄지는 연구에 대한 상세한 사례연구들은 STS의 핵심 도구가 되었다. 심지어 지식의 순환 문제도 국지적 연구조건에 대한 적응의 측면에서 제기되었다.

과학노동을 이런 의미의 실천으로 보는 것은 그것의 매개된 성격을 이해할 수 있는 방법론의 발전에 중요하고 핵심적이지만, 이는 그것의 한 가지 측면에 불과하다. 다시 말해 과학노동의 "요체"를 지식 실천으로 보는 범주는 상품에 의해 결정되는 노동으로서 과학지식 생산의 한 가지 차원일 뿐이다. 실로 과학노동의 "요체"에만 초점을 맞추는 것은 노동의 "기술주의(technicist)" 모델을 반영한 것일 수 있으며, 이는 연구자들의 관심을 노동 행위의 경제적 가치증식에 관한 문제로부터 다른 곳으로 돌려버릴 수 있다.(Vann, 2004)[9] 따라서 두 번째 시각이 중요한데, 이는 과학활동을 구체적인 지식생산 노력의 시장가치가 실현되는 사회적 과정으로 해석하는 것을 가능케 한다. 여기서 과학자들의 노동은 자격과 기입이라는 고도로 매개된 문화적 · 제도적 과정을 통해 구성된 시장교환의 대상으로 출현한다.(cf. Callon et al., 2002; Vann, 2004) 다시 말해 과학노동은 단지 대상에 대한 지식을 구축하는 과정이 아니라, 그 자체가 시장교환 과정을 통해 그 자신의 실천을 대상화한 결과이다. 이러한 후자의 차원에서—마르크스주의 이론가들은 이러한 가치형태를 일컬어 "교환가치"라고 한다—노동을 바라보면, 과학 실천에 대한 연구에는 (제도적 지식의 가치증식된 대상으로서) 과학 실천 그 자체가 어떻게 생산되는가 하는 연구가 뒤따라야 한다.(Vann & Bowker, 2006)

STS 학자들은 정보 하부구조가 제도적 환경 속에서 "구체적" 연구의 가시성과 비가시성의 출현을 가능케 하는 방식으로 점차 관심을 돌리고 있다.(Star, 1999; Bowker & Star, 1999) 이러한 연구 중 많은 것들은 "대체로 눈에 띄지 않는 결합 작업의 비공식적 요체"에 초점을 맞추고 있지만, 이는 또한 제도적 부호화, 즉 제도적 주체의 정체성 그 자체가 하부구조의 인정 양식을 통해 구성되는 방식의 과정과 정치에도 관심을 집중시킨다. STS 문헌의 이러한 갈래는 과학을 지식 실천으로 강조하는 갈래와 구분가능하다. 이는 지식문화로서의 과학에 대한 연구가 거리를 두어온 과학학의 또 다른 전통과 실제로 중요한 친화성을 갖고 있기 때문이다. 과학적 회계에 대한 연구와 노동시장의 부문들로서 과학 분야들에 대한 연구가

---

9) Vann(2004)은 "비물질" 내지 "감정"노동을 다룬 오늘날의 몇몇 이론가들에서 유사한 "기술주의"와 분석적 환원을 파악해냈고, 그것이 마르크스주의 이론의 특정한 갈래와 갖는 친연성을 논의했다.

그것이다.

이러한 분석적 횡단선을 전제로 하면, 오늘날 범람하고 있는 디지털 매개 과학노동은 디지털화가 어떻게 "과학 실천의 요체"를 매개하는지 규명하는 것을 목표로 하는 것보다 한층 더 어려운 분석적 도전을 제기한다. 실제로 지식생산을 매개하는 디지털 기법들의 능력으로 위에서 지적한 분석적 지점들을 가로지르면, 과학노동자라는 정체성의 생산 및 책임성을 연구하는 데 새로운 도전이 출현한다. 기술적 인터페이스와 사회적, 디지털 네트워크가 점점 더 넓어지고 길어지는 맥락에서, 수많은 변증법적 관계들—가시성과 비가시성, 전문가 연구와 비전문가 연구의 관계 같은—은 바뀔 수 있다. 상품에 의해 결정되는 노동을 사용가치와 교환가치의 이원성으로 다뤘던 마르크스 저작의 측면들로부터 영감을 얻어, 우리는 STS에서 암암리에 분석적 환원주의의 형태들을 지향하면서 오늘날의 디지털 매개 과학 실천—지식생산의 장소이자 생산에 관한 지식의 장소로서—의 질감을 좀 더 가깝게 느끼게 해줄 새로운 방법론적 어휘들을 추구할 수 있다. 그래서 이 장은 새로운 정보기술에 의해 매개되는 과정으로 과학을 연구하는 것이 그 각각의 차원들에서 노동에 초점을 맞추는 개념적 자원의 종합을 요구한다는 방법론적 아이디어를 수반한다. 그 각각에서는 질적으로 다른 형태의 매개가 일어나기 때문이다.

e-과학에서의 지식문화

지식문화의 관념은 지식생산 기제에 초점을 맞춘다.(Knorr Cetina, 1999) 이는 제도나 개념보다 사람과 사물의 배치를 강조한다. 이러한 접근은 디지털 기술보다 연구 실천과 지식대상(epistemic object)을 분석의 중심으로 만드는 장점을 갖고 있다. 그럼에도 연구기기는 중요한데, 지식문화와 연구기술의 총체는 서로가 서로를 정의하기 때문이다.(Hackett, 2005: 822 각주 4) 이에 따라 STS에서 연구장치의 역할을 연구해온 오랜 전통은 새롭게 출현한 e-과학의 실천을 연구하는 데 통합할 수 있는 유익한 시각이 된다.(Edge & Mulkay, 1976; Fleck, 1979; Fujimura, 1987; Clark & Fujimura, 1992; Fujimura, 1992; Fujimura & Fortun, 1996; Rheinberger, 1997; Benschop, 1998; Joerges & Shinn, 2001; Hackett et al., 2004; Price, 1984; Traweek, 1988; Zeldenrust, 1988)

"지식문화 접근"은 기존의 기술적 약속에 기반을 둔 가능성들을 배제하지 않으면서 새로운 기술이 받아들여질 수 있는 복수의 방식을 이해할 수 있게 해준다.(Lenoir, 1997, 2002; Cronin, 2003) 그 결과 이러한 접근은 지식 창출을 지식대상을 둘러싼 실천들의 다양한 배치로 다루는 방식들을 제공한다. 크노르 세티나(Knorr Cetina, 1999)의 설명에서 특히 가치 있는 것은 실천에 대한 탐구 속에 물질적·상징적·주관적 세계들을 포함시킨 것이다. 크노르 세티나는 지식대상을 인식적인 것으로—계속해서 새로운 지식을 열어젖히고 드러내는 생산적인 활동의 원천으로—보는 관념에 의거해 실천을 재정의하는 자신의 과제를 수행한다. 이 개념은 라인버거의 지식 사물에 의지한다. 크노르 세티나는 이를 "연구과정의 중심에 있으면서 물질적으로 정의되는 과정에 있는 탐구의 모든 과학적 대상"으로 정의한다. 이러한 대상들은 그것을 정의하는 특성, 즉 그것의 "… 변화하며 전개되는 성격 … 존재의 객체-성과 온전성의 결여" 때문에 생산적이다.(Knorr Cetina, 1999: 181)

민족지 분석을 "상향식으로 작업하는" 틀로서, 세 가지 주요 범주들이 지식문화의 분석에서 중심을 이룬다. 이는 지식문화의 경험적·기술적·사회적 측면들에 대한 관심과 조응한다. 첫째는 경험적인 것이 연구의 대상으로 끌어들여지는 방식을 전형적으로 보여주고, 둘째는 장치를 통한 대상과의 관계 수행에 초점을 맞추며, 사회적 차원은 지식의 장 속에 있는 단위들(예컨대 실험실, 개별 연구자) 간의 관계 출현을 전면에 내세운다. 디지털화에서는 반복된 탈맥락화와 재맥락화의 단계들—서로가 서로를 강화시키는—로부터 나온 대상의 재배치가 있다. 탈맥락화와 재맥락화는 모두 작업을 필요로 한다. 전 지구화된 지식 연결망을 유지하는 것은 특히 노동집약적이다. 이는 과학 및 학술연구에 가장 적합한 지원 모델을 놓고 새롭게 논쟁이 불붙은 이유 중 하나이다. 디지털화는 이러한 탈맥락화와 재맥락화의 과정을 통해 지식문화의 세 가지 차원 모두에 영향을 준다.

지식문화는 관찰과 인터뷰뿐 아니라 기술적 장치와 문서들의 분석을 포함하는 "실험실연구"를 통해 연구되어왔다. 이러한 방법론은 e-과학의 연구에 응용할 수 있다. 예를 들어 e-과학의 분산적 측면들은 크노르 세티나가 연구한 고에너지물리학 실험의 설정—이메일이 중요한 조정 역할을 하는 듯 보이며 컴퓨팅과 네트워크화된 데이터 접속이 분명하게 존재하는—과 닮았다.(아울러 Wouters & Reddy, 2003도 보라.) 분석가는 지식 실천의 이러한 특징들에 근거해 자신의 접근법을 형성할 수 있고, 그럼으로써 "간헐적으로 자리를 비우는 관찰자는 마치 물리학자들이 그러듯이 항상 이메일 네트워크로 연결될 수 있다."(Knorr Cetina, 1999: 23) 서로 다른 시간에 활동하는 전초 기지들을 가진 중심지를 연구하는 도진 역시 참여 관찰자를 하나가 아닌 여럿을 두는 민족지의 "규모 확대"로 대응할 수 있다. 전통적 실험실연구를 다른 방식으로 응용할 필요도 있다. 규모뿐 아니라 실험실 작업의 매개(Beaulieu, 2005; Hine, 2002), 과학 커뮤니케이션(Fry, 2004; Hellsten, 2002), 하부구조와 지식순환을 통한, 또 이것에 관한 상호작용도 다루기 위해서 말이다.

지식문화를 활용해 e-과학의 관념에 문제를 제기하는 것도 가치 있는 일이지만(Wouters, 2004, 2005; Wouters & Beaulieu, 2006), 지식문화의 틀 그 자체도 e-과학과 관련해 추궁해볼 수 있다. 지식문화의 개념들을 추궁해보고 지식의 맥락이 어떻게 문화를 가로질러 형성되는지를 이해하는 것이 필요할 수 있다.

이 쟁점을 탐구하는 한 가지 방법은 크노르 세티나의 틀에서 토대를 이루는 구분을 생각해보는 것이다. 지식대상은 그것을 좀 더 폭넓은 과학문화의 장 속에 배태하는 실험 시스템과 동일한 것이 아니다.[10] 뿐만 아니라 실험과 실험실 사이의 관계는 다양한 방식으로(세상과의 교신, 세상에 대한 개입, 기호의 처리를 통해) 결합될 수 있다.(Knorr Cetina, 1992) e-과학은 이러한 관계들에 대한 재논의를 요구할 수 있다. 이는 기술대상(technological object)과 지식대상 사이의 구분을 교란시키기 때문이다. 라인버거는 전자가 안정적이고 블랙박스화되어 있다면, 후자는 추궁하면 예상치 못한 결과를 만들어낸다고 썼다.(Rheinberger, 1997) 아울러 어떤 대상은 (역사적으로) 전자에서 후자의 범주로 이동할 수 있으며, 그럼으로써 한때 발견이었던 것이 다른 대상들의 추궁을 가능하게 하는 일상적 기법으로 변모한다. e-과학에서 실험을 위한 하부구조는 가령 데이터베이스, "그리드" 응용 프로그램, 모델이 될 수 있다. 보커와 스타는 전자공학 하부구조가 데이터의 관리를 위해 이를 한데 모으는 방식과 관련해 좀 더 많은 유연성을 제공할

---

10) 좀 더 폭넓은 장과 국지적으로 설정된 행동 사이의 상호작용은 크노르 세티나에 의해 완전히 해결되지 못했지만, 다른 학자들은 이것이 어떻게 탐구될 수 있는지를 제시했다.(Lynch, 1990; Beaulieu, 2005)

수 있다고 지적했다.(Bowker & Star, 1999) 다음과 같은 질문들이 제기된다. 실험대상과 기술대상이 유사한 매체 안에 있을 때, 기술과 그 내용이 연속적일 때, 실험대상과 기술대상을 구분하는 것이 좀 더 어려워졌는가? 그런 구분은 어떻게 유지되는가?

실험과 실험실 사이의 이러한 구분과 그것이 방법론적 접근들에 갖는 함의의 중요성을 감안하면, e-과학의 사례가 크노르 세티나의 관계 유형 분류의 적용을 받거나 받지 않는 방식들에 대해 숙고해볼 가치가 있다. 실험과학의 원형적 실험실에서, 실험실은 야외로부터의 독립성을, 그리고 대상이 무엇이고(혹은 무엇이 그것을 대신할 수 있고), 언제, 어디서 일어나는가에 있어 대상의 재배치를 시사한다. 실험에 더 많은 "지식 하부구조"(모델링, 데이터 보관소, 검색 능력; Van Lente & Rip, 1998을 보라.)가 있을 때, 실험과의 관계는 다를 수 있다. 예를 들어 실험실을 야외로부터의 분리로 생각할 수 있다면, 인터넷은 네트상의 상호작용이 갖는 매개적 측면 때문에 야외와 실험실 모두로 기능할 수 있는 것처럼 보인다.(즉, 인터넷은 사람들이 "자연적인" 야외에서 행동하고, 말하고, 기타 등등을 하는 장소이지만, 이러한 상호작용들이 아울러 흔적을 남겨 그것이 마치 실험실에서 일어나고 있는 것처럼 조작/측정/모델링을 할 수 있는 장소이기도 하다.) 지식대상과 실험 "환경" 사이의 이처럼 가능한 변화는 지식대상과 기술대상(technical object) 간 긴장의 복잡한 버전으로 볼 수 있다. 라인버거는 대상들이 (역사적으로) 하나의 범주에서 다른 범주로 이동할 수 있다고 주장한 반면, 크노르 세티나는 기술대상의 불안정한 지위도 아울러 주장했다.(Knorr Cetina & Bruegger, 2000) 그러나 이러한 시각들 중 어느 것도 대상들이 기술대상에서 지식대상으로, 그리고 다시 기술대상으로 변화하는 복잡한 방식을 완전하게 설명하지 못한다. 그러한 변화는 도구와 대상 사이의 구분이 분명치 않은 e-과학연구를 특징짓는 듯 보인다. 따라서 이러한 변화들이 일어나는 방식과 안정화의 지점은 e-과학을 이해하는 데 중요한 요소들이다.

기술대상과 지식대상 간 변화의 현재진행형의 성격은 특히 최근 연구된 e-과학 프로젝트에서 잘 볼 수 있다. 유전학과 역학 데이터를 담은 분산 데이터베이스가 그것이다.(Ratto & Beaulieu, in press 2007) 프로젝트 팀이 이 데이터 하부구조를 설립하는 것과 관련된 윤리적·과학적·기술적 쟁점들을 헤쳐 나가는 동안 새로운 질문들이 출현했다. 생물정보학 기법, "생체" 재료들을 보존하는 방법, 상이한 종류의 데이터를 비교가능하게 만드는 최선의 방식(예를 들어 생활방식 데이터를 유전형 정보와 비교하는) 같은 사안들에 관한 이러한 질문들은 과학적 사안과 기술적 사안을 뒤섞었다. 이러한 견지에서 보면 연구는 기술적 도구들을 지식대상에 적용하는 것이라기보다 노리스가 "땜질 업무(tinkery business)"(Norris, 1993)라고 불렀고 후지무라가 "수행가능한 문제(doable problem)"(Fujimura, 1987)의 탐색으로 특징지었던 것에 좀 더 가까웠다. 중요한 것은 프로젝트가 진행되면서 데이터베이스의 다양한 측면들이 "과학적" 내지 "기술적"인 것으로 안정화되는 양상을 프로젝트의 분야별 조직화의 일부로 읽어낼 수 있었다는 점이다.(예를 들어 데이터베이스 하부구조는 생물정보학자들을 위한 기술 업무인 반면, 개인별 데이터베이스 기록의 조성은 유전역학자들의 일이라는 식으로) 이러한 분석은 기술대상과 지식대상 사이의 복잡한 연계를 가리키며, 앞서 언급했듯이 그것들을 구분하는 방법에 관한 선택이 어떤 종류의 과학노동에 가치를 둘 것인가에 중요한 함의를 가짐을 시사한다. 여기에 더해 특정한 종류의 문제들을 "기술적" 문제로 안정화하는 것은 신뢰나 권위라는 특정 문제들을 전체 하부구조의 다양한 부분들에 위임하는 것과 관련돼 있었다. 어떤 경우에는 주의의무를 위한 다른 시스템을 대체하면서 말이다. 이러한 선택의 긴장(과 중요성)은 비밀번호 관리자와 공용 열쇠 암호화 기법 같은 기술시스템이 과학감독위원회와 충분한 정보에 근거한 동의 절차에 가능한 추가사항으로 평가될 때 분명하게 드러났다. 이러한 기술들은 그러한 시스템을 대체하는 것으로 보이지 않았지만, 그러한 위임의 가능성은 과학적(그리고 사회적) 문제가 기술적 사안으로 변화하는 것을 보여준다. 이러한 기술적 사안은 과학이 수행되는 방식뿐 아니라 윤리적으로 인도되는 방식에 대해서도 폭넓은 함의를 가질 수 있다.(Ratto & Beaulieu, in press 2007)

지식문화의 사회적 차원은 과학 실천에서의 가능한 변화를 이해하는 데도 유용하다. 어떤 분야의 단위들 간의 관계는 과학연구의 사회구조와 관련돼 있다. 예를 들어 이러한 관계는 개인 간의 전문가 서비스 교환일 수도 있고, 실험실들 간의 경쟁 혹은 실험에서의 협력일 수도 있다. 단위들 간의 관계가 매개되어온 한 가지 방식은 텍스트(논문과 책)를 활용하는 것이다. 과학지식의 핵심 단위로서 텍스트의 지위는 e-과학에서 도전받을 수 있다. 지식에 대한 기여가 데이터베이스나 하부구조의 구축 내지 그에 대한 추가로 나타날 때를 예로 들 수 있다.(Bowker, 2000; Van House, 2002; Cronin, 2003) e-과학에서 공로인정의 경제—예를 들어 출판물이나 그 인용에서의 저자 표시 귀속(Scharnhorst & Thelwall, 2005)—는 전통적 과학과 다를 가능성이 높다. e-과학에서 사회적 관계 역시 대면접촉에서 매개된 커뮤니케이션/텍스트성으로의 변화에 의해 영향을 받기 때문이다.(Hayles, 2002)

여기서 지식문화 연구와 관련된 쟁점들은 우리에게 과학연구의 제도화에 관한 질문을 던진다. 위에서 언급했듯이, e-과학의 제도적 배치는 대단히 많은 매개를 포함하며, 따라서 우리는 그런 매개가 재현, 증명, 신뢰의 문제, 그리고 e-과학이 포함하고, 가능케 하고, 배포하고, 강조하고, 숨기는 종류의 작업의 지식학에 미치는 영향에 주목할 필요가 있다. 과학연구의 차원들을 추적하는 것은 "현실에 발 붙인" 과학자들의 인지적 및 연관 실천들을 그것을 만들어낸 동시에 그것에 의해 만들어진 특정한 제도적 환경과 연결시킬 것을 요구한다.

분야 없는 과학?

앞 절에서는 지식문화의 렌즈를 통해 과학 실천에 초점을 맞추었다. 그러나 그것이 제기한 몇 가지 쟁점들은 학문기관들에서 과학노동을 분야별로 나누는 문제—"과학생산의 구조적·조직적 조건"—와 관련돼 있다.(Fuchs, 1992) 학술 분야의 개념은 e-연구에서 이러한 쟁점들, 가령 새로운 전파 양식, 지적 재산권의 할당, 새로운 형태의 과학에 영향을 주기 위한 자원의 집중, 상호의존성, 업무의 불확실성, 연구 실천의 다양성 등을 탐구하는 데 유용하다. 그래서 분석단위로서 분야는 아울러 실천을 이해하기 위한 비교 렌즈를 도입한다.

학술 분야의 개념은 이러한 탐구에 유용하다. 분야들은 실천의 경제를 통해 혼종적이고 국소화된 실천들의 안정화를 제공한다.(Lenoir, 1997) 베처(Becher, 2000)가 지적하듯이 학문 분야의 개념은 단순하지 않다. 이 것의 연구는 STS 내에서 오랜—간헐적으로 수행되긴 했지만—전통이 다.(Becher, 1989; Heilbron, 2004; Lemaine et al., 1976; Weingart et al, 1983; Weingart, 2000; Whitney, 2000) 전문직 활동으로서 e-과학노동의 수행에 대한 탐구는 분야와 학제성의 관념을 다시 논의함으로써 강화될 수 있다. 이것이 특히 관련이 큰 이유는 e-과학이 학제성을 주장할 뿐 아니라 분야성이라는 핵심 아이디어를 바꿔놓을 것을 약속하기 때문이다. e-과학이 "분야를 넘어" 존재한다는 생각은 그것의 실천보다 e-과학에 관한 담론의 특징을 더 잘 보여줄지도 모르지만, 초분야성은 e-연구의 강력한 요소이다. 어떤 점에서 이는 e-과학을 가능케 해야 하는 사이버하부구조를 정의하는 근거이다. 여기서 그리드를 뒷받침하는 철학이 결정적으로 중요하다.(〈그림 14.1〉)

오늘날 사용자-과학자는 종종 현재의 온라인 계산 및 아카이브 자원을 구성하는 도구, 데이터, 인터페이스, 프로토콜이 혼란스럽게 뒤섞인 것을 헤쳐 나가는 데 어려움을 겪는다. 이 문제를 해결하겠다는 것이 e-과학의 일차적인 주장 가운데 하나이다. 종종 "미들웨어"라고 불리는 공통의 중간 소프트웨어층을 사용해 다양한 데이터베이스와 그 외 정보원들을 "자동으로" 번역해주는 단일 인터페이스(보통 웹 기반의)를 제공함으로써, 많은 e-과학 프로젝트들은 그것을 만들어낸 생산적인 분야별 차이와 기술적 차이를 잃어버리지 않으면서 이러한 다양성을 표준화하기를 희망한다. 이에 따라 이러한 프로젝트들에서 "미들웨어"의 관념은 순전히 기술적인 해법에서 다분야성의 문제에 대한 하나의 가능한 답변으로 보이는 데까지 확장된다. 실제로 우리는 e-과학의 중요한 장점이 현재 가능한 것보다 훨씬 더 잡종적인 연구팀이 복잡한 문제들을 다룰 수 있는 정도에 있다고 주장할 수 있다.

최선의 결과를 얻어내기 위해 연구는 점점 과학자들 간의 전 세계적 협력과 분산된 자원들의 활용에 의존하고 있다. 과학의 복잡성은 종종 다분야 팀을 요구한다. 공통의 해법지향적 목표 속에서 한데 모인 분산된 과학자들의 그러한 협력은 '가상조직(Virtual Organization, VO)'으로 명명되었다. 이에 따라 그리드

는 가상조직의 조력자로 정의되기도 했다. 그러한 기술 없이 공동작업을 할 때
의 장애물을 감안하면, 그처럼 분산된 팀이 이용할 수 있는 e-과학 환경의 질이
그들의 협력 능력과 훌륭한 과학 수행 능력에 결정적으로 중요하다는 것이 이
내 분명해진다.(Berg et al., 2003: 7)

그러나 이는 e-과학의 전망과 자원공유의 기술적 가능성이 어떻게 다양
한 연구 실천과 관계 맺을 것인가 하는 문제를 제기한다. 공통의 문제 정
식화, 공유된 사회-인지 양식, 공유된 과학기술 언어, 그리고 평판 통제 메
커니즘에서의 충분한 공통점을 통해 연구자들은 협력과 새로운 하부구조
의 창출 및 시험에 진지하게 투자할 수 있게 된다. 연구의 제도화, 평판 통
제 메커니즘, 분야 구조의 등장과 안정화를 연구한 풍부한 STS 전통이 여
기 관련된다. 이러한 일단의 연구는 자연과학과 사회과학을 가리지 않고
e-연구자들에게 도움을 줄 수 있다. 그렇지 않을 경우 그들은 특정 하부
구조 및 그것과 관련된 확산 모델의 최종 사용자가 되는 위험을 무릅써야
할 수 있다. 이런 하부구조들은 어떤 특정한 과학 전통, 가령 고에너지물
리학에서 무엇이 유효한 실천을 구성하는가와 관련된 일단의 가정들로 가
득 차 있고, 그런 전통이 지식문화들을 가로질러 꼭 번역된다고는 장담할
수 없다. STS 연구자들에게 이러한 시각은 STS의 이론적·방법론적 전통
의 오래된 요소들의 잠재력을 분명하게 해주고 오직 최신의 "전환"만이 주
목할 만한 가치가 있다는 STS 방법론의 진보주의 모델로부터 보호해줄 수
있다.

평판, 커뮤니케이션, 저자 표시의 새로운 방식과 권위의 문제는 분야성
에 대한 탐구, 그리고 노동으로서의 e-과학에 대한 그러한 탐구에서 대단
히 중요하다. 휘틀리(Whitley, 2000)에 따르면, 두 가지 주된 요인들이 과학

〈그림 14.1〉 e-연구의 미래

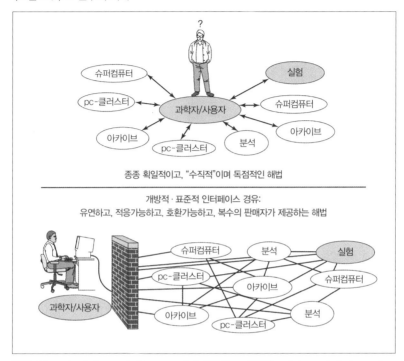

(출처: Berg, A., C. Jones, A. Osseyran, & P. Wielinga (2003), *e-Science Park Amsterdam* (Amsterdam: Science Park Amsterdam). http://www.wtcw.nl/nl/projecten/eScience.pdf에서 접속가능.

노동에 대한 평판 통제에 영향을 준다. 고용 단위, 자원, 청중, 평판이 수평적으로 집중된 정도, 그리고 목표, 문제, 기법들의 수직적 통합이 그것이다. 수직적 통합은 지식문화에서 공동체 규모의 실천과 연관되는 반면, 수평적 집중은 자원 및 책임성의 하부구조와 연관된다. 평판 통제는 과학노동력의 정체성이 어떻게 생산되고 과학노동의 정당화 내지 주변화에 어떻게 고도의 영향력을 발휘할 수 있는지를 결정한다.

한 가지 구체적인 사례는 기술적으로 추동되는 지적 업무에서 비공식적인 기술 커뮤니케이션의 역할에서 찾을 수 있다. 크노르 세티나의 기술잡담(technical gossip) 개념은 연구대상 주변의 평판 연결망을 통해 연구자의 정체성이 구성되는 것을 이해하는 한 가지 방법을 제공한다. 그녀는 기술잡담을 "기술대상에 관한, 그리고 사람들의 관련된 행동에 관한 보고, 논평, 평가"를 엮어주는 평가적·개인적 담화로 묘사한다.(Knorr Cetina, 1999: 205) 실험, 실험집단, 기관 같은 조직적 경계를 초월하는 "개인화된 존재론"을 재생산하는 기술잡담은 개인 간 인정을 발전시키는 비공식 하부구조이다. 이는 분명 실험 내지 실험실 장치를 중심으로 조직된 지적 공동체에만 국한되는 것이 아니다. 패스모어(Passmore, 1998)는 지리학자들이 새로운 통찰을 얻어내는 것에 대해 곰곰이 생각해본 후 새로운 이데올로기의 발전에서 잡담의 중요성을 강조했다. 그는 지리학에서 개인적 연결망 구조를 통해 전달된 소문이 명성을 쌓고 어떤 개인이 특정 분야의 연구 최전선과 관련해 보유한 지위를 결정하는 데 영향력을 발휘한다고 보았다. 인터넷에서 기술잡담은 웹로그, 위키피디아, 콜래보러터리(collaboratory, 협동[collaboration]과 실험실[laboratory]를 합친 신조어—옮긴이) 같은 전문적 형태의 커뮤니케이션 속에 체현될 수 있다. 이 속에서 기술잡담은 좀 더 가시화될 수 있고 아마 새로운 역할을 얻을 수도 있다.(Hine, 2002; Mortensen & Walker, 2002; Thelwall & Wouters, 2005)

전통적 과학 커뮤니케이션 시스템에 도전하는 커뮤니케이션과 질적 관리의 새로운 양식, 가령 디지털 사전출간 아카이브,[11] 무료접속 학술지, 공

---

11) 하나의 사례로 물리학 사전출간 아카이브의 "보증정책"을 보라.(http://arxiv.org/new/, 2004년 1월 17일 접속)

개 동료심사 같은 것들이 소수의 분야들 내에서 등장했다. 해당 분야의 연구조직이 새로운 양식을 도입했을 때 예상되는 이득과 맞아떨어지는 분야들이다. 예를 들어 크노르 세티나(Knorr Cetina, 1999)의 기술잡담이나 확신경로(confidence pathway) 같은 개념은 고에너지물리학 공동체 내에서 비공식 커뮤니케이션을 위한 컴퓨터 매개 커뮤니케이션 기술의 수용이 포화수준에 도달한 것을 설명해줄 수 있다. 이러한 현상은 화학 같은 여타의 물리과학 분야들에 반영되지 않았다.(Walsh & Bayma, 1996) 실험 고에너지 물리학에서 기술잡담과 확신통로는—종종 협력 기반의 질적 관리 메커니즘으로 공식화되긴 하지만(Traweek, 1988)—전통적인 형태의 동료심사를 부분적으로 밀어낸 높은 수준의 개인 간 인정을 만들어낸다. 과학자들 간의 상호의존이 과학에 유효한 기여를 하는 데 필요한 요인이 아니고, 개인 간 인정이 "기술잡담"이나 "확신통로" 같은 비공식 메커니즘이 아니라 공식 논문발표 시스템의 기능인 지적 분야들에서는, 무료접속 커뮤니케이션 모델이 지적 재산권에 대한 위협으로 인식될 수 있다.(Fry, 2006b) 뿐만 아니라 e-과학지식 관리의 전망 속에서 점차 논문 투고와 연결되고 있는 데이터 보관소는 저자 표시와 소유권 개념 모두를 위협한다. 이는 클링 등(Kling et al., 2002)이 관찰한바, 의학연구자들이 논문발표의 디지털 사전출간 모델에 저항한 이유를 설명해줄 수 있다.(아울러 Bohlin, 2004도 보라.)

좀 더 일반적으로는 e-학술지와 디지털 형태의 학술 커뮤니케이션 및

arXiv는 특정한 과학자 공동체가 정보를 교환하는 수단으로 개발되었고 지금도 그 역할을 하고 있다. 중재자들과 arXiv 관리팀은 내용이 사용자 공동체에 적절하도록 보증하는 작업을 막후에서 해왔다. arXiv에 투고되는 논문 수의 증가로 자동화된 보증 시스템이 필요하게 되었다. arXiv 과학자 공동체의 현재 구성원들은 새로운 논문 투고자를 보증할 기회를 갖게 될 것이다. 이 과정은 arXiv 내용이 현재의 연구에 관련성이 있는지 보증하면서 비용을 줄여 우리가 계속해서 모든 사람에게 무료로 개방된 웹 접속을 제공할 수 있게 할 것이다.

출판의 역할이 분야에 따라 크게 차이를 보인다.(Kling & McKim, 2000; Fry, 2006a) 이는 그런 연구에서의 ICT의 활용에 대해서도 마찬가지이다. e-과학은 이러한 분야 간 차이에 눈을 감지 않는다. 오히려 정반대이다. e-과학은 특히 자본집약적인 연구양식을 대표하기 때문에 이는 자원과 평판에 대한 분야별, 국지적 통제 체제에 한층 더 예민하다.

요컨대 과학 및 학술 분야와 하위분야들의 역할은 정보 하부구조의 발전에서 덜 중요한 것이 아니라 더 중요해질 것이다. 이는 분야들을 다른 오래된 STS 연구에 대해 다시 논의하는 것을 아마도 시의적절한 것으로 만들 것이다. 비록 우리는 과학의 비통일성에 좀 더 많은 주목을 해야 할 테지만 말이다.(Lenoir, 1997)

정보화와 e-과학에 대한 추궁

e-과학은 분명 통일된 현상이 아니다. 한편으로 이는 컴퓨터과학, 물리학, 하드웨어 생산에서의 협동연구로부터 출현한 특정한 국지적 과정이다. 이는 거대하고 다양한 데이터 집합에 대해 새로운 계산적 형태의 연구를 가능하게 해준다. 이러한 목표는 소프트웨어 도구, 정보 하부구조와 데이터베이스, 임베디드 디지털 연구장치들의 대대적 표준화를 요구한다. 이는 지식 분야들에서 정보구조 및 활동의 공식화를 시도한다. e-과학은 고도로 자본집약적이다. 이는 대단히 다양한 행위자들의 담론연합에 의해 뒷받침을 받고 있다. e-과학의 전망은 심지어 그것의 되풀이된 단점들에도 불구하고—어쩌면 바로 그것 때문에—미래지향적 담론과 논리 속에서 촉진되고 있다.(Lewis, 2000; Van & Bowker, 2006) 이는 창의적이지만 과학, 사회과학, 인문학의 새로운 영토를 점령하는 식민화 운동으로 분석될 수

있다. 다른 한편으로 e-과학은 개별 학자, 도서관 사서, 예술가, 아마추어 들이 받아들인 매우 다양한 기획들의 맥락 속에 배태돼 있다. e-과학과 이처럼 분산된 일단의 정보화 활동 사이의 경계는 흐릿하다. 이는 우리를 이 장의 출발점으로 다시 돌려놓는다. 학자들은 실제로 어떤 방식으로 인터넷과 ICT를 자신들의 실천 속에 통합하고 있는가?

이 질문에 답하는 한 가지 방법은 e-연구와 사이버-대상이 취하는 형태를 목록화하는 것이다. 우리의 목록에는 웹 접속 데이터베이스, 디지털 도서관, 가상 연구장치, 가상현실 객체, 시뮬레이션, 다중 위치 게임, 웹 여론조사, 화상회의, 화상회의용 카메라, 발성 기술, 검색 엔진, 크롤러(crawler, 인터넷 검색을 할 때 웹사이트를 방문해 정보를 모으는 컴퓨터 프로그램—옮긴이), 네트워크 분석도구, 웹페이지, 주석 달린 웹페이지, 웹사이트 분석, MUD와 MOO, 위키피디아, 웹로그, 웹로그 분석 소프트웨어, 지도와 지도 중첩, 구글어스, 지리정보시스템, 의미론 웹 구조, 포털, 이메일 리스트, 멀티미디어 출판물, pdf 파일로 만든 전통적 출판물, 역사 보관소, 온라인 디지털 수집품, 임상시험 데이터베이스, 크랙베리 데이터베이스, 주석이 달리고 표준화된 미가공 연구 데이터의 전문화된 데이터베이스, 존재론, 로봇 에이전트, 텍스트 파싱, 인공생명 형태, 사이버 공간에서 모든 행동을 기록하는 감시 시스템, 스파이웨어, 팟캐스트, 그리고 표준, 표준, 표준 등이 포함된다.

또 다른 방법은 서로 다른 분야들이 인터넷을 방법론이나 이론적 내지 주제적 연구의제로 받아들이는 방식을 생각해보는 것이다. 물론 가장 분명한 행동은 인터넷 관련 현상들을 연구대상으로 삼은 과학을 들여다보는 것이다. 이는 사회과학, 정보 및 컴퓨터과학, 인문학에서 정말이지 거대한 규모로 이뤄져 왔다. 『학계와 인터넷(*Academia and the Internet*)』의 편집자

들에 따르면,

인터넷과 그것이 사회에 미친 영향은 분야를 가로질러 학자들이 초점을 맞춘 문제가 되어왔으며, 이는 지극히 의당 그럴 만한 일이다. 우리가 이 책을 엮은 것은 인터넷이 영향을 **미쳤는지 여부**를 평가하기 위한 것이 아니다. 인터넷이 상당한 충격을 주었고, 이미 사람들, 사회, 제도에 영향을 미쳤다는 **것은** 이 책의 출발점을 이루는 가정이다.(Nissenbaum & Price, 2004: xi)

영향에 대한 이러한 기대는 엄청나게 다양한 인터넷의 개념화, 이론적 틀, 분석적 질문들을 가진 점점 규모가 커지고 있는 일단의 연구를 자극했다.[12] 이러한 연구에는 무엇보다도 온라인 사회연결망, 가상공동체, 가상성 속의 정체성 형성, 디지털 격차의 구성과 분석, 신뢰와 시민적 참여(Barry, 2001), 인터넷 사용 및 온라인에서 쓴 시간에 대한 설문조사, 전자상거래와 온라인 경매, 정보의 정치경제학(Mosco & Wasko, 1988; Shapiro & Varian, 1999; Lyman & Varian, 2000; David, 2004), 원격교육, 젠더 관계, 개발도상국에서의 과학(Shrum, 2005), 데이터 실천, 월드와이드웹과 문화이론(Herman & Swiss, 2000), 온라인 에로티시즘, 유연근무에 대한 연구가 포함된다. 이렇게 팽창하고 있는 연구들을 하나로 묶을 수 있는 좋은 방법

---

12) 이러한 연구의 최신 개관과 모범이 되는 사례들은 Wellman and Haythornthwaite(2002), Nissenbaum and Price(2004), Miller and Slater(2000), Abbate(1999), Slevin(2000), Bakardjieva and Smith(2001), Barnett et al.(2001), Castells(2001), DiMaggio et al.(2001), Poster(2001), Bar-Ilan and Peritz(2002), Henwood et al.(2002), Van Zoonen(2002), Barjak(2003), Chadwick and May(2003)에서 찾아볼 수 있다. 이러한 연구 중 상대적으로 작은 일부만이 인터넷연구자협회(Association of Internet Researchers, AoIR)가 개최한 일련의 학술대회에서 함께 발표됐다.(Jones, 1995, 1999)

은 사실상 존재하지 않는다. 인터넷이라고 불리거나 그것과 관련된 무언가가 어떻게든 연구주제와 관련돼 있다는 다분히 피상적인 관찰을 제외한다면 말이다.

좀 더 흥미로운 질문은 인터넷이 일상생활에 포함되면서 나타난 새로운 탐구주제들이 그것을 다루는 연구 분야들의 개념구조 혹은 이론구조 내지 장치에도 영향을 주었는가 하는 것이다. 이는 훨씬 덜 분명하다. 분명 인터넷은 정보사회에 대한 사회학 이론에 받아들여졌다.(Webster, 1995; Castells, 1996; Slevin, 2000; Castells, 2001; Poster, 2001) 경제학에서는 공공재와 공유지가 새롭게 강조되면서 정보경제학에 관한 논쟁이 있었다.(Mosco & Wasco, 1988; David, 2004) 문화이론에서는 학자들이 탈근대주의의 체현물로서 웹을 받아들였다. 전반적으로 문헌들은 새로운 분야들이 늘어나는 대신 기존의 분야 구조 내에 인터넷 쟁점들을 통합시키는 방향을 가리키고 있다.(인터넷 연구는 가능한 예외지만, 이것을 전통적 의미의 분야라고 부를 수 있는지는 아직 분명치 않다.) "그러나 전반적으로 전통적 분야들 내에서 적응과 변화가 일어났고, 인터넷과 그것이 사회에 미친 영향에 관한 연구가 기존의 논쟁, 기존의 구조, 기존의 주제별 접근 내에서 크고 작은 수준으로 확립됐다."(Nissenbaum & Price, 2004: x) 니센바움과 프라이스는 여기서 더 나아가 인터넷에 대한 주목이 커지면서 1990년대의 학제적 연구의 물결과 비교할 때 "분야별 집단 속으로의 후퇴"가 이어졌다고 주장한다. 이는 또한 기존의 분야별 패러다임의 회복력을 가리키는 것일지 모른다.

그러나 연구자들은 인터넷을 새로운 사회과학 및 인문학 방법론의 기반으로 받아들인 것을 실제로 보고하고 있다. 이를 일찍 수용한 사람들은 질적 데이터 수집에서 인터넷의 잠재력을 신속하게 확인했다. 이는 인터넷

연구 분야를 정의하는 요소들 중 하나일 수도 있다. 인터넷이나 월드와이드웹의 방법론적 잠재력에 대한 매혹의 공유 말이다. 이는 인터넷연구자협회(Association of Internet Researchers)가 상호텍스트성에 초점을 맞춘 탈근대주의자들과 인적 연결망 속의 인과관계를 설명하는 것을 목표로 하는 사회연결망 분석가들을 어떻게 한데 모으게 됐는지—상당히 특이한 조합—를 설명해줄 수 있다.(Consalvo et al., 2004) 두 가지 사례들이 이를 분명히 해줄 수 있다. 조지 랜도는 하이퍼텍스트성(hypertextuality)에 관해 책을 쓰면서, 하나의 기술로서 디지털 텍스트가 탈근대주의 이론의 체현을 나타낸다고 제안했다.(Landow, 1992) 이러한 시각은 문학 이론에서 미학적 탐구에 걸쳐 인터넷과 웹의 문화 이론에서 영향력을 발휘했다.(Hjort, 2004) 랜도는 하이퍼텍스트를 탈근대주의 문학 이론의 "자연스러운 실현"으로 본다. 문학이론가 마리-로리 라이언은 미묘하게 다른 입장을 취한다. 그녀는 이러한 수렴을 매체결정론의 한 형태로 보는 것이 아니라 "이용가능한 기술은 이미 이용가능한 기술의 활용뿐 아니라 이론화에도 영향을 준다."는 점을 상기시키는 것으로 본다.(라이언의 말을 Hjort, 2004: 211에서 재인용) 다시 말해 하이퍼텍스트는 문학 엘리트가 "중거리, 등장인물, 일관성"에 높은 가치를 두는 세상에서는 매우 다른 용도로 쓰일 수 있다는 것이다. 핵심 질문은 학술적·과학적 방법론들이 어떻게 매개기술들에 의해 영향을 받고 있는가 하는 것이다. 두 번째 사례는 이를 다른 방식으로 체현한다. 퓨 인터넷과 미국인의 삶(Pew Internet and American Life) 프로젝트는 2000년 3월 1일 이후로 미국에서 인터넷 사용에 대한 설문조사를 진행해왔다. 이는 사회에서 매체의 이용, 침투, 인식을 조사하고 있다. 방법론적으로 이 프로젝트는 그 규모에서 혁신적이다. 이 프로젝트는 인터넷을 데이터 수집의 통로로 활용함으로써 젠더, 연령, 인터넷 경험으로 유의미하게 나눌 수 있는 다양성과 대표성을 갖춘 대규모 표본을 수집하는 데 성공을 거뒀다.(Jankowski et al., 2004) 이 조사는 일일 표본 설계를 활용하기 때문에 응답자들이 새로운 경험을 등록할 수 있게 하고, 따라서 통상의 설문조사보다 좀 더 정확한 것으로 간주된다. 인터넷을 새로운 데이터의 원천과 낡은 유형의 데이터의 새로운 원천으로 비슷하게 사용하는 현상이 거의 모든 사회과학, 정보과학, 그리고 새롭게 출현하고 있는 웹계량학(Webometrics) 분야들에서 보고되었다.(Almind & Ingwersen, 1997; Aguillo, 1998; Ingwersen, 1998; Thelwall, 2000, 2004, 2005; Björneborn & Ingwersen, 2001; Scharnhorst, 2003; Scharnhorst et al., 2006)

요약하면 우리는 매개기술이 학술적·과학적 방법론에 영향을 주고 있다는 것을 경험적으로 확립된 사실로 받아들일 수 있다.(Reips & Bosnjak, 2001도 보라.) 예를 들어 콰는 그것에 내재한 불확실성에도 불구하고 모델링 기법들이 기후연구에서 인기를 얻은 이유가 이러한 기법을 사용하면 기후를 대단히 효과적으로 시각화할 수 있기 때문임을 알게 됐다.(Kwa, 2005) 이러한 주장은 "은밀하게 침투한 기술결정론"이 아니다.(Lenoir, 2002) 기술이 방법에 미친 영향이 실천 속에서 배태된 상호작용에 의해 추동되고 있기 때문이다. 그러나 새로운 매체가 새로운 방법론을 요구한다고 주장하는 것은 너무 단순할 것이다. 이 또한 방법지향적 기술결정론의 한 형태일 수 있다. 방법론에 가해지는 대부분의 수정은 제아무리 흥미롭고 유망한 것이라 해도 이미 존재하는 연구설계와 방법에 기반을 두고 있다.(Jankowski et al., 2004)

이는 우리를 좀 더 제한된 의미의 e-과학으로 되돌려 놓는다. 방법론적 혁신은 e-과학이 사회과학자와 인문학자들에게 제공하는 듯 보이는 핵심적인 약속이다. 때로 e-사회과학이나 e-인문학이라는 꼬리표가 붙는 새로운 일단의 연구가 현재 만들어지고 있다. 2005년에는 e-사회과학에 관한 최초의 국제 학술대회가 영국 맨체스터에서 개최되었고, 이는 연례 공개행사로 이뤄질 것을 약속하고 있다. 미국과 다른 지역에서는 인문학자들과 디지털 사이의 새로운 상호작용을 만들어내기 위한 연합이 형성되어,[13] 비판적 해체와 학술연구 수행을 위한 새로운 방법의 건설적 발전을 결합시키려 애쓰고 있다.(Ang & Cassity, 2004) 비록 비판적 요소가 살아 있긴 하지만(예를 들어 Woolgar, 2002a), 이러한 일단의 연구는 도구 개발과 하부구조 건설에 의해 지배되고 있다.(Preceedings, 2005; Anon., 2005b)

STS는 그것이 경험적 기반을 둔 이론연구에 가진 강점을 감안할 때 이러한 사회과학 및 인문학의 의제와 어떻게 상호작용을 할 수 있는가? 우리는 STS의 발전하는 연구의제에 도움을 줄 수 있는 몇 가지 핵심 질문들을 개략적으로 그려내려 애썼다.

아마도 먼저 e-과학을 둘러싼 경계를 존중하지 않는 것이 갖는 가치를 지적해야 할 것이다. 맥락화된 분석을 고수하고 e-과학에 대한 협소한 정의를 받아들이지 않음으로써, STS는 e-사회과학과 e-인문학에 관한 논쟁 속에, 그것이 없었다면 그러한 논쟁의 일부가 되지 않았을 담론과 경험을 주입하는 데 도움을 줄 수 있다. 우리는 이 영역에서 STS의 의제가 e-과학과 연구의 미래에 대한 지배적 관점에 의해 제약받지 않는 것도 STS 탐구

---

13) 미국에서는 인문학, 예술, 과학기술 고등협력실험실(Humanities, Arts, Science, and Technology Advanced Collaboratory, HASTAC, "헤이스택"이라고 발음한다.)이 인문학과 예술에서 기술의 창의적 활용을 촉진하는 것을 목표로 하고 있다.(http://www.hastac.org/) 유럽에서는 몇몇 "컴퓨팅과 인문학" 연구센터들이 지난 수십 년 동안 발전했지만, 성공을 거둔 정도는 제각각이었다. 문학에서 이러한 접근의 최신 개관은 Breure et al.(2004)과 역사와 컴퓨팅 학회(Association for History and Computing)의 16차 학술대회 발표 논문집(Anon., 2005b)을 보라.

그 자체와 관련이 있다고 생각한다. 바꿔 말해 계속 어지러운 상태로 내버려두자는 것이다.

둘째로, 우리는 여기서 가치 있을 수 있는 몇몇 새롭게 등장한 분석적 연구 방향을 개략적으로 그려내려 애썼다. 우리는 지식문화의 관념이 어떻게 e-과학의 개념하에서 점차 한데 묶이고 있는 네트워크화된 실천에 관해 중요한 질문을 던질 수 있게 도와주는지를 보였다. 지식대상과 실험환경의 역할에 주목함으로써, 과학 및 학술연구에서 집단적으로 기입을 생산해내는 핵심 업무를 부각시켰다. 지식문화의 관념이 힘을 갖는 이유는 일상적 실천의 분석과 그러한 실천에 기반을 두고 그것에 의해 제약받는 제도화 과정에 대한 연구를 이어줄 수 있기 때문이다. 우리는 또한 새로운 결과들을 생산할 필요성과 지식을 시장으로 독점하기 위해 요구되는 안정성 간의 긴장을 담고 있는 보수적 제도로서 분야의 관념에 의지했다. 디지털로 매개되는 지식 실천은 지식문화와 분야 모두를 서로 뒤얽힌 두 개의 분석적 시각으로 볼 수 있게 해주는데, 이는 STS에서 그리 흔히 볼 수 있는 입장은 아니다. 지식문화의 관념이 분야 관념에 대한 비판에 기반해 발전되어온 것이기 때문에 더욱 그렇다.(Knorr Cetina, 1981)

우리는 또한 과학노동─특히 테크니션과 지원 인력의 노동을 포함하는─에 대한 분석에 초점을 맞추었다. 한편으로 우리는 네트-일(net-work, 연결망을 만들어내고 유지하는 일)을 좀 더 자세히 들여다보고자 했다. 여기서는 기입의 생산 및 순환이 핵심이다. 이러한 분석에서 우리는 지식문화가 생산적인 분석장치임을 알게 되었다. 다른 한편으로 과학노동에 의한 가치생산에 다시 주목하는 것이 적절해 보인다. 과학을 가치생산 및 순환 과정으로 분석하는 것은 특히 생산적이다. 과학적 결과, 전문성, 그리고 가장 중요한 것으로 과학노동 그 자체를 위한 시장의 창출과 유지를 분석할 수 있게 해주기 때문이다.

　이러한 접근은 또한 기입의 분석과도 관련돼 있다. 기입은 혼자 힘으로 움직이는 것이 아니며 스스로 생산하지도 못한다. 그것은 노동의 산물이다. 그러나 노동이 사용가치 생산능력과 교환가치 생산능력 모두에서 스스로를 드러내는 것은 기입 속에서이다. 이러한 흔적들은 점차 디지털 매체에 배태되는데, 이러한 매체 그 자체도 앞선 시기에 유사한 노동에 의해 생산된 동일한 유형의 개입들로 이뤄져 있다. 따라서 제도화 그 자체는 노동의 산물이며, 디지털 제도는 다름 아닌 기입의 순환이 보여주는 되풀이되는 패턴이다. 이런 견지에서 보면 e-과학은 과학을 기입활동으로 분석하는 STS의 기존 방식을 넘어 한 걸음 더 나가도록 우리에게 요청한다.(이 점에 대한 좀 더 확장된 논의는 Wouters, 2006을 보라.) 라투르와 울가(Latour & Woolgar, 1979)의 실험실 분석에서 과학자들은 기입의 생산에 광적으로 몰두하고 있었다. 연구장치들은 이러한 흔적들의 일상적인 대규모 생산을 가능케 하도록 만들어졌다. 그러나 과학자들 자신과 그들이 속한 기관은 여전히 이러한 기입들로부터 분리돼 있었다. 그들이 이러한 기입들로부터 자신들의 의미와 정체성을 끌어내긴 하지만 말이다.

　정보화는 그 자체로 스스로에 대한 연구의 성찰적 재기입으로 해석될 수 있다. 모든 행위자는 문자 그대로 서로에게 고도로 제한된 작용을 하는 기입의 묶음 속에 체현돼 있다.(Lenoir, 2002) 우리는 이것이 탈물질화의 관념과는 다르다는 것을 강조하고자 한다. 인간의 몸, 동물의 몸, 기계의 몸, 그 어느 것도 일을 수행하면서 사라지지 않는다. 오히려 정반대로 성찰적 자기기입은 지식생산에 연루된다는 것의 의미에 엄청난 함의를 던져준다. 이처럼 정보, 노동, 그리고 디지털 실천과 도구 속에서 그것의 물질적 형태들의 기호학에 주목하는 것은 우리가 생각하기에 과학사와 과학

사회학에서 새롭게 출현하고 있는 흥미로운 연구 방향이며(Lenoir, 1997, 2002; Rheinberger, 1997; Kay, 2000; Thurtle & Mitchell, 2002; Beaulieu, 2003; Mitchell & Thurtle, 2004) STS의 민족지 사례연구나 역사적 사례연구에 도움을 줄 수 있다.

매체와 방법론 사이의 상호작용은 복잡하다. 단순히 새로운 매체는 새로운 방법을 필요로 한다는 것이 아니다. 그러나 새로운 매개기술은 연구 방법과 방식—우리 자신의 방법과 연구를 포함해서—에 실제로 영향을 준다. 이 글에서는 우리의 분석이 어떻게 지식문화의 관념에 다시 도움을 주는지 논의함으로써 이를 예시하려 애썼다. 우리는 그러한 분석틀에서의 결정적 구분—지식대상과 실험 시스템 사이의 구분—이 어떻게 디지털 매체에서 약화되는 듯 보이는지를 논의했다. 아마도 좀 더 중요한 것으로, 우리는 이러한 분석양식이 학술적 정체성, 연구 하부구조, 그리고 노동조직 내부의(또 그것을 통한) 실천 사이의 상호작용을 더 잘 이해하게 도와줄 수 있다고 제안한다. 이는 전도유망한 실천이자 문제를 내포한 이데올로기 모두로서 정보화와 e-연구를 비판적으로 추궁하는 생산적 기반이 될 수 있다.[14]

---

14) 예를 들어 연구에서 시간 관리와 속도 제어에 e-연구가 가져온 결과는 규범지향적 STS 연구에 흥미로운 영역이 될 수 있다. "재촉하지 않는 과학(unhastening science)"에 대한 호소는 Pels(2003)를 보라.

참고문헌

Abbate, J. (1999) *Inventing the Internet* (Cambridge, MA: MIT Press).

Aguillo, I. F. (1998) "STM Information on the Web and the Development of New Internet R&D Databases and Indicators," in *Proceedings Online Information Meeting 98, London, Learned Information* 1998: 239–243.

Almind, T. & Ingwersen, P. (1997) "Informetric Analyses on the World Wide Web: Methodological Approaches to 'Webometrics,' " *Journal of Documentation* 53: 404–426.

Ang, I. & E. Cassity (2004) *Attraction of Strangers: Partnerships in Humanities Research* (Sydney: Australian Academy of the Humanities).

Anon. (2004a) "Making Data Dreams Come True," *Nature* 428: 239.

Anon. (2004b) "Virtual Observatory Finds Black Holes in Previous Data," *Nature* 429: 494–495.

Anon. (2005a) "Let Data Speak to Data," *Nature* 438: 531.

Anon. (2005b) *Humanities, Computers & Cultural Heritage*, Proceedings of the XVI Conference of the Association for History and Computing, Amsterdam.

Arzberger, P., P. Schroeder, A. Beaulieu, G. Bowker, K. Casey, L. Laaksonen, D. Moorman, P. Uhlir, & P. Wouters (2004) "Science and Government: An International Framework to Promote Access to Data," *Science* 303: 1777–1778.

Atkins, D., K. Droegemeier, S. I. Feldman, H. Garcia-Molina, M. L. Klein, D. G. Messerschmitt, P. Messina, J. P. Ostriker, & M. H. Wright (2003) "Revolutionizing Science and Engineering Through Cyberinfrastructure: Report of the National Science Foundation Blue-Ribbon Advisory Panel on Cyberinfrastructure" (Washington, DC, National Science Foundation) Available at: http://dlist.sir. arizona.edu/897/.

Bakardjieva, M. & R. Smith (2001) "The Internet in Everyday Life—Computer Networking from the Standpoint of the Domestic User," *New Media & Society* 3(1): 67–83.

Barabási, A.-L. (2001) "The Physics of the Web," *Physics World*, July, Available at: http://physicsweb.org/articles/world/14/7/9/1.

Barabási, A.-L. (2002) *Linked: The New Science of Networks* (Cambridge, MA: Perseus

Publishing).

Bar-Ilan, J. & B. C. Peritz (2002) "Informetric Theories and Methods for Exploring the Internet: An Analytical Survey of Recent Research Literature," *Library Trends* 50(3): 371–392.

Barjak, F. (2003) *The Internet in Public Science* (Brussels: SIBIS).

Barnett, G. A., B. Chon, H. Park, & D. Rosen (2001) "An Examination of International Internet Flows: An Autopoietic Model," presented at the annual conference of International Communication Association, May 2001, Washington, DC.

Barry, A. (2001) *Political Machines: Governing a Technological Society* (London: Athlone Press).

Beaulieu, A. (2001) "Voxels in the Brain: Neuroscience, Informatics and Changing Notions of Objectivity," *Social Studies of Science* 31(5): 635–680.

Beaulieu, A. (2003) "Review of Semiotic Flesh: Information and the Human Body," by Philip Thurtle & Robert Mitchell. Resource Center for Cyberculture Studies. Available at: http://rccs.usfca.edu/bookinfo.asp?ReviewID=271&BookID=217.

Beaulieu, A. (2004) "From Brainbank to Database: The Informational Turn in the Study of the Brain," *Studies in History and Philosophy of Biological and Biomedical Sciences* 35(2): 367–390.

Beaulieu, A. (2005) "Sociable Hyperlinks: An Ethnographic Approach to Connectivity" in C. Hine (ed), *Virtual Methods: Issues in Social Research on the Internet* (Oxford: Berg): 183–198.

Beaulieu, A. & H. Park (eds) (2003) "Internet Networks: The Form and the Feel," *Journal of Computer Mediated Communication* 8(4), special issue. Available at: http://jcmc.indiana.edu/vol8/issue4/.

Becher, T. (1989) *Academic Tribes and Territories: Intellectual Inquiry and the Culture of Disciplines* (Buckingham, U.K.: SHRE & Open University Press).

Benschop, R. (1998) "What Is a Tachistoscope? Historical Explorations of an Instrument," *Science in Context* 11(1): 23–50.

Berg, A., C. Jones, A. Osseyran, & P. Wielinga (2003), *e-Science Park Amsterdam* (Amsterdam: Science Park Amsterdam) Available at: http://www.wtcw.nl/nl/projecten/eScience.pdf.

Berman F., G. Fox, & T. Hey (eds) (2003) *Grid Computing: Making the Global*

Infrastructure a Reality (Chichester, West Sussex, U.K.: Wiley): 9 – 50.

Bijker, W. E., T. P. Hughes, & T. Pinch (eds) (1989) *The Social Construction of Technological Systems* (Cambridge, MA: MIT Press).

Björneborn, L., & P. Ingwersen (2001) "Perspectives of Webometrics," *Scientometrics*, 50(1): 65 – 82.

Blumstein, A. (2000) "Violence: A New Frontier for Scientific Research," *Science* 289: 545.

Bohlin, I. (2004) "Communication Regimes in Competition: The Current Transition in Scholarly Communication Seen Through the Lens of the Sociology of Technology," *Social Studies of Science* 34(3): 365 – 391.

Borgman, C. & J. Furner (2002) "Scholarly Communication and Bibliometrics," *Annual Review of Information Science and Technology* 36: 3 – 72.

Börner, K., L. Dall'Asta, W. Ke, & A. Vespignani (2005) "Studying the Emerging Global Brain: Analyzing and Visualizing the Impact of Co-Authorship Teams," *Complexity* 10(4): 57 – 67.

Bowker, G. (2000) "Biodiversity Datadiversity," *Social Studies of Science*, 30(5), 643 – 684.

Bowker, G. (2005) *Memory Practices in the Sciences* (Cambridge, MA: MIT Press).

Bowker, G. & S. L. Star (1999) *Sorting Things Out: Classification and its Consequences* (Cambridge, MA: MIT Press).

Breure, L., O. Boonstra, & P. Doorn (2004) "Past, Present and Future of Historical Information Science," *Historical Social Research/Historische Sozialforschung* 29(2): 4 – 132.

Brown, N. & M. Michael (2003) "A Sociology of Expectations: Retrospecting Prospects and Prospecting Retrospects," *Technology Analysis & Strategic Management* 15(1): 3 – 18.

Callon M., C. Méadel, & V. Rabeharisoa (2002) "The Economy of Qualities," *Economy and Society* 31(2): 194 – 217.

Castells, M. (1996) *The Rise of the Network Society* (Cambridge, MA: Blackwell).

Castells, M. (2001) *The Internet Galaxy: Reflections on the Internet, Business, and Society* (Oxford: Oxford University Press).

Cech, T. (2003) "Rebalancing Teaching and Research," *Science* 299: 165.

Chadwick, A. & C. May (2003) "Interaction between States and Citizens in the Age of the Internet: e-Government in the United States, Britain, and the European Union," *Governance* 16(2): 271–300.

Chen, C. & N. Lobo (2006) "Analyzing and Visualizing the Dynamics of Scientific Frontiers and Knowledge Diffusion," in C. Ghaoui (ed), *Encyclopedia of Human-Computer Interaction* (Hershey, PA: Idea Group Reference): 24–30.

Clark, A. & J. Fujimura, (1992) *The Right Tools for the Right Job: At Work in 20th-Century Life Sciences* (Princeton, NJ: Princeton University Press).

Cohen, J. (2005) "New Virtual Center Aims to Speed AIDS Vaccine Progress," *Science* 309: 541.

Collins, R. (2001) *The Sociology of Philosophies: A Global Theory of Intellectual Change* (Cambridge, MA: Belknap Press of Harvard University Press).

Colwell, R. (2002) "A Global Thirst for Safe Water: The Case of Cholera," 2002 Abe Wolman Distinguished Lecture, National Academies of Science, 25 January 2002, Washington, DC.

Consalvo, M., N. Baym, J. Hunsinger, K. B. Jensen, J. Logie, M. Murero, et al. (2004) *Internet Research Annual: Selected Papers from the Association of Internet Researchers Conferences 2000–2002 (Digital Formations, 19)* (New York: Peter Lang Publishing Group).

Cronin, B. (2003) "Scholarly Communication and Epistemic Cultures, Keynote Address, Scholarly Tribes and Tribulations: How Tradition and Technology are Driving Disciplinary Change" (Washington, DC: ARL).

Cronin, B. & H. B. Atkins (2000) *The Web of Knowledge: A Festschrift in Honor of Eugene Garfield* (Medford, NJ: Information Today).

Cummings, J. & S. Kiesler (2005) "Collaborative Research Across Disciplinary and Organizational Boundaries," *Social Studies of Science* 35(5): 703–722.

David, P. (2004) "Economists and the Net: Problems of a Policy for a Telecommunications Anomaly," in M. E. Price & H. Nissenbaum (eds), *The Academy & the Internet* (New York: Peter Lang Publishing Group): 142–168.

De Boer, H., J. Huisman, A. Klemperer, B. van der Meulen, G. Neave, H. Theisens, et al. (2002) *Academia in the 21st Century: An Analysis of Trends and Perspectives in Higher Education and Research* (Den Haag, Netherlands: Adviesraad voor het Wetenschaps-en Technologiebeleid).

DiMaggio, P., E. Hargittai, W. R. Neuman, & J. P. Robinson (2001) "Social

Implications of the Internet," *Annual Review of Sociology* 27: 307 – 336.

Doing, P. (2004) " 'Lab Hands' and the 'Scarlet O': Epistemic Politics and (Scientific Labor)," *Social Studies of Science* 34(3): 299 – 324.

Drott, C. M. (2006) "Open Access," *Annual Review of Information Science and Technology* 40: 79 – 109.

Dutton, W. H. (1996) *Information and Communication Technologies: Visions and Realities* (Oxford: Oxford University Press).

Edge, D. O. & M. J. Mulkay (1976) *Astronomy Transformed: The Emergence of Radio Astronomy in Britain* (New York: Wiley).

Esanu, J. & P. Uhlir (2003) *The Role of Scientific and Technical Data and Information in the Public Domain* (Washington, DC: National Academies Press).

Fleck, L. (1979) *Genesis and Development of a Scientific Fact* (Chicago: University of Chicago Press).

Fry, J. (2004) "The Cultural Shaping of ICTs within Academic Fields: Corpus-based Linguistics as a Case Study," *Literary and Linguistic Computing* 19(3): 303 – 319.

Fry, J. (2006a) "Coordination and Control across Scientific Fields: Implications for a Differentiated e-science," in C. Hine (ed), *New Infrastructures for Knowledge Production: Understanding e-science* (Hershey, PA: Idea Group).

Fry, J. (2006b) "Scholarly Research and Information Practices: A Domain Analytical Approach," *Information Processing & Management* 42: 299 – 316.

Fuchs, S. (1992) *The Professional Quest for Truth: A Social Theory of Science and Knowledge* (Albany: State University of New York Press).

Fujimura, J. (1987) "The Construction of Doable Problems in Cancer Research," *Social Studies of Science* 17(2): 257 – 293.

Fujimura, J. (1992) "Crafting Science: Standardized Packages, Boundary Objects, and Translation," in A. Pickering, *Science as Practice and Culture* (Chicago and London: University of Chicago Press): 168 – 211.

Fujimura, J. & M. Fortun (1996) "Constructing Knowledge Across Social Worlds: The Case of DNA Sequence Databases in Molecular Biology," in L. Nader, *Naked Science: Anthropological Inquiry into Boundaries, Power and Knowledge* (New York: Routledge): 160 – 173.

Fuller, S. (1997) *Science* (Minneapolis: University of Minnesota Press).

Galegher, J. & R. Kraut (1992) *Computer-mediated Communication and*

Collaborative Writing: Media Influence and Adaptation to Communication Constraints, Computer Supported Cooperative Work (Toronto: ACM Press).

Giles, J. (2005) "Online Access Offers Fresh Scope for Bud Identification," *Nature* 433: 673.

Goldenberg-Hart, D. (2004) "Libraries and Changing Research Practices: A Report of the ARL/CNI Forum on e-Research and Cyberinfrastructure," Associations of Research Libraries (ARL) Bimonthly Report No. 237.

Gunnarsdottir, K. (2005) "Scientific Journal Publications: On the Role of Electronic Preprint Exchange in the Distribution of Scientific Literature," *Social Studies of Science* 35(4): 549 – 580.

Hackett, E. (2005), "Essential Tensions, Identity, Control and Risk in Research," *Social Studies of Science* 35(5): 787 – 826.

Hackett, E., D. Conz, J. Parker, J. Bashford, & S. DeLay (2004) "Tokamaks and Turbulence: Research Ensembles, Policy and Technoscientific Work," *Research Policy* 33(5): 747 – 767.

Hakken, D. (1999) *Cyborgs@Cyberspace? An Ethnographer Looks to the Future* (New York, Routledge).

Hakken, D. (2003) *The Knowledge Landscapes of Cyberspace* (New York, Routledge).

Hauben, R. & M. Hauben (1997) *Netizens: On the History and Impact of Usenet and the Internet* (New York: Wiley).

Hayles, N. K. (2002) "Material Metaphors, Technotexts, and Media-specific Analysis" in *Writing Machines* (Cambridge, MA: MIT Press): 18 – 33.

Haythornthwaite, C. & B. Wellman (1998) "Work, Friendship, and Media Use for Information Exchange in a Networked Organization," *Journal of the American Society for Information Science* 49(12): 1101 – 1114.

Heilbron, J. (2004) "A Regime of Disciplines: Towards a Historical Sociology of Disciplinary Knowledge," in C. Camic & H. Joas (eds), *The Dialogical Turn: New Roles for Sociology in the Postdisciplinary Age* (Lanham, MD: Rowman & Littlefield), 23 – 42.

Heimeriks, G. (2005) "Knowledge Production and Communication in the Information Society: Mapping Communications in Heterogenous Research Networks," PhD diss., University of Amsterdam.

Hellsten, I. (2002) *The Politics of Metaphor: Biotechnology and Biodiversity in the*

Media (Tampere, Finland: Acta Universitatis Tamperensis; 876, Tampere University Press).

Henwood, F., S. Wyatt, A. Hart, & J. Smith (2002) "Turned on or Turned off? Accessing Health Information on the Internet," *Scandinavian Journal of Information Systems* 14(2): 79 – 90.

Herman, A. & T. Swiss (eds) (2000) *The World Wide Web and Contemporary Cultural Theory* (New York and London: Routledge).

Hey, T. & A. E. Trefethen (2002) "The UK e-Science Core Programme and the Grid," *Future Generation Computer Systems* 18(8): 1017 – 1031.

Hine, C. (2002) "Cyberscience and Social Boundaries: The Implications of Laboratory Talk on the Internet," *Sociological Research Online* 7(2), U79 – U99.

Hine, C. (ed) (2006) *New Infrastructures for Knowledge Production: Understanding e-science* (Hershey, PA: Idea Group).

Hjort, M. (2004) "Aesthetic Approaches to the Internet and New Media," in M. E. Price & H. Nissenbaum (eds), *The Academy & the Internet* (New York: Peter Lang Publishing Group): 229 – 261.

Howard, P. (2002) "Network Ethnography and the Hypermedia Organization: New Organizations, New Media, New Methods," *New Media & Society* 4(4): 551 – 575.

Huberman, B. A. (2001) *The Laws of the Web: Patterns in the Ecology of Information* (Cambridge, MA: MIT Press).

Ingwersen, P. (1998) "The Calculation of Web Impact Factors," *Journal of Documentation* 54(2): 236 – 243.

Ito, M. (1996) "Theory, Method, and Design in Anthropologies of the Internet," *Social Science Computer Review* 14(1): 24 – 26.

Jankowski, N., S. Jones, K. Foot, P. Howard, R. Mansell, S. Schneider, & R. Silverstone (2004) "The Internet and Communication Studies," in M. E. Price & H. Nissenbaum (eds), *The Academy and the Internet* (New York: Peter Lang Publishing Group): 197 – 228.

Jankowski, N. W. & O. Prehn (eds) (2002) *Community Media in the Information Age: Perspectives and Prospects* (Cresskill, NJ: Hampton Press).

Jasanoff, S., G. Merkle, J. Petersen, & T. Pinch (eds) (1995) *Handbook of Science and Technology Studies* (Thousand Oaks, CA: Sage).

Joerges, B. & T. Shinn (2001) *Instrumentation Between Science, State, and Industry*

(Dordrecht, Netherlands: Kluwer Academic Publishers).

Jones, S. G. (1995) *Cybersociety* (London: Sage).

Jones, S. (1999) *Doing Internet Research: Critical Issues and Methods for Examining the Net* (Thousand Oaks, CA: Sage).

Kaiser, J. (2003) "NIH Sets Data Sharing Rules," *Science* 299: 1643.

Kay, L. E. (2000) *Who Wrote the Book of Life? A History of the Genetic Code* (Stanford, CA: Stanford University Press).

Kling, R. (1999) "What is Social Informatics and Why Does It Matter?" *D-lib Magazine* 5(1) Available at: http://www.dlib.org/dlib/january99/kling/01kling.html.

Kling, R. & R. Lamb (1996) "Analyzing Visions of Electronic Publishing and Digital Libraries," in G. B. Newb & R. M. Peek (eds), *Scholarly Publishing: The Electronic Frontier* (Cambridge, MA: MIT Press): 17–54.

Kling, R. & G. McKim (2000) "Not Just a Matter of Time: Field Differences and the Shaping of Electronic Media in Supporting Scientific Communication," *Journal of the American Society for Information Science* 51(14): 1306–1320.

Kling, R., G. McKim, & A. King (2003) "A Bit More to IT: Scholarly Communication Forums as Sociotechnical Interaction Networks," *Journal of the American Society for Information Science and Technology* 54(1): 47–67.

Kling, R., L. Spector, & G. McKim (2002) "Locally Controlled Scholarly Publishing via the Internet: The Guild Model," *Journal of Electronic Publishing* 8(1) Available at: http://www.press.umich.edu/jep/08-01/kling.html.

Knorr Cetina, K. (1981) *The Manufacture of Knowledge: An Essay on the Constructivist and Contextual Nature of Science* (Oxford: Pergamon).

Knorr Cetina, K. (1992) "The Couch, the Cathedral, and the Laboratory: On the Relationship between Experiment and Laboratory Science," in A. Pickering (ed), *Science as Practice and Culture* (Chicago and London: University of Chicago Press): 113–138.

Knorr Cetina, K. (1999) *Epistemic Cultures: How the Sciences Make Knowledge* (Cambridge, MA: Harvard University Press).

Knorr Cetina, K. & U. Bruegger (2000) "The Market as an Object of Attachment: Exploring Postsocial Relations in Financial Markets," *Canadian Journal of Sociology* 25(2): 141–168.

Koslow, S. H. (2002) "Sharing Primary Data: A Threat or Asset to Discovery?" *Nature*

Reviews Neuroscience 3(4): 311–313.

Kwa, C. (2005) "Local Ecologies and Global Science: Discourses and Strategies of the International Geosphere-Biosphere Programme," *Social Studies of Science* 35(6): 923–950.

Landow, G. P. (1992) *Hypertext 2.0: The Convergence of Contemporary Critical Theory and Technology* (Baltimore and London: Johns Hopkins University Press).

Latour, B. & S. Woolgar (1979) *Laboratory Life: The Social Construction of Scientific Facts* (Beverly Hills, CA: Sage).

Latour, B. & S. Woolgar (1986) *Laboratory Life: The Construction of Scientific Facts*, 2nd ed. (Princeton, NJ: Princeton University Press).

Lawrence, S. (2001) "Online or Invisible?" *Nature* 411: 521.

Lazinger, S., J. Bar-Ilan, & B. Peritz (1997) "Internet Use by Faculty Members in Various Disciplines: A Comparative Case Study," *Journal of the American Society for Information Science* 48(6): 508–518.

Lemaine, G., R. MacLeod, M. Mulkay, & P. Weingart (1976) *Perspectives on the Emergence of Scientific Disciplines* (The Hague: Mouton-Aldine).

Lenoir, T. (1997) *Instituting Science: The Cultural Production of Scientific Disciplines* (Stanford, CA: Stanford University Press).

Lenoir, T. (2002) "The Virtual Surgeon," in P. Turtle & P. Howard (eds), *Semiotic Flesh: Information and the Human Body* (Seattle: University of Washington Press): 28–51.

Lewis, M. (2000) *The New New Thing: A Silicon Valley Story* (New York, Norton).

Lievrouw, L. & S. Livingstone (2002) *The Handbook of New Media: Social Shaping and Consequences of ICTs* (London: Sage).

Lyman, P. & H. R. Varian (2000) *How Much Information?* Available at: http://www2.sims.berkeley.edu/research/projects/how-much-info-2003/.

Marris, E. (2005) "Free Genome Databases Finally Defeat Celera," *Nature* 435: 6.

Marshall, E. (2002) "DATA SHARING: Clear-Cut Publication Rules Prove Elusive," *Science* 295: 1625.

Matzat, U. (2004) "Academic Communication and Internet Discussion Groups: Transfer of Information or Creation of Social Contacts?" *Social Networks* 26(3): 221–255.

Merali, Z. & J. Giles (2005) "Databases in Peril," *Nature* 435: 1010–1011.

Miller, D. & D. Slater (2000) *The Internet: An Ethnographic Approach* (Oxford and New York: Berg).

Mitchell, R. & P. Thurtle (eds) (2004) *Data Made Flesh. Embodying Information* (New York: Routledge).

Molyneux, R. E. & R. V. Williams (1999) "Measuring the Internet," *Annual Review of Information Science and Technology* 34: 287–339.

Mortensen, T. & J. Walker (2002) "Blogging Thoughts: Personal Publication as an Online Research Tool," in A. Morrison (ed), *Researching ICTs in Context* (Oslo, Norway: Intermedia, University of Oslo): 249–279.

Mosco, V. & J. Wasko (eds) (1988) *The Political Economy of Information* (Madison: University of Wisconsin Press).

National Research Council (NRC) (1997) *Bits of Power: Issues in Global Access to Scientific Data* (Washington, DC: National Academies Press).

National Research Council (NRC) (1999) *A Question of Balance: Private Rights and the Public Interest in Scientific and Technical Databases* (Washington, DC: National Academies Press).

Nentwich, M. (2003) *Cyberscience: Research in the Age of the Internet* (Vienna: Austrian Academy of Sciences Press).

Nissenbaum, H. & M. Price (eds) (2004) *Academia and the Internet* (New York: Peter Lang Publishing Group).

Norris, K. S. (1993) *Dolphin Days: The Life and Times of the Spinner Dolphin* (New York: Avon Books).

OECD (1998) *The Global Research Village* (Paris: OECD).

Park, H. W. (2003) "What Is Hyperlink Network Analysis? New Method for the Study of Social Structure on the Web," *Connections* 25(1): 49–61.

Passmore, A. (1998) "Geogossip," *Environment and Planning A* 30(8): 1332–1336.

Pels, D. (2003) *Unhastening Science: Autonomy and Reflexivity in the Social Theory of Knowledge* (New York: Routledge).

Pickering, A. (1992) *Science as Practice and Culture* (Chicago: University of Chicago Press).

Porter, D. (1997) *Internet Culture* (London: Routledge).

Poster, M. (2001) *What Is the Matter with the Internet?* (Minneapolis: University of Minnesota Press).

Price, D. J. de Solla (1984) "The Science/Technology Relationship: The Craft of Experimental Science, and Policy for the Improvement of High Technology Innovation," *Research Policy* 13(1): 3–20.

Proceedings of the First International Conference on e-Social Science, Manchester, 22–24 June 2005. Available at: http://www.ncess.ac.uk/events/conference/2005/papers/.

Ratto, M. & A. Beaulieu (in press 2007) "Banking on the Human Genome Project," *Canadian Review of Sociology and Anthropology/Revue Canadienne de Sociologie* 44(2).

Reips, U.-D. & M. Bosnjak (eds) (2001) *Dimensions of Internet Science* (Langerich, Germany: Pabst Science Publishers).

Rheinberger, H.-J. (1997) *Toward a History of Epistemic Things: Synthesizing Proteins in the Test Tube* (Stanford, CA, Stanford University Press).

Rheingold, H. (1994) *The Virtual Community: Homesteading on the Electronic Frontier* (New York: HarperPerennial, or http://www.rheingold.com/vc/book/).

Santos, C., J. Blake, & D. J. States (2005) "Supplementary Data Need to Be Kept in Public Repositories," *Nature* 438: 738.

Scharnhorst, A. (2003) "Complex Networks and the Web: Insights from Nonlinear Physics," *Journal of Computer-Mediated Communication* 8(4) Available at: http://jcmc.indiana.edu/vol8/issue4/ scharnhorst.html.

Scharnhorst, A. & M. Thelwall (2005), "Citation and Hyperlink Networks," *Current Science* 89(9): 1518–1523.

Scharnhorst, A., P. Van den Besselaar, & P. Wouters (eds) (2006) "What Does the Web Represent? From Virtual Ethnography to Web Indicators," *Cybermetrics* 10(1) Available at: http://www.cindoc.csic.es/ cybermetrics/articles/v10i1p0.html.

Schilling, G. (2000) "The Virtual Observatory Moves Closer to Reality," *Science* 289: 238–239.

Shapin, S. & S. Schaffer (1985) *Leviathan and the Air Pump: Hobbes, Boyle and the Experimental Life* (Princeton, NJ: Princeton University Press).

Shapiro, C. & H. R. Varian (1999) *Information Rules: A Strategic Guide to the Network Economy* (Boston: Harvard Business School Press).

Sharples, M. (ed) (1993) *Computer Supported Collaborative Writing* (London: Springer-Verlag).

Shoichet, B. (2004) "Virtual Screening of Chemical Libraries," *Nature* 432: 862 – 865.

Shrum, W. (2005) "Reagency of the Internet, or How I Became a Guest for Science," *Social Studies of Science* 35(5): 723 – 754.

Sismondo, S. (2004) *An Introduction to Science and Technology Studies* (Malden and Oxford: Blackwell Publishing).

Slevin, J. (2000) *The Internet and Society* (Cambridge: Polity Press).

Smith, M. R. & L. Marx (eds) (1994) *Does Technology Drive History? The Dilemma of Technological Determinism* (Cambridge, MA: MIT Press).

Star, S. L. (1992) "Craft vs. Commodity, Mess vs. Transcendence: How the Right Tool Became the Wrong One in the Case of Taxidermy and Natural History," in A. Clark & J. Fujimura (1992) *The Right Tools for the Right Job: At Work in 20th-Century Life Sciences* (Princeton, NJ: Princeton University Press): 257 – 286.

Star, S. L. (1999) "The Ethnography of Infrastructure," *American Behavioral Scientist* 43(3): 377 – 391.

Suchman, L. A. (1987) *Plans and Situated Actions: The Problem of Human-Machine Communication* (Cambridge: Cambridge University Press).

Sugden, A. (2002) "Computer Dating," *Science* 295: 17.

Thelwall, M. (2000) "Web Impact Factors and Search Engine Coverage" *Journal of Documentation* 56(2): 185 – 189.

Thelwall, M. (2002a) "A Comparison of Sources of Links for Academic Web Impact Factor Calculations," *Journal of Documentation* 58: 60 – 72.

Thelwall, M. (2002b) "The Top 100 Linked Pages on UK University Web Sites: High Inlink Counts Are Not Usually Directly Associated with Quality Scholarly Content," *Journal of Information Science* 28(6): 485 – 493.

Thelwall, M. (2003) "Can Google's PageRank Be Used to Find the Most Important Academic Web Pages?" *Journal of Documentation* 59: 205 – 217.

Thelwall, M. (2004) "Scientific Web Intelligence: Finding Relationships in University Webs," *Communications of the ACM* 48(7): 93 – 96.

Thelwall, M. (2005) *Link Analysis: An Information Science Approach* (San Diego: Academic Press).

Thelwall, M. & P. Wouters (2005) "What's the Deal with the Web/Blogs/the Next Big Technology: A Key Role for Information Science in e-Social Science Research?" *Lecture Notes in Computer Science* 3507: 187 – 200.

Thompson, C. (2005) *Making Parents: The Ontological Choreography of Reproductive Technologies* (Cambridge, MA: MIT Press).

Thurtle, P. & R. Mitchell (eds) (2002) *Semiotic Flesh. Information and the Human Body* (Seattle: University of Washington Press).

Traweek, S. (1988) *Lifetimes and Beamtimes: The World of High Energy Physics* (Cambridge, MA: Harvard University Press).

Turkle, S. (1995) *Life on the Screen: Identity in the Age of the Internet* (New York: Simon & Schuster).

U.K. Research Councils (2001) *About the UK e-Science Programme.*

Van Horn, J. D., J. S. Grethe, P. Kostelec, J. B. Woodward, & J. A. Aslam (2001) "The Functional Magnetic Resonance Imaging Data Center (fMRIDC): The Challenges and Rewards of Large-scale Databasing of Neuroimaging Studies," *Philosophical Transactions of the Royal Society of London B: Biological Sciences* 356(1412): 1323–1339.

Van House, N. A. (2002) "Digital Libraries and Practices of Trust: Networked Biodiversity Information," *Social Epistemology* 16(1): 99–114.

Van Lente, H., & A. Rip (1998) "Expectations in Technological Developments: An Example of Prospective Structures to Be Filled in by Agency," in C. Disco & B. E. van der Meulen (eds), *Getting New Technologies Together* (Berlin and New York: Walter de Gruyter): 203–229.

Vann, K. (2004) "On the Valorisation of Informatic Labour," *Ephemera: Theory and Politics in Organization* 4(3): 242–266.

Vann, K. & G. C. Bowker (2006) "Interest in Production: on the Configuration of Technology-bearing Labors for Epistemic IT," in C. Hine (ed), *New Infrastructures for Knowledge Production: Understanding e-science* (London: Information Science Publishing): 71–97.

Van Zoonen, L. (2002) "Gendering the Internet: Claims, Controversies and Cultures," *European Journal of Communication* 17(1): 5–23.

Vasterman, P. & O. Aerden (1995) *De context van het nieuws* (Groningen, Netherlands: Wolters Noordhoff).

Voorbij, H. (1999) "Searching Scientific Information on the Internet: A Dutch Academic User Survey," *Journal of the American Society for Information Science* 50(7): 598–615.

Walsh, J. P. (1999) "Computer Networks and The Virtual College," *OECD STI Review* 24: 49 – 77.

Walsh, J. & T. Bayma, (1996) "Computer Networks and Scientific Work," *Social Studies of Science* 26: 661 – 703.

Walsh, J., C. Cho, & W. Cohen (2005) "The View from the Bench: Patents, Material Transfers and Biomedical Science," *Science* 309: 2002 – 2003.

Wasserman, S. & K. Faust (1994) *Social Network Analysis: Methods and Applications*, vol. 8 (Cambridge: Cambridge University Press).

Webster, F. (1995) *Theories of the Information Society* (New York: Routledge).

Weingart, P. (2000) "Interdisciplinarity: The Paradoxical Discourse," in P. Weingart & N. Stehr (eds), *Practising Interdisciplinarity* (Toronto: University of Toronto Press): 25 – 45.

Weingart, P., L. R. Graham, & W. Lepenies (eds) (1983) *Functions and Uses of Disciplinary Histories: Sociology of the Sciences Yearbook*, vol. VIII (Dordrecht, Netherlands: Reidel).

Wellman, B. (2001) "Computer Networks as Social Networks," *Science* 293: 2031 – 2034.

Wellman, B. & C. Haythornthwaite (2002) *The Internet in Everyday Life* (Malden, MA: Blackwell).

Wheeler, Q. D., P. H. Raven, & E. O. Wilson (2004) "Taxonomy: Impediment or Expedient?" *Science* 303: 285.

Whitley, R. (2000) *The Intellectual and Social Organization of the Sciences* (Oxford: Oxford University Press).

Woolgar, S. (2002a) "Five Rules of Virtuality," in S. Woolgar (ed.) *Virtual Society? Technology, Cyberbole, Reality* (Oxford: Oxford University Press): 1 – 22.

Woolgar, S. (2002b) *Virtual Society? Technology, Cyberbole, Reality* (Oxford: Oxford University Press).

Wouters, P. (2000) "Cyberscience: The Informational Turn in Science," lecture at the Free University, Amsterdam, 13 March.

Wouters, P. (2004) *The Virtual Knowledge Studio for the Humanities and Social Sciences @ the Royal Netherlands Academy of Arts and Sciences* (Amsterdam: Royal Netherlands Academy of Arts and Sciences).

Wouters, P. (2005) *The Virtual Knowledge Studio for the Humanities and Social*

Sciences, Proceedings of the First International Conference on e-Social Science, Manchester, June 22-24.

Wouters, P. (2006) "What Is the Matter with e-science? Thinking Aloud about Informatisation in Knowledge Creation," *Pantaneto Forum*, July 2006. Available at: http://www.pantaneto.co.uk/issue23/ wouters.htm.

Wouters, P. & A. Beaulieu (2006) "Imagining e-science Beyond Computation," in C. Hine (ed), *New Infrastructures for Knowledge Production: Understanding e-science* (London: Information Science Publishing): 48-70.

Wouters, P. & R. de Vries (2004) "Formally Citing the Web," *Journal of the American Society for Information Science and Technology* 55(14): 1250-1260.

Wouters, P. & C. Reddy (2003) "Big Science Data Policies," in P. Wouters & P. Schröder (eds) (2003), *Promise and Practice in Data Sharing* (Amsterdam: NIWI-KNAW): 13-40.

Wouters, P. & P. Schröder (eds) (2000) *Access to Publicly Financed Research: The Global Research Village III* (Amsterdam: NIWI-KNAW).

Wouters, P. & P. Schröder (eds) (2003) *Promise and Practice in Data Sharing* (Amsterdam: NIWI-KNAW).

Wyatt, S. (1998) "Technology's Arrow: Developing Information Networks for Public Administration in Britain and the United States," PhD diss., University of Maastricht.

Wyatt, S., G. Thomas, & T. Terranova (2002) "They Came, They Surfed, They Went Back to the Beach: Conceptualizing Use and Non-Use of the Internet," in S. Woolgar, *Virtual Society? Technology, Cyberbole, Reality* (Oxford: Oxford University Press): 23-40.

Wyatt, S., F. Henwood, N. Miller, & P. Senker (2000) *Technology and In/equality: Questioning the Information Society* (London: Routledge).

Zammito, J. H. (2004) *A Nice Derangement of Epistemes: Post-positivism in the Study of Science from Quine to Latour* (Chicago: University of Chicago Press).

Zeldenrust, S. (1988) *Ambiguity, Choice, and Control in Research* (Amsterdam: Amsterdam University Press).

15.
과학적 실천의 현장:
장소의 항구적 중요성

크리스토퍼 R. 헨케, 토머스 F. 기어린

21세기의 과학은 일견 영구운동의 세계처럼 보인다. 과학자, 표본, 장치, 기입들이 제트 비행기와 디지털 통신을 통해 거리나 물리적 위치라는 방해물에 의해 대체로 제약을 받지 않으면서 전 세계를 분주하게 움직이고 있다. 과학의 세계화가 이보다 더 분명할 수 없는 시대에 살면서, 과학의 실천과 성취에 있어 "장소"가 여전히 매우 중요하다고 말하는 것은 거의 시대착오적인 것처럼 보인다. 이 장에서 우리가 맡은 임무는 세계화된 과학이 동시에 장소에 기반한 과학이기도 함을 보이는 것이다. 연구는 특별한 건축학적·물질적 환경 사이에 있는 식별가능한 지리적 위치에서, 독특한 문화적 의미를 획득한 장소에서 일어난다. 우리는 과학이 일어나는 다양한 (때로는 놀라운) 장소들을 단지 열거하는 것을 넘어서, 연구의 물질적·지리적 상황이 **어떻게** 일견 그것에 거의 의존하지 않는 것처럼 보이는 제도화된 활동들에 사회학적으로 영향을 미치는지 이론화하려 시도할 것이다. 사실 연구시설의 전 지구적 표준화는 어떤 장소들을 지식생산의 권위를 지닌 현장으로 특권화하는 상징적 이해뿐 아니라 물질적 하부구조의 토대가 실제로 도처에서 과학의 이동성을 **가능하게** 만든 요인임을 보여준다. 아이러니하게도 장소가 장소 없음의 외양을 획득한 것이다.

장소가 과학에서 중요한가 그렇지 않은가―그리고 어떻게 중요한가―는 STS에서 오랫동안 논쟁이 돼왔던 주제였다.[1] 이러한 논의들은 네 차례의 물결을 통해 진행돼왔고, 우리는 다섯 번째 물결이 필요하다고 주장하려 한다. 첫 번째 물결에서 실증주의, 합리주의 과학철학자들은 과학이 일어나는 특정한 장소들을 탐구할 만한 이유를 마땅히 찾지 못했다.(Reichenbach, 1938; Popper, 1959; Hempel, 1966) 설사 과학자들의 실제 실천이 특정한 상황에서 일어난다 하더라도, 이러한 시각에서 가장 중요했던 것은 종국에 가서 얻어지는 과학적 진리의 추상적이고 보편적이며 장소에 뿌리내리지 않은 성격이었다. 중력의 법칙은 모든 곳에서 동일하게 작동했다. 설사 서로 다른 곳에 위치한 과학자들이 그러한 법칙의 내용에 대해 한동안 견해차이를 보인다 하더라도, 설득력 있는 증거와 강력한 이론이 결국에는 믿음의 지리적 차이를 지워버릴 것이었다. 첫 번째 물결에서 과학은 방법, 기기, 기법, 논리에 의해 단일한 눈으로 규율 잡힌 "존재하지 않는 곳으로부터의 관점"(Nagel, 1989)을 완벽하게 보여주었다.

두 번째 물결은 이러한 소위 "신 장난(God trick)"(Haraway, 1991)이 과학

---

[1] 이러한 문헌에 관한 개관은 Ophir & Shapin(1991)과 Livingstone(2003)을 보라. 최근 과학사 분야의 학술지 특집호 두 권이 지리적 주제들에 초점을 맞추었다. Dierig et al.(2003)과 Naylor(2005) 참조. 이러한 연구가 일련의 "물결"들로 이뤄진 것처럼 그려낸 대목은 Law and Mol(2001)에서 빌려왔다. Gieryn(2000)은 "장소"를 다룬 학제적 문헌들을 개관하고 있다.

자들이 어떻게 정당한 지식을 구성하는지에 대한 적절한 경험적 설명이 아니라 철학적 자만이라는 인식과 함께 시작되었다. 1970년대부터 STS 민족지학자들은 실험실로 들어가서, 과학자들이 어떻게 서로 다른 방식으로 데이터를 해석하고 기계를 활용하고 실험을 수행하고 타당성을 판단하는지를 형성하는, 맥락에 특유한 우연성을 발견했다.(Collins, 1974; Latour & Woolgar, 1979; Knorr Cetina, 1981; Lynch, 1985) 장소에 뿌리내리지 않고 초월적이라고들 했던 과학적 주장의 성격은 이제 철학적 필수조건이 아닌 담화의 성취물로 파악되었다. 두 번째 물결의 담화분석가들은 과학자들이 어떻게 일상적으로 자신들의 텍스트에서 특정한 장소의 상황적 "양태"들을 삭제함으로써 사실이 대문자 자연에서 곧장 나온 것이라는 외양을 남기는지를 보여주었다.(Latour & Woolgar, 1979; Gilbert & Mulkay, 1984) 실험실 민족지학자들이 과학지식 생산에서 돌이킬 수 없는 국지적 성격을 확인하긴 했지만, 하나의 장소로서 실험실에 대한 개념적 관심은 미미했다. 실험실은 그 자체로 관심의 주제가 되기보다는 하나의 분석적 자원—"존재하지 않는 곳으로부터의 관점"을 해체하는 수단—이 되었다.

1990년대가 되면 연구의 세 번째 물결이 순조롭게 진행 중이었다. 여기서 STS 학자들은 역사적으로 변화하는 과학의 장소들에 대한 사례연구들을 통해 정당한 지식을 만드는 상이한 지리적·물질적 전제조건들을 드러냈다. 과학이 일어나는 다양한 환경들을 서로 비교함으로써, 어떻게 독특한 지식체제들이 상황화된 물질적 탐구 조건 속에서 그것을 통해 구성되는지 이해할 수 있었다. 예를 들어 고대 아테네의 아고라는 특권을 가진 남성들이 공개적인 논증행위를 통해 진리와 미덕을 결정할 수 있었던 장소였다.(Sennett, 1994) 이는 세상을 등진 수도원(Noble, 1992)이나 세상에서 격리된 르네상스기의 스튜디오(Thornton, 1997; Ophir, 1991)와 극명한 대비를 이뤘다. 이러한 장소들에서는 고독과 명상이 학문적 추구에 필수적인 것으로 여겨졌다. 근대 초 시기에는 표본 수집품을 "목격"하는 것에 부여된 인식적 중요성이 커진 것과 박물관의 부상이 나란히 나타났다. 초기에 박물관은 부유층 가정에 위치해 있다가 나중에는 좀 더 접근이 용이한 독립된 건물로 자리를 옮겼다.(Findlen, 1994) 마찬가지로, 좀 더 시간이 흐른 뒤에는 실험장치들을 목격하는 것의 중요성이 "젠틀맨의 집"(Shapin & Schaffer, 1985; Shapin, 1988)에서 19세기의 전문화된 실험실들로 옮겨졌다.(Gooday, 1991; Schaffer, 1998) 과학에 적합한 것으로 간주되는 장소와 정당한 지식의 창출 사이의 변화하는 연결고리를 분석함으로써, 세 번째 물결의 연구들은 STS의 중요한 문제에 답할 수 있는 풍부한 자료를 제공한다. 이러한 유형의 장소들—이러한 지점에서 이러한 설계에 따라 지어진—이 요건을 충족하려면 정당한 자연지식의 구성은 어떠한 것이어야 하는가라는 문제가 그것이다.

거의 같은 시기에 행위자 연결망 이론(ANT)은 새롭게 등장하고 있던 네 번째 물결을 통해 STS에서 장소에 대해 축소된 역할을 시사하는 개념적 시각을 제공했다. 분명 ANT는 파스퇴르의 파리 실험실이나 그가 자신의 탄저병 백신 시범을 보인 공개 무대 같은 "계산의 중심"에서 비인간 물질에 주의를 기울인다.(Latour, 1983, 1988) 그러나 프랑스의 파스퇴르화에 대한 라투르의 설명에서 가장 비중이 큰 것은 농장에서 실험실로, 다시 공개 시연 장소로 파스퇴르(와 그의 연구 자료들)가 **이동**한 것이다. 이러한 통찰에 따라 일부 학자들은 일견 정적이고 매몰된 계산의 중심보다 "불변의 동체(immutable mobiles)"에(좀 더 최근에는 "가변의 동체[mutable mobiles]"에) 더 많이 주목하게 되었다. 연결망을 통한 혼종적 행위소들의 이동성 내지 "흐름"에 강조점이 놓였고, 특히 물질들이 돌아다니면서 나타나는 유동성과

가단성이 강조되었다. 그 결과 행위소들이 통과하거나 귀착되는 특정한 지리적 장소들이 갖는다고 생각된 중요성은 축소되었다. 칼롱과 로에게 있어 "순환은 고정된 자리보다 더 중요해졌"고(Callon & Law, 2004: 9), 이러한 아이디어는 좀 더 일반적인 사회 이론과 문화 이론—가령 마누엘 카스텔의 "네트워크 사회"(Castells, 2000)나 탈근대성에서 공간(과 시간)의 압축을 주장한 데이비드 하비의 논의(Harvey, 1990)—에서 좀 더 지지를 얻게 되었다. 프레더릭 제임슨의 표현을 빌리면, "경험의 진리는 더 이상 그것이 일어나는 장소와 일치하지 않는다."(Jameson, 1988: 349)

우리는 최근 STS가 이동성과 유동성에 주목하는 것에 아무런 불만도 없다. 그러나 테크노사이언스 행위소의 이러한 성질들이 물질적으로 상황화되고 상징적으로 외피를 두른 "결절점", 다시 말해 ANT 접근법에서 혼종적 연결망을 이루는 연결고리의 종점 구실을 하는 장소에 대한 탐구를 포기해야 할 정당한 이유를 제공하는 것은 아니다. 아직까지도 과학의 장소로서 실험실, 야외현장(field-site), 박물관에 관해 배울 것이 많이 남아 있다—설사 그것이 오늘날 별다른 감흥을 주지 못하는 것처럼 보인다 하더라도 말이다. 우리는 장소들을 비지리적 연결망 속으로 접어 넣으려는 시도는 사실 과학이 **어떻게** 이동하는지를 설명하는 데 유용한 중요한 특징들을 간과하는 것이라고 주장하고자 한다. 우리가 추구하는 다섯 번째 물결은 세 번째 물결보다 좀 더 이론적인 방향을 추구한다. 이를 통해 장소가 어떻게 과학지식과 실천에 영향을 미치는지, 그리고 지리적 위치와 상황화된 물질에 초점을 맞추는 것이 왜 사회 속의 과학에 대한 우리의 이해를 넓혀줄 수 있는지를 알아내려 한다. 우리는 (1) 왜 과학이 지리적으로 서로 떨어진 장소들에 뭉치는지, (2) 실험실의 물질적 구조가 어떻게 과학의 일상적 실천과 그것의 이미지 내지 대중 이해를 병치할 때 내재하는 특정한

긴장을 해소해주는지, (3) 과학이 장소에 기반하도록 하는 것이 어떻게 그
것의 문화적 권위에 대한 저항의 기회를 만들어내는지를 논의할 것이다.

과학의 입지

과학의 요소는 신속하게 전 지구적으로 순환하지만, 끝도 없이 그렇게
하는 것은 아니다. 그 모든 분명한 이동성과 유동성에도 불구하고(Mol &
Law, 1994; Callon & Law, 2004), 과학은 대학에, 실험실에, 야외 측정소에,
도서관에, 그 외 다른 계산의 중심들에 내려앉는다.(Latour, 1987) 그리고
과학적 실천이 한동안 한자리에 머무를 때는 흥미로운 지리적 패턴이 출현
한다. 과학은 지구 표면 전체에 무작위적으로 혹은 균등하게 분포해 있는
것이 아니다. 오히려 과학자들의 활동과 자금은 대부분의 과학이 일어나
는 중심임을 쉽게 알아볼 수 있는 서로 떨어진 장소들에 한데 뭉쳐 있다.
세상을 과학적으로 인식하기 위해서는 온 세상이 실험실이 되어야 한다는
주장은 상당히 도발적으로 들리지만(Latour, 1999: 43), 아울러 다분히 엉
성한 것이기도 하다. 지도는 마치 군도(群島)처럼, 그러니까 과학의 섬들이
그와는 매우 다른 바다에 둘러싸인 모습처럼 보인다.[2] "자연지식은 특별하
게 설계되고 둘러막힌 공간 속에서 구성된다."(Golinski, 1998: 98)

왜 과학은 지리적으로 흩어져서 덩어리를 이루고 있는가? 이러한 측면

---

2) 앤드류 배리는 "계산장소(sites of calculation)"를 좀 더 포괄적이면서도 불연속적인 "계산
지대(zones of calculation)"와 유용하게 구분했다. 이러한 "계산지대"에서 인공물, 기술, 실
천들은 "비교가능하고 연결가능"하다.(Barry, 2001: 203) 그러나 STS 연구자들이 장소를
지대(혹은 더 나쁜 경우 연결망)와 성급하게 합쳐버리기 전에, 그처럼 서로 떨어져 있는 장
소들이 왜, 어떻게, 언제 과학에 중요한지를 좀 더 잘 이해할 필요가 있다는 것이 우리의 생
각이다.

에서 과학은 자동차를 만들거나 돈을 버는 것 같은 대규모 생산활동과 크게 닮았다. 특정한 사람들, 기계, 문서자료, 원재료 등을 안정적으로 가까운 곳에 두는 것은 사업을 하는 좀 더 효과적인 방식이기 때문이다. 경제학자들은 "집적 효율(agglomeration efficiency)"(Marshall, 1890)에 대해 설명해왔다. 이는 어떤 활동의 다양한 구성요소들을 공통의 지리적 위치에 한데 모으는 데서 나오는 생산성 향상을 말한다. 그러나 얼른 보면 오늘날의 자본주의는 집적을 나타내지 않는 듯하다. 기업계의 거물들은 제트기를 타고 온갖 곳을 날아다니며 전 세계에 걸친 고객과 투자자를 대변하고, 외환 거래자들이 키보드를 몇 번 두드리면 수백만 달러 내지 유로가 왔다갔다 하는 일이 "모든 시간권에 퍼져 있는 교류의 장에서" 이뤄지며(Knorr Cetina & Bruegger, 2002: 909), 시장의 기초를 이루는 경제 이론의 핵심 가정들이 모든 장소에서 어느 정도 동일한 방식으로 이해되고 있고, 공장, 사무실, 외주 일자리들이 더 큰 수익성을 찾아 이 나라 저 나라로 흘러다니는 것을 보면 그런 느낌을 받을 수 있다. 이보다 더 "전 지구적"이거나 더 큰 "이동성을 가진" 것이 무엇이 있겠는가? 그러나 사스키아 사센(Sassen, 2001: 5)은 이러한 경제활동의 세계화가 "전 지구적 도시"(뉴욕, 런던, 도쿄)를 만들어낸다고 지적한다. 기업이 의존하고 있는 지리적으로 중앙집중화된 금융 및 전문 서비스 기능―법률가, 회계사, 프로그래머, 통신 전문가, 홍보 전문가―주위에 기업 본부들이 옹기종기 모인 특별한 장소 말이다. "도시 안에 있는 것"이 주는 "극도로 조밀하고 강력한 정보고리"는 "아직 전자공간 내에 완전히 복제될 수 없다."(2001: xx) 정보, 통신, 운송기술의 혁신이 "거리와 장소를 무로 돌리는"(2001: xxii) 능력을 가졌다고 보는 것은 성급한 결론이라고 사센은 주장한다. 이는 기업 자본주의뿐 아니라 과학의 경우에도 마찬가지이다.

과학이 서로 떨어진 장소들에 뭉치는 이유는 지리적 근접성이 과학지식을 생산하고 그러한 지식이 믿을 만한 것으로 승인받는 데 필수적이기 때문이다.(Livingstone, 2003: 27) "장소"는 사람들, 장치, 표본, 기입 사이에 공존(copresence)을 가능케 한다.(Bennett, 1998: 29) 고에너지물리학에서 입자가속기, 충돌기, 탐지기는 과학장치들을 공통의 위치에 모아두는 것의 필요성(뿐 아니라 어려움까지)을 잘 보여준다.(Galison, 1997; Knorr Cetina, 1999) 탐지기의 일부분은 이곳저곳에 산재해서 만들어질 수 있다. 실험과 관련된 과학자들이 실제로 CERN, SLAC, 페르미랩에 머무르는 것은 간헐적으로 짧은 기간 동안뿐이기 때문이다. 따라서 실험적 고에너지물리학을 찰나의 과학으로 그려내는 것은 기계들(과 이를 돌보는 사람들)이 궁극적으로 향하는 최종 목표의 중요성을 놓친 것이다. 현장에 있는 가속기, 탐지기, 컴퓨터의 정확한 일시적 혼합이 이뤄지지 않는다면 (이후에 종종 가속기에서 멀리 떨어져 있는 대학들에서 데이터를 가지고 아무리 많은 분석을 행하더라도) 새로운 입자를 발견할 수 없다. 그럼에도 불구하고 정교한 기계를 성공적으로 혼합하는 일은 좀처럼 자동적으로 이뤄지지 않으며 흔히 사회적·기술적 이유들 때문에 어렵게 성취된다. 고에너지물리학의 최종 연구소에서 일어나는 일은 "구성요소들을 다른 존재론으로부터 뜯어내어 그것을 가지고 새로운 구조적 형태를 빚어내는" 것으로 묘사된다.(Knorr Cetina, 1999: 214)

과학을 서로 떨어진 장소로 끌어들이는 "자석" 같은 요인은 세상에서 다른 무엇에도 비할 데 없는 표본 수집품일 수도 있다. 린네의 식물 분류학은 흥미롭게도 18세기에 이미 세계화된 과학을 이뤄낸 결과였다. 린네 자신도 (표본 채집을 위해) 웁살라에서 라플란드까지 여행했고, 이후 필연적으로 네덜란드에 이르렀다. 이곳에는 전 세계에서 보내온 엄청난 수의 식물 종들이 라이덴과 그 인근의 식물 정원에 수집돼 있었다. 몇몇 역사가들은 이러한 식물과 과학자들의 움직임이 핵심이라고 본다. 린네의 성취는 "어떤 하나의 특정한 '계산의 중심' 내에서 만들어지고 수집되고 복제된 기입의 연쇄에만 의존한 것이 아니다." 왜냐하면 "그러한 분류학의 가능성 그 자체가 주변부와 중심부 모두에 위치한 복수의 지식생산 장소들—그 속에서 '안정적' 특징과 '가변적' 특징이 허물어질 수 있는—을 매개하는 전 세계적 식물 순환 시스템의 형성을 전제로 하고 있기" 때문이다.(Müller-Wille, 2003: 484) 이처럼 "광대한 번역과 교환의 연결망"에 너무나 많은 분석적 관심이 기울여지다 보니, 그것이 도착한 장소는 대수롭지 않은 사후 결과가 되어버렸다. 표본의 수집과 운송에 대한 역사적 연구들이 과학에 관여하는 등장인물의 배역을 확장하고 연구재료가 주변부에서 중심부로 옮겨질 때의 변화가능성을 보여줌으로써 현장과학(field sciences)에 대한 우리의 이해를 풍부하게 만들어주었음은 의문의 여지가 없다.(Drayton, 2000; Schiebinger, 2004; Schiebinger & Swan, 2005; Star & Griesemer, 1989) 그러나 린네는 중국이나 아메리카 대륙으로 여행할 필요가 없었고 단지 라이덴으로 가기만 하면 되었다. 그곳에 식물들이 모여 있었기 때문이다. 예를 들어 그는 식물들을 입수해 안전하게 네덜란드로 가져왔던 무역상이나 선원들에 못지않게 조지 클러퍼드의 꼼꼼한 정원사들과 수집의 열정에도 의지하고 있었으며, 단지 전자에 대한 호기심을 불러일으키기 위해 후자가 빚어낸 결과를 축소시키는 것은 별로 의미가 없다. 라이덴이 중요했던(Stearn, 1962) 이유는 린네의 분류학 노력이 네덜란드 정원들의 지원성(affordance)에 의지했기 때문이다. "사물들이 병치된 공간"이 그것들을 "이미 사실상 분석된 것으로" 만든다.(Foucault, 1970: 131) 라이덴에는 대단히 많은 식물 종들이 모이고 분류되어 심어져 있었는데, 이는 린네의 시선이 세계의 거의 다른 어떤 곳에서도 획득할 수 없는 것이었다.

다른 사례들에서는 어떤 장소에 사람들이 모여 있는 것이 그 자체로 자석 같은 요인이 되어 그 장소에 더 많은 과학자들을 끌어들인다. 심지어 특별한 대규모 장치나 비길 데 없는 표본 수집품을 그리 필요로 하지 않는 과학 분야에서도 지리적 밀집이 일어난다. 사람들은 흔히 수학자들을 특히 이곳저곳을 돌아다니며 일하는 부류의 과학자—이 대학에서 저 대학으로 부산하게 돌아다니며 사람들을 직접 만나 개인적으로 아이디어를 공유하는—로 그려내곤 하는데, 이러한 일과 "흐름"의 패턴은 19세기 말로 거슬러 올라간다. 1900년에서 1933년 사이에 괴팅겐은 최첨단 수학이 연구되는 장소였다. 펠릭스 클라인과 다비트 힐베르트가 그곳에 있었고, "1933년까지 괴팅겐을 아마도 말 그대로 가장 탁월한 수학의 중심지로 만들었던 것은 전 세계에서 괴팅겐으로 몰려든 수많은 젊은 수학자들을 휘감은, 다른 그 무엇에도 비할 수 없는 고무적인 분위기였다."(Schappacher, 1991: 16) 이 장소는 "대단히 경쟁적인 분위기"를 지닌 "활동의 도가니"였고, 이곳에서는 "노버트 위너나 막스 보른처럼 될성부른 천재들조차도 매주 열리는 괴팅겐수학회의 모임에서 혹평을 일삼는 청중들을 상대하는 주눅 드는 경험을 하면서 상처를 입을 수 있었다."(Rowe, 2004: 97) 20세기 초의 수학자들에게는 만약 괴팅겐에서 성공을 거둘 수 있었다면 어디 가더라도 성공을 거둘 수 있을 터였다. 이 도시에는 새로운 수학적 아이디어가 맞닥뜨릴 수 있는 가장 까다로운 청중들이 모여 있었고, 여기서 살아남은 아이디어는 널리 존중받는 지리적 승인을 얻게 되었다.(Warwick, 2003) 결국 어떤 **장소들**은 과학적 주장을 승인한다.

수학이 괴팅겐 같은 중심지에 응집하는 것은 부분적으로 대면 근접성에 의해서만 가능해지는 "두터운" 상호작용으로 설명할 수 있다. 보든과 몰로

츠(Boden & Molotch, 1994)는 근접 만남에서의 대화와 몸짓에 수반되는 풍부한 맥락적 정보가 다른 사람들이 말하는(내지 암시하는) 내용의 신뢰성과 진정성을 판단하는 데 중요하다고 주장한다. 이는 다시 과학적 실천이 크게 의지하는 신뢰의 발달에 반드시 필요하다.(Shapin, 1994: xxvi, 21) 실제로 대면 교류 없이 그러한 신뢰 감각을 협력자들 사이에 얻어내는 것은 특히 어려운 듯 보인다.(Handy, 1995; Olson & Olson, 2000: 27; Finholt, 2002; Cummings & Kiesler, 2005; Duque et al., 2005) 중력파를 연구하는 물리학자들에 대한 분석에서 해리 콜린스는 이렇게 쓰고 있다.(Collins, 2004: 450-451)

인터넷이 확산되면서 점점 더 많은 사람들이 이제는 과학자들이 쾌적한 장소에 모여 이처럼 값비싼 짧은 휴가를 즐기는 일을 끝낼 때가 되었다고 말하고 있다. 그러나 학술대회는 반드시 필요하다. 중요한 것은 술집과 복도에서 오가는 잡담이다. 사람들은 삼삼오오 모여 자신들이 현재 하고 있는 연구와 잠재적 협력에 관해 활기찬 대화를 주고받는다. 대면 커뮤니케이션은 특히 효율적이다. 적절한 시선 교환, 몸동작, 손 접촉 등을 통해 너무나 많은 것들이 전달될 수 있다. 이곳이 신뢰의 징표들이 교환되는 곳이다. 과학자 공동체 전체를 한데 묶어주는 바로 그 신뢰 말이다.

하나의 장소에 공존하는 것은 암묵적 지식의 전달에도 필수적이다. "실험은 공동체 구성원들 사이에 숙련이 전달되는 일"이므로 "지식과 숙련은 … 그들의 실천과 담화 속에 체현돼 [있으며] 인쇄물 속에서 찾을 수 있는 것으로부터 '읽어낼' … [수는] 없고 그들의 경험의 독특성과 정도에서 찾을 수 [있다]."(Collins, 2004: 388, 608) 콜린스의 "문화화" 모델은 괴팅겐 수학자들에게 잘 들어맞는다. 데이비드 로는 괴팅겐에서의 발전이 수학자들 사이에 존재하는 "구두문화"를 제도화하기 시작했다고 주장한다. "이를 따라잡으려면 학술대회나 워크숍에 참석하거나, 더 좋기로는 인근과 멀리 떨어진 곳에서의 최신 발전들에 대한 토론이 끊임없이 계속되는 선도 연구소와 관계를 맺어야 하는" 그런 문화 말이다. 콜린스의 주장을 반향해, 로는 "구두 정보원을 통해 논증의 요지를 이미 알고 있는 '해석자'의 도움이 없다면" 최신의 증명이 담긴 인쇄된 논문을 "이해하는 것이 아마도 불가능할" 거라고 말한다.(Rowe, 1986: 444; Merz, 1998)

그러나 만약 클라인, 힐베르트, 그리고 괴팅겐수학회가 화상 원격회의를 할 수 있었다면 어땠을까? 화상 원격회의는 공존의 맥락적 두터움을 많은 부분 포착할 수 있는 것처럼 보이는데 말이다. 그렇다면 괴팅겐은 어떤 특별한 중요성을 지닌 지리적 위치를 갖고 있지 않은 연결망 위의 결절점 중 하나에 그쳤을 수도 있다. 아니면 그렇지 않았을지도 모른다. 괴팅겐에 수학자들이 응집한 것은 아울러 다른 전문가들과의 우연한 만남의 가능성을 높여주었다. 이러한 뜻밖의 만남을 통해 때로 창의적인 해법이 만들어지거나 적어도 이전까지 생각해보지 못한 문제들이 제기될 수 있었다.(Allen, 1977; Boden & Molotch, 1994: 274) 계획하지 않은 만남은 때로 "교역지대"에서 일어난다. 피터 갤리슨(Galison, 1997)이 (고에너지물리학의 역사를 서술한 자신의 책에서) 묘사한 바에 따르면, 교역지대는 이론가, 실험가, 엔지니어들이 서로 만나 새롭게 나타나고 있는 "접촉언어" 내지 "피진어"를 써서 하나의 하위문화에서 다른 하위문화로 넘어갈 때 의미가 달라질 수 있는 아이디어와 정보를 협력적으로 교환하는 물리적 장소이다. 페르미랩은 매주 금요일에 실험-이론 공동 세미나를 열었지만, "'중앙연구소 3층의 사무실과 카페테리어, 라운지, 공항에서' 비공식 모임이 더 자주 있었다."(Galison, 1997: 829) MIT의 방사연구소(Radiation Lab)에서는 "엔지니어와 물리학자들이 서로를 볼 수 있는 곳에서 일했"고, 연구소의 "성공은 행동을 밀고나갈 수 있는 그러한 공통의 영역을 만들어낸 것과 직접적으로 관련돼 있었다."(1997: 830) 반면 화상 원격회의는 미리 준비되고 일정이 잡힌 교류 방식이다. 누구를 언제 전화로 연결할 것인지를 사전에 계획해야 하기 때문이다. 그러나 이론물리학에서는 "교류를 강제해서는 안 되며, 평소에 하던 대로 최종적이지 않고 잠정적이고 비공식적인 방식으로 … 교류가 일어나야 한다."고 머츠는 말한다.(Merz, 1998: 318) 과학에서의 우연한 발견이 머턴과 바버가 "다양한 과학적 재능들이 한데 모여 치열한 사회인지적 교류를 하는 … '뜻밖의 미시환경'"(Merton & Barber, 2004: 294)이라고 불렸던 것에서의 물리적 공존에서뿐 아니라 화상 원격회의에서도 나타날 가능성이 있는지 판단하려면 더 많은 연구가 있어야 할 것이다.

과학의 물질적 구현

상찬을 받은 앤 시코드의 논문 「선술집 속의 과학: 19세기 초 랭커셔의 장인 식물학자들」(Secord, 1994)의 핵심은 과학이 선술집에서는 일어날 수 **없음**을 보인 데 있다. 시코드는 시종일관 형용사를 써서 식물학 내지 과학을 수식함으로써 모순에 빠지는 것을 피하고 있다. 선술집에 모여 식물에 관한 대화를 나눈 사람들은 "장인" 내지 "노동계급" 종사자들이고 그들이 만든 협회는 "국지적"인 것이었다. 물론 시코드가 말한 대로, 이러한 노동계층 남녀들이 식물학 책들을 구입하고, 가장 좋은 구스베리를 재배하려 애쓰고, 린네의 명명법을 일부 익히고, 선술집 의자에 앉아 식물을 검사하고, "'과학적 식물학'"을 행하는 젠틀맨들에게 유용한 표본을 제공한 것은 사실이다.(Secord, 1994: 276) 뿐만 아니라 그들은 자신들이 식물학을 하고 있으며 (단순한 표본 수집자를 넘어서) 식물학 지식에 기여하고 있다고 생각했다. 그럼에도 불구하고 그들의 "과학"은 형용사 수식어나 주의를 뜻하는 인용부호를 필요로 한다. 시코드가 특정한 역사적 상황에 놓인 사람들 사이에 새롭게 나타나고 있는 실천에서 전문과학 대 대중과학 같은 구분이 갖는 논쟁적 의미를 추구하면서 구성주의적 입장을 취한 것은 적절하다. 그녀는 분석적 필요에 따라 시대를 초월한 경계를 부과하는 것을 피하고 있다.(Secord, 1994: 294; Gieryn, 1999) 그러한 랭커셔의 노동계급 식물학자들이 스스로 무슨 일을 하고 있다고 생각했건 간에, 당시(그리고 나중에) 과학의 경계를 굳히는 데 더 큰 힘을 갖고 있던 사람들은 그들의 활동을 과학 바깥에 있는 것으로 평가했다. 이는 단순히 그들의 사회계급이나 라틴어와 기타 교양의 결여 때문이 아니라 그들이 선술집이라는 장소에 모였기 때문이기도 했다.

정당한 지식은 정당화를 해주는 장소를 필요로 한다. 19세기를 거치며 (그 이후에도) 과학의 문화적 권위가 올라간 것은 부분적으로 과학에 적합한 것으로 간주되는 장소와 그렇지 못한 장소 사이의 지리적·건축학적 구분에 힘입은 결과였다. 선술집―그리고 유사과학 내지 사이비과학이 행해지던 다른 일상적 장소들도―은 지식적 정당성을 잃었다. 시코드(Secord, 1994: 297)는 이렇게 설명한다.

과학적 실천은 점차 "민중"은 그로부터 배제되는 특정한 장소들과 연관됐다. 19세기 중엽부터 실험실과 시험소를 식물학과 동물학이 정당화되는 장소로 정의함으로써(그리고 이에 따라 그것의 지위를 높임으로써), 과학의 장소는 엄격하게 정의되었고 대중과학은 주변화되었다.

과학적 탐구를 다른 종류의 장소들과 판이하게 다른 건물 속에 **구현**함으로써 결과의 신뢰성에 관한 가정들이 널리 확산된다. 아울러 이는 그러한 신뢰성이 어떻게 실제의 내지 상상된 생산 환경에 의존할 수 있는지도 보여준다. 과학은 그것이 기원한 장소를 그 외의 모든 장소와 **다른** 어떤 것으로 만듦으로써 정당한 자연지식의 공급자로서 자신의 문화적 권위를 높인다. 과학을 선술집에 두는 것은 "모욕적인 실천"(Ophir & Shapin, 1991: 4)이었고, 때로는 근처에 술을 놔두는 것만으로도 충분히 품위가 떨어졌다. 1852년에 토머스 톰슨은 새로 만든 자신의 훌륭한 화학 실험실이 "1층에 들어선 위스키 상점"과 같은 건물을 공유하는 것이 "사람들이 글래스고대학에서 기대하는 것과 부합하지 않는다."고 썼다.(Fenby, 1989: 32)

그러나 오늘날에는 어떤 종류의 건축물이 지식의 권위를 보증하는가? 단서는 시코드의 논문에 나오는 일화에서 찾을 수 있다. 존 마틴이라는 수직공이 젠틀맨인 윌리엄 윌슨에게 이끼 표본을 제공했고, 그는 친구이자 당시 글래스고대학의 식물학 교수(1820~1841)였고 나중에 큐에 있는 식물학 정원(Botanical Garden)의 초대 소장을 맡은 윌리엄 잭슨 후커에게 이를 전달했다. 후커는 이를 받고 기뻐했고, 마틴이 후커의 식물표본실에 일하러 올 가능성이 있는지 알아봐 달라고 윌슨에게 부탁했다. 처음에 윌슨은 마틴이 "깔끔함에 중독된" 사람이라고 생각했으나(Secord, 1994: 288), 그의 노동계급 오두막을 방문한 후 생각이 바뀌었다.(1994: 290)

"나는 기대했던 그런 깔끔함을 찾지 못했네."라고 그는 후커에게 썼다. 그는 "**질서와 준비**"의 외형적 흔적을 거의 찾지 못한 데 당혹감을 표시했다. 마틴의 정신이 "대단히 잘 정돈돼 있고" 그가 "독창적이고 끈기 있는 사색가"인데도 말이다.(강조는 원문) 마틴의 식물표본은 "위더링의 책과 다른 책들의 책장 속에 다분히 부주의하게 뒤섞여 있었고 내가 예상했던 것만큼 청결하지 않았네."

선술집 역시 무질서했고 그리 청결하지 못했으며, 마틴의 어질러진 오두막처럼 진짜 과학에 부적합한 물질적 배치를 나타내고 있다.

질서와 준비는 진정한 과학이 일어나는 장소를 나타내는 표지가 되었다. 실험실의 설계는 그 공간과 물리적 세간들의 물질적 배치를 통해 다른 장소들에서 흔히 찾아볼 수 없는 유형의 **통제력**을 획득했다. 푸코가 "헤테로토피아" 일반에 대해 다음과 같이 썼을 때 그는 과학실험실에 관해 생각하고 있었다고도 볼 수 있다. "그것의 역할은 어떤 공간을 만들어내는 것이다. 우리의 공간이 어질러지고 잘못 만들어지고 헝클어진 것만큼이나, 완벽하고 세심하며 질서정연한 다른, 또 하나의 진짜 공간 말이다."(Foucault, 1986: 27) 그러나 푸코가 실제 실험실에서 많은 시간을 보내지는 않은 것 같다. 대부분의 실험실은 난잡하게 흩어져 있는 물건들로 꽉 들어찬 것처럼 보이며, 어디서나 누군가 뭔가를 하고 있는 듯한 인상을 준다. 널리 공유된 문화적 이미지 속에 존재하는 실험실은 질서정연함과 청결함으로 묘사되는데, 여기에는 대문자 자연의 비밀을 풀어내기 위해 그런 공간이 어떤 모습을 하고 있어야 하는가에 관한 가정들이 녹아 있다. 강조하건대, 과학의 장소는 일상적인 작업이 이뤄지는 장소(항상 세심하지는 않은)임과 동시에 승인을 해주는 공간(정화를 담당하며 논리적인)이다. 우리는 그처럼 서로 다른 상태의 공존이 세 가지 표면적 이율배반—공과 사, 가시성과 비가시성, 표준화와 차별화—을 건축학적으로 조작하고 안정화한 데 의존한다고 주장하고자 한다. 실험실이라는 장소는 이러한 세 가지 극단의 양쪽 끝을 동시에 복잡한 방식으로 구현하며, 이는 과학지식의 생산 효율과 하나의 제도이자 전문직으로서 과학이 지는 문화적 권위 모두에 영향을 준다. 어떻게 그럴 수 있을까?

과학은 공적이면서 **동시에** 사적이기도 하다.(Gieryn, 1998) 어떤 층위에서 보면 과학연구는 치열한 공동체적 교류와 고독 사이를 왔다갔다 하는 것이다. 탐구의 공적 측면과 사적 측면 모두가―서로 다른 시기에―그 결과로 나온 지식의 신뢰성과 진정성에 연결돼 있었다.(Shapin, 1991) 그리스와 중세 사상에서 고독은 다른 이들로부터의 간섭을 최소화하고 진정한 지혜의 원천과 무매개적 접촉을 가능케 함으로써 사고의 타락을 막을 수 있는 수단이었다. 은둔한 수도사들은 외딴 암자에서 신을 발견했고, 나중에 몽테뉴는 탑 위에 있는 도서실의 고독 속에서 진리를 찾았으며(Ophir, 1991), 소로는 월든 연못의 "황야" 속에 칩거했고(Gieryn, 2002), 다윈은 다운하우스로 물러났다.(Golinski, 1998: 83; Browne, 2003) 은둔에는 지식의 위험도 따랐다. 망상이 나타날 수도 있었고, 편협한 사고나 비밀주의에 빠질 수도 있었다.(이 중 어느 것도 정당한 자연지식의 추구에는 별반 기여하지 못한다.) 그래서 근대 초부터 과학은 공적 성격도 아울러 과시했다. 주장은 공유되어야 했고(Merton, 1973), 실험은 목격되어야 했으며(Shapin, 1988), 협력이 점점 더 많이 요구되었고, 학술대회는 필수적인 것이 되었다. 이 시기의 과학자의 삶은 지속적인 공동의 노력 사이사이에 간헐적으로 고독이 끼어드는 것(숙고를 위해, 또 다른 이들의 의심에 의해 속박되지 않은 창의성의 폭발을 위해)으로 특징지어졌다. 과학의 공적 측면은 효율적인 노동분업을 통해 지식의 생산 속도를 높였고, 동시에 식견을 갖춘 청중들에 의한 주장의 승인을 통해 신뢰성을 확보했다. 이 모든 것은 **붙박이**가 되었다. 1960년대 초에 모더니즘 예술의 영웅 루이스 칸에 의해 설계된 캘리포니아주 라졸라의 소크생물학연구소(Salk Institute of Biological Studies)에는 극적으로 다른 종류의 두 가지 공간이 있다. 건축가 모셰 사프디(Safdie, 1999: 486)는 이 프로젝트에서 일했다.

칸은 과학자들의 창의적 활동을 고양할 수 있는 공간을 어떻게 만들어낼 것인 가에 몰두했다. 그는 오늘날의 과학활동이 고독과 협력을 요구한다는 사실에 깊은 인상을 받았다. 이로부터 그는 소크연구소의 기본 계획을 발전시켰다. 고독을 위한 장소가 공동작업을 위한 장소인 크고 유연한 실험실로부터 긴 안마당으로 뻗어나온 형태였다.

건축은 과학연구의 공적이면서 동시에 사적인 성격을 관리한다. "공간은 … 연구의 개인적 측면과 집단적 측면이라는 이러한 이중의 필요를 정확히 표현한다."(Hillier & Penn, 1991: 47)

과학은 전문직 바깥에 있는 고객들과 적극적으로 관계 맺는 점에서도 "공적"이다. 실험실은 기업과 정부 투자자의 재정적 후원 없이는 존재할 수 없으며, 암묵적 보상을 만들어낸다. 과학을 위한 공간은 이윤 획득, 정책의 정당화, 시민사회 향상을 위해 없어서는 안 되는 지식과 기술을 낳는다. 그리고 성과물을 인도하는 과학의 능력은 이러한 고객들의 직접 간섭으로부터 자율성을 유지하는 데 달려 있는 것으로 간주된다. 이는 다른 의미의 "사적" 성격이라 할 수 있다. 이러한 이데올로기는 과학건물의 구조 속에 구현되기도 한다. 1980년대 중반에 지어진 뉴욕주 이타카의 코넬 생명공학 빌딩은 다양한 고객과 수혜자들에게 편안한 공간을 제공함과 동시에 연구활동의 격리를 붙박이로 구현한 설계를 했다.(Gieryn, 1998) 이 장소는 코넬대학 학생, 뉴욕주 납세자, 생명공학에 관심을 가진 기업 등 수많은 "대중들"을 위해 만들어졌다. 설계과정에서 이러한 대중들은 지식의 안전하고 자율적인 추구에 위험이자 위협으로 정의되었다. 그들이 3400

만 달러짜리 프로젝트의 존재이유로 인정받고 있었는데도 말이다. 건축은 이러한 사회적 문제에 해법을 제공했다. 대중을 위한 "상륙 거점"이 아트리움 로비, 회의실과 세미나실, 작은 카페, 몇몇 행정실에 만들어져 고객들에게 건물의 상징적·물질적 장소를 제공했다. 설계과정 초기에 그려진 "공간개념도(bubble diagram)"를 보면 진한 검정색 줄이 수평으로 지나가며 **공적** 장소와 **사적** 장소를 나누고 있다. 줄 위쪽에는 입장한 대중이 회의실이나 행정실로 안내되고, 줄 아래에는 연구집단(초파리, 진핵세포, 원핵생물 등)과 지원시설(식물생장실, 동물실 등)의 목록이 있다. 종이 위에 그어진 줄은 방문자용 로비(알렉산더 캘더가 만든 다다미가 깔려 있는)에서 나가는 특색 없는 문—길안내 표시도 없는—과 거기에서 이어지는 복도—실용적 마감칠, 생소한 기계들, 묘한 냄새가 불청객이 있을 곳이 아니라는 느낌을 주는 "무대 뒤"(Goffman, 1959)임을 암시하는—로 구현된다. 존 에이거는 영국의 조드렐 뱅크에 있는 전파망원경에서 동일한 패턴을 발견했다. "대단한 구경거리에는 구경꾼이 필요하지만, 대중은 뒤로 물러서 있어야 하"며, "이처럼 거리두기를 성취하기 위한 핵심 도구는 이러한 간섭의 담론이었다. 원치 않는 방문객은 교란 요소로 파악하는 것이다."(Agar, 1998: 273)

과학의 장소는 가시적인 것과 비가시적인 것의 병치도 관리한다. 실험실은 다른 장소에서는 보이지 않는 것들을 보는 것이 가능해지는 증강환경을 만들어낸다.(Knorr Cetina, 1999) 입자가속기와 탐지기는 고에너지물리학자들이 쿼크를 볼 수 있게 했고(Pickering, 1984; Galison, 1997), 죽 늘어선 원심분리기와 PCR 기계들은 분자생물학자들이 DNA의 정확한 단편을 볼 수 있게 했으며(Rabinow, 1996), 1.6km 깊이의 동굴 속에 있는 큰 통에 담긴 드라이클리닝 용제는 물리학자들이 질량이 없는 태양 중성미자를 볼 수 있게 했고(Pinch, 1986), 지구상에 위치한 천체물리학자들은 우주

망원경을 조작해 이전에는 결코 볼 수 없었던 별들을 볼 수 있었다.(Smith, 1989) "실험실은 과학의 성공을 설명하기 위해 취할 수 있는 메커니즘과 과정이 위치한 곳"이며, 이는 "대상을 자연환경에서 떼어내어 사회적 행위자들에 의해 정의된 새롭고 경이적인 장 속에 가져다 놓음"으로써 성취된다.(Knorr Cetina, 1992: 166, 117)

그러나 실험실이 자연적 대상을 가시적인 것으로 만드는 바로 그 순간에, 실험실은 과학자들의 관찰 실천을 몇 안되는 알 만한 전문가들을 뺀 모든 사람들에게 비가시적인—혹은 적어도 불가해한—것으로 만든다. 코넬 생명공학 빌딩을 찾은 방문객들은 "대중은 이곳에서 환영받지 못함"이라는 약호를 담고 있는 환경에 의해 연구공간으로부터 거리를 두게 된다. 그러나 자연을 바라보는 **특권화되고 권위 있는** 눈으로서 "과학의 성공"은 과학자들이 보는 과정의 투명성에 달려 있다. 원칙적으로 과학적 실천은 모든 사람들이 볼 수 있도록 열려 있는 것으로 간주된다.(비밀주의는 신뢰성을 오염시킨다.) 골린스키(Golinski, 1998: 84)는 이를 이렇게 표현한다.

실험실은 귀중한 장치와 재료들이 격리되어 있는 장소이다. 이곳에서는 숙련된 인력들이 방해받지 않는 연구를 추구하며, 외부인의 침입은 환영받지 못한다 … 반면, 그곳에서 생산되는 것은 공공연하게 "공적인 지식"이다. 이는 보편적으로 유효하며 누구나 이용할 수 있는 것으로 간주된다.

이러한 이유 때문에 스탠퍼드선형가속기는 연구소의 활동을 누구나 볼 수 있도록 관광객 집단을 받아들이고 있다. 그러한 방문객들이 실제로 무엇을 보는지는 분명치 않다. "이러한 관광에 참여한 대다수의 방문객들은 정보를 얻기보다는 경외심을 느끼기를 원하며 그곳을 찾[으며] … 종종 과학의 내부 성소와 가장 박식한 사제들을 보게 된 것이 마치 특별한 시혜라도 입은 것인 양 행동한다."(Traweek, 1988: 23) 2003년에 저명한 영국 건축가 노먼 포스터가 스탠퍼드의 바이오엑스(Bio-X) 계획을 위해 설계한 제임스 H. 클라크 센터는 천장에서 바닥까지 내려오는 3층 높이의 외부 유리벽을 통해 작업 중인 실험실 공간을 완전히 볼 수 있도록 공개하고 있다. 이 놀라운 새 건물을 찾은 관광객과 수시 방문객들은 유리벽 곳곳에 붙은 "실험 진행 중—공개 관람 불가"나 "문을 열어달라는 요청을 삼가해주세요!!!"라는 팻말과 마주친다. 클라크 센터는 오피르와 섀핀이 17세기의 실험의 집에서 발견한 것들이 여전히 구현되고 있음을 보여준다. "이 장소는 사회적 배제의 메커니즘이면서 동시에 가시성의 조건을 지식적으로 구성하는 수단이기도 하다."(Ophir & Shapin, 1991: 14)

마지막으로 건물 속에 구현된 과학은 표준화와 차별화라는 또 다른 울타리의 양쪽 모두와 관계를 맺고 있다. 1986년에 완공된 프린스턴대학의 루이스 토머스 연구소는 같은 시기에 만들어진 다른 모든 대학의 분자생물학 건물들과 매우 흡사하게 생겼지만, 이와 동시에 건축학적 독특성을 갖고 있다. 기능적 공간의 목록(실험실, 사무실, 지원시설, 세미나실)이나 실험실 내부에 있는 실험대, 책상, 개수대, 가스 배출 덮개의 배치나 장소의 하부구조 도관(배선, 배관, 도관) 그 무엇을 보더라도 루이스 토머스 연구소가 유사 연구소들에 비해 두드러진 점을 찾기는 어렵다. 마치 생명공학 건물 그 자체가 전 세계 대학들에 복제된 것처럼 보일 정도이다.(Gieryn, 2002) 사회학의 신제도주의 이론은 연구조직의 **관료적** 구조가 점차 동일한 형태를 갖게 될 것으로 예측한다.(DiMaggio & Powell, 1991; Meyer & Rowan, 1991) 그러나 동일한 사회적 과정이 그러한 활동이 일어나는 **물리적 공간**의 균질화를 유발할 수도 있다. 안전규칙과 미국장애인복지법(Americans with Disabilities Act)의 요구사항들로 인해 건축가들은 승인된 법률적 기준에 따라야 한다. 트레이드라인 사(Tradelines, Inc.)와 같은 전문 업종 단체들은 건축가들과 대학의 시설 관리자들이 참석하는 국제회의를 열어 설계 혁신에 대해 "승인" 내지 "불승인" 판정을 내림으로써 대부분의 설계자들이 거스르려 하지 않는 규범적 맥락을 만들어낸다. 이곳저곳 돌아다니는 과학자들은 최근에 방문했던 연구소에서 바람직한 특징들을 기억해두었다가 자신들이 제안한 새로운 건물에 동일한 특징을 설계해 넣도록 건축가들에게 부탁한다. 일종의 모방인 셈이다. 뿐만 아니라 어떤 연구소가 다른 곳에 있는 성공한 연구소들과 닮은 경우에는 일정한 제도적 정당성이 확보된다.(사실 실험실의 존재 자체가 어떤 분야들—심리학[O'Donnell, 1985: 7]이나 물리학[Aronovitch, 1989] 같은—에 대해서는 초기에 진정으로 과학적이라는 정당화를 제공한다.)

중요한 것은 실험실 설계의 표준화를 초래한 이러한 사회적 과정들이 그것의 지식 결과와 분석적으로 구분된다는 것이다. "과학지식의 폭넓은 확산은 특정 문화가 그러한 지식을 만들고 적용하는 표준화된 맥락을 만들어내고 확산시키는 데 성공을 거둔 데서 나온다."(Shapin, 1995: 7) 특유의 설계 요소들을 지워버림으로써 과학실험실은 일반적인 "장소 없는 장소"가 되며(Kohler, 2002), 과학자들이 이곳에 있는 실험실의 "주변" 조건이 다른 어느 곳에 있는 실험실과도 동등할 거라고 가정할 수 있게 해준다. 이러한 공간의 균질화는 과학자, 과학장치, 표본, 기입들이 이곳에서 저곳으로 흐르는 데 반드시 필요하다. 지리적 위치는 변할 수 있지만, 이동하는 단위는 도착한 후 출발했던 장소와 크게 다르지 않은 일단의 환경을 접하고 "편안함을 느낀다". 아이러니한 것은 과학적 주장과 대상의 "순환" 그 자체가 과학이 정착하는 동등한 표준화된 장소의 구현에 의존한다는 점이다. 우리가 보기에 이는 과학에서 장소를 빼버린 것이 아니라 그것이 계속 **중요성**을 가짐을 나타내는 것이다. 뿐만 아니라 "상황적 활동"에 관한 연구(Suchman, 1987, 1996, 2000; Lave, 1988)는 "신체와 국지적 환경이 지적 행동을 낳는 처리 루프 속에 말 그대로 붙박이는 방식에" 주목함으로써(Clark, 1997: xii; Hutchins, 1995; Goodwin, 1994, 1995) 과학자들이 한 대학에서 다른 대학으로 옮길 때에도 실험실의 표준화된 작업공간이 신체활동의 일상화를 촉진할 가능성을 보여준다. 이러한 측면에서 "체현된" 내지 "암묵적인" 지식의 중요성에 대한 STS의 관심은 실상 방정식의 반쪽에 불과하다. 실천들이 일상화되는 것은 부분적으로 표준화된 공간에서 일어나기 때문이다.

그럼에도 불구하고 "장소 없는" 장소가 반드시 "얼굴 없는" 장소는 아니다. 실험실은 **서로 다른** 사회적 범주, 집단 내지 조직들의 정체성을 구현하기도 하며, 따라서 실험실의 설계는 "우리를 그들로부터" 차별화하는 것을 추구한다. 루이스 토머스 빌딩의 한쪽 측면의 외관은 베이지색과 흰색이 바둑판 무늬를 이루고 있는데, 이는 대표적인 탈근대주의 건축가 로버트 벤추리와 데니스 스콧-브라운이 남긴 서명과도 같은 특징이다. 그들은 프린스턴대학이 분자생물학에 쏟는 관심을 나타내고 이 분야에서 프린스턴대학의 명성을 미국 전역에 드높일 건물을 대학에 안겨주기 위해 고용되었다. "여느 건물과 똑같은" 건물이었다면 최고의 생물학자들을 프린스턴으로 끌어들이는 데 성공을 거두지 못했을 것이다. MIT는 저명한 건축가 프랭크 게리를 고용해 최근 완공된 스태터 센터(2004)의 설계를 맡겼다. 게리의 "통제된 혼란"[3]—벽돌과 티타늄을 두른 기울어지고 일그러진 상

---

3) 게리의 표현을 Joyce(2004: xiii)에서 재인용했다.

자형 건물들이 멋지게 뒤엉킨—은 그 내부에서 진행되는 매우 질서정연한 인공지능, 논리학, 컴퓨터과학과 거의 닮은 점이 없는 것처럼 보인다. 그러나 이제 MIT는 "게리의 작품"을 갖고 있고, 과학적 재능과 제도적 위신을 놓고 경쟁하게 될 때 그 차이는 엄청나게 크게 작용한다.[4] 과거에는 연구소가 다른 종류의 문화적 의미를 전하기 위해 다른 상징적 외피를 둘렀다. 19세기의 영국 대학에서 과학건물들은 실험연구의 품위를 보여주는 가시적 표시로 고딕풍의 외양을 갖추었다. 그 내부에서 이뤄지는 활동을 수도사의 순수성 및 헌신과 기호학적으로 일치시키는 한편으로, 이를 공장에서 기대되는 이익 추구와는 구별하기 위해서였다.(Forgan, 1998) 순수연구와 이윤을 위한 응용연구 사이의 구분선을 긋기가 어려워진 요즘에는 기업연구소(Knowles & Leslie, 2001)와 대학연구소를 그 외양에서 구별하기가 거의 불가능해졌(고 심지어 그 둘이 같은 장소에 위치할 수도 있)다.

심지어 과학건물의 내부도 사회집단들을 차별화하고 정체성을 내세운다. 이는 장식이나 하부구조를 통해서보다는 위치와 제한된 접근을 통해서 나타난다. SLAC에서 맨 위층은 이론가들과 부서장들을 위해 할애된 반면, 지하실은 장치 공작소가 위치하고 있다.(Traweek, 1988) 루이스 토머스 연구소에서 생쥐를 가지고 연구하는 과학자들은 이스트나 선충을 연구하는 과학자들이 점유한 것과 구별되는 공간을 갖고 있다.(Levine, 1999) 갤리슨은 "각 층의 계획에서 볼 수 있는 것은 단지 실용적으로 위치한 통풍

4) 다른 대학들로부터 과학적으로 재능이 있는 이들을 빼앗아오는 것은 새로운 현상으로 보기 어렵다. "톰슨이 있던 글래스고는 이러한 난제들에 대한 해법을 인격화하고 그 속에 통합하고 있었고, 몇몇 학장들은 그를 케임브리지에 고용하는 것이 좋겠다고 결론 내렸다. 톰슨은 이 제안을 거절했다. 중요한 것은 공간과 자원이었다. '내가 이곳 새로운 대학에서 가진 커다란 이점들, 내가 제공받고 있는 장치와 조력, 기계 작업을 의뢰하기 편리한 글래스고의 환경 등은 내가 다른 곳에서는 가질 수 없는 행동 수단을 제공한다.'"(Schaffer, 1998: 157)

관뿐만이 아니다. 우리가 목격하고 있는 것은 물리적 형태가 부여된 지식의 구조이다."라고 썼다.(Galison, 1997: 785) 19세기에서 현재로 넘어오면서 연구소의 건축구조에는 과학의 통일성을 강조하던 것에서 분야 간 차이를 강조하는 쪽으로 변화가 있었다. 앞선 시기에는 모든 과학 분야들을 "병치"할 필요가 있다고 주장했던 것이 지금은 "분리와 전문화의 언어로 대부분 대체되었는데, 이는 별도로 목적에 맞게 지어진 건축공간이 생겨나는 것을 의미했다. 아울러 과학연구와 교육의 전문화가 심화되는 것에 따른 계획, 구조, 장비의 기능적 분화도 수반되었다."(Forgan, 1998: 213)

다른 과학의 장소들도 젠더처럼 근본적인 사회적 구분을 재생산한다. 지구 밀도와 구조의 지구물리학적 이해에 대한 엘리너 애니 램슨의 기여는 그녀가 **어디에서** 연구를 수행했는가로 인해 축소 평가되었다.(Oreskes, 1996) 미국 해군천문대(Naval Observatory)의 부(副)천문학자였던 램슨은 육상에 머무르며 해양 중력에 관한 데이터를 처리했다. 이 데이터는 부분적으로 잠수함(이동 실험실)을 이용한 원정을 통해 수집된 것이었다. "그러나 바다로 나갈 수 있는 것은 오직 남성들뿐이었다. 오직 남성들의 작업만이 '지구의 비밀을 정복'하기 위한 영웅적 항해로 그려질 수 있었다. 그 결과 대중의 눈에는 오직 남성들만이 부각되었다."(Oreskes, 1996: 100) 이처럼 공간화된 성차별주의는 오랜 역사를 갖고 있다. 16세기 이탈리아에 있었던 알드로반디의 박물관에서는 저명한 손님들이 자연을 목격하기 위한 이 특권적 장소를 방문한 것을 기록으로 남겨주도록 요청받았다. 그러나 "그는 [여성들]에게는 방명록에 서명할 것을 요청하지 않았다."(Findlen, 1999: 30) 이는 수도원의 지적 생활에서 여성을 배제했던 훨씬 더 유서 깊은 패턴을 떠올리게 한다.(Noble, 1992) 핀들렌(Findlen, 1999: 50)은 지식생산을 위한 공간에서 젠더에 따른 이러한 차별이 과학에서 여성의 존재에 오래도록 영향을 미쳤다고 믿고 있다.

박물관과 실험실은 새로운 자율성을 만끽하려는 귀족과 젠틀맨의 가정에서 출현함에 따라, [이러한 질서는] 과학의 공간에 대한 대중의 이해에 중요한 전제조건을 확립했다. 그러한 기관들은 예전에 있던 장소를 벗어난 경우에도 계속해서 지식의 장소에 여성들이 적합한지에 관한 일단의 가정들을 그 속에 포함하고 있었다.

반대로 물질성이 문화적 변화의 경계표지로서의 역할을 하기도 했다. 가령 1910년대 빈의 라듐 연구소(Radium Institute)에서 "방사능 연구를 하던 여성들이 '자신들만의 실험대'를 얻는 데 성공을 거둔 일은 과학에서 여성의 역할이 갖는 정치적 중요성이 변화했음을 나타냈다."(Rentetzi, 2005: 305)

과학에 대한 이의제기

과학을 위한 공간은 지식 주장에 신뢰성을 주는 물질적 하부구조와 문화적 도상학의 강력한 결합이다. 그러나 과학이 서로 떨어진 지리적 위치라는 상황에 처해 있는 것은 동시에 도전과 이의제기에 일정하게 취약한 모습을 만들어낸다. 라투르(Latour, 1983)는 "내게 실험실을 달라, 그러면 내가 세상을 들어올리리라."라는 유명한 경구를 남겼다. 그러나 실험실에는 돌을 던질 수도 있고, 침입해 들어갈 수도 있으며, 불태워 버릴 수도 있다. 권력의 행사는 항상 저항과 밀접하게 연관돼 있다고 푸코(Foucault, 1980)가 주장한 것과 마찬가지로, 과학적 장소의 물질성 그 자체는 그것을 좋은 공격대상으로 만든다. 상이한 이해관계를 가진 행위자들이―문자 그대로의 의미와 비유적 의미 모두에서―파헤치고 매달릴 어떤 것을 갖고 있는 일종의 "논쟁적 영역"(Edwards, 1979)이 된다는 말이다. 물리적 장소가 지식 주장에 권위를 부여하는 능력은 결코 자동적이거나 영구적인 것이 아니다. 대신 신뢰성은 "협상된 질서"로부터 나오는데(Maines, 1982; Fine, 1984), 이곳에서는 과학의 공간이 저항과 동의를 위한 협상이 이뤄지는 장소가 된다.

과학자들은 자신들이 지식생산의 장소를 보는 독특하고 특권적인 방식을 갖고 있다고 주장한다. 비과학자들은 이러한 관점에 대해 대체로 이의를 제기하지 않는다.

> 지식의 장소에서 공간의 "배가"는 땅 위에 있는 동일한 지점을 바라보는 두 사람이 … 서로 다른 두 개의 대상을 해석할 수도 있음을 의미한다. 이러한 "이중의 시각"은 그중 한 사람이 그 공간에서 공식적으로 유능하고 권위 있는 거주자인 반면, 다른 한 사람은 방문객이거나 보조 작업자라는 사실에서 유래했을 것이다. 근대적 감수성은 이러한 현상을 결코 통상에서 벗어난 것으로 간주하지 않는다.(Ophir & Shapin, 1991: 14)

자신들이 속한 분야에서 과학자들의 시각은 주도권을 장악하고 있으며 대상을 보는 다른 방식들에 승리를 거둔다. 그러나 과학자들은 때때로 다른 영역까지 나아간다. 여기서 장소에 대한 그들의 이해는 덜 특권화돼 있고, 비과학자들은 장소의 재현에 대해 자기 나름의 권위를 확립하려 한다. "현장과학"에 대한 최근의 STS 연구들은 장소들을 이해하는 과학적 방식과 다른 방식들 사이의 경계―그리고 실험실과 현장 그 자체의 경계―가

흐려지고 논쟁의 대상이 되는 이러한 종류의 사례들을 발견했다.(Bowker, 1994; Kuklick & Kohler, 1996; Henke, 2000; Kohler, 2002) 갈등의 가능성은 장소의 물질성을 그 중심에 놓고 있으며, 특히 행위자들이 특정한 위치에서 가질 수 있는 장소 기반 이해관계—과학자들이 동일한 장소에서 갖는 이해관계와는 종종 크게 다른—가 중요하다.

예를 들어 농부들은 작물을 재배하는 특별한 방식을 갖고 있다. 그들에게 작물은 일종의 투자를 의미한다. 그들은 자신들의 생산방식을 구조화하고 새로운 농업기법에 대한 인식에 영향을 주는 장소와 실천의 접점에 몰두한다. 헨케(Henke, 2000)는 캘리포니아대학의 "농업 고문들"—대학에 고용돼 있지만 특정한 농촌 공동체에 주재하면서 지역농부들의 생산 관행을 향상시키는 책임을 맡고 있는 과학자들—에 관해 연구했다. 농업 고문들은 종종 "야외시험(field trial)"이라는 실험적 기법을 활용해 새로운 농경 방법 내지 기술의 장점을 지역의 농촌 공동체에 보여주려 한다. 이러한 시범적 시험은 종종 농부 자신의 땅에서 수행되는데, 그 이유는 농부들이 "불변의 동체"를 받아들이지 않기 때문이다. 그들은 자신들의 장소가 갖는 국지적 우연성(기후, 토양 유형, 문화적 관행 등)을 고려에 넣은 결과를 더 많이 신뢰하는 경향이 있다. 그렇다면 야외시험의 전반적 목표는 장소를 이해하는 실험적 방식을 농부들이 자신들의 땅을 보는 방식과 부합하도록 맞추는 데 있다. 결과적으로 야외시험은 실험적 관행의 표준화와 장소 기반 데이터에 대한 농부들의 편견을 모두 포함할 절충안을 협상하려는 농업 고문들의 시도를 나타낸다.

이러한 종류의 협상은 현장에서 지식 권위의 손쉬운 귀속을 어렵게 한다. 응용과학의 사례에서처럼 과학이 현장에서 장소를 형성하려 할 때, 다른 행위자들이 자기 나름의 장소 기반 지식을 통해 힘을 갖게 될 수 있다.

이처럼 다양하게 장소를 "이해하는 방식"들을 탐구하는 한 가지 방법은 환경 위해에 대한 연구를 통하는 것이다. STS의 전범이 된 사례 중 하나로 브라이언 윈의 연구(Wynne, 1989)를 들 수 있다. 그는 체르노빌 핵발전소 폭발에서 나온 방사능 낙진의 영향에 함께 대처했던 영국 정부 전문가들과 목양농들 사이의 협상을 연구했다. 재난이 발생한 후 영향을 받은 컴브리아 목양 지역에 급파된 전문가들은 "과학지식이 국지적 환경에 대한 조정을 거치지 않고 적용될 수 있다고 가정했"고, 이는 그들이 목양농들에게 가졌던 신뢰성을 크게 손상시켰다.(Wynne, 1989: 34) 이 사례는 환경적 위험을 둘러싼 다른 갈등 사례들과 흡사하다. 그런 사례들에서도 지역 행위자들—"일반인", "시민", "활동가" 등으로 다양하게 묘사되는—의 경험적 장소 기반 지식이 위해를 평가하는 전문가들이 활용하는 환원주의적이고 일견 보편적인 기법에 도전한다는 점에서 그렇다.(Martin, 1991; Tesh, 2000) 이러한 많은 연구들은 위험을 지각하는 근본적으로 합리적인 방식과 비합리적인 방식을 나누는 위험 지각 모델을 거부하면서,[5] 특정한 장소에 장기간에 걸쳐 몸이 거주한 데서 나오는 장소에 대한 지식에 초점을 맞춘다. 이처럼 "항의하는 몸"(Kroll-Smith & Floyd, 1997; Beck, 1992)은 좀 더 비공식적인 지식, 경험과 장소에 뿌리를 둔 지식이 믿을 만하다고 주장한다.

이와 동시에 이러한 많은 연구들은 아울러 환경 위해에 대응하는 공동체들이 전문가들과 동맹을 맺거나 그들이 환경위험평가 방법에서 지닌 공식적 전문성을 얻고자 애쓴다는 사실을 보여주고 있다.(Macnaghten & Urry, 1998; Fischer, 2000; Allen, 2003) 이러한 "전문가-활동가"(Allen, 2003)들의 작업은 응용 농업과학을 다룬 헨케의 사례와 흥미로운 비교대상을

---

5) 이는 가령 Douglas and Wildavsky(1983)와 Margolis(1996)에서 볼 수 있는 바와 같다.

제공한다. 캘리포니아대학의 농업 고문들은 과학의 공식적이고 보편화하는 방법과 농부들이 작물을 재배하는 특정한 지리적 장소에 대해 획득된 지식 사이에서 균형을 잡으려 노력했다. 반면 지역의 환경위험에 대한 전문가 평가에 도전하는 공동체들은 때때로 좀 더 기술적이고 제도적 승인을 받은 위해 측정 방법을 가지고 자신들이 장소에 대해 지닌 경험적이고 체현된 이해를 강화시키는 쪽을 선택한다. 각각의 사례에서 장소에 대한 완전한 "이중적 시각"―과학적인 것과 경험적인 것 모두에 근거한―의 가능성이 존재한다. 사실 바로 이러한 이유 때문에 일부 STS 학자들은 "전문가" 이해와 "일반인" 이해의 구분 자체를 해체하는 작업을 시작했다.(Tesh, 2000; Frickel, 2004; Henke, 2006)

흥미로운 것은 특히 현장연구에 종사하는 과학자들이 역사적으로 자기 나름의 신뢰성 문제에 직면해왔다는 점이다. 이는 그들의 연구가 연관된 변수들의 통제가 훨씬 더 쉬울 수 있는 실험실에서의 실험과 (종종 불리한 방향으로) 대조를 이룰 때 특히 부각되었다. 실험실과 야외현장은 정당한 자연지식이 만들어지는 장소로서 각자 특유의 지식적 장점을 가지고 있고, 이 때문에 생물학(Kohler, 2002)이나 도시연구(Gieryn, 2006) 같은 다양한 분야들에서 경합하는 "진리의 현장(truth-spot)"들 사이에 쟁론이 펼쳐지기도 한다. 실험실은 정확성과 통제력을 극대화하지만, 현장은 부자연스러움이 덜하고 대문자 자연(내지 대문자 사회)이 실제로 존재하는 방식에 더 흡사해 보인다. 그러나 전문가의 이해와 일반인의 이해 사이의 구분이 거의 알아차릴 수 없을 정도로 불분명해진 것과 마찬가지로, "실험실 대 야외현장"이라는 상 역시 문화적 실천과 지식 정당화의 단순한 대립을 넘어서는 어떤 것이다. 기어린(Gieryn, 2006)은 도시연구의 시카고학파 (1900~1930)에 속한 학자들이 도시를 실험실**이면서 동시에** 야외현장으로 구성했음을 보였다. 그들은 (텍스트 속에서) 시카고를 통계적 분석을 위해 분할되고 조각난 표본으로 만들기도 했고, 끈기 있고 사람을 몰입하게 하는 긴 산책을 통해 민족지학적으로 가장 잘 이해할 수 있는 발견된 장소로 만들기도 했다. 콜러는 1950년대가 되면 생물학 내에서 실험실과 현장 모두의 지식적 장점에 다양하게 의지한 경계과학 내지 잡종과학들이 다양하게 등장했다고 말한다. "실험실과 현장 사이의 왕래는 더 이상 문화적 변경을 가로지르는 통로를 반드시 필요로 하지 않았고, 심지어 현장에서 실험실 혹은 그 역방향으로의 물리적 이동조차 불필요했다."(Kohler, 2002: 293) 과학지식을 생산하기에 가장 적합한 장소가 어디인가를 둘러싼 논쟁은 영원히 계속될 필요가 없게 되었다.

과학의 문화적 권위를 놓고 벌어지는 좀 더 생생한 종류의 뿌리 깊은 논쟁은 해소하기가 아마 더 어려울 것이다. 과학이 실험실에 위치하건 현장에 위치하건 간에, 연구가 수행되는 장소의 물질성과 지리적 특수성은 실험장소에 대한 침입, 기물파손, 노골적 파괴의 사례에서 볼 수 있듯이 시위대에게 구체적인 공격대상을 제공한다. 그러나 과학에 대한 그러한 공격들이 극적인 것일 수 있음에도 불구하고, 이는 STS 내에서 체계적인 주목을 거의 받지 못했다. 잘 알려진 사례 하나는 1970년 8월 24일에 일어난 일이다. 미국의 베트남전 개입에 반대하는 활동가들이 매디슨에 있는 위스콘신대학 캠퍼스의 스털링 홀에서 폭탄을 터뜨린 것이다. 이 건물에는 육군수학연구센터가 위치해 있었고, 공격은 신무기 개발에 초점을 맞추고 있다는 연구를 중단시키려는 의도를 담고 있었다. 폭발로 대학원생 로버트 파스낙트가 사망했고, 1995년 오클라호마 시 폭탄 테러가 있기 전까지는 미국에서 국내 문제에 대한 항의의 일환으로 기도된 가장 규모가 큰 폭발이었다.(Bates, 1992; Durhams & Maller, 2000) 좀 더 최근 들어서는 동물권 단체들이 실험실 장비를 파괴하고 그들이 보기에 비인간적인 실험적 대우로부터 생쥐와 원숭이들을 해방시켰다.(Lutherer & Simon, 1992) 과학의 장소에 대한 이러한 공격은 연구를 정치적 혼란으로부터 격리하는 것이 얼마나 불가능한지를 보여준다. 동물 실험실의 우리가 일상적으로 은행 금고 수준의 보안과 감시 시스템으로 보호를 받고 있는데도 말이다.

형질전환 작물 시험용 야외현장들 역시 종종 시위와 기물파손의 장소가 되어왔다. 적어도 이 기술에 대한 야외시험이 이뤄지고 1990년대 들어 상업적으로 이용가능하게 된 후로는 줄곧 그러했다. 형질전환 생물체에서 그렇지 않은 생물체로 유전자가 전이될 때 나타날 수 있는 위해—혹은 좀 더 폭넓은 의미에서 생태계의 교란가능성—를 우려한 환경활동가들은 유전자조작 생물체를 "야생에" 방출하는 것에 반대해왔다. 전 세계의 야외시험 장소들에서 시위대는 유전물질이 현장 경계 바깥으로 퍼져 나가는 것을 막기 위해 형질전환 작물들을 파괴해왔다.(Cooper, 2000; Anon., 2002) 이처럼 때때로 일어나는 폭력적 개입은 실험실 내부의 일견 통제된 공간과 연구를 현장에 위치시킬 때의 예측불가능성 사이의 경계에 정치적 시선을 집중시킨다. 그린피스는 뉴질랜드가 형질전환 작물의 야외시험을 허용하기로 결정한 것을 비난하는 보도자료에서 이렇게 단언하고 있다. "유전학 연구를 할 수 있는 안전한 장소는 적절하게 격리된 실험실뿐이다." (Greenpeace, 2001)[6] 그러한 가정에는 중대한 아이러니가 숨어 있다. 실험실과 실험용 야외현장은 야생의 자연을 통제하에 두고 표본들을 유순하

---

6) 심지어 실험실에 기반을 둔 형질전환 작물 연구도 활동가들의 표적이 되어왔다. 가장 잘 알려진 사례는 아마도 지구해방전선(Earth Liberation Front) 회원들이 1999년에 미시간 주립대학의 연구자 캐서린 이베스의 사무실에 불을 지른 사건일 것이다.(Earth Liberation Front, n.d.; Cooper, 2000)

게, 또 과학자의 장치와 이론적 야심에 부응하게 만들기 위해 설계되고 건설된 것이다. 그러나 과학을 하나의 장소에 위치시키면, 즉 지식생산 과정에 이용할 수 있는 물질적 근거지를 제공하게 되면, 과학의 수단, 목표, 권위에 도전하는 대의명분을 가진 그러한 인간 표본들을 유순하게 만들 수 없는 장소가 생겨난다.

결론

마틴 러드윅이 그려내는 1840년 런던의 지도는 과학의 장소가 어떻게 바뀌어왔는지를 시사하기 시작한다. 주요 과학기관들과 대(大)데본기 논쟁에서 중요한 역할을 했던 과학자들의 집을 가리키는 설명이 붙은 이 지도는 "과학 런던의 축소판"을 있는 그대로 보여준다.(Rudwick, 1985: 35) 대화의 상대가 되는 사람, 찾아봐야 하는 책이나 표본, 참석해야 하는 협회 모임은 모두 (거의 문자 그대로의 의미에서) 코앞에 있었다. 오늘날에는 상황이 얼마나 달라졌는가. 관련된 전문가와 연구의 주요 중심지들은 이제 전 세계에 흩어져 있고, 과학자들은 다른 대륙에 있는 과학자들과 협력하며(하지만 항상 대면을 하는 것은 아니다.), 자신이 한 번도 직접 가보지 않은 장소에서 나온—때로 원격 탐지장치에 의해 수집되어, 그것의 소재는 사실 그리 중요하지 않은 듯 보이는 컴퓨터에 디지털화되어 저장된—데이터를 분석한다. 이러한 변화들은 장소 그 자체가 사회 속의 과학에 대한 이해에서 덜 중요하게 되었음을 말해주는가? 우리는 그렇지 않다고 생각한다.

역설적인 것은, 과학탐구의 입지에서 나타난 이러한 역사적 변화들이 새로운 지식의 생산은 더 쉽고 빠르게 만들었지만 받아든 결과를 신뢰하기는 더 어려워졌다는 사실이다. 과학적 주장의 신뢰성에 대한 확신은 많은 부분 발견의 과정과 정당화의 과정이 일어나는 **장소**와 바로 **그곳에** 모여 있는 사람, 장치, 표본, 기입, 하부구조에 관해 널리 공유된 가정들로부터 나온다. 말단에서의 관찰이 점차 기계화되고, 데이터가 점차 표준화돼 전 세계 과학자들이 즉각 (익명으로) 이용할 수 있게 되면서, "관리 연속성(chain of custody)"에 관한 정당한 우려가 제기되고 있다. 이러한 데이터는 정확히 어디에서 나온 것인가? 최초의 데이터 구성과 이후의 조작에는 누가 있었는가? 데이터의 타당성에 대해서는 누가 궁극적으로 책임을 질 것인가? 과학자들이 전 세계로 퍼져 나가고 지구 곳곳에 실험실을 복제하면서 신뢰성의 문제는 (끝나는 것이 아니라) 더 커질 것이다. 실험은 (일부 과학자들에게) 과학적 객관성의 시금석인 집단적 목격과 검토를 가능케 하는 건축환경에서 이뤄졌는가? 아이러니한 것은, 장소가 한때 과학의 신뢰성을 오염시키는 것으로 생각되었다는 사실이다. 그저 국지적인 지식은 편협하고 특이하며 따라서 믿을 수 없다는 생각이었다. 이제 과학지식의 생산은 맹렬한 속도로 전 지구화되었고(오늘날에는 모든 곳으로부터의 관점[view from Everywhere]이 되었다.) 장소는 진정성과 신뢰를 재가하는 요인으로서 과학에서의 중요성을 다시 주장하게 될 것이다.

참고문헌

Agar, Jon (1998) "Screening Science: Spatial Organization and Valuation at Jodrell Bank," in C. Smith & J. Agar (eds), *Making Space for Science: Territorial Themes in the Shaping of Knowledge* (London: Macmillan): 265–280.

Allen, Barbara L. (2003) *Uneasy Alchemy: Citizens and Experts in Louisiana's Chemical Corridor Disputes* (Cambridge, MA: MIT Press).

Allen, Thomas J. (1977) *Managing the Flow of Technology: Technology Transfer and the Dissemination of Technological Information within the R&D Organization* (Cambridge, MA: MIT Press).

Anon. (2002) "GM Crop Protestors Released," BBC News, August 19, 2002. Available at: http://news.bbc.co.uk/2/hi/england/2203220.stm.

Aronovitch, Lawrence (1989) "The Spirit of Investigation: Physics at Harvard University, 1870–1910," in F.A.J.L. James (ed), *The Development of the Laboratory: Essays on the Place of Experiment in Industrial Civilization* (New York: American Institute of Physics): 83–103.

Barry, Andrew (2001) *Political Machines: Governing a Technological Society* (New York: Athlone Press).

Bates, Tom (1992) *Rads: The 1970 Bombing of the Army Math Research Center at the University of Wisconsin and Its Aftermath* (New York: Harper Collins).

Beck, Ulrich (1992) *Risk Society: Towards a New Modernity* (London: Sage).

Bennett, Jim (1998) "Projection and the Ubiquitous Virtue of Geometry in the Renaissance," in C. Smith & J. Agar (eds), *Making Space for Science: Territorial Themes in the Shaping of Knowledge* (London: Macmillan): 27–38.

Boden, Deirdre & Harvey L. Molotch (1994) "The Compulsion of Proximity," in R. Friedland & D. Boden (eds), *NowHere: Space, Time and Modernity* (Berkeley: University of California Press): 257–286.

Bowker, Geoffrey C. (1994) *Science on the Run: Information Management and Industrial Geophysics at Schlumberger, 1920–1940* (Cambridge, MA: MIT Press).

Browne, E. Janet (2003) *Charles Darwin: The Power of Place* (Princeton, NJ: Princeton University Press).

Callon, Michel & John Law (2004) "Guest Editorial," *Environment and Planning D:*

Society and Space 22: 3 – 11.

Castells, Manuel (2000) *The Rise of the Network Society*, 2nd ed. (Malden, MA: Blackwell).

Clark, Andy (1997) *Being There: Putting Brain, Body, and World Together Again* (Cambridge, MA: MIT Press).

Collins, H. M. (1974) "The TEA Set: Tacit Knowledge and Scientific Networks," *Science Studies* 4: 165 – 186.

Collins, Harry (2004) *Gravity's Shadow: The Search for Gravitational Waves* (Chicago: University of Chicago Press).

Cooper, Michael (2000) "Wave of 'Eco-terrorism' Appears to Hit Experimental Cornfield" (*The New York Times*, July 21, 2000).

Cummings, Jonathon N. & Sara Kiesler (2005) "Collaborative Research Across Disciplinary and Organizational Boundaries," *Social Studies of Science* 35: 703 – 722.

Dierig, Sven, Jens Lachmund, & J. Andrew Mendelsohn (2003) "Introduction: Toward an Urban History of Science," *Osiris* 18: 1 – 20.

DiMaggio, Paul J. & Walter W. Powell (1991) "The Iron Cage Revisited: Institutional Isomorphism and Collective Rationality in Organizational Fields," in P. J. DiMaggio & W. W. Powell (eds), *The New Institutionalism in Organizational Analysis* (Chicago: University of Chicago Press): 63 – 82.

Douglas, Mary & Aaron Wildavsky (1983) *Risk and Culture: An Essay on the Selection of Technical and Environmental Dangers* (Berkeley: University of California Press)

Drayton, Richard (2000) *Nature's Government: Science, Imperial Britain, and the "Improvement" of the World* (New Haven, CT: Yale University Press).

Duque, Ricardo B., Marcus Ynalvez, R. Sooryamoorthy, Paul Mbatia, Dan-Bright S. Dzorgbo, & Wesley Shrum (2005) "Collaboration Paradox: Scientific Productivity, the Internet, and Problems of Research in Developing Areas," *Social Studies of Science* 35: 755 – 785.

Durhams, Sharif & Peter Maller (2000) "30 Years Ago, Bomb Shattered UW Campus," *Milwaukee Journal Sentinel*, August 20, 2000.

Earth Liberation Front, North American Press Office (n.d.) "Frequently Asked Questions about the Earth Liberation Front." Available at: http://www.animalliberationfront.com/ALFront/ELF/elf_faq.pdf.

Edwards, Richard (1979) *Contested Terrain: The Transformation of the Workplace in the Twentieth Century* (New York: Basic Books).

Fenby, David (1989) "The Lectureship in Chemistry and the Chemical Laboratory, University of Glasgow, 1747 – 1818," in F.A.J.L. James (ed), *The Development of the Laboratory: Essays on the Place of Experiment in Industrial Civilization* (New York: American Institute of Physics): 22 – 36.

Findlen, Paula (1994) *Possessing Nature: Museums, Collecting, and Scientific Culture in Early Modern Italy* (Berkeley: University of California Press).

Findlen, Paula (1999) "Masculine Prerogatives: Gender, Space, and Knowledge in the Early Modern Museum," in P. Galison & E. Thompson (eds), *The Architecture of Science* (Cambridge, MA: MIT Press): 29 – 58.

Fine, Gary Alan (1984) "Negotiated Orders and Organizational Cultures," *Annual Review of Sociology* 10: 239 – 262.

Finholt, Thomas A. (2002) "Collaboratories," *Annual Review of Information Science and Technology* 36: 73 – 107.

Fischer, Frank (2000) *Citizens, Experts, and the Environment: The Politics of Local Knowledge* (Durham, NC: Duke University Press).

Forgan, Sophie (1998) "'But Indifferently Lodged.' Perception and Place in Building for Science in Victorian London," in C. Smith & J. Agar (eds), *Making Space for Science: Territorial Themes in the Shaping of Knowledge* (London: Macmillan): 149 – 180.

Foucault, Michel (1970) *The Order of Things: An Archaeology of the Human Sciences* (New York: Pantheon Books).

Foucault, Michel (1980) *Power/Knowledge: Selected Interviews and Other Writings, 1972–1977* (New York: Pantheon Books).

Foucault, Michel (1986) "Of Other Spaces," *Diacritics* 16: 22 – 27.

Frickel, Scott (2004) "Scientist Activism in Environmental Justice Conflicts: An Argument for Synergy," *Society and Natural Resources* 17: 369 – 376.

Galison, Peter (1997) *Image and Logic: A Material Culture of Microphysics* (Chicago: University of Chicago Press).

Gieryn, Thomas F. (1998) "Biotechnology's Private Parts (and Some Public Ones)," in A. Thackray (ed), *Private Science: Biotechnology and the Rise of the Molecular Sciences* (Philadelphia: University of Pennsylvania Press): 219 – 253.

Gieryn, Thomas F. (1999) *Cultural Boundaries of Science: Credibility on the Line* (Chicago: University of Chicago Press).

Gieryn, Thomas F. (2000) "A Space for Place in Sociology," *Annual Review of Sociology* 26: 463–496.

Gieryn, Thomas F. (2002) "Three Truth-Spots," *Journal of the History of the Behavioral Sciences* 38(2): 113–132.

Gieryn, Thomas F. (2006) "City as Truth-Spot: Laboratories and Field-Sites in Urban Studies," *Social Studies of Science* 36: 5–38.

Gilbert, G. Nigel, & Michael Mulkay (1984) "Experiments Are the Key: Participants' Histories and Historians' Histories of Science," *Isis* 75: 105–125.

Goffman, Erving (1959) *The Presentation of the Self in Everyday Life* (New York: Doubleday).

Golinski, Jan (1998) *Making Natural Knowledge: Constructivism and the History of Science* (Cambridge: Cambridge University Press).

Gooday, Graeme (1991) "'Nature' in the Laboratory: Domestication and Discipline with the Microscope in Victorian Life Science," *British Journal for the History of Science* 24: 307–341.

Goodwin, Charles (1994) "Professional Vision," *American Anthropologist* 96(3): 606–633.

Goodwin, Charles (1995) "Seeing in Depth," *Social Studies of Science* 25: 237–274.

Greenpeace (2001) "GE Free NZ Now up to the People," Press release, October 30, 2001. Available at: http://www.poptel.org.uk/panap/latest/peower.htm.

Handy, Charles (1995) "Trust and the Virtual Organization," *Harvard Business Review* (May/June): 40–50.

Haraway, Donna J. (1991) *Simians, Cyborgs, and Women: The Reinvention of Nature* (New York: Routledge).

Harvey, David (1990) *The Condition of Postmodernity: An Enquiry into the Origins of Cultural Change* (Cambridge, MA: Blackwell).

Hempel, Carl G. (1966) *Philosophy of Natural Science* (Englewood Cliffs, NJ: Prentice-Hall).

Henke, Christopher R. (2000) "Making a Place for Science: The Field Trial," *Social Studies of Science* 30: 483–512.

Henke, Christopher R. (2006) "Changing Ecologies: Science and Environmental

Politics in Agriculture," in S. Frickel & K. Moore (eds), *The New Political Sociology of Science: Institutions, Networks, and Power* (Madison: University of Wisconsin Press): 215-243.

Hillier, Bill & Alan Penn (1991) "Visible Colleges: Structure and Randomness in the Place of Discovery," *Science in Context* 4: 23-49.

Hutchins, Edwin (1995) *Cognition in the Wild* (Cambridge, MA: MIT Press).

Jameson, Fredric (1988) "Cognitive Mapping," in C. Nelson & L. Grossberg (eds), *Marxism and the Interpretation of Culture* (Champaign-Urbana: University of Illinois Press): 347-357.

Joyce, Nancy E. (2004) *Building Stata: The Design and Construction of Frank O. Gehry's Stata Center at MIT* (Cambridge, MA: MIT Press).

Knorr Cetina, Karin (1981) *The Manufacture of Knowledge: An Essay on the Constructivist and Contextual Nature of Science* (Oxford: Pergamon Press).

Knorr Cetina, Karin (1992) "The Couch, the Cathedral, and the Laboratory: On the Relationship between Experiment and Laboratory in Science," in A. Pickering (ed), *Science as Practice and Culture* (Chicago: University of Chicago Press): 113-138.

Knorr Cetina, Karin (1999) *Epistemic Cultures: How the Sciences Make Knowledge* (Cambridge, MA: Harvard University Press).

Knorr Cetina, Karin & Urs Bruegger (2002) "Global Microstructures: The Virtual Societies of Financial Markets," *American Journal of Sociology* 107: 905-950.

Knowles, Scott G. & Stuart W. Leslie (2001) "'Industrial Versailles': Eero Saarinen's Corporate Campuses for GM, IBM, and AT&T," *Isis* 92: 1-33.

Kohler, Robert E. (2002) *Landscapes and Labscapes: Exploring the Lab-Field Border in Biology* (Chicago: University of Chicago Press).

Kroll-Smith, Steve & H. Hugh Floyd (1997) *Bodies in Protest: Environmental Illness and the Struggle over Medical Knowledge* (New York: New York University Press).

Kuklick, Henrika & Robert E. Kohler (eds) (1996) *Science in the Field, Osiris* 11.

Latour, Bruno (1983) "Give Me a Laboratory and I Will Raise the World," in K. Knorr Cetina & M. Mulkay (eds), *Science Observed: Perspectives on the Social Study of Science* (London: Sage): 141-170.

Latour, Bruno (1987) *Science in Action: How to Follow Scientists and Engineers Through Society* (Cambridge, MA: Harvard University Press).

Latour, Bruno (1988) *The Pasteurization of France* (Cambridge, MA: Harvard

University Press).

Latour, Bruno (1999) *Pandora's Hope: Essays on the Reality of Science Studies* (Cambridge, MA: Harvard University Press).

Latour, Bruno & Steve Woolgar (1979) *Laboratory Life: The Construction of Scientific Facts* (Princeton, NJ: Princeton University Press).

Lave, Jean (1988) *Cognition in Practice: Mind, Mathematics and Culture in Everyday Life* (New York: Cambridge University Press).

Law, John & Annemarie Mol (2001) "Situating Technoscience: An Inquiry into Spatialities," *Environment and Planning D: Society and Space* 19: 609 – 621.

Levine, Arnold J. (1999) "Life in the Lewis Thomas Laboratory," in P. Galison & E. Thompson (eds), *The Architecture of Science* (Cambridge, MA: MIT Press): 413 – 422.

Livingstone, David N. (2003) *Putting Science in Its Place: Geographies of Scientific Knowledge* (Chicago: University of Chicago Press).

Lutherer, Lorenz Otto & Margaret Sheffield Simon (1992) *Targeted: The Anatomy of an Animal RightsAttack* (Norman: University of Oklahoma Press).

Lynch, Michael (1985) *Art and Artifact in Laboratory Science: A Study of Shop Work and Shop Talk in a Research Laboratory* (Boston, MA: Routledge).

Macnaghten, Phil & John Urry (1998) *Contested Natures* (Thousand Oaks, CA: Sage).

Maines, David (1982) "In Search of Mesostructure: Studies in the Negotiated Order," *Urban Life* 11: 267 – 279.

Margolis, Howard (1996) *Dealing with Risk: Why the Public and the Experts Disagree on Environmental Issues* (Chicago: University of Chicago Press).

Marshall, Alfred (1890) *Principles of Economics* (London: Macmillan).

Martin, Brian (1991) *Scientific Knowledge in Controversy: The Social Dynamics of the Fluoridation Debate* (Albany: State University of New York Press).

Merton, Robert K. (1973) *The Sociology of Science: Theoretical and Empirical Investigations* (Chicago: University of Chicago Press).

Merton, Robert K. & Elinor Barber (2004) *The Travels and Adventures of Serendipity: A Study in Sociological Semantics and the Sociology of Science* (Princeton, NJ: Princeton University Press).

Merz, Martina (1998) "Nobody Can Force You When You Are Across the Ocean: Face-to-Face and e-mail Exchanges Between Theoretical Physicists," in C. Smith

& J. Agar (eds), *Making Space for Science: Territorial Themes in the Shaping of Knowledge* (London: Macmillan): 313–329.

Meyer, John W. & Brian Rowan (1991) "Institutional Organizations: Formal Structure as Myth and Ceremony," in P. J. DiMaggio & W. W. Powell (eds), *The New Institutionalism in Organizational Analysis* (Chicago: University of Chicago Press): 41–62.

Mol, Annemarie & John Law (1994) "Regions, Networks and Fluids: Anaemia and Social Topology," *Social Studies of Science* 24: 641–672.

Müller-Wille, Staffan (2003) "Joining Lapland and the Topinambes in Flourishing Holland: Center and Periphery in Linnaean Botany," *Science in Context* 16(4): 461–488.

Nagel, Thomas (1989) *The View from Nowhere* (New York: Oxford University Press).

Naylor, Simon (2005) "Introduction: Historical Geographies of Science—Places, Contexts, Cartographies," *British Journal for the History of Science* 38: 1–12.

Noble, David F. (1992) *A World Without Women: The Christian Clerical Culture of Western Science* (New York: Knopf).

O'Donnell, John M. (1985) *The Origins of Behaviorism: American Psychology, 1870–1920* (New York: New York University Press).

Olson, Gary M. and Judith S. Olson (2000) "Distance Matters," *Human-Computer Interaction* 15(2&3): 139–178.

Ophir, Adi (1991) "A Place of Knowledge Recreated: The Library of Michel de Montaigne," *Science in Context* 4(1): 163–189.

Ophir, Adi & Steven Shapin (1991) "The Place of Knowledge: A Methodological Survey," *Science in Context* 4: 3–21.

Oreskes, Naomi (1996) "Objectivity or Heroism? On the Invisibility of Women in Science," *Osiris* 11: 87–113.

Pickering, Andrew (1984) *Constructing Quarks: A Sociological History of Particle Physics* (Chicago: University of Chicago Press).

Pinch, Trevor (1986) *Confronting Nature: The Sociology of Solar-Neutrino Detection* (Dordrecht, Netherlands: D. Reidel).

Popper, Karl R. (1959) *The Logic of Scientific Discovery* (London: Unwin Hyman).

Rabinow, Paul (1996) *Making PCR: A Story of Biotechnology* (Chicago: University of Chicago Press).

Reichenbach, Hans (1938) *Experience and Prediction: An Analysis of the Foundations and the Structure of Knowledge* (Chicago: University of Chicago Press).

Rentetzi, Maria (2005) "Designing (for) a New Scientific Discipline: The Location and Architecture of the Institut für Radiumforschung in Early Twentieth-Century Vienna," *British Journal for the History of Science* 38: 275–306.

Rowe, David E. (1986) "'Jewish Mathematics' at Göttingen in the Era of Felix Klein," *Isis* 77: 422–449.

Rowe, David E. (2004) "Making Mathematics in an Oral Culture: Göttingen in the Era of Klein and Hilbert," *Science in Context* 17: 85–129.

Rudwick, Martin J. S. (1985) *The Great Devonian Controversy: The Shaping of Scientific Knowledge among Gentlemanly Specialists* (Chicago: University of Chicago Press).

Safdie, Moshe (1999) "The Architecture of Science: From D'Arcy Thompson to the SSC," in P. Galison & E. Thompson (eds), *The Architecture of Science* (Cambridge, MA: MIT Press): 475–496.

Sassen, Saskia (2001) *The Global City: New York, London, Tokyo* (Princeton, NJ: Princeton University Press).

Schaffer, Simon (1998) "Physics Laboratories and the Victorian Country House," in C. Smith & J. Agar (eds), *Making Space for Science: Territorial Themes in the Shaping of Knowledge* (London: Macmillan): 149–180.

Schappacher, Norbert (1991) "Edmund Landau's Göttingen: From the Life and Death of a Great Mathematical Center," *The Mathematical Intelligencer* 13: 12–18.

Schiebinger, Londa (2004) *Plants and Empire: Colonial Bioprospecting in the Atlantic World* (Cambridge, MA: Harvard University Press).

Schiebinger, Londa & Claudia Swan (eds) (2005) *Colonial Botany: Science, Commerce and Politics in the Early Modern World* (Philadelphia: University of Pennsylvania Press).

Secord, Anne (1994) "Science in the Pub: Artisan Botanists in Early Nineteenth-Century Lancashire," *History of Science* 32: 269–315.

Sennett, Richard (1994) *Flesh and Stone: The Body and the City in Western Civilization* (New York: W. W. Norton).

Shapin, Steven (1988) "The House of Experiment in Seventeenth-Century England," *Isis* 79: 373–404.

Shapin, Steven (1991) "'The Mind in Its Own Place': Science and Solitude in Seventeenth-Century England," *Science in Context* 4: 191 – 218.

Shapin, Steven (1994) *A Social History of Truth: Civility and Science in Seventeenth-Century England* (Chicago: University of Chicago Press).

Shapin, Steven (1995) "Here and Everywhere: Sociology of Scientific Knowledge," *Annual Review of Sociology* 21: 289 – 321.

Shapin, Steven & Simon Schaffer (1985) *Leviathan and the Air-Pump: Hobbes, Boyle, and the Experimental Life* (Princeton, NJ: Princeton University Press).

Smith, Robert W. (1989) *The Space Telescope: A Study of NASA, Science, Technology, and Politics* (New York: Cambridge University Press).

Star, Susan Leigh & J. R. Griesemer (1989) "Institutional Ecology, 'Translations,' and Boundary Objects: Amateurs and Professionals in Berkeley's Museum of Vertebrate Zoology, 1907 – 1939," *Social Studies of Science* 19: 387 – 420.

Stearn, William T. (1962) "The Influence of Leyden on Botany in the Seventeenth and Eighteenth Centuries," *British Journal for the History of Science* 1: 137 – 159.

Suchman, Lucy (1987) *Plans and Situated Actions: The Problem of Human-Machine Communication* (New York: Cambridge University Press).

Suchman, Lucy (1996) "Constituting Shared Workspaces," in Y. Engeström & D. Middleton (eds), *Cognition and Communication at Work* (New York: Cambridge University Press): 35 – 60.

Suchman, Lucy (2000) "Embodied Practices of Engineering Work," *Mind, Culture, and Activity* 7(1&2): 4 – 18.

Tesh, Sylvia Noble (2000) *Uncertain Hazards: Environmental Activists and Scientific Proof* (Ithaca, NY: Cornell University Press).

Thornton, Dora (1997) *The Scholar in His Study: Ownership and Experience in Renaissance Italy* (New Haven, CT: Yale University Press).

Traweek, Sharon (1988) *Beamtimes and Lifetimes: The World of High Energy Physics* (Cambridge, MA: Harvard University Press).

Warwick, Andrew (2003) *Masters of Theory: Cambridge and the Rise of Mathematical Physics* (Chicago: University of Chicago Press).

Wynne, Brian (1989) "Sheepfarming after Chernobyl: A Case Study in Communicating Scientific Information," *Environment* 31: 10 – 15, 33 – 39.

16.
과학훈련과 과학지식의 창출

사이러스 모디, 데이비드 카이저

과학학의 고전적인 게임인 "서투른 학생(Awkward Student)" 놀이를 떠올려 보라.(Collins, 1992) 놀이를 하는 사람 중 하나가 교사 역할을 하고 다른 하나는 학생 역할을 한다. 교사가 어떤 기본적인 사항을 가르치면 학생은 그런 가르침을 "옳게" 따르긴 하지만 상식적이지는 않은 방식을 고집스럽게 찾아냄으로써 일을 서투르게 한다. 그러면 교사는 기본 사항에 더 많은 규칙을 추가해 학생의 서투른 답변을 불가능하게 만들려고 한다. 일종의 사고실험으로서 서투른 학생 놀이는 실험적 실천에 내재한 해석적 유연성을 보여준다. 실험 설정을 아무리 잘 묘사해도 그것을 재연하는 사람들이 이를 "서투르게" 오독하지 못하도록 하는 데는 충분치 않다. 어떤 실험자가 다른 실험자의 기법을 서투르게 재연했는지 충실하게 재연했는지 여부에 관해서는 항상 의견불일치의 가능성이 있다.

서투른 학생 놀이는 과학논쟁 연구의 추단법적 초석을 이루었다. 논쟁의 양측 모두가 자신들은 지시를 올바르게 따르고 있다고 믿을 만한 합당한 이유가 있으며, 따라서 어떤 비사회적인 기준이 그들 중 누가 옳은지 판결을 내릴 수는 없음을 보여주었다는 점에서 그랬다. 사고실험 속에서 다른 학생들은 사회적 결정요인들(교사의 권위, 서투른 학생의 지위[친구, 괴짜, 익살꾼] 등)에 의지해서 누구를 믿을지를 결정한다. 마찬가지로 논쟁에 휘말린 과학자들은 누가 실험을 올바르게 했는지를 판단하는 데 도움을 얻기 위해 신뢰, 계급, 국적, 젠더, 연령과 같은 사회적 단서들을 활용해야 한다. 비록 초기의 논쟁연구 거의 대부분이 학생과 과학자 관계가 아니라 이미 확고하게 자리를 잡은 동료 과학자들, 경력의 전성기를 달리고 있는 연구자 간의 논쟁에 초점을 맞추긴 했지만 말이다.(Collins, 1975, 1998; Pickering, 1984; Pinch, 1986; MacKenzie, 1990; Shapin & Schaffer, 1985) 당시로서 이는 충분히 이해할 만한 일이었다. 동료 과학자들 간의 논쟁은 양측이 동등하게 권위, 존경, 자원을 동원할 수 있다는 점에서 "어려운 사례(hard case)"에 속했기 때문이다.(다시 말해 동료 과학자 간의 논쟁은 새로운 과학사회학의 아이디어에 대한 좀 더 믿을 만한 시험대가 될 수 있었다.)[1]

그러나 우리는 서투른 학생 놀이가 가진 교육이라는 배경을 심각하게 받아들여야 한다고 주장하고자 한다. 학생이 "서투른" 이유는 그/그녀가 상식과 존경받는 학생들의 행동규범 모두에 공공연히 저항하기 때문이다. 그러나 학생은 대안적 해석의 가능성을 지적함으로써 일종의 지식을 창출하고 있기도 하다. 따라서 실험실에서와 마찬가지로 교실에서도 지식의 교육과 창출이 동시에 이뤄지고 있다고 할 수 있다. 서투른 학생 놀이에 대

---

1) 아울러 초기의 몇몇 논쟁연구들이 과학적 실천에 대한 사회적 분석의 실현가능성을 입증해 줄 "어려운 사례"로 물리학과 수학에 노골적으로 초점을 맞추었다는 점도 기억해둘 만하다.

한 이러한 해석은 이를 만들어낸 해리 콜린스나 그 외 논쟁연구의 주창자들이 활용한 방식보다 그것이 뿌리를 둔 비트겐슈타인에 더 충실한 것일 수 있다.[2] 비트겐슈타인의 생애와 작업을 얼른 훑어보는 정도만으로도 (Wittgenstein, 1953; Monk, 1990; Cavell, 1990) 그의 윤리학 및 철학사상에서 교육, 훈련, 학교교육, 양육의 실천이 갖는 중심적 지위를 알 수 있을 것이다. 비트겐슈타인은 교육을 의미와 가치가 단지 전달되는 것이 아니라 새롭게 생성되는 장소로 보았다.

STS의 선조들 중에서 교육에 관한 통찰을 피력했으나 오늘날 간과되고 있는 인물은 비트겐슈타인 혼자만이 아니다. 가장 대표적인 인물로 토머스 쿤과 미셸 푸코는 모두 과학에 대한 분석에서 교육에 중요한 지위를 부여했다. 쿤과 푸코에게 과학은 단지 실증적이고 누적적인 일단의 사실들이 아니라, 그 속에서 살아 나가기 위해 배워야 하는 실천, 도구, 관계의 덩어리였다.[3] 푸코가 교육의 건축물과 관료제에 집중했고, 지식과 함께 인식주체와 피인식주체를 동시에 생산하는 감시체제의 물질성과 편재성을 강조한 것은 잘 알려진 사실이다.(Foucault, 1977, 1994) 반면 쿤(Kuhn, 1962)은 훈련의 도구와 시간 척도에 주목했고, 교과서, 문제 집합, 계속해서 등장하는 학생군(群)이 "정상과학"을 생성하는 방식에 관심을 쏟았다.

우리는 이 글에서 비트겐슈타인, 쿤, 푸코의 작업에 기반해 교육을 폭넓게 해석하려 한다. 우리는 교육을 단지 교실에서의 공식 교수 기법—이것이 중요하다는 것은 두말할 나위가 없지만—만이 아닌, 신참이 현업 과학

---

2) 서투른 학생 놀이에 대한 콜린스의 표현은 규칙 준수에 관한 비트겐슈타인의 견해를 논의한 바로 뒤에 그로부터 유도돼 나온다.
3) 최근의 논의로는 Warwick and Kaiser(2005)를 보라.

자와 엔지니어로 탈바꿈하는 훈련과정의 전체 배치를 가리키는 용어로 사용할 것이다. 이러한 교육의 차원은 수많은 STS 서사에서 중요하면서도 충분히 강조되지는 못한 구성요소를 이뤄왔다. STS의 고전적 연구들은 종종 현대적 연구대학이나 그 외 교육과 훈련이 기관의 공공연한(심지어 일차적인) 존재 이유를 이루는 환경에서 이뤄졌다.(가령 Collins, 1974; Galison, 1987; Woolgar, 1990; Lynch, 1985b) 그러나 이러한 연구들에서는 지식**생산**에 일차적인 초점이 맞추어져 있었다. STS 연구에 등장하는 주요 인물들이 교사로서 또 학생으로서 하는 역할은 연구자로서의 역할에 종속되었(거나 그것에 밀려 보이지 않게 되었)다.

같은 시기에 좀 더 머턴주의-제도주의적인 과학사와 과학사회학의 갈래는 과학훈련의 기제와 진화과정을 분석해왔다.(Rossiter, 1982, 1996; Kohler, 1987; Owens, 1985) 이러한 연구들은 교육기관들이 어떻게 좀 더 폭넓은 문화적 변화를 반영하고 추동할 수 있는지, 또 훈련체제가 어떻게 과학 공동체(비공식적이건 그렇지 않건)를 구조화하고 조직하는지를 능수능란하게 보여주었다. 그러나 이러한 머턴주의적 서술에서 지식은 대체로 아무 문제도 없는 결과물로 간주된다. 이 저자들은 세상에 대한 새로운 이해가 교육이라는 환경에서 나온다는 것을 인지하고 있었지만, 제도적 구조와 교육적 요구가 과학지식의 내용을 어떻게 형성하는지는 탐구하지 않은 채 내버려 두었다.

우리는 이러한 두 가지 문헌들을 종합해 좀 더 강한 주장을 던지려 한다. 근대 과학지식이 교육 및 훈련과 관련되어 있다는 사실은 결코 우연이 아니다. 과학기술학이 비트겐슈타인, 쿤, 푸코로 돌아가서 교육을 중심적인 분석 범주로 삼는다면, 이러한 우연의 일치는 사라질 것이고 풍부한 연결고리들이 드러날 것이다. 훈련에 초점을 맞춤으로써 우리는 일견 교육과는 무관해 보이는 환경에서도 교육과 연구활동은 상호의존적임을 알 수 있다. 교육과 연구 중 어느 한 가지 활동의 긴급한 필요가 다른 활동의 실천과 내용에 강하게 영향을 미치는 것이다. 과학자들이 세상에 대해 알고 있는 지식은 누구를 교육해야 하고, 어떤 지식을 전수해 정당한 것으로 만들 것이며, 사회적 이해관계의 추구에 교육을 어떻게 활용하고, 또 교육을 어떻게 조직할 것인지에 관해 문화적으로 방향 지어진 결정의 산물이다. 과학의 도구들은 교육의 도구와 밀접하게 관련돼 있다. 자연은 그것의 재현에 있어 하나 이상의 해석에 열려 있기 때문에 어떤 장치, 이미지, 방정식을 사용할 것인가 하는 문제는 종종 다음과 같은 질문들에 대한 답에서 판단이 내려진다. "어떤 도구가 교육을 가장 용이하게 해주는가? 어떤 재현이 가장 쉽게 전수되는가? 바꿔 말해 어떤 재현이 현재 과학자들의 전망과 가치를 신봉하는 새로운 세대를 만들어내는 데 가장 적합한가?"

우리는 연구와 교육 사이의 이러한 연결을 명시적으로 드러내는, 점점 그 수가 늘어나고 있는 문헌들을 좇을 것이다.(Olesko, 1991; Leslie, 1993; Kohler, 1994; Dennis, 1994; Warwick, 2003; Kaiser, 2005a,b) 교육사가들과 교육사회학자들 역시 과학에서의 훈련, 실천, 사회적 가치 사이의 연결에 중요한 통찰을 제공해왔다.(Geiger, 1986, 1993; Solomon, 1985; Hofstadter, 1963; Clark, 1993, 1995) 다른 데서와 마찬가지로 여기서도 과학학은 모순에 직면한다. 과학기술은 문화적 활동이며 따라서 인간의 다른 노력들과 특징들을 공유하지만, 아울러 분석적 특이성을 제공하는 독특한 실천과 지식의 영역을 갖고(혹은 그러한 영역을 부여받아왔고) 있기도 하다. 이 글에서는 이러한 선택지들 사이로 난 길을 그려내면서, 어디서 교육에 관한 생각들이 과학학으로 도입될 수 있었고 어디서 우리가 우리 자신의 어휘들을 만들어내야 하는지를 보여줄 것이다. 간결하고 일관된 서술을 위해 우리는 근대 시기에 초점을 맞출 것이다. 물론 그 이전 시기에도 교육 문제가 없었던 것은 분명 아니지만 말이다.[4] 또한 우리는 의학교육에 관한 몇몇 선구적인 작업이 이 주제에 관한 새로운 연구에 여전히 영감을 불어넣을 수 있음을 알고 있지만(Starr, 1982; Ludmerer, 1985; Bosk, 1979; Rosenberg, 1979) 의학보다는 과학기술 분야들에 초점을 맞출 것이다.

재생산

과학적 훈련과 관련된 모든 결정의 이면에는 두 가지 주된 질문들이 숨어 있다. 왜, 그리고 어떻게가 그것이다. 왜 사회는 새로운 세대의 기술인력을 훈련시키는 데 그토록 많은 자본과 노력을 들여야 하는가, 그리고 그들에 대한 훈련은 어떻게 진행돼야 하는가? 이러한 질문들에 대해서는 시간과 장소의 변덕을 뛰어넘는 자동적인 답변이 존재하지 않는다. 이 절에서는 "왜"라는 질문에 대해 최근의 연구들에서 제시하고 있는 몇몇 중요한 답변들을 다뤄보도록 하겠다. "어떻게"에 대한 답변은 이어지는 절들에서 다루기로 한다.

적어도 19세기 중엽 이후부터 활동한 거의 모든 과학자와 엔지니어들은 모종의 공식 훈련과정을 거쳤다. 지난 150년 동안 "젠틀맨 아마추어" 과학은 쇠퇴의 길을 걸어왔다. 당연하게도 훈련의 형태는 점차 진화하는 분야의 지형도에 따라, 또 시간과 장소에 따라 다양한 모습을 보여왔지만 (Kaiser, 2005b) 모종의 훈련이 필요하다는 인식은 이처럼 서로 구분되는 다양한 환경 속에서도 변하지 않고 유지되어왔다. 섀런 트래웍이 강조했듯

---

4) 예를 들어 Gingerich and Westman(1988); Dear(1995); Alder(1997)를 보라.

이 과학자와 엔지니어들은 항상 새로운 세대의 실천가(practitioner, 이 글에서는 현업에 종사하는 과학자와 엔지니어들을 뭉뚱그리는 용어로 쓰였다—옮긴이)들을 재생산해 과학인력을 충원하도록 노력해야 한다.(Traweek, 1988; 2005)

이러한 재생산활동은 온갖 종류의 기관들에서 일어나며, 그중에는 공공연하게 "교육적"인 목적을 내걸고 있지 않은 기관도 포함된다. 가령 20세기 내내 대학들은 캠퍼스 바깥에 있는 여러 유형의 공간들과 협력관계를 맺어 신참자들을 훈련시켜왔다. 산업연구소와의 교환 프로그램(Lowen, 1997; Slaughter et al., 2002)에서부터 "거대과학"의 보루로 자리 잡은 국립연구소(Galison, 1987, 1997; Traweek, 1988; Galison & Hevly, 1992; Westwick, 2003), 그리고 극비로 운영되는 무기연구소(Gusterson, 1996, 2005; McNamara, 2001)에 이르기까지 말이다. 이 모든 종류의 장소에서 과학자와 엔지니어들은 공식적인 교육과정과 실제로 손을 써서 해보는 도제적 수단들을 뒤섞어 자신이 속한 분야의 신참자들을 훈련시키는 활동을 했다.

이러한 훈련을 시키는 이유는 좀 더 큰 사회정치적 논의 속에 배태돼 있다. 과학자와 엔지니어들의 재생산은 항상 국가의 주권 내지 안보, 경제적 안위, 기술적 파생효과 등을 위한 재생산에 대한 대응으로 나타난다. 예컨대 영국의 제국주의 지배가 절정에 달했을 때, 영국에서는 제국 전반에 걸쳐 점점 그 수가 늘어나고 있던 공직의 지위를 담당할, "규율 잡힌 정신(disciplined mind)"을 가진 다수의 요원들이 필요하다는 합의가 있었다. 이는 특정한 종류의 재생산—강도 높은 수학훈련과 엄격한 필기시험에 근거한—을 요청하는 듯 보였다.(Warwick, 2003) 19세기 초에 독일연방 국가들의 정책결정자들도 비슷한 주장을 펼치면서 기술훈련을 촉진하고 효율적인 행정가 집단을 양성하려 했다.(Turner, 1987) 그러나 19세기 말이 되자 이를 뒷받침하는 근거는 변화를 겪었다. 새롭게 통일된 독일의 교육 및 산업 지도자들은 당시 막 번창하고 있던 독일의 산업화를 관리하는 일을 돕기 위해 기술적으로 훈련된 다수의 인력이 필요하다고 판단했다. 이는 새로운 유형의 학생들에게 새로운 유형의 훈련을 시켜야 함을 의미했고, 이에 따라 고전교육을 지향하는 김나지움의 영향력이 약화되고 실업학교(Realschule)와 공과대학(Technische Hochschule)이 빠른 속도로 성장하면서 정밀 측정과 정교한 오차 관리에 대한 강조가 자리를 잡았다.(Pyenson, 1977, 1979; Stichweh, 1984; Cahan, 1985; Fox & Guagnini, 1993; Olesko, 1991, 2005; Shinn, 2003) 냉전 동안 미국, 서유럽, 소련의 정치인과 교육자들은 물리과학자들의 "상비군"이 필요하다고 판단했다. 동서 간의 이데올로기 전투는 교실에서 치러지고 있었고, 핵물리학 및 연관 분야들에서 최대의 예비"인력"을 창출해내는 경주가 진행되었다.(Ailes & Rushing, 1982; Mukerji, 1989; Krige, 2000; Kaiser, 2002; Rudolph, 2002) 이처럼 다양한 방식으로 과학훈련은 종종 정치경제, 국내정책, 국제관계를 둘러싼 더 큰 논쟁에서 중심 무대를 차지하곤 했다.

기관 차원에서 어떤 장비를 건설하고 어떤 연구 방향을 지원할 것인가 하는 결정 역시 어떤 유형의 훈련을 시킬 것인가 하는 결정과 뒤엉켜 있다. 새로 들어온 신참자들은 소규모 장치들에 초점을 맞춘 개인 주도의 활동을 배워야 하는가, 아니면 공장 규모의 장비들을 이용하는 협동작업의 감수성을 배워야 하는가?(Heilbron, 1992; Kaiser, 2004; Traweek, 2005) 새로운 장치와 실천가들은 오래도록 유지되어온 학문 분야에 얼마나 잘 부합하는가로 평가해야 하는가, 아니면 폭넓은 전문 분야들을 가로질러 아이디어와 기법들을 융합시키며 경계를 얼마나 잘 넘나드는가로 평가해야 하

는가?(Mody, 2005)

교육기관들 역시 강력한 여과 기능을 한다. 교육기관들은 특정한 유형의 학생들—여성이나 소수집단 같은—이 전문직이라는 경로 속으로 유입되는 것을 촉진할 수도 있고 방해할 수도 있다. 근대 과학기술에 대한 여성의 (종종 좌절된) 참여(Keller, 1977; Rossiter, 1980, 1982, 1995; Murray, 2000; Oldenziel, 2000; Etzkowitz et al., 이 책의 17장)와 소수집단 및 비서구인들의 참여(Manning, 1983; Williams, 2001; Slaton, 2004; Ito, 2004; Sur, 1999; Anderson & Adams, 이 책의 8장)에 관해 몇몇 선구적인 연구가 나오긴 했지만, 앞으로 더 많은 연구가 이뤄져야 한다. 협소한 인구통계학적 연구를 제외하면, 흥미로운 최근의 연구는 다양한 능력주의 경향과 그것이 교육 하부구조와 맺는 관계—가령 20세기 중엽 미국에서 나타난 표준화된 시험을 지향한 운동(Lemann, 1999) 같은—를 탐구해왔다. 경제학자와 사회학자들도 최근 이 주제에 열정을 보이면서 기술인력에서 여성과 소수집단의 입학, 잔류, 승진 사이에 계속해서 나타나고 있는 간극을 상세하게 보여주었다.(Levin & Stephan, 1998; Stephan & Levin, 2005; Hargens & Long, 2002; Preston, 1994; Pearson & Fechter, 1994; Rosser, 2004)

피에르 부르디외와 그 외 교육사가 및 교육사회학자들이 오랫동안 강조해왔던 것처럼, 세대 간 재생산은 언제나 일련의 능동적 선택과 정치문화적 결정들에 근거해 이뤄진다. 훈련은 결코 중립적이거나 수동적인 활동이 아닌 것이다.(Bourdieu & Passeron, 1977; Bourdieu, 1988; Spring, 1989; Kliebard, 1999) 과학자와 엔지니어들은 교육을 통해 제자들을 만들어냄으로써 자신이 속한 분야의 꼴을 형성한다.

도덕경제

교육사가와 교육사회학자들은 종종 "숨은 교육과정" 얘기를 한다. 이는 학교의 좀 더 명시적인 교육활동 속에 배태된 일련의 가치 혹은 규범들—적절한 행실, 시민적 의무, 애국주의 등에 관한—을 가리키는 말이다.(Arum & Beattie, 2000) 과학기술 훈련 역시 가치에 관한 결정을 통해 이뤄진다. 훈련은 다양한 공동체들이 그 속에서 자신들의 "도덕경제(moral economy)"(Shapin, 1991; Kohler, 1994; Daston, 1995)—그들이 속한 분야의 구성원들이 자원, 연구 프로그램, 공로의 분배를 통해 어떻게 상호작용하고 행동해야 하는지를 규제하는 종종 암묵적인 관습—를 고안해내고 강화시키는 중심 영역이다. 젊은 신참자들은 형성기의 훈련의 일부로 이러한 행동규칙을 배운다. 그들은 자신이 속한 직업에서 쓰이는 도구들의 사용법을 배우면서, 과학자 내지 엔지니어가 된다는 것이 무엇을 의미하는지를 배운다. "왜"라는 질문—기술인력을 충원하기 위한 노동집약적 과업을 수행하는 이유가 무엇인가?—에 대한 답변이 그랬던 것처럼, 이러한 "어떻게"라는 질문도 시간과 장소에 따른 다양성을 보여준다. 여기에는 나이든 세대가 새로운 신참자들의 행동에 대해 갖는 열망과 기대뿐 아니라 활기 넘치는 훈련생이 스스로에 대해 갖는 변화하는 자기 이미지(그들이 자신의 새로운 역할로 적합하다고 생각하는 것도 포함해서)도 걸려 있다.(Daston & Sibum, 2003)

기술훈련이 전달하는 것 중 하나는 용인가능한 행동에 대한 일단의 기대 내지 지침들이다. 예를 들어 19세기 쾨니히스베르크에 있던 프란츠 노이만의 물리학 세미나—캐트린 올레스코(Olesko, 1991, 1995)가 분석했던—에 참석한 학생들은 적절한 처신에 관해 특정한 교훈을 내면화시켰다. 노이만의 학생들은 "정확성의 기풍"을 함양했고, 이론적 추측보다 엄격한 오차분석에 높은 가치를 두도록 배웠다. 그래프상의 내삽법(그들은 이렇게 할 경우 서로 다른 정도의 질을 갖는 데이터를 뒤섞게 될 것으로 우려했다.)에 의지하지 않고 별개의 데이터 점들에 대한 최소제곱 편차를 계산하는 것은 단순한 수학적 실행이 아니었다. 그것은 진실성의 상징이 되었다. 앤드류 워윅(Warwick, 2003)이 연구했던 빅토리아 시대 케임브리지대학의 학부생들은 과학자의 적절한 역할에 관해 이와는 다른 교훈을 내면화시켰다. 성공은 엄격한 규율에서 배양된다는 것이었다. 흔들림 없는 정신집중은 시간표를 엄격하게 지키고, 서로 경쟁하는 운동경기(조정과 같은)를 수학교사와의 교습 시간 사이사이에 배치하고, 매일 여러 시간 동안 혼자서 공부를 함으로써만 이뤄낼 수 있다고 그들은 믿게 되었다. 이 체제가 촉진했던 개인의 수학적 기량에 대한 의존은 19세기 말의 다른 훈련 유형들, 예컨대 집단에 기반을 둔 현장 엔지니어링 도제교육 같은 것과 잘 섞이지 못했고, 어떤 유형의 훈련—결국 어떤 유형의 사람—이 전기공학이라는 새로운 영역을 가장 잘 이끌 수 있을지를 놓고 극심한 갈등을 빚었다.(Gooday, 2004, 2005)

교육적으로 강화된 도덕경제는 종종 깊숙이 젠더화되어 있다. 예를 들어 섀런 트래윅이 1970년대와 1980년대에 추적했던 고에너지물리학의 박사후 연구원(post-doc)들은 자신의 독립성을 자신만만하게 드러내 보일 필요가 있다는 교훈을 내면화했다. 대학원생이었을 때 기대되었던 것처럼 주어진 임무만 유능하게 완수하는 것만으로는 이제 충분치 않았다. 그들은 특정한 사람들 앞에서는 질문을 던지지 말고 동료들이 제기한 특정한 유형의 언급은 철저하게 무시하도록 배웠다.(Traweek, 1988)[5]

심지어 연구에 들어가는 자원에도 상징적 의미가 깃들 수 있다. 예를 들어 수십 명의 지도적 미국 물리학자들은 제2차 세계대전 이후 연방정부 자금의 빠른 유입이 새로운 세대가 지닌 가치를 망쳐놓고 있다고 우려했다. 그들은 자기 학과에 입학하려 몰려드는 대학원생 무리에 대해 의심하는 시선을 보냈고, 새로 입학한 학생들은 물리학을 9시에 출근해 5시에 퇴근하는 직장처럼 하나의 소명이 아닌 단순한 경력으로 간주하고 있다고 불만을 토로했다. 반면 새로 들어온 많은 학생들은 자신들이 받은 과학훈련을 안락한 중산층 생활양식으로 전환시키겠다는 백일몽을 꾸고 있었다. 그들의 훈련도구들이 규모가 더욱 커진 집단 프로젝트로 옮겨지면서, 그들이 가진 자기정체성은 점점 더 개인적으로 활동하는 문화적 이상의 전파자(Kulturträger)보다는 실용적 협동연구자로 치우치게 되었다.(Kaiser, 2004; Hermanowicz, 1998)

물론 "실용적 협동연구자"가 취해야 하는 적절한 행동이 어떤 것인지도 시간, 장소, 분야에 따라 고정돼 있지 않았다. 로버트 콜러(Kohler, 1994)에 따르면, 20세기 초의 수십 년 동안 번성했던 젊은 "초파리 연구자(drosophilist)"들은 초파리 계통을 서로 교환하는 것을 중심으로 한 독특한 행동 패턴을 만들어냈다. 이러한 교환은 언제나 상호적인 것으로서 돈을 받고 주는 일은 결코 없었고, 항상 양쪽 모두가 연구계획과 노하우를 "완전히 공개한" 채로 교환이 이뤄졌으며, 연구 문제는 "소유될" 수 있었지만 도구나 재료는 그럴 수 없었다. 초파리 유전학 공동체에서 활동하는 일원이 되는 것은 이러한 관습들을 받아들이고 자신의 행동과 실천을 그에 맞게 형성하는 것을 의미했다. 반면 최근 들어서는 대학 캠퍼스에 기업의 이해관계가 침투하면서 오랫동안 지켜져 온 과학의 가치들이 위협받고 있다

---

5) 아울러 Keller(1977, 1983, 1985)도 보라.

는 우려가 많이 제기되었다. 대학원생, 박사후 연구원, 교수들은 (산업체 후원자들에 의해 통제받는 독점정보의 형태로) 실리를 좇는 법을 배워야 하는가, 아니면 과학기술 정보의 자유로운 교환을 위해 힘써야 하는가? 그러한 질문들이 열띤 논쟁을 이끌어낼 수 있다는 사실은 오늘날 도덕경제가 변화를 겪고 있음을 드러낸다.(Hackett, 1990; Mody, 2006)

결국 과학기술 훈련은 대체로 유사한 가치, 규범, 자기이해를 공유하는 실천가 공동체를 만들어낸다. 학생들은 과학자 내지 엔지니어가 된다는 것이 무엇을 의미하는지 배워야 한다. 단지 추상적인 의미로서가 아니라 구체적 환경 내에서 일상적인 상호작용을 통해 규정되는 의미로서 말이다. 그들은 훈련과정에서 이러한 교훈을 내면화하며 그들이 속한 분야의 도덕경제에 동화된다.

실천과 숙련

콜러와 같은 연구들은 "어떻게"의 문제에 대해 한 가지 측면 이상을 말해주고 있다. 과학자 공동체 내에서 어떻게 독특한 도덕경제가 촉진되는가뿐만 아니라 그러한 공동체의 구성원들이 어떻게 연구 실천을 솜씨 좋게 만들어내고 그것을 새로운 신참자들에게 전달해주는가도 다루고 있는 것이다. 콜러(Kohler, 1994)에 따르면 *Drosophila melanogaster*라는 초파리 종은 특정한 초파리 연구자 공동체와 그 연구자들이 만들어내고 공유하는 특정한 일단의 사회적·정치적·경제적 연계 외부에 존재하는 연구도구가 아니었다. 초창기의 초파리 연구자 공동체가 돌연변이를 일으킨 초파리 변종들의 계통을 공유하고, 연구결과를 서로 주고받으며, 지적 재산권 주장을 억제하도록 길들이는 데는 많은 노력이 들어갔다. 그러는 동안 바로 그 초파리 연구자들은 특정한 초파리 변이들을 길들여 유용하게 해석가능한 도구로 만들기 위해 열심히 노력해야 했다. 도덕경제가 교육을 통해 실체를 얻은 것처럼, 일상적인 과학자의 삶을 이루는 도구와 기법들에 대해서도 똑같은 얘기를 할 수 있다.

그처럼 과학적 실천과 체현된 숙련에 초점을 맞추는 것은 이전까지 잊혔던 쿤의 유산으로 돌아가는 것을 의미한다. 조지프 라우스가 명료하게 분석한 것처럼, 토머스 쿤의 『과학혁명의 구조』에는 과학에 대해 서로 구분되는 두 가지 시각이 공존했다. 이 책 출간 이후 역사가들과 철학자들에게 크나큰 영향을 미친 지배적인 해석은 개념적 세계관, 공약불가능한 패러다임, 관찰의 이론의존성 등을 중심에 놓고 있다. 그러나 쿤의 맹아적 연구 속에는 실천과 숙련에 대한 강조가 숨어 있다. 예를 들어 지배적 모범사례(master exemplar)의 필요성이나 서로 구분되는 방법들을 현재 군립하고 있는 패러다임 속으로 통합시키는 것에 초점을 맞춘 것이 여기에 해당한다. 지난 20년 동안 과학기술학자들은 이러한 쿤의 두 번째 모티브를 활용해 일상적인 과학연구에서 국지적 실천의 침투를 분석하는 정교한 수단들을 발전시켜왔다.(Lynch, 1985a, 1993; Collins, 1992; Shapin & Schaffer, 1985; Galison, 1987, 1997; Pickering, 1995; Fujimura, 1996; Creager, 2002; Warwick, 2003; Mody, 2005; Kaiser, 2005a) 이처럼 새롭게 나타난 과학적 실천에 관한 문헌들은 과학훈련에 관한 쿤의 잘 알려진 강조를 통합시킴으로써 한층 더 확장할 수 있다. 결국 "실천"이란 실천에 옮겨져야 하는 것 아닌가.

때때로 과학적 실천은 명시적인 수단들—가령 텍스트의 순환 같은—을 통해 주입된다. 예컨대 교육학자들은 공식적 교육과정이 어떻게 만들어지고 보급되는지를 상세하게 연구해왔다. 중요한 기획들, 가령 미국에서 냉전의 정수를 보여준 "물리과학연구위원회(Physical Sciences Study Commission, PSSC)" 같은 기획은 교과서에서 실습용 워크북, 필름, 강의 시연에 이르는 다수의 새로운 교수자료들을 만들어냈다. 물론 이러한 저자들이 가진 특정한 목표와 교실에서 이러한 텍스트를 접하는 교사와 학생들의 목표를 어떻게 일치시킬 것인가 하는 도전은 항상 남아 있었지만 말이다.(Rudolph, 2002, 2005; Donahue, 1993)

화학사가들은 교과서와 같은 명시적 교육요소들을 연구하는 데도 앞장 서왔다. (쿤이 제시했고 다른 많은 학자들이 공유했던) 과학 교과서에 대한 시큰둥한 견해와는 대조적으로, 이러한 교과서들은 종종 흔히 생각되는 것보다 훨씬 더 창의적이다. 과학 교과서가 이미 완결된 업적들의 진부한 저장고이거나 지배적인 이론들의 단순한 논리적 재구성에 그치는 경우는 거의 없다. 오히려 지난 200년이 넘는 기간 동안 교과서는 저자, 출판사, 교사, 학생들에게 지적·교육적 임시변통의 장을 제공해왔다. 앙투안 라부아지에, 드미트리 멘델레예프, 라이너스 폴링 같은 몇몇 걸출한 화학자들은 자신들이 쓴 교과서를 화학의 지식과 실천에 대한 자신들의 새로운 전망을 정식화하는—단지 확산시키는 것이 아니라—데 활용했다. 오늘날 그 이름이 대부분 위에 언급한 저자들만큼 널리 알려져 있지 않은 수십 명의 다른 교과서 저자들도 자신들이 쓴 화학 교과서를 가지고 실험을 하면서 원자론, 분류, 원자가처럼 복잡한 주제들과 이를 탐구할 때 그들이 선호하는 프로토콜을 다루는 새로운 방식을 이끌어내고자 했다.(Hannaway, 1975; Lundgren & Bensaude-Vincent, 2000; Gordin, 2005; Garcia-Belmar et al., 2005; Park, 2005) 다른 물리과학 분야의 과학자들 역시 교과서를 현재 진행형인 지적 논쟁에서의 장치로 만들어냈고, 후진 양성에 당장 쓸 수 있는 도구와 기법들을 능수능란하게 한데 모아들였다.(Olesko, 1993; Kaiser,

1998, 2005a; Warwick, 2003; Hall, 2005)

몇몇 STS 학자들은 마이클 폴라니(Polanyi, 1962, 1966)에서 해리 콜린스(Collins, 1974, 1992)를 거쳐 그 이후까지 이어지는 기나긴 연구 전통에 근거해 과학자들이 연구 실천과 숙련을 전달할 때 사용하는 비텍스트 수단들을 탐구해왔다. 과학자와 엔지니어들은 유능한 실천가가 되는 데 필요한 "암묵적 지식"을 학생들에게 주입하기 위한 몇몇 독특한 방법들을 고안해냈다. 예를 들어 19세기 초 독일에서 프란츠 노이만이나 프리드리히 콜라우시 같은 물리학자들은 새로운 유형의 세미나를 교수 방법으로 활용했다. 그들은 세미나의 교육과정을 좀 더 공식적인 강의와 조화시켰고, 학생들이 함께할 수 있는 새로운 일단의 참여형 교육 실습을 만들어냈다.(Olesko, 1991, 2005) 한편 거의 비슷한 시기에 케임브리지대학에서는 교육 내용이 대대적으로 재편성되어, 라틴어 구술 토론과 권위 있는 텍스트에 관한 문답식 강의에서 필기시험으로 중심이 이동했다. 이러한 변화의 중심에는 수학 우등 졸업시험(Mathematical Tripos)이 있었다. 이는 학생들의 학부과정을 마감하며 장장 9일간에 걸쳐 치르는 필기시험을 말한다. 텍스트에 기반한 우등 졸업시험은 교육환경에 몇 가지 변화를 추가적으로 가져왔다. 학생들은 가정교사를 고용하게 되었는데, 교사는 수업료를 내는 학생을 한 번에 10명 내외로 받아서 점점 어려운 문제를 풀도록 훈련시켰다. 새로운 우등 졸업시험 체제에서는 텍스트가 중요했지만, 이는 지역 가정교사의 암묵적 지식을 주입하는 정교한 틀 내에서만 그러했다.(Warwick, 2003)

한편 실험실에 기반을 둔 새로운 교육의 전통은 미국과 영국 전역에 뿌리를 내렸고, 교육적 성공의 핵심으로 책을 통한 기계적 학습이 아닌 실제로 해보는 실습기법을 강조했다.(Hannaway, 1976; Owens, 1985; Kohler,

1990; Gooday, 1990; Hentschel, 2002; Rudolph, 2003) 텍스트 기반 훈련에서 더욱 멀어진 것은 빅토리아 시대의 엔지니어들이 도입한 도제 모델이었다. 이런 모델은 종종 케임브리지의 우등 졸업시험 전통과 뚜렷한 대비를 이루는 것으로 스스로를 내세웠다.(Gooday, 2004, 2005) 19세기와 20세기 내내 연구대학들은 유럽과 북미 전역에서 번성했고, 조직 내부에서 연구기법들을 주입하는 것을 촉진했다.(Servos, 1990; Geison & Holmes, 1993)

20세기에 여러 분야의 과학자와 엔지니어들은 점점 더 박사후 훈련에 눈을 돌렸다. 오늘날 "박사후 연구원" 단계가 종종 일차적으로 젊은 연구자들을 "붙들어두는 방식"으로—좀 더 영구적인 직위를 기다리면서 실험실의 일상적 업무에서 가장 큰 부담을 지고 종종 자신들의 노동에 대해 완전한 공로 인정을 받지 못하는 어중간한 상태로(Davis, 2005)—기능하고 있긴 하지만, 항상 그런 식이었던 것은 아니다. 박사후 훈련은 애초에 여러 가지 목표를 염두에 두고 개발되었다. 젊은 과학자와 엔지니어들이 자신의 경력을 끌어올리는 데 필요할 암묵적 지식과 실용적 기술의 보고를 개발할 수 있게 함으로써 대학원 훈련에서 점점 더 많은 부분을 채우게 된 공식적 학위과정을 보완하겠다는 목표가 그것이었다. 다시 말해 박사후 훈련은 텍스트에 기반하지 않은 실천과 숙련을 배양하고자 만들어진 것이었다. 뿐만 아니라 박사후 연구원의 임명은 종종 이러한 암묵적 숙련의 순환을 촉진한다. 박사후 연구원 자리는 보통 기간이 몇 년에 불과하며, 학생들은 대체로 박사후 연구를 자신이 박사학위를 받은 기관이나 나중에 경력을 확립하게 될 기관에서 수행하지 않는다.(Traweek, 1988; Assmus, 1993; Delamont & Atkinson, 2001) 결국 박사후 연구원들은 암묵적 지식을 배양해서 이를 서로 다른 실천가 공동체들에 확산시킬 수 있도록 만들어지게 되며, 이는 숙련의 이전을 추동하는 "박사후 연쇄반응"으로 이어진

다.(Kaiser, 2005a; Mody, 2005)

　결과적으로 이렇게 말할 수 있다. 텍스트 기반 일상업무와 암묵적 일상
업무의 조합에 의존하는 광범한 실천을 겪은 이후에야 비로소 연구 숙련
은 새로 들어온 기술훈련생들에게 제2의 천성이 된다는 것이다. 강력한 교
육적 주입을 거친 후에야 비로소 새로운 신참자들은 이미 성공을 거둔 실
천가들이 지닌 "규율 잡힌 시선" 혹은 "손"을 발전시키게 된다.

규율(분야), 권력, 제도

　따라서 훈련은 과학적 이해의 필수불가결한 일부인 암묵적 숙련을 만
들어내고 연구자들이 과학 분야들을 구성하는 도구, 문제, 모범사례, 전망
들에 익숙해지도록 함으로써 과학지식을 창출한다. 따라서 교육이라는 지
렛대를 통제하는 것은 하나의 패러다임을 다른 패러다임보다, 하나의 기
술문화를 다른 기술문화보다 장려하는 강력한 도구가 될 수 있다. 세계
관의 주창자들은 마음속으로 그들이 이상적으로 여기는 문화적 행위자의
상—특정 패러다임과 부합하는 세상을 알고 그 속에서 사는 순응하는 주
체—을 실현하려 애쓰고 있다. 훈련과 교육에는 서로 경쟁하는 이상적 실
천가의 이미지를 둘러싼 정치가 깃들어 있다. 이러한 경쟁에서 살아남은
사람들은 계승되어온 전통 중에서 어떤 것이 교육적 전파에 적절한 것으
로 볼 수 있는지를 결정한다. 가령 푸코(Foucault, 1970, 1977)는 "규율"과
분야에 대한 연구에서 이 점을 분명히 밝혔다. 교육은 다양한 형태의 사회
적 통제이다. 지식만 권력인 것이 아니라 어떤 사회적 행위자들이 제도적
으로 보존된 어떤 지식의 적합한 수혜자인지를 결정하는 능력 또한 마찬
가지로 권력이다. 뿐만 아니라 교육은 단순한 지식의 전달이 아니다. 이는

교육대상을 권위자의 세계관에 맞게 구부리고 그들이 "정상적인" 시민들처럼 움직이고 말하고 결국에는 생각하게 만드는 면허장이다.[6]

따라서 훈련방법에 관한 논쟁은 과학 분야들의 형성과 그들 간의 경계유지에 필수적이다.(Gieryn, 1983, 1999) 기술훈련을 담당하는 기관들을 들여다보면 "관할"(Abbott, 1988) 내지 활동영역과 전문성을 둘러싼 분야 간 다툼이 어떻게 권력과 자원을 추구하는 기관들 간의 다툼과 만나는지를 보여주는 극적인 사례를 얻을 수 있다. 예를 들어 미국(과 다른 나라들)에서 1880년대에서 1920년대까지 공학 분야들이 전문직화를 거치고 있을 때, 전문직화에 달린 수많은 질문들(가령 엔지니어는 의뢰인에게 봉사해야 하는가, 대중에게 봉사해야 하는가? 누가 엔지니어로서 자격이 있는가? 엔지니어는 기술전문가인가, 경영자인가? 등)이 매사추세츠공과대학(MIT) 같은 학교의 교수들 사이에서 줄기차게 제기되었다.(Layton, 1971; Noble, 1977; Servos, 1980; Carlson, 1988)

중요한 것은 이러한 싸움들이 분야의 측면과 국지적 측면을 모두 가졌다는 사실이다. 크리스토프 레쿠이어(Lécuyer, 1995)가 보여주었듯, 이 기간 동안 MIT의 미래를 놓고 과학, 엔지니어링, 정치개혁 간의 관계에 대한 서로 다른 관념을 중심으로 조직된 교수와 지역 엘리트 분파들 사이에서 논쟁이 벌어졌다. 일부 교수들은 공학교육을 하버드와 그 외 "고전학"의 보루들에 대한 대중주의적 대안으로 보았고 MIT를 "산업과학대학"의 모습

---

6) 그럼에도 불구하고 이처럼 규율을 주입하는 면허장은 결코 일관되게 쓰이지도, 성공적이지도 못함을 지적해두고자 한다. 많은 교사들은 세상에 대해 특유한 관점을 제공하며, 많은 학생들은 자신들이 가르침을 받은 내용을 거부하고 계속해서 "서투른" 채로 남는다. 그러한 교육적 전복 내지 저항의 순간들은 사회적 실천의 다른 영역들뿐 아니라 과학에서도 연구될 만한 가치가 있다.

으로 그려냈다. 반면 다른 교수들은 공학을 (단순한) "응용과학"으로 간주하면서 MIT를 연구대학으로 전환해 그런 정의를 실행에 옮기려고 시도했다. 학생들에게 기초과학을 훈련시켜 이런 지식을 엔지니어링으로 응용할 수 있는 인력으로 배출하겠다는 것이었다. 얼마 후 두갈드 잭슨과 그의 동맹군들은 공학을 경영학의 한 갈래로 보는 시각을 내세웠고, MIT는 새롭게 등장하고 있는 기업 미국(corporate America)이라는 거대한 연구중심 회사에 기여하도록 엔지니어들을 훈련시켜야 한다고 주장했다. 이러한 논쟁을 거치고 살아남은 MIT는 이후 세대의 교수들에 의해 틀이 만들어졌다. 그들은 초기의 대중주의적 분파하에서 훈련을 받았(고 따라서 그것에 충실했)지만 그들의 경력은 "응용과학" 분파와 "경영학으로서의 공학" 분파에 의존한 사람들이었다. 다시 말해 훈련과 경력이 한데 합쳐지면서 MIT라는 조직을 결정짓는 요인을 완성했다는 것이다.

따라서 제도와 분야의 정치는 표준과 교육과정을 통해 하나의 분야가 어떤 것이며, 그것이 경쟁 분야들과 어떻게 관련되어 있는지에 대해 상이한 시각을 현실화시킬 수 있다. 기술 공동체들은 학습기관 내에서 작업 관할에 대한 분야들의 주장을 설득력 있는 것으로 만들어줄 신참자들을 확보하려는 경쟁을 벌인다. 그러나 푸코가 지적했듯이 교육은 단지 표준과 교육과정에 관한 것만이 아니다. 이는 특정한 장소와 건축물(물론 대학에 한정되는 것이 아니다.) 내에서 특정한 권력관계의 유지를 통해 전개되는 과정이다. 교육은 그 대상을 권력이 미치는 범위 내로 끌어들인다. 학생들은 단순히 가르침을 받는 것이 아니라, 관찰되고, 등급이 매겨지고, 측정되고, 시험되고, 처벌되고, 그 외 다른 방식으로 감시되고 규율 잡히는 과정을 거쳐 사회의 완전한 구성원이자 그들이 속한 분야의 실천가로 탈바꿈한다. 이러한 관찰은 STS로 서서히 스며들어 왔지만, 그 과정에서 종종 교육에 대한 푸코의 강조는 사라졌다. 가령 지난 10년 동안 과학의 건축물에 나타난 관심(Galison & Thompson, 1999; Gieryn, 1998; Lynch, 1991; Thompson, 2002; Hannaway, 1986; Henke & Gieryn, 이 책의 15장)의 많은 부분은 인조환경에 대한 푸코의 강조에서 도출되었지만, 실험이 이뤄지는 작업장을 지식의 생성과 인식주체의 훈련/규율을 동시에 촉진하는 교육의 장소로 분석한 STS 학자는 거의 없었다.[7]

교육에 초점을 맞추면 지식과 권력이 가장 비대칭적으로 분포될 때—특히 지식이 국가권력을 높이는 도구가 될 때—종종 가장 긴밀하게 연결된다는 푸코의 논점을 유사하게 들여다볼 수 있다. 예를 들어 냉전이 맹위를 떨치던 시기에 미국의 국립연구소들에 몸담고 있던 핵무기 설계자들은 젊은 설계자들이 선임자들 밑에서 도제 구실을 하는 풍부한 훈련 시스템을 점차 제도화시켰다. 여기서 신참들은 의례적으로 반복되는 핵실험에 참여하면서 필요한 암묵적 숙련을 익혔음을 상급자들에게 천천히 보여주어야 했다.(Gusterson, 1996; McNamara, 2001) 이러한 시스템이야말로 국가적 핵 억지 전략(연구소 외부의 많은 사람들에게는 불가해한 전략)을 문화적으로 내면화하고 무기과학을 세계 평화와 안보의 도구로 바라보는 완전히 성숙한 핵무기 설계자를 배출한 온상이었다.

물론 1992년에 핵무기 시험이 중단되어 신참들이 도제로 들어갈 수 있는 책임 설계자들의 수가 줄어들면서 교육과 권력이 복잡하게 뒤얽힌 모습이 드러나기 시작했다. 오늘날 미국의 핵 체제는 "지식 상실"의 문제에 집착을 보이면서, 비공식 도제관계 모델에서 벗어나 교실에서의 교육, 기록 보관, 구술사, 심지어 민족지방법까지 동원해 나이든 설계자들이 갖고

7) 한 가지 예외로 초기 미국의 과학 강연장을 다룬 리터의 연구(Ritter, 2001)를 보라.

있는 것으로 생각되는 암묵적 지식을 공식화하는 쪽으로 이동해왔다. 그러나 그로부터 나타난 결과 중 하나는 핵실험 시대에 성장했던 설계자들이 이제 자신을 [멸종한] "공룡" 같은 존재로 여기면서 한때 역동적이었던 훈련문화의 상실을 안타까워한다는 것이다.(Gusterson, 2005)[8] 여기서 교육의 시스템은 국제정치의 미시영역, 과학자와 엔지니어들이 자신들의 지식문화에 갖는 감성적 애착, 종종 간과되곤 하는 지식의 퇴보 현상을 들여다보는 보기 드문 창을 제공해줄 수 있다.

다른 사례들을 보면, 국가적 목표와 권력의 비대칭을 강화하기 위해 설치된 교육체제가 훈련을 통해 규율을 불어넣을 대상이었던 이들에 의해 다시 활용될 수 있음을 알 수 있다. 예를 들어 식민지 인도에서 서구과학은 영국 관리들에 의해 장려되었고, 지역의 엘리트들은 이것을 인도인들에게 영국의 가치와 실천을 주입하고 인도 사회에서 자신들이 지닌 엘리트로서의 위치를 보전하기 위한 방편으로 이용했다.(Prakash, 1992; Raina & Habib, 2004; Chakrabarti, 2004) 인도인들에게 서구 과학을 훈련시키는 박물관, 학교, 농촌 지도소 같은 기관들이 인도 전역에 빠른 속도로 확산되었다.(Tomlinson, 1998) 이러한 기관들을 통해 많은 인도인들은 서구의 지식을 진보의 잣대로 받아들였고, 지식의 수출을 담당하는 진보적이고 교육받은 식민지 주체라는 문화적 모델을 수용했다.

그러나 인도인들은 과학훈련의 하부구조를 식민국가가 국민들에 대해 더 큰 책임을 지도록 강제하고 제국주의 관계를 미묘하게 전복시킨 연결

---

8) 물론 맥나마라가 지적했듯, 이러한 문화는 사멸하고 있는 것이 아니라 서로 다른 지식영역들 사이를 연결시키는 새로운 도구와 새로운 방법으로 재정향하고 있는 것일 수도 있다. Clifford(1988)도 보라.

망을 건설하는 수단으로도 활용했다. 예를 들어 이언 페트리(Petrie, 2004)가 보여준 것처럼, 19세기 말 인도에서 나타난 일련의 기근들에 대한 국가의 대응은 최신의 서구 과학을 활용해 농촌생활을 재구조화하려 애쓰는 것이었다. 많은 경우 이러한 변화의 담지자들은 외국으로 유학을 떠났던 젊은 인도인들이었다. 그러나 1905년 이후부터 그들은 미국에 있는 토지 양허대학(주립대학)들로 점점 유학을 더 많이 떠나게 되었다. 이곳에서 그들은 영국에서 공부할 가능성이 적은 작물들(사탕수수, 면화, 쌀)에 대해 배웠고, 많은 인도 지식인들이 영국 것보다 "더 순수하고 건강"하다고 생각했던 혁신주의의 교육과 문화 모델을 흡수했다. 다시 말해 기술교육의 하부구조 덕에 인도 지식인들은 미국이 영국 식민통치에 비해 좀 더 건전한 대안이라는 생각을 할 수 있게 되었다. 이는 영국 정부에 대해 개혁의 압력을 가하고 독립 이후 확대된 국제협력의 길을 만들어냈다.

불순한 교육

물론 권력관계가 한 방향으로만 작동하는 경우는 드물다. 식민지 인도의 사례에서 보듯, 교육을 이용해 규율과 질서를 유지하려는 노력은 결코 완벽한 성공을 거둘 수 없다. 현대 과학연구의 잡종적이고 불순한 세계에서는 아마 더욱더 그러할 것이다. 실험실은 다양한 분야에서 경력상의 상이한 단계와 실험실 위계의 상이한 부분에 위치해 있던 참여자들이 한데 모인 다각적인 장소이(며 오랫동안 그래 왔)다. 최근 STS 학자들은 분야들에서 나타나는 더 큰 변화와 전 지구적 지식경제의 등장을 나타내는 제유(提喻)적 표현으로 그러한 "교역지대"에 매혹돼왔다.(Galison, 1997)[9]

교육이 그러한 교역지대에서 지속적이고 널리 퍼진 측면을 이룬다는 점은 자명하면서도 그간 충분히 강조되지 못했다. 너무나 많은 상이한 분야의 대표자들과 너무나 많은 "신참"과 "전문가"들이 모여 있는 오늘날의 연구조직들에는 교육이 넘쳐난다. 그곳의 거주자들은 아주 잠시 동안이라도 의사소통이 가능한 언어를 만들어내기 위해서는 서로에게 자신들이 가진 숙련과 지식을 가르쳐야 한다. 그러한 상황에서 권력관계는 교육을 통해 지속적으로 재구성된다. 샐리 자코비와 패트릭 곤잘레스(Jacoby & Gonzales, 1991)가 지적했듯이, 오늘날의 연구는 너무나 복잡해서 설사 소규모 프로젝트라고 해도 어떤 한 사람이 그것을 송두리째 이해할 수는 없다. 그래서 종종 "신참"(대학원생이나 학부생)들이 "전문가"(그들의 지도교수로서 경력은 앞서지만 실험실 작업을 하지 않은 지가 오래되어 연구의 세부사항은 이해하지 못할 수 있는)들을 가르치는 광경을 목격할 수 있다.[10]

뿐만 아니라 수많은 연구들(Rasmussen, 1997; Bromberg, 1991; Mody, 2004)—특히 과학장치의 발전을 다룬—은 다각적인 연구현장에서 서투른 신참에 대한 비공식 훈련이 혁명적 통찰을 촉진할 수 있음을 보여주었다. 앞서 충분히 설명했듯이, 박사후 연구원과 다른 떠돌이 연구자들의 순환은 연구소가 박사후 연구원이 원래 속했던 기관에서 개발된 혁신을 받아들일(그리고 재해석할) 수 있게 해줄 뿐 아니라, 박사후 연구원을 다시 내보내서 그들이 몸담았던 기관의 실천, 지식, 기술, 세계관이 퍼져 나갈 수 있게 해주기도 한다.(Mody, 2005) 일명 박사후 연쇄반응이다.(Kaiser,

---

9) 교역지대란 서로 다른 종류의 실천가들이 만나서 협력하고, 그러한 협력을 매개하기 위한 국지적 중간언어를 구성하고, 인공물, 기법, 아이디어, 손쉬운 방법, 인력, 그 외 문화적 재료와 지식을 교환하는 "장소"를 가리킨다.

10) 옥스, 자코비, 곤잘레스 연구팀의 다른 논문으로는 Ochs & Jacoby(1997), Ochs et al.(1994), Ochs et al.(1996)도 보라.

2005a) 대학, 산업계, 정부 연구자 집단 사이에서 대학원생과 박사후 연구원들의 계속되는 교환은 장치 공동체들을 한데 묶는 것을 돕고(Slaughter et al., 2002), 국경을 넘은 학생들의 왕래는 지식과 대외정책을 공동구성한다.(Gordin, 2005; Ito, 2005; Martin-Rovet, 1995; Martin-Rovet & Carlson, 1995) 실제로 2001년 9월 11일 이후 박사후 연구원과 대학원생의 전 지구적 교역은 중대한 정책논쟁을 촉발시켰다. 미국의 비자 제한 조치로 외국인 학생들이 다른 나라에서 훈련받는 것을 선호하게 되었고, 중국과 인도 경제가 호황을 맞으면서 이들 국가가 빠른 속도로 성장하는 자국의 교육 하부구조를 맡아줄 박사후 연구원을 다시 수입하는 현상이 나타났기 때문이다.(Anon., 2005)

결국 우리의 주장은 현대 과학연구의 혼종성이 널리 퍼진 교육과 결합될 때 새로운 발견을 가장 잘 추동할 수 있다는 것이다. 실천 공동체에 관한 문헌들이 보여주는 것처럼, 조직들은 가르칠 필요가 있는 사람들이 있을 때 혁신을 이뤄낸다.(Wenger, 2000) "교역지대"가 성공적인 연구장소가 될 수 있었던 이유는 적어도 부분적으로 그곳에 항상 "서투른" 사람들—교육을 필요로 하면서 내부자/외부자 시각을 제공해주는 신참들—이 있었기 때문이다. 교수, 훈련, 학습은 연구자들이 자신들의 실천을 재고하고 발견을 앞당기는 돌연변이를 도입하도록 강제한다. 과학적 실천이 다시 학습되고 재연될 때는 (서투른 학생이 잘 보여주듯) 결코 "동일한" 방식으로 재연되지 않는다. STS의 많은 학자들에게 이는 설명을 필요로 하는 문제로, 의견불일치와 논쟁이 일어나는 장소로 간주되고 있다. 종종 이는 사실이지만—교수와 학습이 의견불일치로부터 자유로운 경우는 거의 없다—그에 못지않게 재연은 어떤 일을 하는 새로운 방식을 제시해주기도 한다. 새로운 습관을 가르치면서 낡은 습관을 버리고, 신참과 전문가의 상호작용을 통해 지식을 (단지 전달하는 것만이 아니라) 새롭게 생성해낼 기회를 제공해주는 것이다.

논의에서 얻어낸 결론

방법론적

과학기술을 연구하는 민족지학자들이 기술 작업의 교육적 차원에 주목할 경우 여러 가지 방법론적 이득을 얻을 수 있다. 실험실과 현장을 연구하는 대부분의 민족지학자들은 자신들의 사회적 위치가 여러 측면에서 학생이나 훈련생의 사회적 위치와 유사하다는 유익한 깨달음을 얻게 된다.[11] 사회학자나 인류학자를 제외한다면, 학생과 훈련생은 대체로 실험실 환경에서 가장 최근에 들어온 신참이다. 종종 그들은 민족지학자처럼 서투른 질문들을 던지고, 국지적 실천에 적응하는 데 많은 동일한 어려움을 겪으며, 심지어 국지적 관습에 대해 동일한 내부자/외부자의 비판적 시각을 공유한다.

따라서 이러한 위치상의 공통점들을 통해 학생이나 훈련생들과 중요한 교분(rapport)을 쌓을 수 있는 여지가 있다.[12] 지난 20여 년 동안 교분이라는 관념이 인류학자들 사이에서 비판의 대상이 되긴 했지만, 유대감을 쌓는 것은 국지적 기술문화를 이해하는 데 여전히 유익한 도구가 될 수 있다.

---

11) 두잉(Doing, 2004)은 암묵적 숙련의 개념을 정치화하기 위해 저자 자신이 싱크로트론 기사로 훈련받은 경험에서 나온 이야기를 이용해 이 점을 깔끔하게 보여주고 있다. 아울러 Latour and Woolgar(1986)에서 훈련과정에 있는 서투른 테크니션의 시각을 활용하고 있는 것도 눈여겨보라.
12) 트래윅의 책(Traweek, 1988)은 학생과 민족지학자의 교분에 대해 아마도 가장 자의식적인 해명을 담은 사례일 것이다.

학생과 훈련생들은 종종 그들이 상급자들에게 드러내기를 꺼리는 우려나 해석이나 비밀스런 실천들을 갖고 있을 수 있다. 많은 실험실들에서 학생과 훈련생들은 일상적인 실험 내지 관찰 작업의 대부분을 수행하기 때문에, 대다수의 민족지학자들은 실험실 내부와 주위에서 독특한 학생 생활의 하위문화에 참여하는 것이 시간과 노력을 들일 만한 일임을 깨닫게 될 것이다. 예를 들어 교내의 소프트볼 팀이나 학과의 소풍이나 휴일 파티 등을 통해서 말이다.(Collins, 2004; Kaiser, 2004)

사회학자와 인류학자들은 민족지와 교육 간의 유사성을 찾아냄으로써 실험실 구성원들과의 관계를 유효한 것으로 만들 뿐 아니라 자신들의 존재와 방법에 대한 정당화도 얻어낼 수 있다. 실천 공동체에 관한 문헌들이 지적했듯이, 신참들은 종종 "정당한 주변적 참여", 다시 말해 공동체의 활동 주변부에 위치한 일종의 참여관찰자적 지위를 통해 기술적 실천으로 인도된다.(Lave & Wenger, 1991) 민족지학자들은 이런 종류의 교육—일명 서당개 3년(sitting with Nelly)으로 불리는—을 자신들의 실천에서 중심이 되는 도구로 인식해야 한다.[13] 즉, 실험실과 현장은 이미 민족지 지식과 같은 뭔가를 생성하고 전수하는 국지적 방법을 보유하고 있으며, 민족지학자들은 그러한 실천들을 찾아내어 자신들의 연구 속에 통합해야 한다는 것이다. 종종 행위자들의 방법이 분석가의 방법과 공명할 때면 흥미로운 사실이 드러난다. 이 경우에는 교육과 민족지학의 유사성이 과학적 지식

---

13) 레이브와 벵거가 설명한 것처럼, "서당개 3년"은 가내공업과 산업혁명 초기에 흔히 볼 수 있었던 종류의 훈련을 가리킨다. 조직에서 신참들은 공식교육을 거의 혹은 전혀 받지 못했다. 대신 그들은 경험 많은 실천가("넬리"—삯일을 하는 노동자 대부분은 여성이었다.) 옆에 앉아서 그들 자신이 그 일을 똑같이 할 수 있을 때까지 관찰을 하고 질문을 던졌다. 이것이 많은 종류의 민족지연구와 갖는 유사성은 명백해 보인다.

주장의 불가피성과 보편성을 비집어 여는 데 이용될 수 있다. 완성된 모형 배를 병에서 *끄집어내는*(Collins, 1992) 이러한 과제는 전통적으로 논쟁연구를 통해, 즉 행위자들 간의 의견불일치가 조화로운 과학지식이라는 관념을 배반하는 혼란의 시기를 분석함으로써 이뤄져 왔다. 그러나 동일한 혼란은 기술 작업의 실천에서 계속되는 신참들에 대한 교육에서 좀 더 일상적으로, 또 덜 파괴적인 형태로 관찰할 수 있다.[14]

제도적

사회학자와 인류학자들뿐 아니라 역사가들도 교육을 중심 되는 분석 범주로 끌어올림으로써 얻을 것이 있다. 특히 교육을 면밀하게 조사해보면 과학사회학에서 정량적인 머턴 전통으로부터 나온 통찰과 좀 더 최근에 나타난 구성주의적 성향의 연구를 합치는 수단을 얻을 수 있다. 제도와 하부구조―"과학계량학(scientometrics)" 전통에서 집요한 정량화의 대상이 되어온 특징―는 현대과학에서 심대한 중요성을 지닌다. 국지적인 것에만 과도하게 초점을 맞출 경우, 종종 한둘의 고립된 실험실을 넘어 뻗어나가는 경향들을 쉽사리 놓치게 될 수 있다. 그러나 이러한 제도적 경향들 자체만으로 전체 그림을 그려낼 수 있는 경우는 드물다. 예산 추이나 학생들의 입학 패턴은 결코 자동적인 해석을 제공하지 않는다. 구조적 변화는 언제나 그에 대한 과학자들의 반응을 과소결정하기 때문이다. 따라서 주어진 환경에서 무엇이 교육적 전파에 "적절한" 것으로 간주되는지, 또 누

---

14) 굿윈(Goodwin, 1994, 1996, 1997)은 학생이나 민족지학자 모두가 장기간에 걸쳐 체현된 지각의 재조정 과정을 거치기 전까지는 숙련자와 같은 세상에서 보고 생활할 수 없다는 사실을 보여줌으로써 이에 대한 훌륭한 사례를 제시했다.

가 그런 결정을 내리는지를 따져 물을 필요가 있다. 훈련의 긴급성—정
치경제와 제도적 모멘텀에 크게 의존하는—은 무엇이 새로운 신참자들에
게 "교육가능"한지, 또 무엇이 실천에 옮기고 숙달하는 데 가장 적합한 것
으로 간주되는지를 조건 짓는 데 어떻게 일조하는가?(Kaiser, 2002, 2004,
2006)

뿐만 아니라 훈련—규모가 크고 중요한 기관들(대학)이 전념하고 있는
실천이자 모든 기관이 부분적으로 수행해야 하는 실천—은 STS가 조직을
연구하는 역사가나 사회학자들과 공유해야 하는 분석적 범주이다. 특히
사회학에서 신제도주의는 "제도적 동형화(institutional isomorphism)"에 대
한 폭넓은 탐구에서 과학학과 강하게 공명한다.(DiMaggio & Powell, 1983;
DiMaggio, 1991) 기술지식이 어떻게, 왜 확산되고 표준화되는가 하는 질문
은 서로 다른 조직들이 왜, 어떻게 서로 닮게 되는가 하는 질문에 서로 빛
을 던져줄 수 있음이 분명하다. 예를 들어 애널리사 샐로니우스(Salonius,
forthcoming)에 따르면, 1960년대에 북미의 많은 지역에서 생의학 실험실
의 규범은 "소과학(small science)", 즉 서너 명으로 구성된 실험실 그룹이
었다. 1980년대가 되자 연구기관들에 가해진 환경적 압박(연구비 수혜에
서 경쟁 증가, 전체 연구자금의 증가, 인간유전체프로젝트라는 전형이 보여주는
"거대생물학"의 부상)으로 훨씬 더 큰 실험실(20명 이상)에 대한 새로운 규
범이 생겨났다. 이와 같은 제도적 동형화는 특정한 종류의 "지식 동형화
(knowledge isomorphism)"와 관련돼 있었다. 생의학은 더 큰 집단들에 의
해 답변될 수 있는 질문, 연구비나 연구인력에서의 새로운 압박을 완화시
키는 질문들을 향해 움직여갔다. 그러나 아마도 좀 더 중요한 점은 규모가
커진 실험실에서의 교육이 좀 더 복잡한 종류의 지식확산을 촉발했다는
것일 터이다. 박사후 연구원의 기간이 연장되거나 여러 기관에 몸담는 일

은 예전에 이 분야에서 드물었지만 점차 흔히 볼 수 있는 일이 되었고, 젊은 연구자들은 경력에서 점점 더 많은 부분을 이 기관에서 저 기관으로 옮기면서 보내게 되었다. 그러면서 그들은 다른 곳에서 배웠던 가치와 실천들을 함께 가지고 다녔고 종종 이를 요구하기도 했다. 생의학은 사람들, 실천, 지식의 이동성에 근간을 둔 지식 공동체가 되었다.

과학교육과 정책

우리는 다음과 같은 점을 지적하면서 이 글을 매듭지으려 한다. 교육에 대한 연구가 과학기술학에서 기반을 (다시) 얻은 것은 최근의 일이지만, STS의 통찰이 과학교육 영역에 스며들기 시작한 것은 제법 오래된 일이라고 말이다. 초등학교와 중등학교의 과학교육자들은 대다수의 STS 학자들이 한 다리나 두 다리를 건너서만 경험하는 과학의 본질에 대한 실천적 난제의 한가운데 위치해 있다. 수십 년 동안 대학 진학 이전의 과학교육을 지배했던 모델은 상당 부분 실증주의적인(혹은 아마도 포퍼적인) 모델이었다. 학생들은 추상적인 만능의 "과학적 방법"을 배웠(고 많은 경우 지금도 배우고 있)다. 여기에는 가설의 개진과 시험, 문제의 소지가 없는 실험적 방법의 전달과 재연가능성, 몇몇 모범이 되는 과학의 영웅담(이러한 영웅들과 관련된 패러다임, 실천, 폭넓은 사회적 맥락들은 대체로 거의 주목하지 않은 채), 정제되고 탈역사화된 과학의 내용 등이 포함되었다. 그러나 지난 20년 동안 과학교육자들은 과학학을 활용해 이런 모델에 도전하면서, 이를 좀 더 모호하고 승리감에 덜 도취된 과학관으로 바꿔놓기 시작했다.

결국 교실은 어질러진 장소이며, 빌 칼슨과 그레고리 켈리(Kelly et al., 1993; Crawford et al., 2000), 리드 스티븐스(Stevens & Hall, 1997, 1998; Stevens, 2000), 울프-마이클 로스(Roth & McGinn, 1998) 같은 몇몇 과학교

육 학자들이 STS를 활용해 과학을 좀 더 투명하고 공공적 책임성을 가지며 덜 양극화된 것으로 만들 수 있는 방식으로 그러한 어지러움의 정당성을 인정하고 이를 풍부하게 만들어왔다. 어쨌든 학생들은 의도적이건 그렇지 않건 간에 서투를 것이고, 실험실 활동은 그 절차를 아무리 잘 기록한다 해도 재연이 불가능할 것이며, 창조론과 "지적 설계론"에 대한 논쟁이 계속 나타남에 따라(Numbers, 1992; Toumey, 1991; Larson, 2004) 세상에 대해 국지적으로 구성된 학생들의 지식은 기술 엘리트가 전수해준 일견 보편적인 과학지식과 부합하지 않게 될 것이다. 과학기술학은 과학을 인간적이고 시간적·문화적으로 상황화된 노력으로 그려냄으로써, 교실에서의 서투름을 좀 더 긍정적인 경험으로 만들 수 있고 학생들이 일단 졸업한 후에 과학의 시민적 기여를 좀 더 잘 판단할 수 있도록 도울 수 있을 것이다. 적절하게 설계된 과학 교육과정은 STS를 활용해 좀 더 폭넓은 사회계층들이 스스로의 힘으로 과학을 전유하도록 하고, 재개념화된 과학과 공학이 여성과 소수집단에 좀 더 매력적인 것이 되도록 도울 수 있다.(Cunningham & Helms, 1998) 혹은 적어도 과학 전공 학생들이 기술 작업의 고도로 사회적인 (심지어 정치적인) 세계에 좀 더 적절하게 대비할 수 있도록 도울 수 있을 것이다.

물론 교실에서의 STS가 아무 문제 없이 들어맞는 것은 아니다. 우리가 보여주려 애썼던 것처럼, 교육은 문화적 가치를 반영하기도 하고 추동하기도 한다. 이 때문에 학교와 대학들은 다양한 문화전쟁—1990년대의 이른바 "과학전쟁"을 포함해서—에서 뜨거운 논쟁이 전개되는 전장이 되어왔다. 과학교육자들과 교육학자들은 과학의 "실증주의" 모델과 "포스트모던" 모델의 가치를 놓고 격렬한 논쟁을 벌여왔다.(Allchin, 2004; Turner & Sullenger, 1999) 일각에서는 STS에서 내용을 빌려온 교육과정이 교육불가능하거나 심지어 위험할 수 있다고 우려한다. 이러한 논쟁은 건강한 것이다. 우리는 STS 학자들이 바깥으로 눈을 돌려 교육문헌들과 좀 더 밀접한 관련을 맺을 것을 촉구하는 바이다. 20년에 걸쳐 노력을 기울인 후에 STS는 "응용 과학기술학"을 위한 최상의 장소를 교육에서 찾게 될지도 모른다. 스스로를 학제적 분야로 생각하는 STS의 자기 이미지는 지금껏 STS 과정들과 교육학과들 사이의 잠재적 연계를 무시해왔다. 우리는 이에 대해 변화를 촉구한다. 마지막으로 초등학교와 중등학교를 넘어서 보면, 과학기술학이 고등교육에 관한 논쟁에 영향을 줄 수 있다는 점은 이미 분명해 보인다. 대학 당국자들과 국가 연구비 지원담당 관리들은 STS 문헌을 읽기 시작했고, STS 학자들은 대학의 역할, 교육의 기업화, 지식의 상업화에 관한 오랜 논쟁에 기여하기 시작했다.(Croissant & Smith-Doerr, 이 책의 27장; Mirowski & Sent, 이 책의 26장) 우리가 보여주려 애쓴 바와 같이, 이제 과학과 엔지니어링 교육에 대한 과학기술학의 관점은 정교함과 복잡성을 갖추었고 교육자와 학생 모두에게 잠재적 중요성을 가진 것이 되었다.

참고문헌

Abbott, Andrew (1988) *System of Professions: An Essay on the Division of Expert Labor* (Chicago: University of Chicago Press).

Ailes, Catherine P. & Francis W. Rushing (eds) (1982) *The Science Race: Training and Utilization of Scientists and Engineers, US and USSR* (New York: Crane, Russak).

Alder, Ken (1997) *Engineering the Revolution: Arms and Enlightenment in France, 1763–1815* (Princeton, NJ: Princeton University Press).

Allchin, Douglas (2004) "Should the Sociology of Science Be Rated X?" *Science Education* 88: 934–946.

Anon. (2005) "The Changing Nature of US Physics," *Nature Materials* 4: 185.

Arum, Richard & Irene Beattie (eds) (2000) *The Structure of Schooling: Readings in the Sociology of Education* (Mountain View, CA: Mayfield).

Assmus, Alexi (1993) "The Creation of Postdoctoral Fellowships and the Siting of American Scientific Research," *Minerva* 31: 151–183.

Bosk, Charles L. (1979) *Forgive and Remember: Managing Medical Failure* (Chicago: University of Chicago Press).

Bourdieu, Pierre (1988) *Homo Academicus*, trans. Peter Collier (Stanford, CA: Stanford University Press).

Bourdieu, Pierre & Jean-Claude Passeron (1977) *Reproduction in Education, Society, and Culture*, trans. Richard Nice (London: Sage).

Bromberg, Joan Lisa (1991) *The Laser in America, 1950–1970* (Cambridge, MA: MIT Press).

Cahan, David (1985) "The Institutional Revolution in German Physics, 1865–1914," *Historical Studies in the Physical Sciences* 15: 1–66.

Carlson, Bernard (1988) "Academic Entrepreneurship and Engineering Education: Dugald C. Jackson and the MIT-GE Cooperative Engineering Course, 1907–1932," *Technology and Culture* 29: 536–567.

Cavell, Stanley (1990) *Conditions Handsome and Unhandsome: The Constitution of Emersonian Perfectionism* (Chicago: University of Chicago Press).

Chakrabarti, Pratik (2004) *Western Science in Modern India: Metropolitan Methods, Colonial Practices* (Delhi: Permanent Black).

Clark, Burton R. (ed) (1993) *The Research Foundations of Graduate Education: Germany, Britain, France, United States, Japan* (Berkeley: University of California Press).

Clark, Burton R. (1995) *Places of Inquiry: Research and Advanced Education in Modern Universities* (Berkeley: University of California Press).

Clifford, James (1988) "Identity in Mashpee," in *The Predicament of Culture: Twentieth-Century Ethnography, Literature, and Art* (Cambridge, MA: Harvard University Press): 277–346.

Collins, H. M. (1974) "TEA Set—Tacit Knowledge and Scientific Networks," *Science Studies* 4(2): 165–185.

Collins, H. M. (1975) "The Seven Sexes: A Study in the Sociology of a Phenomenon, or the Replication of Experiments in Physics," *Sociology* 9 (2): 205–224.

Collins, H. M. (1992) *Changing Order: Replication and Induction in Scientific Practice* (Chicago: University of Chicago Press).

Collins, H. M. (1998) "The Meaning of Data: Open and Closed Evidential Cultures in the Search for Gravitational Waves," *American Journal of Sociology* 104(2): 293–338.

Collins, Harry (2004) *Gravity's Shadow: The Search for Gravitational Waves* (Chicago: University of Chicago Press).

Crawford, Teresa, Gregory J. Kelly, & Candice Brown (2000) "Ways of Knowing Beyond Facts and Laws of Science: An Ethnographic Investigation of Student Engagement in Scientific Practices," *Journal of Research in Science Teaching* 37(3): 237–258.

Creager, Angela (2002) *The Life of a Virus: Tobacco Mosaic Virus as an Experimental Model, 1930–1965* (Chicago: University of Chicago Press).

Cunningham, C. M. & J. V. Helms (1998) "Sociology of Science as a Means to a More Authentic, Inclusive Science Education," *Journal of Research in Science Teaching* 35(5): 483–499.

Daston, Lorraine (1995) "The Moral Economy of Science," *Osiris* 10: 2–24.

Daston, Lorraine & Otto Sibum (eds) (2003) *Scientific Personae and their Histories*, published as *Science in Context* 16: 1–269.

Davis, Geoffrey (2005) "Doctors without Orders," *American Scientist* 93(3): supplement.

Dear, Peter (1995) *Discipline and Experience: The Mathematical Way in the Scientific Revolution* (Chicago: University of Chicago Press).

Delamont, Sara & Paul Atkinson (2001) "Doctoring Uncertainty: Mastering Craft Knowledge," *Social Studies of Science* 31: 87–107.

Dennis, Michael A. (1994) "Our First Line of Defense—Two University Laboratories in the Postwar American State," *Isis* 85(3): 427–455.

DiMaggio, Paul J. (1991) "Constructing an Organizational Field as a Professional Project: U.S. Art Museums, 1920–1940," in Walter W. Powell & Paul J. DiMaggio (eds), *The New Institutionalism in Organizational Analysis* (Chicago: University of Chicago Press): 267–292.

DiMaggio, Paul J. & Walter W. Powell (1983) "The Iron Cage Revisited: Institutional Isomorphism and Collective Rationality in Organizational Fields," *American Sociological Review* 48: 147–160.

Doing, Park (2004) "Lab Hands and the Scarlet 'O': Epistemic Politics and Scientific Labor," *Social Studies of Science* 34(3): 299–323.

Donahue, David (1993) "Serving Students, Science, or Society? The Secondary School Physics Curriculum in the United States, 1930–65," *History of Education Quarterly* 33: 321–352.

Foucault, Michel (1970) *The Order of Things: An Archaeology of the Human Sciences* (New York: Vintage Books).

Foucault, Michel (1977) *Discipline and Punish: The Birth of the Prison*, trans. Alan Sheridan (New York: Vintage Books).

Foucault, Michel (1994) *The Birth of the Clinic: An Archaeology of Medical Perception*, trans. A. M. Sheridan-Smith (New York: Vintage Books).

Fox, Robert & Anna Guagnini (eds) (1993) *Education, Technology, and Industrial Performance in Europe, 1850–1939* (Cambridge: Cambridge University Press).

Fujimura, Joan (1996) *Crafting Science: A Sociohistory of the Quest for the Genetics of Cancer* (Cambridge, MA: Harvard University Press).

Galison, Peter (1987) *How Experiments End* (Chicago: University of Chicago Press).

Galison, Peter (1997) *Image and Logic: A Material Culture of Microphysics* (Chicago: University of Chicago Press).

Galison, Peter & Bruce Hevly (eds) (1992) *Big Science: The Growth of Large-Scale Research* (Stanford, CA: Stanford University Press).

Galison, Peter & Emily Thompson (eds) (1999) *The Architecture of Science* (Cambridge, MA: MIT Press).

Garcia-Belmar, Antonio, Jose Ramon Bertomeu, & Bernadette Bensaude-Vincent (2005) "The Power of Didactic Writings: French Chemistry Textbooks of the Nineteenth Century," in D. Kaiser (ed.), *Pedagogy and the Practice of Science: Historical and Contemporary Perspectives* (Cambridge, MA: MIT Press): 219–251.

Geiger, Roger (1986) To Advance Knowledge: The Growth of American Research Universities, 1900–1940 (New York: Oxford University Press).

Geiger, Roger (1993) *Research and Relevant Knowledge: American Research Universities Since World War II* (New York: Oxford University Press).

Geison, Gerald & Frederic L. Holmes (eds) (1993) *Research Schools: Historical Reappraisals*, published as *Osiris* 8: 1–238.

Gieryn, Thomas F. (1983) "Boundary-Work and the Demarcation of Science from Non-Science: Strains and Interests in Professional Ideologies of Scientists," *American Sociological Review* 48(December): 781–795.

Gieryn, Thomas F. (1998) "Biotechnology's Private Parts (and Some Public Ones)," in C. Smith & J. Agar (eds), *Making Space for Science: Territorial Themes in the Shaping of Knowledge* (London: Macmillan): 281–312.

Gieryn, Thomas F. (1999) *Cultural Boundaries of Science: Credibility on the Line* (Chicago: University of Chicago Press).

Gingerich, Owen & Robert Westman (1988) "The Wittich Connection: Conflict and Priority in Late Sixteenth-Century Cosmology," *Transactions of the American Philosophical Society* 78: 1–148.

Gooday, G. (1990) "Precision-Measurement and the Genesis of Physics Teaching Laboratories in Victorian Britain," *British Journal for the History of Science* 23(76): 25–51.

Gooday, Graeme (2004) *The Morals of Measurement: Accuracy, Irony, and Trust in Late Victorian Electrical Practice* (Cambridge: Cambridge University Press).

Gooday, Graeme (2005) "Fear, Shunning, and Valuelessness: Controversy over the Use of 'Cambridge' Mathematics in Late Victorian Electro-technology," in D. Kaiser (ed) *Pedagogy and the Practice of Science: Historical and Contemporary Perspectives* (Cambridge, MA: MIT Press): 111–149.

Goodwin, Charles (1994) "Professional Vision," *American Anthropologist* 96(3): 606–

633.

Goodwin, Charles (1996) "Practices of Color Classification," *Ninchi Kagaku (Cognitive Studies: Bulletin of the Japanese Cognitive Science Society)* 3(2): 62–82.

Goodwin, Charles (1997) "The Blackness of Black: Color Categories as Situated Practice," in L. Resnick, R. Saljo, C. Pontecorvo, & B. Burge (eds), *Discourse, Tools, and Reasoning: Essays on Situated Cognition* (Berlin: Springer-Verlag): 111–142.

Gordin, Michael (2005) "Beilstein Unbound: The Pedagogical Unraveling of a Man and His *Handbuch*," in D. Kaiser (ed), *Pedagogy and the Practice of Science: Historical and Contemporary Perspectives* (Cambridge, MA: MIT Press): 11–39.

Gusterson, Hugh (1996) *Nuclear Rites: A Weapons Laboratory at the End of the Cold War* (Berkeley: University of California Press).

Gusterson, Hugh (2005) "A Pedagogy of Diminishing Returns: Scientific Involution Across Three Generations of Nuclear Weapons Science," in D. Kaiser (ed), *Pedagogy and the Practice of Science: Historical and Contemporary Perspectives* (Cambridge, MA: MIT Press): 75–107.

Hackett, Edward J. (1990) "Science as a Vocation in the 1990s: The Changing Organizational Culture of Academic Science," *Journal of Higher Education* 61: 241–279.

Hall, Karl (2005) "'Think Less about Foundations': A Short Course on Landau and Lifshitz's Course of Theoretical Physics," in D. Kaiser (ed), *Pedagogy and the Practice of Science: Historical and Contemporary Perspectives* (Cambridge, MA: MIT Press): 253–286.

Hannaway, Owen (1975) *The Chemists and the Word: The Didactic Origins of Chemistry* (Baltimore, MD: Johns Hopkins University Press).

Hannaway, Owen (1976) "The German Model of Chemical Education in America: Ira Remsen at Johns Hopkins (1876–1913)," *Ambix* 23: 145–164.

Hannaway, Owen (1986) "Laboratory Design and the Aim of Science: Andreas Libavius versus Tycho Brahe," *Isis* 77: 584–610.

Hargens, Lowell L. & J. Scott Long (2002) "Demographic Inertia and Women's Representation among Faculty in Higher Education," *Journal of Higher Education* 73: 494–517.

Heilbron, John (1992) "Creativity and Big Science," *Physics Today* 45(Nov): 42–47.

Hentschel, Klaus (2002) *Mapping the Spectrum: Techniques of Visual Representation in Research and Teaching* (Oxford: Oxford University Press).

Hermanowicz, Joseph (1998) The Stars Are Not Enough: Scientists—Their Passions and Professions (Chicago: University of Chicago Press).

Hofstadter, Richard (1963) *Anti-intellectualism in American Life* (New York: Knopf).

Ito, Kenji (2004) "Gender and Physics in Early 20th Century Japan: Yuasa Toshiko's Case," *Historia Scientiarum* 14(Nov): 118–136.

Ito, Kenji (2005) "The Geist in the Institute: The Production of Quantum Physicists in 1930s Japan," in D. Kaiser (ed), *Pedagogy and the Practice of Science: Historical and Contemporary Perspectives* (Cambridge, MA: MIT Press): 151–183.

Jacoby, Sally & Patrick Gonzales (1991) "The Constitution of Expert-Novice in Scientific Discourse," *Issues in Applied Linguistics* 2(2): 149–181.

Kaiser, David (1998) "A Psi Is Just a Psi? Pedagogy, Practice, and the Reconstitution of General Relativity, 1942–1975," *Studies in History and Philosophy of Modern Physics 29B* (3): 321–338.

Kaiser, David (2002) "Cold War Requisitions, Scientific Manpower, and the Production of American Physicists after World War II," *Historical Studies in the Physical and Biological Sciences* 33: 131–159.

Kaiser, David (2004) "The Postwar Suburbanization of American Physics," *American Quarterly* 56: 851–888.

Kaiser, David (2005a) *Drawing Theories Apart: The Dispersion of Feynman Diagrams in Postwar Physics* (Chicago: University of Chicago Press).

Kaiser, David (ed) (2005b) *Pedagogy and the Practice of Science: Historical and Contemporary Perspectives* (Cambridge, MA: MIT Press).

Kaiser, David (2006) "Whose Mass Is It Anyway? Particle Cosmology and the Objects of Theory," *Social Studies of Science* 36: 533–564.

Keller, Evelyn Fox (1977) "The Anomaly of a Woman in Physics," in S. Ruddick & P. Daniels (eds), *Working It Out: 23 Women Writers, Artists, Scientists, and Scholars Talk about Their Lives and Work* (New York: Pantheon): 78–91.

Keller, Evelyn Fox (1983) *A Feeling for the Organism: The Life and Work of Barbara McClintock* (San Francisco, CA: W. H. Freeman).

Keller, Evelyn Fox (1985) *Reflections on Gender and Science* (New Haven, CT: Yale University Press).

Kelly, G. J., W. S. Carlsen, & C. M. Cunningham (1993) "Science-Education in Sociocultural Context—Perspectives from the Sociology of Science," *Science Education* 77(2): 207–220.

Kliebard, Herbert (1999) *Schooled to Work: Vocationalism and the American Curriculum, 1876–1946* (New York: Teachers College Press).

Kohler, Robert E. (1987) "Science, Foundations, and American Universities in the 1920s," *Osiris* 3: 135–164.

Kohler, Robert (1990) "The Ph.D. Machine: Building on the Collegiate Base," *Isis* 81: 638–662.

Kohler, Robert (1994) *Lords of the Fly:* Drosophila *Genetics and the Experimental Life* (Chicago: University of Chicago Press).

Krige, John (2000) "NATO and the Strengthening of Western Science in the Post-Sputnik Era," *Minerva* 38: 81–108.

Kuhn, Thomas S. (1962) *The Structure of Scientific Revolutions* (Chicago: University of Chicago Press).

Larson, Edward J. (2004) *Evolution: The Remarkable History of a Scientific Theory* (New York: Modern Library).

Latour, Bruno & Steve Woolgar (1986) *Laboratory Life: The Construction of Scientific Facts* (Princeton, NJ: Princeton University Press).

Lave, Jean & Etienne Wenger (1991) *Situated Learning: Legitimate Peripheral Participation* (Cambridge: Cambridge University Press).

Layton, Edwin T., Jr. (1971) *The Revolt of the Engineers: Social Responsibility and the American Engineering Profession* (Cleveland, OH: Press of Case Western Reserve University).

Lecuyer, Christophe (1995) "MIT, Progressive Reform, and 'Industrial Service,' 1890–1920," *Historical Studies in the Physical and Biological Sciences* 26: 35–88.

Lemann, Nicholas (1999) *The Big Test: The Secret History of the American Meritocracy* (New York: Farrar, Straus, Giroux).

Leslie, Stuart W. (1993) *The Cold War and American Science: The Military-Industrial-Academic Complex at MIT and Stanford* (New York: Columbia University Press).

Levin, Sharon G. & Paula E. Stephan (1998) "Gender Differences in the Rewards to Publishing in Academy: Science in the 1970s," *Sex Roles* 38(11/12): 1049–1064.

Lowen, Rebecca S. (1997) *Creating the Cold War University: The Transformation of*

Stanford (Berkeley: University of California Press).

Ludmerer, Kenneth (1985) *Learning to Heal: The Development of American Medical Education* (New York: Basic Books).

Lundgren, Anders & Bernadette Bensaude-Vincent (eds) (2000) *Communicating Chemistry: Textbooks and Their Audiences, 1789–1939* (Canton, MA: Science History Publications).

Lynch, Michael (1985a) *Art and Artifact in Laboratory Science: A Study of Shop Work and Shop Talk in a Research Laboratory* (London: Routledge & Kegan Paul).

Lynch, Michael (1985b) "Discipline and the Material Form of Images: An Analysis of Scientific Visibility," *Social Studies of Science* 15: 37–66.

Lynch, Michael (1991) "Laboratory Space and the Technological Complex: An Investigation of Topical Contextures," *Science in Context* 4(1): 51–78.

Lynch, Michael (1993) *Scientific Practice and Ordinary Action: Ethnomethodology and Social Studies of Science* (Cambridge: Cambridge University Press).

MacKenzie, Donald (1990) *Inventing Accuracy: A Historical Sociology of Nuclear Missile Guidance* (Cambridge, MA: MIT Press).

Manning, Kenneth (1983) *Black Apollo of Science: The Life of Ernest Everett Just* (New York: Oxford University Press).

Martin-Rovet, D. (1995) "The International Exchange of Scholars—the Training of Young Scientists Through Research Abroad—1: Young French Scientists in the United States," *Minerva* 33(1): 75–98.

Martin-Rovet, Dominique & Timothy Carlson (1995) "The International Exchange of Scholars—the Training of Young Scientists Through Research Abroad—2: American Scientists in France," *Minerva* 33(2): 171–191.

McNamara, Laura (2001) " 'Ways of Knowing' About Weapons: The Cold War's End at the Los Alamos National Laboratory," Ph.D. diss., Department of Anthropology, University of New Mexico, Albuquerque.

Mody, Cyrus C. M. (2004) "How Probe Microscopists Became Nanotechnologists," in D. Baird, A. Nordmann, & J. Schummer (eds), *Discovering the Nanoscale* (Amsterdam: IOS Press): 119–133.

Mody, Cyrus C. M. (2005) "Instruments in Training: The Growth of American Probe Microscopy in the 1980s," in D. Kaiser (ed), *Pedagogy and the Practice of Science: Historical and Contemporary Perspectives* (Cambridge, MA: MIT Press): 185–216.

Mody, Cyrus C. M. (2006) "Universities, Corporations, and Instrumental Communities: Commercializing Probe Microscopy, 1981-1996," *Technology and Culture* 47: 56-80.

Monk, Ray (1990) *Ludwig Wittgenstein: The Duty of Genius* (New York: Penguin).

Mukerji, Chandra (1989) *A Fragile Power: Scientists and the State* (Princeton, NJ: Princeton University Press).

Murray, Margaret A. M. (2000) *Women Becoming Mathematicians: Creating a Professional Identity in Post-World War II America* (Cambridge, MA: MIT Press).

Noble, David (1977) *America by Design: Science, Technology, and the Rise of Corporate Capitalism* (Oxford: Oxford University Press).

Numbers, Ronald L. (1992) *The Creationists: The Evolution of Scientific Creationism* (New York: Knopf).

Ochs, Elinor, Patrick Gonzales, & Sally Jacoby (1996) " 'When I Come Down I'm in the Domain State': Grammar and Graphic Representation in the Interpretive Activity of Physicists," in E. Ochs, Emanuel A. Schegloff, & Sandra A. Thompson (eds), *Interaction and Grammar: Studies in Interactional Sociolinguistics 13* (Cambridge: Cambridge University Press): 328-369.

Ochs, Elinor & Sally Jacoby (1997) "Down to the Wire: The Cultural Clock of Physicists and the Discourse of Consensus," *Language in Society* 26: 479-505.

Ochs, Elinor, Sally Jacoby, & Patrick Gonzales (1994) "Interpretive Journeys: How Physicists Talk and Travel through Graphic Space," *Configurations* 2(1): 151-171.

Oldenziel, Ruth (2000) "Multiple-entry Visas: Gender and Engineering in the U.S., 1870-1945," in A. Canel, R. Oldenziel, & K. Zachmann (eds), *Crossing Boundaries, Building Bridges: Comparing the History of Women Engineers, 1870s-1990s* (Amsterdam: Harwood): 11-49.

Olesko, Kathryn (1991) *Physics as a Calling: Discipline and Practice in the Konigsberg Seminar for Physics* (Ithaca, NY: Cornell University Press).

Olesko, Kathryn (1993) "Tacit Knowledge and School Formation," *Osiris* 8: 16-29.

Olesko, Kathryn (1995) "The Meaning of Precision: The Exact Sensibility in Early 19th-century Germany," in M. N. Wise (ed), *The Values of Precision* (Princeton, NJ: Princeton University Press): 103-134.

Olesko, Kathryn (2005) "The Foundations of a Canon: Kohlrausch's Practical Physics," in D. Kaiser (ed), *Pedagogy and the Practice of Science: Historical and*

Contemporary Perspectives (Cambridge, MA: MIT Press): 323–356.

Owens, Larry (1985) "Pure and Sound Government: Laboratories, Playing Fields, and Gymnasia in the Nineteenth-Century Search for Order," *Isis* 76: 182–194.

Park, Buhm Soon (2005) "In the 'Context of Pedagogy': Teaching Strategy and Theory Change in Quantum Chemistry," in D. Kaiser (ed), *Pedagogy and the Practice of Science: Historical and Contemporary Perspectives* (Cambridge, MA: MIT Press): 287–319.

Pearson, Willie, Jr. & Alan Fechter (eds) (1994) *Who Will Do Science? Educating the Next Generation* (Baltimore, MD: Johns Hopkins University Press).

Petrie, Ian (2004) " 'Practical Agriculture' for the Colonies: Cornell and South Asian Uplift, c. 1905–45," presentation to Agricultural History Society Symposium, Cornell University, Ithaca, NY.

Pickering, Andrew (1984) *Constructing Quarks: A Sociological History of Particle Physics* (Chicago: University of Chicago Press).

Pickering, Andrew (1995) *The Mangle of Practice: Time, Agency, and Science* (Chicago: University of Chicago Press).

Pinch, Trevor (1986) *Confronting Nature: The Sociology of Solar-neutrino Detection* (Dordrecht, Netherlands: Reidel).

Polanyi, Michael (1962) *Personal Knowledge: Towards a Post-Critical Philosophy* (New York: Harper Torchbooks).

Polanyi, Michael (1966) *The Tacit Dimension* (Garden City, NY: Doubleday).

Prakash, Gyan (1992) "Science 'Gone Native' in Colonial India," *Representations* 40(Fall): 153–178.

Preston, Anne E. (1994) "Why Have All the Women Gone? A Study of Exit of Women from the Science and Engineering Professions," *American Economic Review* 84(5): 1446–1462.

Pyenson, Lewis (1977) "Educating Physicists in Germany circa 1900," *Social Studies of Science* 7: 329–366.

Pyenson, Lewis (1979) "Mathematics, Education, and the Goettingen Approach to Physical Reality, 1890–1914," *Europa* 2: 91–127.

Raina, Dhruv & S. Irfan Habib (2004) *Domesticating Modern Science: A Social History of Science and Culture in Colonial India* (New Delhi: Tulika Books).

Rasmussen, Nicolas (1997) *Picture Control: The Electron Microscope and the*

Transformation of Biology in America, 1940–1960 (Stanford, CA: Stanford University Press).

Ritter, Christopher (2001) "Re-presenting Science: Visual and Didactic Practice in Nineteenth-century Chemistry," Ph.D. diss., Department of History of Science, University of California, Berkeley.

Rosenberg, Charles E. (1979) "Toward an Ecology of Knowledge: On Discipline, Context, and History," in A. Oleson & J. Voss (eds), *The Organization of Knowledge in Modern America, 1860–1920* (Baltimore, MD: Johns Hopkins University Press): 440–455.

Rosser, S. V. (2004) *The Science Glass Ceiling: Academic Women Scientists and the Struggle to Succeed* (New York: Routledge).

Rossiter, Margaret (1980) " 'Women's Work' in Science, 1880–1920," *Isis* 71(258): 381–398.

Rossiter, Margaret W. (1982) "Doctorates for American Women, 1868–1907," *History of Education Quarterly* 22(2): 159–183.

Rossiter, Margaret W. (1986) "Graduate Work in the Agricultural Sciences, 1900–1970," *Agricultural History* 60(2): 37–57.

Rossiter, Margaret W. (1995) *Women Scientists in America: Before Affirmative Action, 1940–1972* (Baltimore, MD: Johns Hopkins University Press).

Roth, Wolff-Michael & M. K. McGinn (1998) "Knowing, Researching, and Reporting Science Education: Lessons from Science and Technology Studies," *Journal of Research in Science Teaching* 35(2): 213–235.

Rouse, Joseph (1987) *Knowledge and Power: Toward a Political Philosophy of Science* (Ithaca, NY: Cornell University Press).

Rudolph, John (2002) *Scientists in the Classroom: The Cold War Reconstruction of American Science Education* (New York: Palgrave).

Rudolph, John (2003) "Portraying Epistemology: School Science in Historical Context," *Science Education* 87: 64–79.

Rudolph, John (2005) "Turning Science to Account: Chicago and the General Science Movement in Secondary Education, 1905–1920," *Isis* 96: 353–389.

Salonius, Annalisa (forthcoming) "Social Organization of Work in Biomedical Research Labs: Sociohistorical Dynamics and the Influence of Research Funding."

Servos, John (1980) "The Industrial Relations of Science: Chemical Engineering at

MIT, 1900 – 1939," *Isis* 71: 531 – 549.

Servos, John (1990) *Physical Chemistry from Ostwald to Pauling: The Making of a Science in America* (Princeton, NJ: Princeton University Press).

Shapin, Steven (1991) " 'A Scholar and a Gentleman': The Problematic Identity of the Scientific Practitioner in Early Modern England," *History of Science* 29: 279 – 327.

Shapin, Steven & Simon Schaffer (1985) *Leviathan and the Air-Pump: Hobbes, Boyle, and the Experimental Life* (Princeton, NJ: Princeton University Press).

Shinn, Terry (2003) "The Industry, Research, and Education Nexus," in M. J. Nye (ed), *The Cambridge History of Science*, vol. V: *The Modern Physical and Mathematical Sciences* (Cambridge: Cambridge University Press).

Slaton, Amy (2004) "Urban Renewal and the Whiteness of Engineering: Historical Origins of an Occupational Color Line," Drexel University Dean's Seminar Series, Philadelphia, November 10.

Slaughter, Sheila, Teresa Campbell, Margaret Holleman, & Edward Morgan (2002) "The 'Traffic' in Graduate Students: Graduate Students as Tokens of Exchange Between Academe and Industry," *Science, Technology & Human Values* 27: 282 – 312.

Solomon, Barbara Miller (1985) *In the Company of Educated Women: A History of Women and Higher Education in America* (New Haven, CT: Yale University Press).

Spring, Joel (1989) *The Sorting Machine Revisited: National Educational Policy Since 1945* (New York: Longman).

Starr, Paul (1982) *The Social Transformation of American Medicine* (New York: Basic Books).

Stephan, Paula E. & Sharon G. Levin (2005) "Leaving Careers in IT: Gender Differences in Retention," *Journal of Technology Transfer* 30(4): 383 – 396.

Stevens, Reed (2000) "Who Counts What as Math: Emergent and Assigned Mathematics Problems in a Project-based Classroom," In J. Boaler (ed), *Multiple Perspectives on Mathematics Teaching and Learning* (New York: Elsevier).

Stevens, Reed & Rogers Hall (1997) "Seeing Tornado: How Video Traces Mediate Visitor Understandings of (Natural?) Spectacles in a Science Museum," *Science Education* 18(6): 735 – 748.

Stevens, Reed & Rodgers Hall (1998) "Disciplined Perception: Learning to See in

Technoscience," in M. Lampert & M. L. Blunk (eds), *Talking Mathematics in School: Studies of Teaching and Learning* (New York: Cambridge University Press): 107–149.

Stichweh, Rudolf (1984) *Zur Entstehung des modernen Systems wissenschaftlicher Disziplinen: Physik in Deutschland, 1740–1890* (Frankfurt am Main: Suhrkamp).

Sur, Abha (1999) "Aesthetics, Authority, and Control in an Indian Laboratory: The Raman-Born Controversy on Lattice Dynamics," *Isis* 90: 25–49.

Thompson, Emily (2002) *The Soundscape of Modernity: Architectural Acoustics and the Culture of Listening in America, 1900–1933* (Cambridge, MA: MIT Press).

Tomlinson, B. R. (1998) "Technical Education in Colonial India, 1880–1914: Searching for a 'Suitable Boy,' " in S. Bhattacharya (ed), *The Contested Terrain: Perspectives on Education in India* (New Delhi: Orient Longman): 322–341.

Toumey, Christopher P. (1991) "Modern Creationism and Scientific Authority," *Social Studies of Science* 21: 681–699.

Traweek, Sharon (1988) *Beamtimes and Lifetimes: The World of High Energy Physicists* (Cambridge, MA: Harvard University Press).

Traweek, Sharon (2005) "Generating High-Energy Physics in Japan: Moral Imperatives of a Future Pluperfect," in D. Kaiser (ed), *Pedagogy and the Practice of Science: Historical and Contemporary Perspectives* (Cambridge, MA: MIT Press): 357–392.

Turner, R. Steven (1987) "The Great Transition and the Social Patterns of German Science," *Minerva* 25: 56–76.

Turner, Steven & Karen Sullenger (1999) "Kuhn in the Classroom, Lakatos in the Lab: Science Educators Confront the Nature-of-Science Debate," *Science, Technology & Human Values* 24: 5–30.

Warwick, Andrew (2003) *Masters of Theory: Cambridge and the Rise of Mathematical Physics* (Chicago: University of Chicago Press).

Warwick, Andrew & David Kaiser (2005) "Kuhn, Foucault, and the Power of Pedagogy," in D. Kaiser (ed), *Pedagogy and the Practice of Science: Historical and Contemporary Perspectives* (Cambridge, MA: MIT Press): 393–409.

Wenger, Etienne (2000) "Communities of Practice and Social Learning Systems," *Organization* 7(2): 225–246.

Westwick, Peter (2003) *The National Labs: Science in an American System, 1947–1974* (Cambridge, MA: Harvard University Press).

Williams, C. G. (ed) (2001) *Technology and the Dream: Reflections on the Black Experience at MIT, 1941–1999* (Cambridge, MA: MIT Press).

Wittgenstein, Ludwig (1953) *Philosophical Investigations*, trans. G. E. M. Anscombe (New York: MacMillan).

Woolgar, Steve (1990) "Time and Documents in Researcher Interaction: Some Ways of Making out What Is Happening in Experimental Science," in M. Lynch & S. Woolgar (eds), *Representation in Scientific Practice* (Cambridge, MA: MIT Press): 123–152.

17.
다가오는 과학의 젠더 혁명

헨리 에츠코비츠, 스테펀 푹스, 남라타 굽타, 캐럴 케멜고어, 마리나 랑가

여성의 가능성과 미래에 대해 생각할 때 … 그들의 상황을 면밀히 연구해보면 특히 흥미롭다.[1]

과학노동의 성별 분리

합리적 전문직의 정수인 과학에 불합리해 보이는 젠더화된 사회적 질서가 만연해 있는 이유는 무엇일까?(Glaser, 1964; Dix, 1987; Osborne, 1994; McIlwee & Robinson, 1992; Valian, 1999; Tri-national conference, 2003; Commission on Professionals in Science and Technology, 2004; Rosser, 2004) 역설적인 것은 과학, 젠더, 사회의 불균등한 공진화가 과학의 보편주의 규범을 차별적인 사회적 관행으로 대체하고 이러한 해악을 눈에 보이지 않게 만들었다는 점이다.(Merton, [1942]1973; Bielby, 1991; Ferree et al., 1999;

---

[1] 시몬 드 보부아르가 "자신이 속한 전문직 내에서 경제적·사회적 자율성의 수단을 발견한 제법 많은 수의 특권 여성들"에 관해 한 말.(de Beauvoir, 1952: 681)

Fox, 2001) 19세기 말이 되자 소수의 여성들은 젠더 장벽을 깨뜨리고 "명예 남성(honorary men)"으로 실험실에 진입했지만 종속적인 지위를 감내해야 했다. 리제 마이트너가 그랬듯이, 그들은 문자 그대로, 또 비유적인 의미에서 지하 실험실로 좌천되었다.(Sime, 1996) 마리 퀴리는 남편을 보조하는 협력자라는 소문이 돌았고, 이처럼 꾸민 이야기는 남편이 죽고 그녀가 연이어 노벨상을 수상했는데도 사라지지 않았다.(Goldsmith, 2005) 노벨상 수상자인 마리아 괴페르트 마이어는 남편의 대학 실험실에서 연구 조력자로 일하면서 이전 시기 가정의 젠더화된 과학구조를 반복했다. 그녀가 독립적인 과학자로 등장할 수 있었던 것은 제2차 세계대전 시기에 남성 과학자들이 부족했던 덕분이었다. 그럼에도 불구하고 그녀는 과학계의 최고 영예를 수여받기 직전까지도 자신의 업적에 걸맞은 대학 내 지위를 얻지 못했다.

최근 들어 여성들이 학문적 과학(academic science)에 점점 더 많은 수가 진입해왔다는 사실에도 불구하고, 그들은 "결정적 전환점"이 있을 때마다 남성들보다 훨씬 더 많은 수가 전통적 분야들을 떠난다.(Etzkowitz et al., 1995; National Science Foundation, 1996) 그러나 비록 학계에서는 사라졌지만, 여성들은 언론, 법, 연구 관리, 기술 이전 등 과학의 경제적·사회적 관련성이 커진 결과 나타난 과학관련 직업들에서 다시 등장하고 있다. "다가오는 과학의 젠더 혁명"은 과학에서 전통적인 "노동의 성별 분리"도 뛰어넘고 있다. 결국 불가항력으로 보였던 여성과 과학적 지위 간의 부정적 관계가 변화하고 있는 것은 다음과 같은 조건 때문이다. (1) 더 폭넓은 페미니스트 운동의 일부로 정당한 인정과 보상을 받기 위해 조직한 여성 과학자들로부터의 압력, (2) 인력 자원의 낭비를 막는 쪽으로 작용하는 인적 자본과 경제발전 사이의 좀 더 단단한 연결, (3) 생명공학 같은 성장 분야들에서 과학연구가 위계적인 조직구조에서 수평적 연결망 구조로 변화한 것.

그러나 변화의 신호에도 불구하고 불평등은 계속 지속되고 있으며, 그래서 속담에서 말하듯 잔이 반쯤 찼는지 반쯤 비었는지 판단하는 것을 어렵게 만들고 있다.

과학이 높은 지위를 누리는 사회들에서 여성들은 과도하게 낮은 지위의 직책들에 위치해 있다. 반대로 과학의 지위가 낮은 사회들에서는 여성들을 고위 직책에서 좀 더 많이 찾아볼 수 있다.(Etzkowitz et al., 2000) "정상적"인 조건에서 여성이 과학에서 성취를 거두고 보상을 받을 기회는—과학 그 자체가 낮은 평가를 받는 경우를 제외하면—제한적이다. 어떤 과학 분야의 지위가 올라가거나 내려가면 그와 동시에 여성들의 위치도 변화를 겪는다. 20세기 초에 초파리 유전학이 주변부에서 막 등장하던 분야였을 때는 여성들이 "파리 방(flyroom)"에서 두각을 나타냈지만, 이 분야가 자리를 잡으면서 여성의 존재는 줄어들었다.(Kohler, 1994) 컴퓨터 프로그래밍에서도 유사한 현상이 관찰되어왔다. 컴퓨터 이론 같은 하부분야가 어떤 학과에서는 중심적이고 다른 학과에서는 주변적일 경우, 여성의 참여는 그에 맞춰 각각 억제되거나 강화되는 모습이 나타난다. 이 장에서는 과학계의 여성이 처한 조건과 변화의 가능성에 대한 전 지구적 비교분석을 제시한다. 이를 위해 서로 대조되는 경제적·사회적·학문적 시스템하에 존재하는 과학계의 여성들에 대해 이용가능한 통계자료와 연구들에 의지할 것이다.

과학계의 여성이 처한 조건의 진화

과학에서 성과 젠더에 얽힌 문제는 서로 다른 정치체제와 사회구조들에서 찾아볼 수 있으며, 여기서 벗어나는 변칙사례는 드물게 나타난다. 남성들은 과학의 문화, 조직, 이론, 방법을 지배한다.(가령 Harding, 1991을 보라.) 좀 더 일반적으로 급진적 페미니스트 시각에서 보면, 성차는 모든 근대 자본주의 사회들이 그 위에 건설된 기초적·위계적 원칙들로 기능한다. 그러나 여성 과학자의 증가가 자본주의 체제들보다 좀 더 일찍 나타났던 사회주의 사회들에서도 전통적인 가부장제 틀에 상응하는 공통의 젠더화된 과학노동 분업을 파악해낼 수 있다. 따라서 과학은 보편주의 이데올로기에도 불구하고 사회적 관계의 일반적 패턴이라는 측면에서 예외도 아니고 특별한 경우도 아니다. 실제로 과학에서 보편주의 규범의 가정이 하나의 목표로서가 아니라 당연한 현실로 간주되면서, 많은 과학자들은 자신들의 전문직 내에 끈질기게 남아 있는 젠더 불공평을 제대로 보지 못했다. 많은 대중적 주목을 받은 자체 조사에서 MIT의 선임 여성 과학자들은 공식적인 지위에서 동등함에도 자신들이 처한 물질적 조건이 남성 동료들과 크게 다르다는 사실을 알아내고 깜짝 놀랐다. 지위가 올라갈수록 두드러지는 숫자상의 격차 또한 MIT를 특징짓는 요소였다. 최근 들어 학부 수준에서 여성 참여는 빠른 속도로 평등해지고 있는데도 말이다.

사회 전반적으로 다양한 산업적·사회적·정치적 변화들이 나타나고 있음에도 불구하고 학문적 과학 내에는 봉건적 사회조직이 온존해 있다. 박사 아버지, 할아버지에 의한 무성(無性)의 재생산과 사회적 예속관계라는 가부장제 시스템이 미국을 지향하는 대학 시스템에서의 박사과정과 박사후 과정의 훈련을 특징짓는다. 반면 독일 대학에서는 이런 양식이 교수직까지 계속 연장된다. 젠더화된 노동의 분리와 카스트 같은 특징들은 과학에서 남성과 여성 간의 경계가 깨진다면 "오염"이 발생할 거라는 위협을 담고 있다.(de Beauvoir, 1952; Etzkowitz, 1971; Rosenberg, 1982) 과학활동이 가정에서 이뤄지던 시절에 여성들은 연구참여가 허용되었지만 인정을 동등하게 나눠 갖지는 못했다.(Schiebinger, 1989; Abir-Am, 1991) 18세기 과학혁명의 초기단계에서 그들은 "보이지 않는 과학자들"이었고, 아버지, 오빠, 남편의 조력자였다.

과학 진입은 허용되지만 완전히 같이하지는 못한

카스트와 같은 과학의 사회구조를 감안해보면, 확장된 참여가 과학에서 여성의 지위향상을 보장해주는 것은 아니다. 과학이 전문직화와 산업화를 거치면서 가정에서 실험실로 장소가 옮겨짐에 따라 여성들은 가정에서, 뒤이어 실험실에서 남성 과학자들을 위한 개인적 지원구조가 되었고, 이런 조건은 약화된 형태로 오늘날까지 지속되고 있다. 문화 지체는 개발도상국과 예전 식민지 국가들에서 더욱 두드러지게 나타난다. 이곳에서 근대과학은 토착적인 지적·사회적 혁명을 발생시키지 않은 채 종종 고립된 섬 같은 존재로 이식되었다. 과학계의 여성들이 처한 사회적 자본의 결핍은 과학의 연결망 구축과 상호작용을 방해하는 전통적 젠더 역할에 의해 강조된다. 가나, 케냐, 케랄라에 대한 조사에서(Campion & Shrum, 2004), 여성들은 연구경력을 추구하는 데 어려움을 겪었다. 여성들에게 제한을 둔 전문직 연결망 때문이었다. 반면 남성들은 교육과 전문직 여행을 통해 더많은 외부와의 접촉을 누렸다. 가족관계나 보안문제로 제약을 받는 여성들은 외국 여행을 하거나 외국에서 교육을 받을 가능성이 낮았다. 인도에서 사회적 분리 규범은 남성과의 상호작용을 어렵게 만들었고, 이는 여성의 사회적 자본을 더욱 감소시켰다.(Gupta & Sharma, 2002)

국가별로 참여율에서는 크게 차이가 나지만, 여성들은 거의 예외 없이 특히 고위급 과학 경력에서 그 숫자가 적었다. 유네스코 자료는 1990년대 중반에 여성의 R&D 참여에서 오스트리아의 15.7%에서 스페인의 26.4%,

러시아의 39.6%, 불가리아의 41.4%, 루마니아의 44.4%에 이르기까지 커다란 차이가 존재함을 보여주고 있다.(UNESCO, 1999) 이러한 측면에서 중요한 추가 증거는 EU 보고서인 "2003 여성 통계"(European Commission, 2003)에 나와 있다. 유럽에서 여성은 공공연구에서 여전히 소수자이지만―2001년에 34%로 1999년의 32%에 비해 소폭 증가했다―연간 증가율은 8%로 남성의 3.1%보다 높다. 과학 분야들에서 젠더 분포는 유럽 전역에서 강한 공통의 패턴으로 특징지어지는 것 같다. 여성 과학자와 엔지니어는 (핀란드를 제외한) EU 15개국에서 박사학위자, 연구자, 선임 대학교원, 과학위원회 위원 등에서 소수자이며, 연구자로서도 여전히 과소대표되고 있어 특히 기업활동 부문에서는 겨우 15%를 차지하는 데 그쳤다. 여성들은 공학과 자연과학에서 수가 적지만, 보건의학, 인문학, 사회과학에서는 고등교육과 연구 모두에서 다수자의 위치를 점하고 있다. 연구자금 지원과 의사결정 수준에서의 중대한 젠더 차이도 부각되었는데, 연구자금 지원에서 여성과 남성의 성공률에서 상당한 차이가 있음이 영국, 독일, 스웨덴, 오스트리아, 헝가리에서 보고된 바 있다.

동유럽에 있는 예전 사회주의 국가들을 가리키는 이른바 체제이행국들(countries in transition)은 많은 수의 사람들―여성을 포함해서―을 과학 전문직에 끌어들였다. 그럼에도 불구하고 유사한 젠더 계층화의 양상을 유럽연합 준회원국들에서도 찾아볼 수 있다. 불가리아와 루마니아는 다소 예외인데, 이곳에서는 여성들이 고등교육 부문에서 가장 참여가 낮다. 다수의 여성들이 과학으로 진입한 이전 사회주의 사회들에서는 전통적인 젠더 관계가 사회적 이상을 이겼고 여성들은 과학에서 지도적인 위치까지 거의 오르지 못했다.(Etzkowitz & Muller, 2000) 그러나 특히 쇠퇴기에 접어들어 사회주의 시스템은 여성들의 요구 중 일부를 비공식적으로 수용했다. 불가리아에서는 남성들이 오후 늦게 두 번째 유급 일자리를 위해 실험실을 떠날 때, 여성들도 가정에서의 두 번째 무급 일자리를 위해 떠났다.(Simeonova, 1998)

확대된 참여 그 자체만으로는 과학에서 여성의 사회적 평등을 가져오지 못했고, 이런 조건은 탈사회주의 시기까지 이어지고 있다.(Glover, 2005) 중유럽, 동유럽과 발트해 연안 국가들의 여성 과학자들에 관한 최근 EU 보고서(European Commission, 2004a)는 이들 국가(엔와이즈[Enwise] 국가라고도 불린다.)에서 여성은 과학노동력의 38%를 차지한다고 결론을 내렸다. 그러나 과학에서 여성의 수가 상대적으로 많다는 사실은 다른 발견들로 인해 빛이 바랬다. 가령 여성 과학자들 중 다수는 R&D 지출이 가장 낮은 분야들에 고용돼 있고, 불충분한 자원과 열악한 하부구조가 장래성 있는 과학자들의 한 세대 전체의 진보를 가로막고 있으며, 남성은 여성보다 대학에서 선임 지위에 오를 가능성이 세 배나 높다는 사실이 그것이었다. 시간의 흐름에 따른 과학계 여성들의 조건 변화는 불균등하게 나타나며, 오늘날의 다양한 사회들에서는—심지어 같은 작업장 내에서도—평등을 향한 운동의 서로 다른 단계들을 찾아볼 수 있다.

학문적 과학 내 여성 참여의 국가별 상황

과학에서 여성의 진일보는 지식경제의 성장과 함께 일어난 고등교육과 훈련의 확대라는 더 넓은 틀 속에서 이뤄지고 있다. 산업화 국가들 전반에 걸쳐 여성들의 교육 참여와 성취에서 상당한 향상이 있었다.(Shavit & Blossfeld, 1993; Windolf, 1997) 그러나 더 많은 평등을 향한 전반적 흐름에도 불구하고, 지위와 학문 분야 전반에 걸쳐 남성과 여성의 분포에서 나타나는 심각한 차이는 계속 유지되고 있다.(Jacobs, 1996; Bradley & Ramirez, 1996) 산업화 국가들 전반에서 교수직 중 여성의 비율은 상당한 정도의 편차를 보인다. 그러나 여성 교수의 비율이 가장 높은 국가인 터키에서도 대학의 가장 높은 지위에 도달한 여성 대학교수의 비율은 여전히 25%에도 못 미친다. 뿐만 아니라 승진 과정에 있는 여성 대학교수의 경우에도 국가 간에 현저한 차이가 존재한다. 독일 같은 국가들에서는 대학 시스템이 여성에게 덜 개방적인 현상이 모든 지위에서 나타나지만, 포르투갈이나 스웨덴 같은 국가들에서는 낮은 지위에 있는 여성 교수들의 비율이 증가하는 추세이다.[2]

　미국, 프랑스, 스페인, 스칸디나비아 국가들처럼 여성들이 전업 일자리를 갖고 있을 가능성이 높은 국가들에서는 과학에 몸담은 여성의 형편이 한결 낫다. 이러한 패턴이 다른 영향도 반영한 결과인지는 추가적인 연구가 필요하다. 예를 들어 교수들 중 여성의 비율이 높은 것은 핀란드와 미국에서 좀 더 젠더 평등주의적인 믿음들이 널리 확산되고 법률로 제정된 것과 관련이 있을 수 있다. 그러나 대학과 과학에서 여성의 높은 비율은 교육선택에 대한 계급이나 사회적 출신의 영향력이 작용한 결과일 수도 있다. 가령 터키에서는 높은 지위의 남성들이 20세기 초 오토만 제국에서 이행하는 과정에서 정치 지도자의 역할에 몰두하면서 사회의 여성 동료들에게 학계의 자리를 열어주었다. 역사적 격변이 미치는 영향도 관찰할 수 있다. 1970년대 포르투갈을 사로잡은 식민지 전쟁 기간 동안 남성들로 이

---

2) 벨기에의 경우, 일국 내에서도 주목할 만한 차이가 존재한다. 즉, 플라망어를 사용하는 지역보다 프랑스어를 사용하는 지역에서 과학의 여성 비율이 더 높게 나타난다. 이 자료가 연령, 분야, 기관의 유형에 따라 차별화된 것이 아니라는 점에도 유의하라.

뤄진 군대가 해외로 파병되면서 국내에 있는 여성들에게는 전례를 찾아볼 수 없는 교육기회가 열렸다. 마지막으로 과학에서 여성의 비율에 국가 간 편차가 나타나는 이유는 학문과 과학활동의 "가치"에서 나타나는 편차 때문일 수도 있다.(European Commission, 2000)

국가별 비율은 분야 간에 극적인 차이를 보이며, 그런 수치에 잠재적 변화가능성과 유연성이 있음을 말해준다. 그러나 전반적으로 볼 때 여성들은 사람들이나 상징적·사회적 관계보다는 물리적 대상—자연적이건, 인

〈표 17.1〉 정교수와 그에 상응하는 직책을 맡은 사람들 중 여성의 비율

국가	자연과학	공학과 기술	의학	농학	사회과학	인문학
벨기에	4.2	1.0	3.4	5.1	12.3	10.5
덴마크	4.2	2.8	9.8	9.8	9.7	13.3
독일	4.6	3.2	4.0	8.0	6.8	13.7
프랑스	15.7	6.4	8.9	n.a.	23.8	n.a.
이탈리아	15.0	5.2	9.5	10.2	16.8	22.9
네덜란드	3.2	2.7	5.2	7.1	7.0	14.2
오스트리아	3.1	1.7	7.6	9.3	6.4	11.1
포르투갈	22.4	3.1	30.2	17.6	21.8	n.a.
핀란드	8.3	5.2	21.3	12.8	24.7	33.2
스웨덴	10.4	5.2	12.9	16.3	15.8	25.4
영국	7.7	2.3	14.5	7.9	17.8	17.9
아이슬란드	7.0	5.6	9.7	n.a.	9.4	6.1
이스라엘	6.6	4.8	16.4	0	13.6	18.9
노르웨이	6.9	2.8	14.2	8.9	15.3	24.3
폴란드	16.1	6.8	26.2	20.0	19.2	21.0
슬로바키아	10.4	2.4	9.4	4.6	10.9	12.2
슬로베니아	6.0	2.8	18.3	14.0	11.5	15.8

n.a., 자료 없음.
출전: European Commission, 2003a, p. 65, Table 3.2.

공적이건—이 관심의 초점인 분야들에서 참여가 저조하다. 〈표 17.1〉은 2001년에 과학 분야별로 정교수와 그에 상응하는 직책을 맡은 사람들 중 여성의 비율을 보여준다.[3]

전반적으로 여성 정교수의 비율은 기술과 공학에서 가장 낮고 사회과학과 인문학에서 가장 높다. 그럼에도 불구하고 국가 간에, 또 일국 내에서 주목할 만한 차이들이 존재한다. 예컨대 포르투갈에서 여성들은 공학과 기술을 제외한 모든 분야에 걸쳐 상대적으로 높은 비율을 보이며, 자연과학에서도 여성이 모든 정교수직의 거의 4분의 1을 차지할 정도로 비율이 높다. 이와 비교할 때 오스트리아, 덴마크, 독일 같은 국가들에서는 학문 위계상 가장 높은 분야들에서 여성들의 비율이 낮다. 다른 국가들은 특정 과학 분야에 여성 교수가 두드러지게 집중되는 양상을 보여준다. 가령 영국, 이스라엘, 핀란드는 의학에서 여성의 비율이 높다. 이러한 편차 중 일부는 전통적으로 해당 분야의 높고 낮은 지위와 관련되어 있지만, 여성의 증가와 지위 변동의 시점 간의 관계가 항상 분명한 것은 아니다. 최근 스웨덴에서 수의학 분야에 여성 참여가 증가하고 있는 사례는 이를 잘 보여준다.

늘어나는 참여/계속되는 분리

젠더, 과학적 관심, 과학 분야들의 초점 사이의 관계도—특히 젠더화된 주제들이 분석의 초점일 때—규명될 필요가 있다. 과학 분야들에 대한 여성들의 참여에서 나타나는 편차는 성별 특성과 연관되어 있다는 것이 전

---

3) 유럽집행위원회(European Commission, 2003a: 65)가 "다루어진 분야와 정의에서의 차이점" 때문에 이 자료의 "국가 간 비교는 가능하지 않다."고 강조했다는 점을 유의하기 바란다.

통적인 가정이었다. 최근 들어서는 신체적 특징에 덧씌워진 문화적 외피가 과학의 젠더 불공평에서 나타나는 차이와 그런 불공평의 생산에 대한 설명으로서 전면에 부각되었다. "성별 영역 분리(territorial sex segregation)"와 "게토화(ghettoization)"는 과학에서 서로 분리되고 젠더화된 노동시장을 만들어내는데, 이것이 발달하는 원인은 (1) 자격을 갖춘 여성들의 공급 증가, (2) 이러한 여성들이 대학의 교수직이나 정부 직책처럼 전통적인 과학의 일자리에 진입하는 것에 대한 고용주들의 강한 반감, (3) 연구센터에서 대규모의 조수 인력이 필요해짐에 따라 과학연구에 나타난 새로운 (그러나 지위가 낮고 사람들에게는 잘 알려지지 않은) 기회를 들 수 있다.(Rossiter, 1982, 1995)

전통적인 젠더 관계에 대한 강력한 강조가 다양한 고등교육 시스템에서 성별 분리의 수준을 강화시키는 것은 그리 놀랄 일이 아니다. 29개국에 대한 비교연구는 1960년부터 1990년 사이에 학문 분야들의 성별 분리에서 주목할 만한 진전을 거의 찾아내지 못했다.(Bradley, 2000) 분리의 다양한 패턴은 부분적으로 문화적 요인들이 국가 수준에서 미치는 영향과 상이한 유형의 고등교육 기관들의 지위로 설명된다. 예를 들어 일본에서는 성별 분리가 더 심한데, 이곳에서는 여성들의 수가 압도적인 비대학 기관(nonuniversity institution, 직업학교나 2년제 대학 등 상대적으로 지위가 낮은 고등교육 기관을 가리키는 말이다—옮긴이)들이 예외적으로 크게 성장했다. 독일에서는 여성들의 "접근"이 직업교육을 하는 대학이나 전형적으로 여성적인 학문 분야들에 여성들이 집중됨으로써 이뤄졌다.(Charles & Bradley, 2002)

과학계의 여성이 처한 조건에 나타나는 극적인 차이는 미국에서 확인할 수 있으며, 심지어 같은 대학 안에서도 볼 수 있다. 일부 여성들은 남성 동료들에 비해 속도도 느리고 비율도 낮지만 결국 정교수 지위까지 도달한다. 그러나 다른 여성 과학자들은 연구자들 중에서 보이지 않는 최하층을 이룬다. 그들은 일견 피할 수 없어 보이는 과학자로서의 경력 초반부를 강조하는 압력—과학자들의 업적은 압도적으로 경력 초기에 나타난다는 가정에 입각한 것인데, 이는 경험적 증거의 뒷받침을 받고 있지는 못하다.(Cole, 1979)—에 가족을 희생시키고 싶지 않아서, "명부에 이름을 올리지 않은" 연구 조력자로서 자기 시간의 3분의 2를 활용하는 연구경력의 추구를 택했다. 그들은 자기 자신을 위한 연구비 신청을 해서 지원을 받지만, 신청서에 공식적으로 서명을 하는 사람은 전문직 지위를 가진 동료들이다. 남성들의 조수로 일했던 이전 세대의 여성 연구 조력자들과 달리, 이러한 과학계의 여성들은 자기 자신의 연구 프로그램을 운영하지만 대학 내에서 승진을 할 수 있는 기회는 거의 혹은 전혀 없다. 그럼에도 불구하고 종신재직권의 시계가 생물학적 시계와 여전히 긴장을 빚고 있는—기한 연장과 같은 개선 조치가 있긴 하지만—대학 시스템의 제약 내에서 연구를 하고 있는 다수의 생산적인 여성 연구자들이 존재한다. 문호가 개방되기만 했다면 세대교체를 기다릴 필요 없이 곧장 고위직 지위를 채울 수 있었을 사람들이다.

사회적·정치적 평등을 위한 운동은 젠더와 인종 평등을 위한 운동과 서로를 강화시키는 관계에 있고, 이는 결국 과학과 고등교육에 영향을 미친다.

스웨덴이나 노르웨이처럼 좀 더 젠더 평등주의적인 국가들에서는 대학이나 그에 준하는 수준에서 수여되는 학위가 좀 더 평등하게 분포되어 있다. 그러나 심지어 그곳에서도 대학 수준에서 학문 분야들 전반에 걸쳐 분리의 정도가 대단히 두드러진다. 결국 평등주의적 규범들은 수직적 성별 분리에 비해 교육에서의 수평적 성별 분리를 좀처럼 감소시키지 못할 수 있다.(수평적 분리는 특정 분야나 직업, 산업 등에 남성이나 여성이 집중되어 있는 현상을 말하며, 수직적 분리는 조직 내에서 위계상 높은 지위에 남성들이 집중적으로 분포하고 하위직에 여성이 집중되는 현상을 말한다—옮긴이) 왜냐하면 아마도 학문 분야 전반에 걸친 남성과 여성 간의 차이에 비해 수직적 성별 분리는 은폐나 정당화가 더 어렵기 때문일 것이다.(Charles & Bradley, 2002: 593)

그럼에도 불구하고 이러한 운동들이 과학에서의 여성 참여를 증가시키는 데 미친 영향에는 강한 문화 지체가 존재한다. 학문 분야를 막론하고 나타나는 성별 분리의 온존은 과학계 여성들에 관한 연구에서 부각되고 있다. 라미레즈와 보팁카(Ramirez & Wotipka, 2001)는 1972년부터 1992년까지 76개국이 포함된 유네스코 자료를 분석해, 명망이 낮은 분야들에서 여성 참여의 증가는 그것이 과학이나 공학 같은 좀 더 명망이 높은 학문 분야로 진입할 가능성과 양의 상관관계를 가졌음을 보여주었다.("incorporation as empowerment," 2001: 243) 그러나 저자들은 하나의 학문 분야로서 과학과 공학의 개방성에는 엄청난 국가 간 차이가 존재하며, (전 지구적인) 평등주의 규범과 신념의 확산에도 불구하고 과학과 교육에서 많은 형태의 불평등이 온존해 있다는 사실도 시인했다.

과학 문헌에 굴절된 불평등의 양상

불평등하고 젠더화된 과학의 사회구조는 과학의 과거 문헌들에 의해 강화된다. 이 현상은 1970년대 이래로 점차 주목을 받아왔다. 과학적 생산성의 젠더 차이에 대한 여러 연구들이 다양한 분야와 시기를 다루며 공통적으로 내린 결론은, 평균적으로 여성은 남성보다 논문을 덜 발표하며(Zuckerman & Cole, 1975; Fox, 1983; Cole & Zuckerman, 1984; Hornig,

1987; Long, 1987; Kaplan et al., 1996; Valian, 1999; Schiebinger, 1999; Prpic, 2002), 때로 이는 부문별로 상당한 차이를 보인다는 것이었다. "생산성 수수께끼(productivity puzzle)"(Cole & Zuckerman, 1984)라고도 불리는 이런 현상에 대해 가능한 설명으로 개인적인 특성 차이(능력, 동기부여나 몰입 정도 같은)에서부터 교육적 배경과 가족에 대한 의무에 이르는 여러 가지가 제안되었으나, 어느 하나도 전적으로 정확한 것으로 입증되지는 못했다. "생산성 수수께끼"에 대한 가장 최근의 통찰은 설명의 초점을 과학연구의 사회적·경제적 조직이라는 더 넓은 맥락까지 확장할 필요성을 지적하고 있다.

과학적 성과에서의 젠더 차이는 여성이 과학에서 과소대표되고 있음을 감안하면 별로 놀랄 만한 일이 못된다. 과학적 생산성에서의 젠더 차이는 국가의 사회적·경제적·문화적 환경―특히 교육과 R&D 조직과 노동력 구조라는 측면에서―에서의 더 넓은 차이와 긴밀하게 연관되어 있다. 예를 들어 많은 국가들에서 종신재직권 같은 선별 메커니즘의 작동을 위해 과학자 경력의 초기에 초점을 맞추는 것은 여성의 경우 생산성 최고조가 경력 생애주기에서 남성에 비해 더 늦게 오는 경향이 있다는 발견을 고려에 넣지 않은 것이다. 위에서 언급한 국가별 사회경제적·문화적 요인들에 더해 젠더화된 생산성에 영향을 미치는 다른 요인들로는 다음과 같은 것들이 있다.

대학에서의 지위

몇몇 연구들은 생산성과 대학에서의 지위 간의 직접적 관계를 보고했다. 예를 들어 프르픽(Prpic, 2002)은 크로아티아에서 여성 과학자들의 논문 발표 생산성이 과학의 사회조직에서 높은 위치에 있을수록 긍정적인 영향을 받는다는 사실을 발견했다. 마찬가지로 팔롬바(Palomba, 2004)는 CNR

에 있는 이탈리아 연구자들의 생산성이 일반적으로 대학에서의 지위에 의해 심대한 영향을 받으며, 젠더 차이는 경력 사다리의 꼭대기에서 더 두드러지게 나타난다는 점을 발견했다. 보든스 등(Bordons et al., 2003)은 스페인에서 천연자원과 화학 분야의 생산성을 젠더와 전문직 범주별로 조사했다. 그들은 여성이 남성보다 전문직의 낮은 지위에서 일한다는 사실을 발견했지만, 동일한 전문직 범주 내에서는 젠더 간에 유의미한 차이를 파악해내지 못했다. 두 개 분야에서는 전문직 범주가 올라갈수록 생산성도 향상되는 경향을 보였지만, 각각의 범주 내에서 젠더 간에는 생산성의 유의미한 차이가 발견되지 않았다. 전문직 범주와 해당 기관에서 일한 기간에 따른 여성들의 분포는 천연자원보다 화학에서 좀 더 긍정적인 상황을 보여주었다. 이는 이 분야의 가장 낮은 전문직 범주들에서 시작된 "여성화" 과정에 기인한 것이며, 가까운 미래에는 여성들이 좀 더 높은 지위로 올라가는 일이 뒤따를 것으로 기대되고 있다.

경력의 단계

경력의 단계가 젠더화된 생산성에 미치는 영향에 관한 증거는 아직 결론에 이르지 못한 듯하다. 몇몇 저자들은 과학자 경력의 출발점—대부분 이제 막 박사학위를 받은 졸업자—에서는 남성과 여성의 생산성 비율에 거의 차이가 없다가 경력 후반부로 가면서 차이가 점점 벌어진다고 보고했다.(Simon et al., 1967; Cole & Cole, 1973; Zuckerman & Cole, 1975) 마틴과 어바인(Martin & Irvine, 1982)은 전파천문학에서 여성 박사학위자의 논문발표 실적이 남성 동료들과 비슷하다는 사실을 발견했는데, 이는 여성이 과학자로서의 경력에서 이후 성공을 거두지 못하는 것을 박사학위 이후 초기 경력 단계에서의 낮은 실적 탓으로 돌릴 수 없음을 말해준다. 반면 롱

(Long, 1992) 같은 저자들은 경력의 초기 10년 동안 발표 논문과 인용 수에서 점점 젠더 차이가 벌어졌다가 후기 경력 단계에서는 다시 역전되는 경향을 찾아냈다. 이러한 동역학은 남성과 여성 간에 거의 동일하게 보이는 협력의 패턴으로는 설명될 수 없다.

가족에 대한 책임

주커먼과 콜(Zuckerman & Cole, 1975, 1987)은 여성 과학자들이 경력상의 승진과 가족에 대한 의무 사이의 잦은 갈등으로 인해 상대적으로 낮은 생산성을 보인다는 오래된 견해를 반박하는 증거를 처음으로 제시한 학자들 중 하나이다. 그들은 결혼과 자녀 양육이 여성의 논문발표율에 영향을 미치지 않음을 보여주었다. 기혼여성뿐 아니라 미혼여성의 생산성도 감소하기 때문에 이를 전적으로 가족에 대한 책임으로 돌릴 수는 없다. 색스 등(Sax et al., 2002)과 같은 이후의 연구들도 이러한 견해를 확인시켜주었다. 그들은 교수의 연구 생산성에 영향을 미치는 요인들이 남성과 여성에서 거의 동일하며, 가족과 관련된 변수들(가령 부모에 의지하는 자녀의 존재)은 연구 생산성에 거의 혹은 전혀 영향을 미치지 못함을 보여주었다. 다른 발견들(가령 Palomba, 2004)은 논문발표가 정점에 이르는 시기에서 생산성과 가족 효과를 연결시켰다. 논문발표가 가장 많은 시기는 남성과 여성에서 다른 경력 단계에 나타나는데, 남성의 경우는 이르고(35~39세) 여성의 경우는 늦다(45~49세).

과학 분야

성과에서 나타나는 젠더 간극은 분야별로 큰 차이를 보인다. 젠더 차이는 일부 과학 분야들, 가령 의학, 생물학 같은 분야들에서는 낮고 인문학 같은 다른 영역에서는 넓다.(Palomba, 2004) 레타와 루이슨(Leta & Lewison, 2003)이 브라질 연구자들의 논문발표 생산성을 분석한 결과, 여성들은 면역학에서 가장 많은 논문을 발표했고 해양학에서는 그럭저럭 했으며 천문학에서는 가장 적게 했다. 그럼에도 불구하고 여성들은 급여를 보충할 만한 펠로십을 받을 가능성이 남성보다 낮았다. 이는 브라질의 동료심사 과정에서 모종의 성차별이 여전히 일어나는 중일 수 있음을 말해준다.

논문발표 수 다음으로 자주 등장하는 젠더화된 생산성의 또 다른 지표는 인용 수이다. 이 점에서 문헌 증거는 다시 한 번 결론에 이르지 못한 것으로 보인다. 몇몇 연구들(가령 Cole & Cole, 1973)은 여성들의 논문이 남성보다 덜 인용된다고 한 반면, 다른 연구들은 반대의 경향을 보고했다.(Long, 1992; Sonnert & Holton, 1996; Schiebinger, 1999) 테흐트수니언(Teghtsoonian, 1974)은 여성들이 발표한 논문이 덜 인용된다는 유의미한 증거를 전혀 찾아내지 못했다.

인용지수의 측면에서 보면 1965년에서 1978년까지 가장 많이 인용된 과학자 1000명에 대한 연구(Garfield, 1981)는 여성 1인당 평균 논문 수나 평균 인용 수는 남성에 비해 낮지만, 여성의 평균 인용지수(총 인용 수를 논문 수로 나눈 것)는 남성보다 상당히 높다는 사실을 보여주었다. 반면 레타와 루이슨(Leta & Lewison, 2003)은 남성과 여성이 비슷한 수의 논문을 발표하며 잠재적 인용지수도 비슷하다고 결론 내렸다.

논문발표 수나 인용 수처럼 통상적으로 쓰이는 과학적 생산성의 지표들에 제기되는 중대한 문제 중 하나는, 과학적 생산성과 관련된 젠더 차이의 특정한 측면들을 포착하는 능력이나 과학자가 처한 환경이라는 좀 더 넓은 맥락에서 젠더 편향을 반영하는 능력이 제한적이라는 것이다. 이런 측면을 보여주는 한 가지 사례는 과학에서 젠더 편향의 두 가지 영역을 구분한 펠러의 연구(Feller, 2004)에서 볼 수 있다. 그녀에 따르면 젠더 편향에는 (1) 연구실적과 탁월성을 평가하는 시스템의 편향(흔히 "형평성"의 문제로 지칭되는)과 (2) 서로 다른 맥락에서 실적과 탁월성을 평가하는 측정법의 타당성과 신뢰성에서의 편향 두 가지가 있다. 이러한 편향의 두 가지 개념화는 네 가지 가능한 조합의 행렬을 만들어낼 수 있다. (a) 편향되지 않은 시스템, 편향되지 않은 측정법, (b) 편향되지 않은 측정법, 편향된 시스템, (c) 편향된 측정법, 편향되지 않은 시스템, (d) 편향된 측정법, 편향된 시스템. 과학에서 여성의 문제를 다룬 문헌의 대부분은 이 중 (b)(가령 Wennerås & Wold, 1997; Valian, 1999)와 (d)(가령 Schiebinger, 1999)에 집중되어 있다. 이러한 계량서지학의 한계는 실적과 탁월성, 혹은 양과 질 사이의 차이에 주목하는 일단의 확장된 측정법을 개발하는 동시에 이러한 생산성의 지표들이 젠더 중립적임을 확실하게 해야 한다는 점을 말해주고 있다. 그러나 문헌은 과학의 사회조직에서 다른 변화에 대한 지표로서도 뒤지고 있다.

과학의 조직에 반영된 불평등의 양상

과학에서 여성의 위치는 사회 속에서 과학이 하는 역할—근본적인 생산력인가, 아니면 단지 문화적 부속물인가(상층/하층 과학)—과 사회의 젠더 구조—여성들이 동등하게 받아들여지는가, 아니면 종속적인 지위에 존재하는가(상층/하층 여성)—에 의해 형성된다. 이런 네 가지 경우를 보여주는 표(〈그림 17.1〉)에서 첫 번째 칸(상층 과학/상층 여성)은 어떤 사회에도 완전한 형태로 존재하지 않는다. 그러나 작은 영역을 찾아볼 수는 있는데, 가령 미국의 생명공학 회사들을 예로 들 수 있다.(Smith-Doerr, 2004) 상층 과학/하층 여성은 대다수 서구사회들에서 여성 과학자가 처한 상황이다. 이

〈그림 17.1〉 과학에서 여성에 대한 태도

	경제적 자원으로서 과학	지적 장식물로서 과학
남성과 여성의 평등	미국 (생명공학) I	터키 II
여성을 열등하게 취급	독일 III	에티오피아 IV

곳에서 과학은 사회의 하부구조에서 중요한 일부분이지만, 여성은 종속적인 지위를 점하고 있다. 과학의 계층화에 대한 일련의 연구들, 즉 머턴 규범과 다양한 과학의 제도 및 조직에서 여성의 위치 사이의 모순을 보여준 연구들이 이 칸을 예시해준다.(Cole & Cole, 1973; Cole, 1979; Fox, 2001; Fox, 2005; Fox & Stephan, 2001; Long & Fox, 1995) 상층 여성/하층 과학은 많은 개발도상국들에서 과학계의 여성이 처한 상황을 잘 보여준다. 과학은 경제에 주변적인 존재이지만, 여성 과학자는 전형적으로 상류계급 출신이고 우월한 지위를 점하고 있는 경우이다. 하층 과학/하층 여성 국가들에서 과학은 저발전 상태이고 과학계 여성의 지위도 억압되어 있다. 경제성장이 좀 더 지식기반으로 변모하면 과학은 개발 의제의 중심적인 일부가된다. 과학 전문직이 수적 증가와 경제적 중심성의 상승을 경험할 때 젠더

관계의 변화는 지체된다. 지위를 향한 다툼이 남성들에 의해 지배되기 때문이다.

사회에서 과학과 학계의 위치는 항상 젠더 불평등이라는 공통의 조건과 연결되어 과학에서 여성의 부상에 일견 모순적인 방식으로 영향을 미친다. 여성들은 시스템의 확장과 지위의 하락이 함께 일어나는 조건에서 참여가 가장 크게 증가했다. 포르투갈과 터키에서는 고등교육, 산업화, 근대화의 시스템 확장이 여성에게 과학교육의 기회를 열어주고 과학자로서의 경력도 어느 정도 열어주었다. 멕시코에서 학문경제의 쇠락은 남성들이 좀더 수지맞는 분야를 찾아 대학을 떠나면서 대학의 여성화로 이어졌다. 터키에서와 마찬가지로 과학의 낮은 지위가 여성의 참여를 향상시켰다. 따라서 심지어 이러한 진전조차 계속되는 불평등을 반영함을 알 수 있다. 멕시코에서 여성들은 가족에 대한 의무 때문에 과학 연결망 구축을 기피한다.(Etzkowitz & Kemelgor, 2001) 대다수 국가들에서 과학에 몸담은 여성들의 조건은 2번과 3번 칸에 해당한다. 4번 칸에 있는 국가들은 새로운 대학을 설립함으로써 등급 상승을 꾀하고 있다.(Duri, 2004) 1번 칸은 경쟁이 심한 환경이지만 성장의 잠재력은 크다. 평등을 성취하려는 여성 과학자들의 투쟁이 성공을 거두고 사회가 국제경쟁력 유지를 위해 모든 인적 자본을 완전히 개발해야 할 필요를 느낀다면 말이다. 그럼에도 불구하고 변화에 대한 저항은 과학 내부에 또 사회 전반에 있는 안팎의 원천에서 나오고 있으며 이는 누적적이고 상승하는 효과를 내고 있다.

보편적인 역할 과부하

지속되고 있는 젠더 불평등은 과학계의 여성들에게도 유사한 영향을 미치고 있다. 독일, 미국, 인도는 서로 다른 사회경제 시스템을 갖고 있으며 세 개 대륙에 걸쳐 있다. 그러나 과학계의 여성은 세 대륙 모두에 공통된 "삼중의 부담"에 직면해 있다.(Gupta, 2001) 적대적인 작업환경에서 일하는 문제는 경력과 연관된 스트레스를 낳는데 이것이 첫 번째 부담이다. 두 번째 부담은 가정에서의 책임이라는 흔히 볼 수 있는 곤경이 압도적으로 여성들에게 나타난다는 것이다. 이러한 이중의 부담은 여성들이 자신의 능력을 입증하기 위해 남성들보다 더 열심히 일하도록 강제한다. 모든 국가에서 여성 과학자들은 또한 사회적 자본의 결핍과 강력한 네트워크로부터의 상대적 배제에 맞서 싸워야 하는 세 번째 부담을 안고 있다. 이러한 부담들 간의 상호작용은 모든 과학자에게 공통된 정상적 스트레스 요인, 즉 자금, 결과, 인정을 얻어내야 한다는 압박을 훨씬 넘어서는 "과잉 불안"을 여성들에게 야기한다.

압도적으로 여성의 책임으로 간주되는 가족 문제는 여성이 과학과 학계에서 쌓는 경력기회에 부정적인 영향을 미친다. 미국에서는 사람을 고용할 때 여성의 개인적 의무는 고려 대상이 되지만 남성의 경우에는 무시된다. 독일에서는 여성들이 적어도 일시적으로 자리를 비울 수 있는 위험을 내포한 고용인으로 간주된다.(Fuchs et al., 2001; von Stebut, 2003) 인도에서 고용과 승진 위원회는 가족 문제를 끄집어내 여성들이 직장에 얼마나 충실할 수 있는지를 묻는다.(Gupta, 2001)[4] 개발도상국에서 여전히 흔한 전통적

---

4) 무코파드야이와 세이무어(Mukhopadhyay & Seymour, 1994)가 고안한 "가부장중심성 (patrifocality)"이라는 용어는 여성보다 남성을 우선하는 일단의 사회제도 및 그와 관련된 믿음들을 지칭한다. 이는 농업적 위계사회에서의 가족 시스템을 가리키는데, 이런 사회에서 지위는 무엇보다 여성의 섹슈얼리티에 대한 통제를 필요로 하는 제의적 순결성에 달려 있다.

확대가족은 특히 브라질과 멕시코에서 여성 과학자들에게 상당한 지원을 제공하고 있다.(Etzkowitz & Kemelgor, 2001) 그러나 확대가족이 가정에서의 의무에 대한 걱정 없이 여성들이 일을 할 수 있는 더 큰 자유를 제공하는 데 일조하긴 하지만, 결합가족(joint family, 2대 이상의 혈통이 한데 거주하는 가족단위—옮긴이)과 연관된 추가적인 의무에 반영된 여성에 대한 전통적 고정관념을 영속화시키기도 한다.(Gupta, 2001)

전통적인 젠더 역할 기대와 여성이 가족과 경력을 병행하는 것을 어렵게 하는 일터에서의 경직된 구조는 과학계의 여성들에게 장애물이 된다. 브라질에서는 여성 과학자들이 고정관념에 사로잡힌 이미지, 젠더화된 가족에 대한 의무, 그리고 여전히 선임 지위들을 장악하고 있는 "남성 중심 인맥(old boy networks)"의 성차별주의 등으로 인해 제약을 받아왔다.(Plonski & Saidel, 2001) 스페인 같은 국가들에서는 확장하는 과학기술 시스템이 연구직에서 여성의 비율을 높이는 데 도움을 주었으나 그들은 계속해서 "사회적 권력"으로부터 배제당하고 있다. 영국에서도 과학계의 여성에 대한 은밀한 반감이 있으며, 이는 학계나 과학정책에서 고위직에 오른 여성의 비율이 극히 낮은 것에서 드러난다.

경제성장과 발전이 반드시 전통적 사회구조의 변화를 수반하는 것은 아니다. 가령 일본에서는 1955년부터 1975년 사이에 산업성장과 함께 발전하고 있던 사회에서 여성들에게 가정주부가 될 것을 장려했다. 1970년대에 서비스 부문이 성장해 좀 더 유연하고 창의적인 노동력의 수요를 만들어냈지만, 여성들은 불안정하고 주변적인 일자리로 좌천되었다.(Kuwahara, 2001) 심지어 강한 평등 이데올로기와 결합된 경제성장도 한계를 안고 있다. 핀란드는 강력한 사회적 지원 시스템을 갖춘 고도로 산업화된 국가들에서의 여성의 경험을 잘 보여준다. 이곳에서 여성 과학자들은 유연하지 못한 과학연구 시스템에 의해 제약을 받았다. 높은 연구 생산성을 보일 것으로 기대된 기간이 아이를 낳고 양육하는 기간과 겹쳤기 때문이다.

변화를 위한 희망?

과학과 경제발전 사이의 관계가 커지면서 고등교육에 대한 참여가 확대되고 있고 종국에는 젠더 평등도 커질 것이다. 세계화 시대를 맞아 선진국과 개발도상국 사이의 아이디어와 인력 교환이 중요해졌고, 아이디어, 사람, 기술의 국가 간 교환은 점차 여성들을 포괄하고 있다. 인도처럼 산업화 도상에 있는 국가들의 교육받은 도시 중산층은 전문직의 성장이나 금전적 성공의 측면에서 더 큰 기회를 찾아 좀 더 산업화된 국가들로 눈을 돌린다. 고등연구를 위해 외국으로 향하는 데서 여성은 남성보다 뒤져 있지만 그들의 수는 점차 빠른 속도로 늘어나고 있다. 1991~1992년에는 해외로 향하는 여학생들의 비율이 13.72%였지만, 1998~1999년에는 16.1%로 증가했다.(인도 정부의 인적자원개발부 자료) 절대 수로 보면 같은 기간 동안 남학생들의 수는 5579명에서 5806명으로 증가한 반면(4% 증가), 여학생들의 수는 887명에서 1112명으로 증가했다.(25% 증가) 이는 교육받은 여성들(그리고 이들에게 허락을 해준 가족들)이 점차 전통적인 "가부장 중심" 이데올로기의 요새를 깨뜨리고 재능과 야심을 더 충족시키기 위해 해외로 과감히 나서려 한다는 것을 말해준다.[5]

---

5) Sex-Wise Number of Students Going Abroad(1991-92 to 1998-99), Indian Students/ Trainees Going Abroad 1998-99, Ministry of Human Resource Development & Past

경제발전에서 과학기술의 역할 강화와 과학에서 여성의 기회 확대 사이의 관계는 계속되고 있는 젠더 불평등에 의해 역설적으로 형성되고 있다. 지난 10년 동안 인도에서는 공학에 비해 순수과학에서 여성의 비율이 크게 늘었다. 1990년대 이후 인도에서 세계화와 자유화는 순수과학에 대한 수요를 감소시켰다. 돈이 되는 일이 적고 잠재적인 일자리도 결핍되어 있기 때문이다. 이는 이전까지 남성적인 주제로 간주되었던 순수과학의 여성화 경향으로 이어졌다.(Chanana, 2001)[6] 그럼에도 불구하고 여성들이 낮은 지위의 분야들에 몰려 있는 현상은 과학 분야들의 지위가 변화함에 따라—가령 지난 수십 년 동안 물리과학과 생명과학의 지위가 그랬던 것처럼—예상치 못한 결과를 낳을 수 있다. 이전에 지위가 낮았던 분야들이 상승할 때 여성을 배제하는 역사적 경향에 맞서 여성들이 자신의 위치를 지킬 수 있다면, 그들은 과학 변화의 바람을 타고 오를 수 있을 것이다.

변화의 모범사례

어떤 이들은 전문직 내 여성들의 지위향상이 절차적 안전장치의 강화, 즉 외관상 중립적인 관료제 구조에 의지해 여성의 부상을 촉진함으로써 강화된다고 주장해왔다.(Reskin, 1977) 다른 이들은 과학에서처럼 가부장제가 관료제에 배태돼 있을 때는 그런 전략이 차별을 가리는 "장막"을 제공함으로써 실패를 겪거나 심지어 역효과를 낼 수도 있다는 주장을 편다.(Witz, 1992) 예를 들어 외관상 중립적인 대학의 임용절차를 통해 여성들

Issue, Government of India.

6) 인도에서는 물리학과 재학생의 32%가 여성인데, 이는 전 지구적 맥락에서 보면 대단히 높은 것이다.(Godbole et al., 2002)

이 공식적인 기준을 충족시키는지 면접을 볼 때 그 뒤에는 "남성 중심"인 맥이 여전히 최종 결과를 결정하고 있는지도 모른다. 학문의 자유라는 우려 때문에 외부로부터의 조사는 거의 가능하지 않은 상황에서 말이다.

최근의 연구는 과학기술에서 여성의 지위향상을 촉진하는 데 위계적 구조보다는 측면 구조(lateral structure)가 효과가 있다고 제안하고 있다. 생명공학 창업 및 성장기업들에 대한 스미스-도어의 흥미로운 연구는 이런 기업이 여성들에게 자신의 기여를 인정받고 보상받을 수 있는 유연한 직장을 제공한다는 사실을 알아냈다. 뿐만 아니라 수평적 조직구조를 갖추고 팀워크와 협력을 강조하는 생명공학 기업들은 여성들의 승진에 더 나은 환경을 제공한다. 학제적 연구는 여성들에게 더 열려 있고, 그들이 지닌 연결망 구축 기술도 보상을 받는다. 계속해서 그녀는 주장하기를, 관료적 구조가 차별로부터 보호를 제공해준다는 기대와는 정반대로, 유연한 구조가 "… 오직 공식적인 눈속임으로만 기능하는 일단의 규칙들"보다 여성들에게 더 유리하다고 했다.(Smith-Doerr, 2004: xiv) 뿐만 아니라 측면 기업이라는 맥락에서 젊은 여성 박사학위자는 연구에 포함된 "… 대학의 연구 그룹이나 대형 제약회사에 있을 때에 비해 … 생명공학 기업에서 연구팀을 이끌 가능성이 여덟 배나 높았"다.(Smith-Doerr, 2004: 115)

이런 발견은 만약 다른 지표들에 의해 뒷받침이 된다면 앞으로 다가올 과학의 젠더 혁명을 알리는 전조가 될지도 모른다. 새로운 분야가 과학의 주변부에서 등장할 때 여성의 참여율은 유전학 연구의 초기에 그랬듯이 대체로 높다. 그러나 분야의 지위가 점점 올라가면서 여성들은 유전학 연구에서 밀려나게 되었다.(Kohler, 1994) 반면 21세기 초에 여성들이 생명공학에 마련했던 교두보는 유지되고 있다. 그들의 존재가 계속 이어지고 있을 뿐 아니라 여성들은 생명공학 산업에서 높은 지위까지 도달했다. 생명공학 산업의 특징을 이루는 위계적이기보다 동료 간에 평등한 연구팀은 대학에서 일부 여성들이 대안적 모델로 확립하려 시도해온 "관계적" 연구 그룹과 유사하다.(Etzkowitz et al., 1994) 여성들이 시카고, 프린스턴, MIT처럼 높은 지위를 누리는 학문기관에서 대학 지도층의 고위직까지 승진한 것도 중요한 잠재력을 지닌 또 하나의 긍정적 경향이다. 그러나 대학에서 교무처장의 지위까지 올랐던 한 여성은 자신이 대학 내 젠더 관계의 변화를 제도화하는 데 그런 지위를 충분히 이용하지 않았던 것을 반성하기도 했다.

정부나 산업체와 연관된 학문적 과학의 외부 환경도 변화를 촉진하거나 저해할 수 있는 또 다른 요인이다. 미국의 국립보건원 같은 정부 지원기구들은 자금배분에서 결과의 다양성 성취를 고려할 요인 중 하나로 도입함으로써, 연구비 지원금을 잃을지 모른다는 위기감에 빠진 대학의 학과들에게 "립서비스"에서 행동 프로그램으로 전환할 필요성을 일깨워주었다. 다른 한편으로 생명공학 기업들의 유연한 연결망 구조가 차별을 줄이는 데는 어느 정도 한계가 있다. 기업설립 과정에서 유리 천장(glass ceiling)이 다시 등장했고, 여성들은 기업을 창업하는 데 필요한 벤처자본을 구하는 데 남성보다 어려움을 겪었다. 문제가 인식되어 대처 방안이 나왔는데도 불구하고 여성들의 벤처자본 접근을 개선하기 위한 다양한 "도약대" 프로그램들은 지금까지 효과가 제한적이었다.

과학에서 여성의 평등을 달성하기 위해서는 여성들에게 의도하지 않게 부정적인 영향을 미치는 역효과 규칙과 규범들을 고쳐야만 한다. 예를 들어 미국에서는 개인들이 경력 초기의 매 단계마다―가령 박사학위를 받고 박사후 연구원으로 갈 때나 최초로 자리를 잡을 때―다른 곳으로 옮겨야 한다는 비공식적 요구조건이 여성들의 지위향상 기회를 떨어뜨린다. 그때

마다 남성 동료가 첫 번째 선호로 꼽히기 때문이다. 스칸디나비아에서는 사람들이 같은 장소에 계속 머무를 것으로 기대되기 때문에 다른 곳으로 옮기는 여성들은 경력기회의 하락을 경험할 수 있다. 여기서 여성들에게 추가로 부정적인 영향을 미치는 것은 특정한 규칙이나 규범이 아니라 그것이 가진 경직성이다. 특히 젠더 불평등이 계속해서 남아 있는 조건에서는 말이다.

"중립적 관료제" 전략은 과학에서 여성의 수를 늘리는 데 도움이 될 수도 있지만, 과학에서 여성의 부상을 촉진하는 좀 더 다루기 힘든 문제에 대처하는 데는 대단히 부적절하다. 장벽을 뚫고 몇몇 여성들을 억지로 밀어 올리는 것보다는 계층 그 자체를 없애버리는 식으로 유리 천장을 돌파하는 좀 더 근본적인 전략이 요구된다.(Wajcman, 1998) 전통적인 학문적 과학과 산업 과학 사이의 잡종적 형태인 생명공학 기업들이 평등을 달성하는 방법을 가리키고 있는지 모른다. 우리는 앞으로의 연구가 그처럼 "변화가 나타나고 있는 작은 영역"에 초점을 맞출 것을 제안한다. 추천할 만한 전략적 연구장소에는 첨단기술 창업기업의 여성 설립자, 대학의 여성 책임 연구자와 그들이 이끄는 연구 그룹 등이 포함되며, 대학의 기술이전 사무소, 유럽연합의 (그리고 이와 유사한) 연구 네트워크, R&D 지원기구 등도 연구해볼 만하다.

이중의 역설을 깨뜨리기

과학계의 여성에 대한 투자에서 수익을 얻지 못하는 인적 자본의 역설은 R&D 지출에 비해 경제에서 얻어지는 수익이 상대적으로 적은 이른바 "유럽의 역설" 속에 위치해 있다.[7]

사회에서 과학의 역할이 산업사회에 대한 기여자에서 지식경제의 기반으로 변모함에 따라 젠더 문제도 형평성의 문제에서 경쟁력 우위 내지 상실의 문제로 바뀌고 있다.(Ramirez, 2001: 367) 이러한 변화는 정치제도들이 여성 과학자의 잠재력에 눈을 뜨도록 자극해왔다. 그래서 유럽연합의 유럽단일연구공간(European Research Area)은 여성 과학자들과 관련해 두 가지 주된 목표를 포함하고 있다. 첫 번째는 생산성이라는 가장 중요한 요소와 명시적으로 연관되어 있지만, 때로 "민주적 원칙"으로 불리는(European Commission, 2003d) 두 번째는 동등한 기회에 대한 도덕적 논증과 관련돼 있다.(Glover, 2005)

또한 여성들은 지식경제에 의도했던 성장을 일으킬 수 있는 주요한 미개발 풀이라는 실용적 시각도 있다. "여성들은 유럽연합의 연구에서 저활용된 자원이며 유럽에서 연구의 미래에 엄청난 잠재력을 갖고 있다." (European Commission, 2004b: 47) 연구담당 집행위원인 필립 뷔스캥은 여

---

7) 2000년의 리스본 정상회의에서 처음 의제가 제출되어 유럽 집행위원회에서 정교화된 유럽단일연구공간(ERA)은 유럽의 R&D 지원과 미국 및 일본의 R&D 지원 사이의 간극이 점차 벌어지고 있다는 우려를 반영해 나온 것이다.(European Commission, 2003b: 4) 집행위원회는 그 이유를 민간부문의 낮은 투자에서 찾았다. 유럽에서는 민간부문이 전체 연구 지원액의 56%를 제공하는 데 그치는 반면, 미국과 일본에서는 3분의 2 이상이 민간부문에서 나온다.(European Commission, 2003c) EU 전체로는 2000년 기준으로 GDP의 1.94%만을 R&D에 사용하고 있어 미국의 2.80%, 일본의 2.98%와 비교된다. 뿐만 아니라 이러한 "투자 간극"은 1990년대 중반 이후 빠른 속도로 넓혀져 왔다. 구매력 측면에서 EU-미국 간 격차는 1994년의 430억 유로에서 2000년에는 830억 유로까지 현저하게 증가했다. 그리고 EU가 미국이나 일본보다 과학기술 분야에서 더 많은 졸업자와 박사학위자를 배출함에도 불구하고, 고용하고 있는 연구자의 수는 더 적다. 노동력 1000명당 5.4명으로 미국의 8.7명, 일본의 9.7명에 못 미친다.(European Commission, 2003c) 이는 교육에 들어간 비용 대비 낮은 수익을 암시한다. 아울러 성장률 둔화에 관한 구체적 우려도 있다. 지식기반 경제에서 EU 15개국의 총투자와 총실적의 성장률은 1990년대 후반에 비해 2000~2001년에 크게 낮아졌다.(European Commission, 2003c)

성 과학자의 고용을 GDP 대비 3%라는 목표치와 2010년까지 연구자를 추가로 70만 명 확보한다는 관련된 목표와 구체적으로 연결시키면서 채용뿐 아니라 유지와 승진도 언급했다.(그럼으로써 동등한 기회라는 "민주적 원칙"을 암암리에 인정했다.) "유럽의 훈련된 과학자 풀의 중요한 일부분을 차지하고 있는 여성들의 채용, 유지, 승진을 해내지 못한다면 우리는 3퍼센트라는 목표치에 도달하지 못할 것이다."(European Commission, 2003a: 5) 이러한 "공평성" 주장은 EC 프레임워크 연구비 신청자들이 프로젝트의 내용과 참여 연구진 모두의 측면에서 젠더를 고려해야 한다는 의무조항을 통해 강화되었다.(비록 그에 따르지 않았을 때의 처벌이 불분명하긴 하지만)

이런 배경하에서 새로운 (그리고 오래된) 불평등은 좀 더 빨리 탐지되고 있을 뿐 아니라 점차 부당한 것으로 간주되고 있으며, 아울러 생산성이라는 가장 중요한 요소에 기여할 수 있을 대체로 미개발된 풀을 제공하는 것으로 이해되고 있다. 뿐만 아니라 새로운 불평등은 과학과 과학자들에 대한 대중의 신뢰를 높이려는 노력에서 결정적인 요소로 간주되고 있다.(European Commission, 2002) 집행위원회의 시각은 과학인력이 문화적으로 좀 더 다양해지면 과학에 대한 대중의 신뢰를 높일 수 있고 아마 납세자들의 태도도 지식경제에 기꺼이 투자하려는 쪽으로 바뀔 수 있다는 것이다.

과학의 경제적·사회적 활용이 점점 지식기반 경제의 원천이 되면서 과학에서의 여성 문제는 새로운—아마도 좀 더 전도유망한—방향으로 향하고 있다. 특히 법률사무소, 대학의 기술이전 사무소, 과학언론 매체, 생명공학 기업, 그 외 새롭고 잡종적인 과학의 장소들에서는 전통적인 핵심인 대학에 비해 여성에 대한 반감이 덜한 것 같다. 뿐만 아니라 사회 속에서 과학이 하는 역할에서 주변적인 것과 중심적인 것은 계속 변한다. 오래된 위계적 조직들에서 경직성과 반감이 여전히 남아 있긴 하지만, 측면 구조의 창출과 수평적 조직 설계와의 연결 메커니즘은 과학에서 여성의 좀 더 긍정적이고 중심적인 역할을 알리는 전조일지도 모른다.

과학이 좀 더 조직화된 노력으로 변모하면서—"소과학"의 연구 그룹에서건, "거대과학"의 대규모 협력에서건 간에—조직과 연결망 구축의 기술은 이론적 통찰과 실험적 기술에 못지않게 과학에서의 성공에 중요한 요소가 되었다. 제임스 왓슨이 케임브리지의 선술집과 동료들의 데이터에 기반해 DNA 발견에 이르게 된 것은 이러한 경향의 초기 징조로 볼 수 있다.(Watson, 1968) 좀 더 최근에는 국가 간, 분야 간 경계를 가로질러 과학 연결망을 조율하는 능력과, 보상과 인정을 놓고 경쟁하는 자존심이 부각되면서 지금까지 과학계에서 주변적인 것으로 여겨졌던 활동이 대단히 중요한 것이 되었다.

일부 독특한 영역들이 재평가를 받고 있는데 이는 과학기술계의 여성들에게 중대한 함의를 내포한다.(Wajcman, 1991) 과학의 경제적·사회적 활용과 연관된 지금까지 보조적이었던 특정 업무가 더욱 중요해지면서 그런 지위를 가진 사람들의 중요성 역시 커지고 있다. 주목할 만한 사실은 여성들이—과학의 새로운 활용과 관련된 지위를 적극적으로 추구했건, 그런 자리로 밀려났건 간에—유럽연합 연구 네트워크나 미국의 기술이전 사무소 같은 장소들에서 주도적인 역할을 해왔다는 점이다. 여성들이 기술이전 같은 새롭게 등장하는 분야들에서 계속해서 두각을 나타내게 될까, 아니면 어떤 분야의 지위가 상승하면서 여성들은 밀려나는 과거의 패턴이 지속되게 될까?

결론: 과학의 젠더 혁명?

일견 합리적인 과학 전문직에서의 불합리한 젠더화된 질서는 사회 속에서 여성의 지위와 사회 속에서 과학의 지위의 상관관계가 빚어낸 산물이다. 이러한 상관관계는 복잡하고 시공간에 따라 다르게 나타나지만, 거의 모든 지역에서 여성에 대한 차별은 전통적인 과학의 요새인 대학에서 가장 두드러져왔다. 이러한 현상이 한 세기에 걸쳐 지속되었음은 1905년에 실시된 앨비온 스몰의 조사와 2005년 하버드대학 전임 총장인 로렌스 서머스의 연설에서 잘 드러난다.

과학에서의 여성 문제에 대한 광범한 조사가 한 세기 전인 1905년에 있었다. 미국 최초로 대학에 사회학과를 설립한 사회학자 앨비온 스몰은 미국과학진흥협회(AAAS) 회원, 여자대학 교수, 여자 대학원생의 세 개 그룹에 대한 조사를 수행했다.(Nerad & Czerny, 1999) AAAS 표본은 남성들이 여성에 비해 진정한 학문연구에 전념하는 경향을 더 많이 보일 거라는 통상적인 믿음을 반영했다. 손꼽히는 심리학자였던 G. 스탠리 홀 교수는 여성이 그 본성상 남성과 다르며 추상적 사고를 요하는 분야들에서 무능하다는 자신의 분석을 덧붙이면서 여성들은 그러한 기술을 강조하지 않는 과학 분야로 방향을 정할 것을 제안했다. 여자 대학원생들은 강사들과 지적인 접촉을 거의 못하고 있지만 남성 동료들은 종종 교수와 비공식적 면담을 갖는다는 사실을 알고 있다고 보고했다. 네라드와 체르니는 "스몰 교수의 조사에 대한 많은 여성들의 응답은 오늘날의 대학 캠퍼스 건물에서도 여전히 울려 퍼지는 것을 들을 수 있다."고 썼다.(Nerad & Czerny, 1999: 3)

2005년 1월에 하버드대학 총장 로렌스 서머스는 전미경제조사국(National Bureau of Economic Research)이 주최한 과학에서의 다양성에 관한 학술회의에서 연설을 했다. 그는 "여성들에게 일차적인 장벽은 다른 잘 나가는 직업들이 그렇듯 고용주들이 업무에 대해 한결같은 헌신을 요구한다는 점입니다."라고 지적했다. 아울러 그는 남성과 여성의 차이에 관해 이른바 "두터운 꼬리 가설(fat tails hypothesis)"을 제시했다. 여성들은 평균적인 과학적 능력을 가진 사람들이 더 많은 반면, 남성들은 과학적 능력의 척도에서 위쪽 끝과 아래쪽 끝에 많이 몰려 있다는 것이다. 그의 세 번째 가설—스스로 세 가지 가설 중 가장 덜 중요한 것으로 생각한—은 "여성들은 차별을 받고 있거나 어렸을 때 과학에 입문하지 말라고 사회화를 거친다."는 것이었다. 서머스의 첫 번째 가설은 1905년에 AAAS 회원들의 태도를 스몰이 요약한 것을 반복하고 있고, 두 번째 가설(여성들은 선천적으로 수학 능력이 남성보다 떨어진다는 추론도 포함하고 있는)은 홀의 분석을 되풀이한 것이다. 마지막으로 그의 세 번째 가설은 1905년에(그리고 좀 더 최근에도) 여성 대학원생들이 했던 경험과 부합한다. 서머스의 논평에 대한 폭발적인 반응은 과학에서 여성의 조건을 향상시키기 위한 새로운 시도들을 불러왔고, 여기에는 그가 속한 대학도 포함되었다.(Henessey et al., 2005; Etzkowitz & Gupta, 2006)

과학에서 여성의 상황이 대학과 정치권에서 열띤 논쟁의 주제가 되어왔음에도 과학에서 여성의 상황에 대한 체계적·비교적·경험적인 연구는 여전히 크게 결여되어 있다. 이러한 결핍이 나타나는 이유로 세 가지를 생각해볼 수 있다. 첫째, 여러 학문 분야나 대학에서의 지위를 포괄하는 여성의 참여에 관한 데이터가 가령 OECD나 유네스코에 의해 정기적으로 수집되고 있지만, 이것을 서로 비교하는 것은 매우 어렵다. 고등교육 시스템의 조직 방식, 대학과 과학에서의 노동시장의 규모, 이러한 시스템들의 개방성, 국가 차원에서 여성들에게 제공하는 보상 등이 크게 다르기 때문이다.(가령 Jacobs, 1996과 Charles & Bradley, 2002를 보라.)

둘째, 지금까지 국가 간 비교연구의 초점은 과학에서의 노동시장보다는 대학에 좀 더 맞추어져 있었다. 재학생 수나 지위별·분야별 여성의 참여 정도에 관한 데이터가 대학 부문 바깥에서 남성 및 여성 과학자들의 상황에 관한 데이터보다 구하기가 쉽기 때문이다.(Fuchs et al., 2001) 마지막으로 국가 간 비교연구에 사용되는 대부분의 데이터는 총합적 수준이며 그 범위에서 특정 시점의 횡단면을 보여주는 것이다. 그러나 과학에서의 경력에 대한 체계적인 분석은 이상적인 경우, 노동시장 조건이나 다른 제도적 규제의 변화가 미친 영향을 평가하기 위해 일군의 과학자들에 대한 장기간의 전기적 정보들을 필요로 한다.(Mayer, 2002)

뿐만 아니라 과학에서 여성에 대한 대부분의 연구는 몇몇 주목할 만한 예외를 빼면, 새롭게 등장하면서 점차 중요성을 얻고 있는 주변부가 아니라 전통적인 핵심에 초점을 맞추고 있다. 그러나 소프트웨어가 한때 컴퓨터 하드웨어에 비해 "주변적"인 것으로 간주되었던 것처럼, 과학의 역할에서 유사한 재구조화가 조만간 닥칠지도 모른다. 과거에는 남성들이 가령 전쟁에 나가거나 해서 없었을 때, 혹은 인종이나 민족성에 기반한 차별의 우선순위가 젠더 관심사보다 더 강했을 때 과학에서 여성의 부상이 나타났다. 그러나 남성들이 다시 등장하고 나면 여성들은 현장에서 사라지는 경향을 보였다. 지금도 여성들은 학문적 과학의 상층부에서 종종 찾아보기 어렵다. 여성들에게 더 나은 환경을 제공해주는 듯 보이는 과학과 관련된 새로운 전문직 무대에 여성들이 재등장하고 있긴 하지만 말이다.

사회에서 과학의 역할이 변화하면서 과학에서 여성의 역할 또한 영향을 받을 수 있다. 과학기술 분야에서 훈련을 받은 개인들이 법률 회사, 기술이전 사무소, 신문, 다른 매체들에 고용되면서 나타난 결과이다.[8] 새로운 학제적 분야들에 의해 대학의 학과들처럼 완고한 전통적 조직구조들이 흔들리면서 새로운 자리를 차지한 새로운 사람들에게 길이 열리고 있다. 스탠퍼드대학의 미디어 X 프로그램(Media X Program) 소장처럼 새로운 직책도 만들어지고 있다. 교수 대우를 받는 이 자리는 예전에 벤처자본 회사에서 공동 경영자로 일했던 심리학 박사학위 소지자가 차지하고 있다. 그녀의 일은 새로운 학제적 연구주제들을 찾아내고, 프로그램에 참여할 회사들을 끌어들이며, 교수진을 대상으로 한 연구비 지원 프로그램을 관리하는 것이다.

영역 통합은 여성들이 종종 책임 있는 지위에 올라 있는 이러한 새로운 과학의 무대들에서 희망적인 신호이다. 전통적인 여성의 사회화는 현재 점차로 중요해지고 있는 관계형성과 연결망 구축의 기술을 강조했다. 이는 장거리 협력에 점점 의존하고 있는 전통적 연구 분야들 내에서, 또 전형적으로 망상 조직의 형태를 띠고 있는 새로운 과학의 장소들에서 모두 중요성을 갖는다. 결국 사회화는 전통적 과학의 특징인 고독한 실험실 작업에 강하게 초점을 맞추는 것과 반대로 작용하지만 과학에서 새롭게 나타나는 역할들과 개선된 예전 역할들이 성공을 거두는 데는 도움이 된다.

선진국과 개발도상국들이 성장을 자극하는 과학의 잠재력을 인식함에 따라 여성 과학자들은 더 이상 무시될 수 없게 되었다. 과학과 여성 간의 부정적 상관관계가 계속 남아 있음에도 불구하고, 이는 생물학적 현상이 아닌 역사적 현상이며 과학 그 자체와 마찬가지로 수정의 가능성이 열려 있다.

---

8) 예를 들어 여성들은 스탠퍼드대학의 기술특허사무소(Office of Technology Licensing)에서 고위 직책과 소장을 포함해 직원들의 대부분을 차지하고 있으며, 이 전문직 일반에서도 높은 참여율을 보이고 있다. 아울러 http://www.autm.com도 보라.

과학은 생산과정을 체계화하고 시행착오를 통해 얻어낸 실천들에 대한 더 깊은 이해를 제공하는 산업혁명의 보조적 활동에서 20세기 말~21세기 초에는 산업진보의 근본적 원천이 되는 쪽으로 변화하고 있다.(Misa, 2004; Viale & Etzkowitz, 2005)

과학이 주변적 활동에서 핵심적인 사회적 활동으로 변모한 것은 과학에서 나타나는 불평등한 젠더, 계급, 민족관계라는 문화지체에 의문을 제기했다. 이는 단지 형평성과 공평함의 원칙에 따른 것이 아니라 경쟁력과 비교우위라는 근거에 따른 것이기도 하다.(Pearson, 1985; Tang, 1996, 1997) 기성 정치권과 과학계의 지도자들은 이제 전 지구적 지식경제에서 경쟁력을 갖기 위해 여성과 소수집단을 포함하는 모든 두뇌능력을 동원할 것을 요청하고 있다. 과학의 진보는 점점 더 과학에서 여성들의 지위향상에 달려 있게 될 것이다.

참고문헌

Abir-Am, P. (1991) "Science Policy for Women in Science: From Historical Case Studies to an Agenda for Women in Science," *History of Science Meetings*, Madison, WI, Nov. 2.

Allmendinger, J., H. Brückner, S. Fuchs, & J. von Stebut (1999) "Eine Liga für sich? Berufliche Werdegaenge von Wissenschaftlerinnen der Max-Planck-Gesellschaft," in A. Neusel and A. Wetterer (eds), *Vielfaeltige Verschiedenheiten-Geschlechterverhaeltnisse in Studium, Hochschule und Beruf* (Frankfurt a.M./New York: Campus, S.): 193–220.

Althauser, R. & A. Kalleberg (1981) "Firms, Occupations and the Structure of Labor Markets," in I. Berg (ed), *Sociological Perspectives on Labor Markets* (New York: Academic Press).

Athena Project (2004) "ASSET 2003: The Athena Survey of Science, Engineering and Technology in Higher Education" (London: Athena Project).

Baltimore Charter for Women in Astronomy (1993) www.stsci.edu/stsci/meetings/ WiA/ BaltoCharter.html

Bielby, W. T. (1991) "Sex Differences in Careers: Is Science a Special Case?" in H. Zuckerman, J. R. Cole, & J. T. Bruer (eds), *The Outer Circle* (New York: Norton): 171–187.

Bordons, M., F. Morillo, M. T. Fernández, & I. Gómez (2003) "One Step Further in the Production of Bibliometric Indicators at the Micro Level: Differences by Gender and Professional Category of Scientists," *Scientometrics* 57(2): 159–173.

Bradley, Karen (2000) "The Incorporation of Women into Higher Education: Paradoxical Outcomes?" *Sociology of Education* 73: 1–18.

Bradley, Karen & Francisco O. Ramirez (1996) "World Polity and Gender Parity: Women's Share of Higher Education," *Research in Sociology of Education and Socialization* 11: 63–91.

Campion, P. & W. Shrum (2004) "Gender and Science in Development: Women Scientists in Ghana, Kenya and India," *Science, Technology & Human Values* 29: 459–485.

Carabelli, A., D. Parisi, and A. Rosselli (1999) *"Che genere" di Economista?* (Bologna:

Il Mulino).

Chanana, K. (2001) "Hinduism and Female Sexuality: Social Control and Education of Girls in India," *Sociological Bulletin* 50(1): 37–63.

Charles, M. & K. Bradley (2002) "Equal but Separate? A Cross-National Study of Sex Segregation in Higher Education," *American Sociological Review* 67: 573–599.

Chu Clewell, B. & P. B. Campbell (2002) "Taking Stock: Where We've Been, Where We Are, Where We Are Going," *Journal of Women and Minorities in Science and Engineering* 3(4): 225–284.

Cole, J. (1979) *Fair Science* (New York: The Free Press).

Cole, J. & S. Cole (1973) *Social Stratification in Science* (Chicago: University of Chicago Press).

Cole, J. R. & H. Zuckerman (1984) "The Productivity Puzzle," in M. L. Maehr & M. Steinkamp (eds), *Advances in Motivation and Achievement* (Greenwich, CT: JAI Press): 217–258.

Cole, S. (1979) "Age and Scientific Performance," *American Journal of Sociology* 84(4): 958–977.

Commission on the Advancement of Women and Minorities in Science, Engineering and Technology Development (2000) *Land of Plenty: Diversity as America's Competitive Edge in Science, Engineering and Technology*.

Commission on Professionals in Science and Technology (2004) *Professional Women and Minorities: A Total Data Source Compendium* (CPST Publications).

Davis, A. E. (1969) "Women as a Minority Group in Higher Academics," *The American Sociologist* 4: 95–98.

Dean, C. (2005) "For Some Girls, the Problem with Math Is That They're Good at It," *New York Times*, F3, February 1.

de Beauvoir, S. (1952) *The Second Sex* (New York: Knopf).

de Wet, C. B., G. M. Ashley, & D. P. Kegel (2002) "Biological Clocks and Tenure Timetables: Restructuring the Academic Timeline," Supplement to Nov. 2002 *GSA Today*, 1–7. http://www.geosociety.org/pubs/gsatoday/0211clocks/0211clocks.htm.

Dix, L. (ed) (1987) "Women: Their Underrepresentation and Career Differentials in Science and Engineering," proceedings of a workshop (Washington, DC: National Academy Press).

Drori, G. S., J. W. Myer, F. O. Ramiriez, & E. Schofer (2003) *Science in the Modern World Polity: Institutionalization and Globalization* (Stanford, CA: Stanford University Press).

Dupree, A. K. (2002) "Review of the Status of Women at STScI" (Washington), Aura. Arailalde at: www.aura-astronomy.org/nv/womensreport.pdf.

Duri, M. (2004) Ethiopian Ambassador to the United Nations, interview with Henry Etzkowitz, March 2004, New York.

Etzkowitz, H. (1971) "The Male Sister: Sexual Separation of Labor in Society," *Journal of Marriage and the Family* 33(3): 431–434.

Etzkowitz, H. & N. Gupta (2006) "Women in Science: A Fair Shake?" *Minerva* 44: 185–199.

Etzkowitz, H. & C. Kemelgor (2001) "Gender Inequality in Science: A Universal Condition?" *Minerva* 39: 153–174.

Etzkowitz, H., C. Kemelgor, & J. Alonzo (1995) "The Rites and Wrongs of Passage: Critical Transitions for Female PhD Students in the Sciences" (Arlington, VA: Report to the NSF).

Etzkowitz, H., C. Kemelgor, M. Neuschatz, B. Uzzi, & J. Alonzo (1994) "The Paradox of Critical Mass for Women in Science," *Science* 266: 51–54.

Etzkowitz, H, C. Kemelgor, & B. Uzzi (2000) *Athena Unbound: The Advancement of Women in Science and Technology* (Cambridge: Cambridge University Press).

Etzkowitz, H. & K. Muller (2000) "S&T Human Resources: The Comparative Advantage of the Postsocialist Countries," *Science and Public Policy,* August.

European Commission (2000) *Science Policies in the European Union: Promoting Excellence Through Mainstreaming Gender Equality.* European Technology Assessment Network (ETAN), "Women and Science" report (Brussels: European Commission).

European Commission (2002) *Science and Society Action Plan* (Brussels: European Commission).

European Commission (2003) *Waste of Talents. Turning Private Struggles into a Public Issues: Women and Science in the ENWISE Countries.* Co-authored by M Blagojević, M. Bundule, A. Burkhardt, M. Calloni, E. Ergma, J. Glover, D. Gróo, H. Havelková, D. Mladenič, E. Oleksy, N. Sretenova, M. F. Tripsa, D. Velichová & A. Zvinkliene (Brussels: European Commission).

European Commission (2003a) *"She Figures": Women and Science Statistics and Indicators* (Brussels: European Commission).

European Commission (2003b) *Investing in Research: An Action Plan for Europe* (Brussels: European Commission).

European Commission (2003c) *Third European Report on Science & Technology (S&T) Indicators* (Brussels: DG Research).

European Commission (2003d) *Women in Industrial Research: A Wake Up Call for European Industry* (Brussels: European Commission) Luxembourg Office for Official Publications of the European Communities.

European Commission (2004a) *Wasted Talents: The Situation of Women Scientists in Eastern European Countries*, ENWISE press conference, Brussels, January 30.

European Commission (2004b) *Key Figures 2003–2004: Towards a European Research Area* (Brussels: DG Research).

Feller, I. (2004) "Measurement of Scientific Performance and Gender Bias" in *Gender and Excellence in the Making* (Brussels: DG Research).

Ferree, M. M, B. B. Hess, & J. Lorber (eds) (1999) *Revisioning Gender: New Directions in the Social Sciences* (Thousand Oaks, CA: Sage).

Florida, R. (2005) *The Flight of the Creative Class: The New Global Competition for Talent* (New York: Harper Business).

Fox, M. F. (1983) "Publication Productivity Among Scientists: A Critical Review," *History of Science* 17: 102–134.

Fox, M. F. (1991) "Gender, Environmental Milieu, and Productivity in Science," in H. Zuckerman, J. Cole, & J. Bruer (eds) *The Outer Circle: Women in the Scientific Community* (New York: Norton): 188–204.

Fox, M. F. (2001) "Women, Science, and Academia: Graduate Education and Careers," *Gender & Society* 15: 654–666.

Fox, M. F. (2005) "Gender, Family Characteristics, and Publication Productivity Among Scientists," *Social Studies of Science* 35: 131–150.

Fox, M. F. & P. E. Stephan (2001) "Careers of Young Scientists: Preferences, Prospects, and Realities by Gender and Field," *Social Studies of Science* 31: 109–122.

Fuchs, S, J. von Stebut, & J. Allemendinger (2001) "Gender, Science and Scientific Organizations in Germany" *Minerva* 39(2): 175–201.

Garfield, E. (1981) "The 1000 Contemporary Scientists Most Cited 1965 to 1978," *Essays of an Information Scientist* 5: 269 – 278.

Glaser, B. (1964) *Organizational Scientists: Their Professional Careers* (Indianapolis, IN: Bobbs-Merrill).

Glover, J. (2000) *Women and Scientific Employment* (Basingstoke, U.K.: Macmillan).

Glover, J. (2005) "Highly Qualified Women in the 'New Europe': Territorial Sex Segregation," *European Journal of Industrial Relations* 11: 231 – 245.

Godbole R., N. Gupta, & and S. Rao (2002) "Women in Physics, Meeting Reports," *Current Science* 83: 359 – 361.

Goldsmith, B. (2005) *Obsessive Genius: The Inner World of Marie Curie* (New York: Norton).

Greenfield, S. (2002) "SET Fair: A Report on Women in Science, Engineering and Technology" (London: Department for Trade and Industry).

Gupta, B. M., Kumar, S. & Aggarwal, B. S. (1999) "A Comparison of Productivity of Male and Female Scientists," *Scientometrics* 45: 269 – 289.

Gupta, N. (2001) *Women Academic Scientists: A Study of Social and Work Environment of Women Academic Scientists at Institutes of Higher Learning in Science and Technology in India*, Ph.D. diss., Indian Institute of Technology, Kanpur.

Gupta, N. & A. K. Sharma (2002) "Women Academic Scientists in India" *Social Studies of Science* 32(5 – 6): 901 – 15.

Hacker, S. (1981) "The Culture of Engineering: Women, Workplace and Machine," *Women's Studies International Quarterly* 4: 341 – 353.

Hanson, S. L. (1996) *Lost Talent: Women in the Sciences* (Philadelphia: Temple University Press).

Hanson, S. L., M. Schaub, & D. P. Baker (1996) "Gender Stratification in the Science Pipeline: A Comparative Analysis of Seven Countries," *Gender and Society* 10: 271 – 290.

Harding, S. (1986) *The Science Question in Feminism* (Ithaca, NY: Cornell University Press).

Harding, S. (1991) *Whose Science? Whose Knowledge?: Thinking from Women's Lives* (Ithaca, NY: Cornell University Press).

Hennessy, J., S. Hockfield, & S. Tilghman (2005) "Look to Future of Women in

Science and Engineering," *Stanford Report* 37, February 18: 8.

Hicks, E. (1991) "Women at the Top in Science and Technology Fields. Profile of Women Academics at Dutch Universities," in Veronica Stolte-Heiskanen et al. (eds), *Women in Science: Token Women of Gender Equality* (Oxford: Berg Publishers): 173–192.

Hirschauer, S. (2003) "Wozu, Gender Studies? Geschlechterdifferenzierungsforschu ng zwischen politischem Populismus und naturwissenschaftlicher Konkurrenz," *Soziale Welt* 54: 461–482.

Hornig, L. S. (1987) "Women Graduate Students," in L. S. Dix (ed), *Women: Their Underrepresentation and Career Differentials in Science and Engineering* (National Academy Press): 103–122.

Ibarra, R. (1999) "Multicontextuality: A New Perspective on Minority Underrepresentation in SEM Academic Fields," *Making Strides* 1(3): 1–9.

Ibarra, R. (2000) *Beyond Affirmative Action: Reframing the Context of Higher Education* (Madison: University of Wisconsin Press).

Jacobs, Jerry A. (1996) "Gender Inequality and Higher Education," *Annual Review of Sociology* 22: 153–185.

Kaplan, S. H., L. M. Sullivan, K. A. Dukes, C. F. Philips, R. P. Kelch, & J. G. Schaler (1996) "Sex Differences in Academic Advancement," *New England Journal of Medicine* 335: 1282–1289.

Kohler, R. (1994) *Lords of the Fly: Drosophila Genetics and the Experimental Life* (Chicago: University of Chicago Press).

Kohlstedt, S. (2005) "Nature, Not Books: Scientists and the Origins of the Nature-Study Movement in the 1890's," *ISIS* 96: 324–352.

Kulis, S. S. & K. Miller-Loessi (1992) "Organizational Dynamics and Gender Equity. The Case of Sociology Departments in the Pacific Region," *Work and Occupations* 19: 157–183.

Kuwahara, M. (2001) "Japanese Women in Science and Technology," *Minerva* 39(2): 203–216.

Leta, J. & G. Lewison (2003) "The Contribution of Women in Brazilian Science: A Case Study in Astronomy, Immunology and Oceanography," *Scientometrics* 57(3): 339–353.

Long, J. S. (1987) "Problems and Prospects for Research on Sex Differences in the

Scientific Career," in L. S. Dix (ed), *Women: Their Underrepresentation and Career Differentials in Science and Engineering* (National Academy Press): 157–169.

Long, J. S. (1992) "Measures of Sex Differences in Scientific Productivity," *Social Forces* 71: 159–178.

Long, J. S. & M. F. Fox (1995) "Scientific Carreers: Universalism and Particularism," *Annual Review of Sociology* 21: 45–71.

MacLachlann, A. *Graduate Education: The Experience of Women and Minorities at the University of California, Berkeley, 1980–1989* (Washington, DC: National Association of Graduate and Professional Students).

Martin, B. R. & J. Irvine (1982) "Women in Science—The Astronomical Brain Drain," *Women's Studies International Forum* 5(1): 41–68.

Matthies, H., E. Kuhlmann, M. Oppen, & D. Simon (2001) *Karrieren und Barrieren im Wissenschaftsbetrieb: Geschlechterdifferente Teilhabechancen in Ausseruniversitaeren Forschungseinrichtungen* (Berlin: Edition Sigma).

Mayer, K. U. (2002) "Wissenschaft als Beruf oder Karriere?" in Wolfgang Glatzer, Roland Habich, & Karl Ulrich Mayer (eds), *Sozialer Wandel und Gesellschaftliche Dauerbeobachtung* (Opladen: Leske & Budrich): 421–438.

McIlwee, J. & J. Robinson (1992) *Women in Engineering: Gender, Power and Workplace Culture* (Albany: State University of New York Press).

Merton, R. K. ([1942]1973) "The Normative Structure of Science," in *The Sociology of Science. Theoretical and Empirical Investigations* (Chicago, London: The University of Chicago Press).

Merton, R. K. (1973) *The Sociology of Science. Theoretical and Empirical Investigations* (Chicago, London: The University of Chicago Press).

Misa, T. (2004) *Leonardo to the Internet: Technology and Culture from the Renaissance to the Present* (Baltimore, MD: Johns Hopkins University Press).

Mukhopadhyay, C. C. & S. Seymour (eds) (1994) *Women, Education and Family Structure in India* (Boulder, CO: Westview Press).

Muller, C. (2003) "The Under-representation of Women in Engineering and Related Sciences: Pursuing Two Complementary Paths to Parity," A Position Paper for the National Academies Government University Industry Research Roundtable Pan-Organizational Summit on the U.S. Science and Engineering Workforce (Washington DC: National Academies Press).

National Research Council (2001) *From Scarcity to Visibility: Gender Differences in the Careers of Doctoral Scientists and Engineers* (Washington, DC: National Academies Press).

National Science Foundation, Science Statistics (1996) *Women, Minorities and Persons with Disabilities in Science and Engineering*. Available at: www.nsf.gov.

National Science Foundation, Science Statistics (2004) *Women, Minorities and Persons with Disabilities in Science and Engineering*.

Nerad, M. & J. Cerny (1999) "Widening the Circle: Another Look at Women," *Graduate Students Communicator* 32(6): 2–7.

Nerad, M. & J. Czerny (1999b) "Post-doctoral Career Patterns, Employment Advancement and Problems," *Science* 285: 1533–1535.

Nobel, D. F. (1992) *A World Without Women: The Christian Clerical Culture of Western Science* (Oxford: Oxford University Press).

Osborne, M. (1991) "Status and Prospects of Women in Science in Europe," *Science* 263: 1389–1391.

Palomba, R. (2004) "Does Gender Matter in Scientific Leadership?" in *Gender and Excellence in the Making* (European Commission: DG Research): 121–125.

Pearson, W. (1985) *Black Scientists, White Society, and Colorless Science: A Study of Universalism in American Science* (Millwood, NY: Associated Faculty Press).

Plonski, G. A. & R. G. Saidel (2001) "Gender, Science and Technology in Brazil," *Minerva* 39(2): 175–201.

Postrel, V. (2005) "Economic Scene. Some Economists Say the President of Harvard Talks Just Like One of Them," *New York Times* 240205 C2.

Prpic, K. (2002) "Gender and Productivity Differentials in Science," *Scientometrics* 55(1): 27–58.

Ramirez, F. O. (2001) "Frauenrechte, Weltgesellschaft und die gesellschaftliche Integration von Frauen," in Bettina Heintz (ed), *Geschlechtersoziologie, Sonderheft 41 der Koelner Zeitschrift für Soziologie und Sozialpsychologie* (Opladen: Westdeutscher Verlag): 356–397.

Ramirez, F. O. & C. M. Wotipka (2001) "Slowly But Surely? The Global Expansion of Women's Participation in Science and Engineering Fields of Study, 1972–1992," *Sociology of Education* 74: 231–251.

Reskin, B. (1977) "Scientific Productivity and the Reward Structure of Science,"

American Sociological Review 42: 491 – 504.

Riska, E & K. Wegar (eds) (1993) *Gender, Work and Medicine* (London: Sage).

Rosenberg, Rosalind (1982) *Beyond Separate Spheres: Intellectual Roots of Modern Feminism* (New Haven, CT: Yale University Press).

Rosser, S. (2004) *The Science Glass Ceiling: Academic Women Scientists and the Struggle to Succeed* (New York: Routledge).

Rossiter, M. (1982) *Women Scientists in America: Struggles and Strategies to 1940* (Baltimore, MD: Johns Hopkins University Press).

Rossiter, M. (1995) *Women Scientists in America: Before Affirmative Action 1940– 1972* (Baltimore, MD: Johns Hopkins University Press).

Sax, L. J., L. S. Hagedoorn, M. Arredondo, & F. A. Dicrisili (2002) "Faculty Research Productivity: Exploring the Role of Gender and Family-related Factors," *Research in Higher Education* 43: 423 – 446.

Schiebinger, L. (1989) *The Mind Has No Sex? Women in the Origins of Modern Science* (Cambridge, MA: Harvard University Press).

Schiebinger, L. (1999) *Has Feminism Changed Science?* (Cambridge, MA: Harvard University Press).

Science and Technology for Women in India, ⟨http://dst.gov.in/⟩. Accessed on June 27, 2005.

Shavit, Y. & H. Blossfeld (1993) *Persistent Inequality: Changing Educational Attainment in Thirteen Countries* (Boulder, CO: Westview Press).

Sime, R. (1996) *Lise Meitner* (Berkeley: University of California Press).

Simeonova, K. (1998) Bulgarian Academy of Sciences, interview with Henry Etzkowitz.

Simon, R. J., S. M. Clark, & K. Galway (1967) "The Woman PhD: A Recent Profile," *Social Problems* 15: 221 – 36.

Smith-Doerr, L. (2004) *Women's Work: Gender Equality vs. Hierarchy in the Life Sciences* (Boulder, CO: Lynne Rienner).

Sonnert, G. & G. Holton (1995a) *Who Succeeds in Science? The Gender Dimension* (New Brunswick, NJ: Rutgers University Press).

Sonnert, G. & G. Holton (1995b) *Gender Differences in Science Careers: The Project Access Study* (New Brunswick, NJ: Rutgers University Press).

Sonnert, G. & G. Holton (1996) "Career Patterns of Women and Men in the Sciences,"

American Scientist 84: 67–71.

Summers, L. H. (2005) "Remarks at NBER Conference on Diversifying the Science & Engineering Workforce," Harvard University, Cambridge, MA, January 14.

Tabak, F. (1993) "Women Scientists in Brazil: Overcoming national, social and professional obstacles." Paper presented at the Third World Organzation of Women Scientists, Cairo, January.

Tang, J. (1996) "To Be or Not To Be Your Own Boss: A Comparison of White, Black, and Asian Scientists and Engineers," in Helena Z. Lopata & Anne E. Figert (eds), *Current Research on Occupations and Professions*, vol. 9 (Greenwich, CT: JAI Press): 129–165.

Tang, J. (1997) "Evidence For and Against the 'Double Penalty' Thesis in the Science and Engineering Fields," *Population Research and Policy Review* 16(4): 337–362.

Teghtsoonian, M. (1974) "Distribution by Sex of Authors and Editors of Psychological Journals: Are There Enough Women Editors?" *American Psychologist* 29: 262–269.

Tri-national Conference: UK/France/Canada (2003) "The Role of the National Academies in Removing Gender Bias" (London: Royal Society), July.

UNESCO (1999) "Science and Technology" in *UNESCO Statistical Yearbook* (Paris: UNESCO, Bernan Press).

U.S. Department of Commerce, Office of Technology Policy (1999) *The Digital Workforce: Building Infotech Skills at the Speed of Innovation* (Washington, DC: OTP, June 1999).

Valian, V. (1999) *Why So Slow? The Advancement of Women* (Cambridge, MA: MIT Press).

Viale, R. & H. Etzkowitz (2005) "Polyvalent Knowledge: The 'DNA' of the Triple Helix," theme paper presented at Triple Helix V Conference. Available at: http://www.triplehelix5.com/programme.htm.

von Stebut, J. (2003) *Eine Frage der Zeit? Zur Integration von Frauen in die Wissenschaft. Eine empirische Untersuchung der Max-Planck-Gesellschaft* (Opladen: Leske & Budrich).

Wajcman, J. (1991) *Feminism Confronts Technology* (College Park: Pennsylvania State University Press).

Wajcman, J. (1998) *Managing Like a Man: Women and Men in Corporate Management* (College Park: Pennsylvania State University Press).

Watson, J. (1968) *The Double Helix* (New York: Norton).

Wax, R. (1999) "Information Technology Fields Lacks Balance of Gender," *Los Angeles Times*, January 19, 1999.

Wennerås, C. & A. Wold (1997) "Nepotism and Sexism in Peer-Review," *Nature* 22: 341‒343.

Whalley, P. (1986) *The Social Production of Technical Work* (Basingstoke: Macmillan).

Wilde, C. (1997) "Women Cut through IT's Glass Ceiling," *Information Week*, January 20, 1997.

Wilson, F. (1996) "Research Note: Organizational Theory: Blind and Deaf to Gender?" *Organization Studies* 5: 825‒842.

Wilson, R. (1999) "An MIT Professor's Suspicion of Bias Leads to a New Movement for 'Academic Women'," *Chronicle of Higher Education* (46) (3 December): A16‒18.

Windolf, P. (1997) *Expansion and Structural Change: Higher Education in Germany, the United States, and Japan, 1870‒1990* (Boulder, CO: Westview Press).

Witz, A. (1992) *Professions and Patriarchy* (London: Routledge).

Xie, Y. & K. A. Shauman (2003) *Women in Science: Career Processes and Outcomes* (Cambridge: Harvard University Press).

Zuckerman, H. (1987) "Persistence and Change in the Careers of Men and Women Scientists and Engineers," in Dix, L. S. (ed), *Women: Their Underrepresentation and Career Differentials in Science and Engineering* (Washington, DC: National Academy Press): 127‒156.

Zuckerman, H. & J. R. Cole (1975) "Women in American Science," *Minerva* 13: 82‒102.

Zuckerman, H. & J. R. Cole (1987) "Marriage, Motherhood and Research Performance in Science," *Scientific American* 256: 119‒125.

:: **2권 필자 (수록순)**

윌리엄 키스 wmkeith@uwm.edu

위스콘신-밀워키대학교의 영문학과 교수이며, 공공적·과학적 논증 행위의 개념적·역사적 차원에 관한 저술을 해왔다. 현재는 공공 숙의 에서 수사와 커뮤니케이션의 역할에 관해 연구하고 있으며, 특히 스피치 커뮤니케이션 분야의 지성사, 교육사에 관심을 갖고 있다. 저서로 *Democracy as Discussion: Civic Education and the American Forum Movement*(2007)가 있으며, *Public Speaking: Choices and Responsibility*, 3rd ed.(2018, 공저) 같은 이 분야의 교과서들을 여럿 집필하기도 했다.

윌리엄 레그 william.rehg@slu.edu

세인트루이스대학교 철학과 교수이며, 2012년부터 동 대학의 철학문학대학 학장으로 재직 중이다. 주요 관심 분야는 컴퓨터 윤리, 논증행위 이론, 과학기술학, 윤리학과 사회정치 이론이다. 저서로 *Insight and Solidarity: The Discourse Ethics of Jürgen Habermas*(1994), *Cogent Science in Context: The Science Wars, Argumentation Theory, and Habermas*(2009)가 있다.

미리엄 솔로몬 msolomon@temple.edu

템플대학교 철학과 교수이며, 동 대학 젠더, 섹슈얼리티, 여성학 프로그램과 생명윤리, 도시보건 및 정책센터의 겸무교수직을 맡고 있다. 주요 관심 분야는 과학철학, 의철학, 정신의학의 철학, 과학사, 인식론, 젠더와 과학, 생명의료윤리 등이다. 저서로 *Social Empiricism*(2001), *Making Medical Knowledge*(2015)가 있다.

로널드 N. 기어리 giere@umn.edu.

미네소타대학교 과학철학센터의 철학 명예교수로서, 그 전에는 과학철학센터의 소장을 지냈고, 과학철학회 회장, 학술지 *Philosophy of Science*의 편집위원을 역임했다. 저서로 *Understanding Scientific Reasoning*, 5th ed.(2006, 공저, 국역: 『학문의 논리』), *Explaining Science: A Cognitive Approach*(1988), *Science Without Laws*(1999), *Scientific Perspectivism*(2006) 등이 있다.

파크 두잉 pad9@cornell.edu
코넬대학교의 보베이 공학사 및 공학윤리 프로그램의 강사이다. 과학과 엔지니어링 환경에서 기술 실천, 의사결정, 전문성의 동역학에 관한 연구를 했고, 사회정의 및 환경정의와 관련해 기술윤리에 관한 글도 썼다. 저서로 *Velvet Revolution at the Synchrotron: Biology, Physics, and Change in Science*(2009)가 있다.

레귤라 발레리 버리 regula.burri@hcu-hamburg.de
함부르크 하펜시티대학교의 과학기술학 교수이다. 주요 관심 주제는 과학기술의 사회적·문화적·정치적 함의이며, 이를 과학기술학, 예술작품, 학제연구의 맥락에서 조명한다. 저서로 *Doing Images: Zur Praxis medizinischer Bilder*(2008)가 있다.

조지프 더밋 jpdumit@ucdavis.edu
캘리포니아대학교 데이비스 캠퍼스 인류학과 교수이며, 동 대학 과학기술학 프로그램의 겸무교수직을 맡고 있다. 현재 관심 주제는 금융화된 기업자본주의(제약산업과 에너지 산업), 데이터 과학과 몰입 시각화, 논리, 비합리성, 뇌, 개성에 대한 계산적 관념의 역사, 행위능력과 운동의 해부학, 게임 연구 등이다. 저서로 *Picturing Personhood: Brain Scans and Biomedical Identity*(2004), *Drugs for Life: How Pharmaceutical Companies Define Our Health*(2012)가 있다.

파울 바우터스 decaan@fsw.leidenuniv.nl
라이덴대학교 사회행동과학부의 과학계량학 교수이면서 학부장을 맡고 있다. 과학인용지수(SCI)의 역사와 과학계량학에 관해 많은 저술을 했고, 성과지표의 활용에 따라 과학의 질과 관련성의 기준이 어떻게 변화했는지에 대해서도 연구를 해왔다. 새로운 과학 및 학술지식 창출에 정보와 정보기술이 하는 역할에 대해서도 관심을 가지고 있다. 편서로 *Virtual Knowledge: Experimenting in the Humanities and the Social Sciences*(2013, 공편)가 있다.

카티 반 estsjournal@gmail.com
동료심사 학술지 출판에서 전문 편집자로 활동하고 있으며, 현재 과학의 사
회적 연구학회(4S)가 발간하는 두 개의 학술지 *Science, Technology, and
Human Values*와 *Engaging Science, Technology, and Society*에서 편집
주간을 맡고 있다. 사회과학에서의 추론, 노동연구의 정치, 정보조직에서 가
시성/인정/책임성의 동역학, 출판의 정치경제학 등에 관한 논문을 썼다.

안드레아 샨호스트 andrea.scharnhorst@dans.knaw.nl
네덜란드 왕립예술과학한림원의 데이터아카이빙네트워크서비스(DANS-
KNAW)에서 연구혁신그룹 책임자를 맡고 있다. 전문 분야는 물리학, 과
학계량학, 과학기술학이며, 자기조직과 진화 모델을 과학발전에 응용하거
나 자연과학의 개념과 방법을 사회과학으로 이전하는 것에 관해 많은 저술
을 해왔다. 편서로 *Innovation Networks: New Approaches in Modelling
and Analyzing*(2009, 공편), *Models of Science Dynamics: Encounters
Between Complexity Theory and Information Sciences*(2012, 공편) 등
이 있다.

매트 라토 matt.ratto@utoronto.ca
토론토대학교 정보학부 부교수이며, 동 대학 지식매체설계연구소(KMDI)
에서 비판적 제작실험실을 맡고 있다. 3D 프린팅과 디지털 제작의 전문가
로 널리 알려져 있으며, 학술연구에서도 '비판적 제작(critical making)' 개
념을 중심으로 많은 논문을 발표했다. 편서로 *DIY Citizenship: Critical
Making and Social Media*(2014, 공편)가 있다.

아이나 헬스텐 I.R.Hellsten@uva.nl
암스테르담대학교 사회행동과학부 부교수로, 동 대학의 암스테르담커뮤
니케이션연구소에서 기업 커뮤니케이션 프로그램 그룹에 속해 있다. 연구
주제는 커뮤니케이션 네트워크의 동역학에 초점을 맞추고 있으며, 특히 사
회관계망 환경에서 이뤄지는 커뮤니케이션에 관심을 갖고 있다. 편서로
Climate Change Communication and the Internet(2017, 공편)이 있다.

제니 프라이 J.Fry@lboro.ac.uk

영국 레스터서주 소재 러프버러대학교 창의예술학부의 출판 및 정보과학 교수이며, 동 대학 연구커뮤니케이션 그룹을 이끌고 있다. 연구주제는 네트워크화된 디지털 자원의 형성이나 인터넷상의 학술 커뮤니케이션 등 디지털 학술연구에 관한 것이며, 특히 분야별 연구문화에 관해 많은 논문을 발표했다.

안느 볼리우 J.A.Beaulieu@rug.nl

그로닝겐대학교 과학공학부의 과학기술학 교수이며, 동 대학 데이터연구센터 소장을 맡고 있다. 현재 빅데이터의 인식론, 지속가능성과 에너지 전환을 위한 지식 시스템과 데이터 하부구조에 초점을 맞춰 연구를 하고 있고, 혁신, 기술, 문화의 상호작용, 학제적 협력, 데이터 시각화와 시각문화에 관해서도 관심을 갖고 있다. 편서로 *Virtual Knowledge: Experimenting in the Humanities and the Social Sciences*(2013, 공편), *Smart Grids from a Global Perspective: Bridging Old and New Energy Systems*(2016, 공편)가 있다.

크리스토퍼 R. 헨케 chenke@colgate.edu

콜게이트대학교의 사회학·인류학과 부교수이며, 동 대학의 환경학 프로그램에도 참여하고 있다. 주요 관심 주제는 과학, 농업, 환경과 관련된 여러 쟁점들이며, 현재는 유전자변형작물의 환경적 영향에 관한 논쟁을 연구하고 있다. 저서로 *Cultivating Science, Harvesting Power: Science and Industrial Agriculture in California*(2008)가 있다.

토머스 F. 기어린 gieryn@indiana.edu

인디애나대학교 사회학과의 루디 사회학 명예교수이며, 동 대학 과학사 및 과학철학학과의 겸무교수직을 지냈다. '경계 작업'의 개념을 선구적으로 창안했으며, 과학의 문화적 권위, 인간 행동과 사회변화에서 장소의 중요성 등에 관심을 갖고 연구를 해왔다. 저서로 *Cultural Boundaries of Science: Credibility on the Line*(1999), *Truth-Spots: How Places Make People Believe*(2018)가 있다.

사이러스 모디 c.mody@maastrichtuniversity.nl

마스트리흐트대학교 역사학과의 과학, 기술, 혁신의 역사 교수이며, 최근 과학기술의 역사와 사회학을 주로 연구한다. 주요 관심 주제는 응용물리학과 공학, 대학 연구의 상업화, 극소전자공학, 대학-산업체-정부 협력관계, 대항문화 과학과 책임 있는 혁신, 에너지 인문학 등이다. 저서로 *The Long Arm of Moore's Law: Microelectronics and American Science*(2017)가 있다.

데이비드 카이저 dikaiser@mit.edu

매사추세츠공과대학(MIT) 과학, 기술, 사회 프로그램의 거메스하우즌 과학사 교수이면서 동 대학 물리학과 교수를 겸직하고 있다. 과학사 연구주제는 냉전 시기 미국 물리학의 발전에 초점을 맞추고 있고, 특히 이 분야가 정치, 문화, 변화하는 고등교육 양상의 접점에서 어떻게 변화해 나갔는지에 관심이 있다. 저서로 *Drawing Theories Apart: The Dispersion of Feynman Diagrams in Postwar Physics*(2005), *How the Hippies Saved Physics: Science, Counterculture, and the Quantum Revival*(2011)이 있다.

헨리 에츠코비츠 henryetz@stanford.edu

스탠퍼드대학 인간과학기술고등연구원(H-STAR)의 교수이자 선임 연구자로 삼중나선 연구그룹을 이끌고 있다. 혁신연구의 전문가로서 대학-산업체-기업의 연계를 강조하는 '기업가 대학', '삼중나선'의 개념을 창안했다. 저서로 *Athena Unbound: The Advancement of Women in Science and Technology*(2000, 공저), *MIT and the Rise of Entrepreneurial Science*(2002), *Triple Helix: University, Industry Government Innovation in Action*(2008) 등이 있다.

스테펀 푹스 Stefan.Fuchs@iab.de

독일연방고용청 산하 고용연구소의 선임 연구원으로, 이곳에서 지역연구네트워크의 책임을 맡고 있으며 젠더 연구와 고용의 질 연구에도 참여하고 있다. 주요 관심 주제는 유럽의 혁신과 기술이전에서 여성의 경력, 지역 노동시장 등이며, 과학계에서 여성의 경력과 이에 영향을 미치는 요인들에 관한 많은 논문들을 발표했다.

남라타 굽타 432namrata@gmail.com

사회학자이자 독립 연구자로 칸푸르의 인도공과대학에서 강의하고 있다. 주요 관심 주제는 젠더와 학문적 과학, 산업사회학이며, 인도의 대학과 민간 과학연구소에서 나타나는 젠더 불평등, 젠더와 기술혁신 및 기술교육의 관계에 지속적인 관심을 가지고 많은 논문들을 발표했다.

캐럴 케멜고어 ckemelgor@msn.com

정신분석학자이자 심리치료사로 뉴욕주 노스세일럼에서 개업의로 일하고 있다. 웨스트체스터 정신분석 및 심리치료 연구센터 산하 정신분석협회의 회원이다. 현대 정신분석이론에 기반해 과학계의 여성과 대학 연구소에서의 대인관계에 관한 연구를 했다. 저서로 *Athena Unbound: The Advancement of Women in Science and Technology*(2000, 공저)가 있다.

마리나 랑가 marina.ranga@stanford.edu

스탠퍼드대학교 인간과학기술고등연구원(H-STAR)의 선임 연구자로 삼중나선 연구그룹에 참여하고 있다. 주요 관심 주제는 국가 및 지역혁신체제, 삼중나선 상호작용과 기업가 대학의 진화, 유럽연구고등교육지대의 건설과 국가/지역별 연구 및 교육정책과의 통합, 혁신, 기술이전, 기업가정신에서의 젠더 차원 등이 있다. 편서로 *Technology, Commercialization and Gender: A Global Perspective*(2017, 공편)가 있다.

옮긴이

:: **김명진**

서울대학교 대학원 과학사 및 과학철학 협동과정에서 미국 기술사를 공부했고, 현재는 동국대학교와 서울대학교에서 강의하면서 번역과 집필 활동을 하고 있다. 원래 전공인 과학기술사 외에 과학논쟁, 대중의 과학이해, 약과 질병의 역사, 과학자들의 사회운동 등에 관심이 많으며, 최근에는 냉전 시기와 '68 이후의 과학기술에 관해 공부하고 있다. 저서로『야누스의 과학』,『할리우드 사이언스』,『20세기 기술의 문화사』, 역서로『시민과학』(공역),『과학 기술 민주주의』(공역),『과학의 새로운 정치사회학을 향하여』(공역),『과학학이란 무엇인가』등이 있다.

한국연구재단총서 학술명저번역 서양편 **620**

과학기술학 편람 2

1판 1쇄 찍음 | 2019년 12월 2일
1판 1쇄 펴냄 | 2019년 12월 18일

엮은이 | 에드워드 J. 해킷 외
옮긴이 | 김명진
펴낸이 | 김정호
펴낸곳 | 아카넷

출판등록 2000년 1월 24일(제406-2000-000012호)
10881 경기도 파주시 회동길 445-3
전화 | 031-955-9510(편집)·031-955-9514(주문)
팩시밀리 | 031-955-9519
책임편집 | 이하심
www.acanet.co.kr

ⓒ 한국연구재단, 2019

Printed in Seoul, Korea.

ISBN 978-89-5733-653-3 94400
ISBN 978-89-5733-214-6 (세트)

이 도서의 국립중앙도서관 출판시도서목록(CIP)은
서지정보유통지원시스템 홈페이지(http://seoji.nl.go.kr)와
국가자료공공목록시스템(http://www.nl.go.kr/kolisnet)에서 이용하실 수 있습니다.
(CIP 제어번호: CIP201929043875)